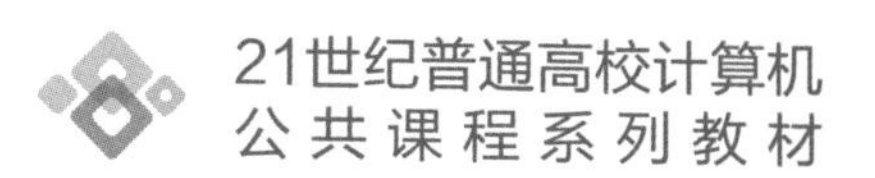

21世纪普通高校计算机
公共课程系列教材

大学计算机基础
（Windows 10+Office 2016）

◎ 张开成 主编
蒋传健 崔婷婷 吴迪 谭松滔 梁姣 副主编

清华大学出版社
北京

内 容 简 介

本书是根据全国计算机等级考试最新大纲要求，特别是系统和应用软件的升级以及各用书高校和读者们的意见反馈，并结合计算机的最新发展技术以及高等学校计算机基础课程深入改革的最新动向编写而成的。

本书主要内容包括计算机基本知识、Windows 10 操作系统、Word 2016 文字处理、Excel 2016 电子表格处理、PowerPoint 2016 演示文稿、数据库技术基础、计算机网络基础与应用和网页制作。概念清楚、层次清晰、注重实践、实用性强。本书还有配套的《大学计算机基础上机实验指导教程（Windows 10＋Office 2016）》作为教学参考用书，用于指导学生上机操作和自主学习。

本书不仅可以作为高等学校各专业计算机基础课程的教材、教学参考书以及全国计算机等级考试（一级）、Office 二级和相关培训的教材，还可以作为广大计算机爱好者的自学用书。

图书在版编目(CIP)数据

大学计算机基础：Windows 10＋Office 2016/张开成主编. —北京：清华大学出版社，2022.7
21 世纪普通高校计算机公共课程系列教材
ISBN 978-7-302-61226-1

Ⅰ. ①大… Ⅱ. ①张… Ⅲ. ①Windows 操作系统－高等学校－教材 ②办公自动化－应用软件－高等学校－教材 Ⅳ. ①TP316.7 ②TP317.1

中国版本图书馆 CIP 数据核字(2022)第 105638 号

任编辑：贾 斌
面设计：刘 键
任校对：胡伟民
印制：宋 林

发行：清华大学出版社
网 址：http://www.tup.com.cn，http://www.wqbook.com
地 址：北京清华大学学研大厦 A 座 邮 编：100084
社 总 机：010-83470000 邮 购：010-62786544
投稿与读者服务：010-62776969，c-service@tup.tsinghua.edu.cn
质量反馈：010-62772015，zhiliang@tup.tsinghua.edu.cn
课件下载：http://www.tup.com.cn，010-83470236
者：小森印刷霸州有限公司
销：全国新华书店
本：185mm×260mm 印 张：20.5 字 数：512 千字
次：2022 年 7 月第 1 版 印 次：2022 年 7 月第 1 次印刷
数：1～3000
价：59.00 元

号：092882-01

前　言

本书的主要内容包括计算机基本知识、Windows 10 操作系统、Word 2016 文字处理、Excel 2016 电子表格处理、PowerPoint 2016 演示文稿、数据库技术基础、计算机网络基础与应用和网页制作。各章内容相对独立，读者可根据实际情况有选择地学习。同时，本书可以与同期出版的《大学计算机基础上机实验指导教程(Windows 10＋Office 2016)》配套使用，也可单独使用。

本书特点如下：

(1) 内容新颖，涵盖了计算机应用基础课程及全国计算机等级考试(一级)和 Office 二级考试大纲所要求的基本知识点，注重反映计算机发展的新技术，体现了高等教育教学改革的新思路，内容具有先进性。

(2) 体系完整、结构清晰、内容全面、讲解细致、图文并茂。

(3) 面向应用，突出技能，理论部分简明，应用部分翔实。书中所举实例都是作者从多年积累的教学经验中精选出来的，具有很强的代表性、实用性和可操作性。

(4) 本书将“计算机基础操作和汉字录入”列入第 1 章教学内容，其目的在于进行第 1 章理论教学的同时便可进入实验，使讲课内容与教材内容相一致，从而克服了过去为了上机操作先讲第 2 章操作系统使得讲课内容和教材内容不一致的矛盾。

本书由张开成任主编，蒋传健、崔婷婷、吴迪、谭松滔、梁姣任副主编。第 1、2 章由张开成编写，第 3 章和第 8 章由崔婷婷编写，第 4 章由梁姣编写，第 5 章由吴迪编写，第 6 章由谭松滔编写，第 7 章由蒋传健编写。全书由张开成统稿、定稿。

为配合各用书高校的教学，我们精心设计和制作了与教材内容相配套的教学课件、案例素材库、扩展的习题库及解答、考试题库和考试系统等。需要有关资料的教师可访问清华大学出版社的网站，进入相关网页下载资源。

限于编者的水平，且时间仓促，书中难免有不妥之处，恳请读者不吝赐教。

编　者

2022 年 3 月

目 录

第1章　计算机基本知识

计算机是人类20世纪最伟大的科技发明之一，是现代科技史上最辉煌的成果之一，它的出现标志着人类文明已进入一个崭新的历史阶段。如今，计算机的应用已渗透到社会的各个领域，它不仅改变了人类社会的面貌，而且正改变着人们的工作、学习和生活方式。在信息化社会中，掌握计算机的基础知识及操作技能是人们应具备的基本素质。本章将从计算机的发展起源讲起，介绍计算机的特点、分类、组成、计算机中的信息表示、基础操作、多媒体技术以及病毒防治等。

学习目标：

- 了解计算机的发展史、特点、分类及应用领域。
- 理解计算机系统组成、计算机的性能和技术指标。
- 掌握4种进位计数制及相互转换，熟悉ASCII码，了解汉字编码。
- 熟悉计算机基础操作与汉字录入。
- 了解计算机病毒及其防治常识。
- 了解多媒体的基本概念及多媒体计算机的组成。

1.1　计算机概述

计算机是一种能够在其内部指令控制下运行的，并能够自动、高速和准确地处理信息的现代化电子设备。1946年，世界上第一台计算机诞生，迄今已有70多年历史，计算机技术得到了飞速发展。目前，计算机应用非常广泛，已应用到工业、农业、科技、军事、文教卫生和家庭生活等各个领域，计算机已成为当今社会人们分析问题和解决问题的重要工具。

1.1.1　计算机的起源与发展

计算机最初是为了计算弹道轨迹而研制的。世界上第一台计算机ENIAC于1946年诞生于美国宾夕法尼亚大学，该机主要元件是电子管，重量达30t，占地面积约170m^2，功率为150kW，运算速度为5000次/秒。尽管它是一个庞然大物，但由于是最早问世的一台数字式电子计算机，所以人们公认它是现代计算机的始祖。在研制ENIAC计算机的同时，另外两位科学家冯·诺依曼与莫尔还合作研制了EDVAC，它采用存储程序方案，即程序和数据一样都存储在内存中，此种方案沿用至今。所以，现在的计算机都被称为以存储程序原理为基础的冯·诺依曼型计算机。

半个多世纪以来，计算机的发展突飞猛进。从逻辑器件的角度来看，计算机已经历了如下4个发展阶段。

第一代(1946—1958 年)为电子管计算机,其主要标志是逻辑器件采用电子管。这一时期的计算机运算速度慢、体积较大、重量较重、价格较高、应用范围小,主要应用于科学和工程计算。

第二代(1959—1964 年)为晶体管计算机,其主要标志是逻辑器件采用晶体管。这一时期的计算机运算速度大幅度提高,重量减轻、体积显著减小,功耗降低,提高了可靠性,应用也愈来愈广,主要应用领域为数值运算和数据处理。

第三代(1965—1970 年)为集成电路计算机,主要特征是逻辑器件采用集成电路。这一时期的计算机体积减小,功耗、价格等进一步降低,而速度及可靠性有更大的提高,主要应用领域为信息处理。

第四代(1971 年至今)为大规模和超大规模集成电路计算机,其主要特征是逻辑器件采用大规模和超大规模集成电路,实现了电路器件的高度集成化。其内存为半导体集成电路,外存为磁盘、光盘,运算速度可达几亿次每秒到几百亿次每秒。第四代计算机的出现使得计算机的应用进入一个全新的领域,这也正是微型计算机诞生的时代。

从 20 世纪 80 年代开始,各发达国家先后开始研究新一代计算机,其采用一系列高新技术,将计算机技术与生物工程技术等边缘学科结合起来,是一种非冯·诺依曼体系结构的、人工神经网络的智能化计算机系统,这就是人们常说的第五代计算机。

1.1.2 计算机的发展趋势及展望

1. 计算机的发展趋势

目前,以超大规模集成电路为基础,未来的计算机正朝着巨型化、微型化、网络化、智能化及多媒体化方向发展。

1) 巨型化

科学和技术不断发展,在一些科技尖端领域,要求计算机有更高的速度、更大的存储容量和更高的可靠性,从而促使计算机向巨型化方向发展。

2) 微型化

随着计算机应用领域的不断扩大,对计算机的要求也越来越高,人们要求计算机体积更小、重量更轻、价格更低,能够应用于各种领域、各种场合。为了迎合这种需求,出现了各种笔记本电脑、膝上型和掌上计算机等,这些都是向微型化方向发展的结果。

3) 网络化

网络化指将计算机组成更广泛的网络,以实现资源共享及信息通信。

4) 智能化

智能化指使计算机具有类似于人类的思维能力,如推理、判断、感知等。

5) 多媒体化

数字化技术的发展能进一步改进计算机的表现能力,使人们拥有一个图文并茂、有声有色的信息环境,这就是多媒体技术。多媒体技术使现代计算机集图形、图像、声音、文字处理为一体,改变了传统的计算机处理信息的主要方式。传统的计算机是人们通过键盘、鼠标和显示器进行交互,而多媒体技术使信息处理的对象和内容发生了变化。

2. 对未来计算机的展望

按照摩尔定律,每过 18 个月,微处理器硅芯片上晶体管的数量就会翻一番。随着大规模集成电路工艺的发展，芯片的集成度越来越高。然而，硅芯片技术的高速发展同时也意味着硅技术越来越接近其物理极限，为此，世界各国的科研人员正在加紧研究开发新型计算机，在不久的将来，计算机从体系结构的变革到器件与技术的革新都将产生一次量的乃至质的飞跃，新型的量子计算机、光子计算机、生物计算机、纳米计算机等将会在21世纪走进人们的生活，遍布各个领域。

1）量子计算机

量子计算机是指利用处于多现实态下的原子进行运算的计算机，这种多现实态是量子力学的标志。量子计算机以处于量子状态的原子作为中央处理器和内存，利用原子的量子特性进行信息处理。一台具有5000个左右量子位的量子计算机可以在30s内解决传统超级计算机需要100亿年才能解决的素数问题。事实上，它们速度的提高是没有止境的。

目前，正在开发中的量子计算机有核磁共振（NMR）量子计算机、硅基半导体量子计算机、离子阱量子计算机3种类型。科学家们预测，在2030年将普及量子计算机。

2）光子计算机

光子计算机利用光作为信息的传输媒体，是一种利用光信号进行数字运算、逻辑操作、信息存储和处理的新型计算机。1990年初，美国贝尔实验室制成世界上第一台光子计算机。目前，许多国家投入巨资进行光子计算机的研究。随着现代光学与计算机技术、微电子技术的结合，在不久的将来，光子计算机将成为人类普遍使用的工具。

3）生物计算机

生物计算机主要是由生物电子元件构成的计算机。生物计算机的主要原材料是生物工程技术产生的蛋白质分子，并以此作为生物芯片，利用有机化合物存储数据。

用蛋白质制造的计算机芯片，它的一个存储点只有一个分子大小，所以存储容量大，可以达到普通计算机的10亿倍；它构成的集成电路小，其大小只相当于硅片集成电路的十万分之一；它的运转速度更快，比当今最新一代计算机快10万倍，它的能量消耗低，仅相当于普通计算机的十亿分之一；它具有生物体的一些特点，具有自我组织、自我修复功能；还可以与人体及人脑结合起来，听从人脑指挥，从人体中“吸收营养”。

生物计算机将具有比电子计算机和光子计算机更优异的性能。现在世界上许多科学家正在研制生物计算机，不少科学家认为，有朝一日生物计算机出现在科技舞台上，就有可能彻底实现现有计算机无法实现的人类右脑的模糊处理功能和整个大脑的神经网络处理功能。

4）纳米计算机

“纳米”是一个计量单位，一纳米等于10^{-9}m（1nm=10^{-9}m），大约是氢原子直径的10倍。应用纳米技术研制的计算机内存芯片，其体积不过数百个原子大小，相当于人的头发丝直径的千分之一，内存容量大大提升，性能大大增强，几乎不需要耗费任何能源。

目前，在以不同原理实现纳米计算机方面，科学家们提出了电子式纳米计算机技术、基于生物/化学物质与DNA的纳米计算机、机械式纳米计算机、量子波相干计算机4种工作机制。它们有可能发展成为未来纳米计算机技术的基础。

展望未来，计算机的发展必然要经历很多新的突破。从目前的发展趋势来看，未来的计算机将是微电子技术、光学技术、超导技术和电子仿生技术相互结合的产物。第一台超高速全光数字计算机已由英国、法国、德国、意大利和比利时等国的70多名科学家和工程师合作研制成功,运算速度比电子计算机快1000倍。在不久的将来,超导计算机、神经网络计算机等全新的计算机也会诞生。届时,计算机将发展到一个更高、更先进的水平。

1.1.3 计算机的特点、分类与应用

1. 计算机的特点

计算机是一种可以进行自动控制、具有记忆功能的现代化计算工具和信息处理工具。计算机之所以具有很强的生命力,并得以飞速的发展,是因为计算机本身具有诸多特点,具体体现在以下几个方面。

1) 运算速度快

运算速度是计算机性能的重要指标之一。计算机的运算速度指的是单位时间内所能执行指令的条数,一般以每秒能执行多少个百万条指令来描述。现代的计算机运算速度已达到每秒亿亿次,使得许多过去无法处理的问题都能得以解决。

2016年全球超级计算机500强榜单中,中国"神威·太湖之光"的峰值计算速度达每秒12.54亿亿次,持续计算速度每秒9.3亿亿次,性能功耗比为60.51亿次每瓦,3项关键指标均排名世界第一。

2) 计算精度高

计算机采用二进制数字运算,随着表示数字的设备增加而提高,再加上先进的算法,一般可达几十位甚至几百位有效数字的计算精度。

3) 存储容量大

计算机具有完善的存储系统,可以存储大量的信息。计算机不仅提供了大容量的主存储器存储计算机工作时的大量信息,还提供了各种外存储器来保存信息,如移动硬盘、优盘和光盘等,实际上存储容量已达到海量。

4) 逻辑判断能力

计算机不仅能进行算术运算和逻辑运算,而且还能对各种信息(如语言、文字、图形、图像、音乐等)通过编码技术进行判断或比较,进行逻辑推理和定理证明,从而使计算机能解决各种不同的数据处理问题。

5) 自动化

计算机是由程序控制操作过程的,在工作过程中不需人工干预,只要根据应用的需要将事先编制好的程序输入给计算机,计算机就能根据不同信息的具体情况做出判断,自动、连续地工作,完成预定的处理任务。利用计算机这个特点,人们可以让计算机去完成那些枯燥乏味、令人厌烦的重复性劳动,也可让计算机控制机器深入到人类躯体难以胜任的、有毒有害的场所作业。这就是计算机在过程控制中的应用。

6) 通用性

计算机能够在各行各业得到广泛的应用,原因之一就是具有很强的通用性。它可以将任何复杂的信息处理任务分解成一系列基本算术运算和逻辑运算,反映在计算机的指令操作中,按照各种规律要求的先后次序把它们组织成各种不同的程序存入存储器中。在计算机的工作过程中,这种存储指挥和控制计算机进行自动、快速的信息处理,并且十分灵活、方便,易于变更,这就使计算机具有了极大的通用性。

7）网络与通信功能

目前广泛应用的“因特网”(Internet)连接了全世界200多个国家和地区的数亿台各种计算机。网上的计算机用户可以共享网上资源、交流信息。

2. 计算机的分类

计算机的分类方法有很多种，按计算机处理的信号特点可分为数字式计算机、模拟式计算机和混合计算机；按计算机的用途可分为通用计算机和专用计算机；按计算机的性能和规模可分巨型机、大型通用机、微型机。

随着计算机科学技术的发展，各种计算机的性能指标均会不断提高，因此对计算机分类方法也会有多种变化。本书将计算机分为以下5类。

1）服务器

服务器必须功能强大，具有很强的安全性、可靠性、联网特性以及远程管理和自动控制功能，具有很大容量的存储器和很强的处理能力。

2）工作站

工作站是一种高档微型计算机，但与一般高档微型计算机不同的是，工作站具有更强的图形处理能力，支持高速的AGP图形端口，能运行三维CAD的软件，并且它有一个大屏幕显示器，以便显示设计图、工程图和控制图等。工作站又可分为初级工作站、工程工作站、图形工作站和超级工作站等。

3）台式机

台式机就是通常说的微型计算机，它由主机箱、显示器、键盘和鼠标等部件组成。通常，厂家根据不同用户的要求，通过不同配置，又可将台式机分为商用计算机、家用计算机和多媒体计算机等。

4）便携机

便携机又称笔记本电脑，它除了质量轻、体积小、携带方便外，与台式计算机功能相似，但价格比台式机贵。便携机使用方便，适合移动通信工作的需求。

5）嵌入式计算机

它一般由嵌入式微处理器、外围硬件设备、嵌入式操作系统以及用户的应用程序等4个部分组成。它是计算机市场中增长最快的领域，也是种类繁多，形态多种多样的计算机。

3. 计算机的应用

目前，计算机的应用非常广泛，遍及社会生活的各个领域，产生了巨大的经济效益和社会影响，概括起来可以归纳为以下几个方面。

1）科学计算

在科学实验或者工程设计中，利用计算机进行数值算法求解或者工程制图称为科学和工程计算。它的特点是计算量比较大，逻辑关系相对简单。科学和工程计算是计算机的一个重要的应用领域。

2）自动控制

根据冯·诺依曼原理，利用程序存储方法，将机械、电器等设备的工作或动作程序设计成计算机程序，让计算机进行逻辑判断，按照设计好的程序执行。这一过程一般会对计算机的可靠性、封闭性、抗干扰性等指标提出要求，可以应用于工业生产的过程控制，如炼钢炉控制、电力调度等。

3) 数据处理

数据处理是计算机的重要应用领域,数据是能转化为计算机存储信号的信息集合,具体指数字、声音、文字、图形、图像等。利用计算机可对大量数据进行加工、分析和处理,从而实现办公自动化,例如,财政、金融系统数据的统计和核算,银行储蓄系统的存款、取款和计息,企业的进货、销售、库存系统,学生管理系统等。

4) 计算机辅助系统

计算机辅助系统是计算机的另一个重要应用领域,主要包括计算机辅助设计(CAD,例如服装设计 CAD 系统)、计算机辅助制造(CAM,例如电视机的辅助制造系统)、计算机辅助教学(CAI)、计算机辅助测试(CAT)和计算机辅助工程(CAE)等。

5) 人工智能

计算机具有像人一样的推理和学习功能,能够积累工作经验,具有较强的分析问题和解决问题的能力,所以计算机具有人工智能。人工智能的表现形式多种多样,例如利用计算机进行数学定理的证明、逻辑推理、理解自然语言、辅助疾病诊断、实现人机对话及破译密码等。

6) 网络应用

计算机网络是计算机技术和通信技术互相渗透、不断发展的产物,利用一定的通信线路,将若干台计算机相互连接起来形成一个网络,以达到资源共享和数据通信的目的,是计算机应用的另一个重要方面。

7) 多媒体应用

信息与技术的交互发展推动了计算机多媒体技术的出现与推广使用。计算机多媒体技术实现了音、形、色的结合,丰富了传媒、会议以及教学等的开展形式,扩大了日常信息传递的方法途径,是未来生产生活中应用的主流技术之一。

8) 嵌入式系统

随着科学技术的发展,人类已经进入基于 Internet 的后 PC 时代。传统的 IT 设备逐渐转变成嵌入式设备,小到智能卡、手机、水表,大到信息家电、汽车,甚至飞机、宇宙飞船,人们的生活已经被嵌入式系统所包围。

1.2 计算机系统的组成及其工作原理

在了解了计算机的产生、发展、分类及应用的基础上,本节先讨论计算机系统的基本组成,然后介绍微型计算机的硬件系统、软件系统及系统的性能指标。

1.2.1 计算机系统的基本组成

一个完整的计算机系统通常由硬件系统和软件系统两大部分组成。其中,硬件系统是指实际的物理设备,主要包括控制器、运算器、存储器、输入设备和输出设备 5 大部分,如图 1-1 所示;软件系统是指计算机中的各种程序和数据,包括计算机本身运行时所需要的系统软件,以及用户设计的、完成各种具体任务的应用软件。

计算机的硬件和软件是相辅相成的,二者缺一不可,只有硬件和软件齐备并协调配合才能发挥出计算机的强大功能,为人类服务。

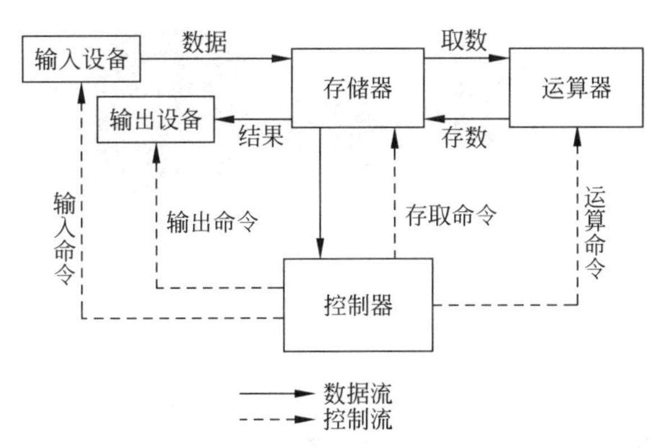

图 1-1　计算机硬件系统工作示意图

1.2.2　计算机硬件系统

计算机硬件系统是由控制器、运算器、存储器、输入设备和输出设备 5 部分组成的。其中，控制器和运算器又合称中央处理器(CPU)，在微型计算机中又称为微处理器(MPU)；CPU 和存储器统称为主机，输入设备和输出设备统称为外部设备。随着大规模、超大规模集成电路技术的发展，计算机硬件系统将控制器和运算器集成在一块微处理器芯片上，通常称为 CPU 芯片，随着芯片的发展，其内部又增添了高速缓冲寄存器，可以更好发挥 CPU 芯片的高速度，提高对多媒体的处理能力。

因此，计算机硬件系统主要由 CPU、存储器、输入设备、输出设备和连接各个部件以实现数据传送的总线组成，这样构成的计算机硬件系统又称微型计算机硬件系统，如图 1-2 所示。

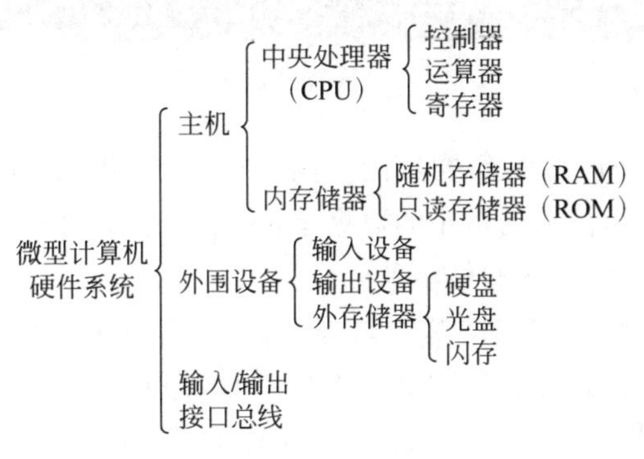

图 1-2　微型计算机硬件系统的组成

1. 中央处理器

中央处理器是计算机硬件系统的核心，它主要包括控制器、运算器和寄存器等部件。对于一台计算机运行速度的快慢，中央处理器的配置起着决定性的作用。微型计算机的 CPU 安置在大拇指那么大的甚至更小的芯片上，如图 1-3 所示。

1) 控制器

控制器是计算机的指挥中心，它根据用户程序中的指令控制机器的各部分，使其协调一致地工作。其主要任务是从存储器中取出指令，分析指令，并对指令译码，按时间顺序和节

图 1-3　中央处理器芯片

拍向其他部件发出控制信号,从而指挥计算机有条不紊地协调工作。

2) 运算器

运算器是专门负责处理数据的部件,即对各种信息进行加工处理,它既能进行加、减、乘、除等算术运算,又能进行与、或、非、比较等逻辑运算。

3) 寄存器

寄存器是处理器内部的暂时存储单元,用来暂时存放指令、即将被处理的数据、下一条指令地址及处理的结果等。它的位数可以代表计算机的字长。

2. 存储器

存储器是专门用来存放程序和数据的部件。按功能和所处位置的不同,存储器又分为内存储器和外存储器两大类。随着计算机技术的快速发展,在 CPU 和内存储器(主存)之间又设置了高速缓冲存储器。

1) 内存储器

内存储器简称内存,又称主存,主要用来存放 CPU 工作时用到的程序和数据以及计算后得到的结果。内存储器芯片又称内存条,如图 1-4 所示。

图 1-4　内存储器芯片

计算机中的信息用二进制表示,常用的单位有位、字节和字。

位(b)是计算机中表示信息的最小的数据单位,是二进制的一个数位,每个 0 或 1 就是一个位。它也是存储器存储信息的最小单位。

字节(B)是计算机中表示信息的基本数据单位。1 字节由 8 个二进制位组成。1 个字符的信息占 1 字节,1 个汉字的信息占 2 字节。在计算机中,存储容量的计量单位有字节(B)、千字节(KB)、兆字节(MB)以及十亿字节(GB)等。它们之间的换算关系如下:

- 1B=8b
- $1KB=2^{10}B=1024B$
- $1MB=2^{10}KB=1024KB=1024\times1024B$
- $1GB=2^{10}MB=1024MB=1024\times1024\times1024B$
- $1TB=2^{10}GB=1024GB=1024\times1024\times1024\times1024B$

因为计算机用的是二进制,所以转换单位是 2 的 10 次幂。

字(word)指在计算机中作为一个整体被存取、传送、处理的一组二进制信息。一个字由若干个字节组成,每个字中所含的位数是由 CPU 的类型所决定,它总是字节的整数倍。

例如 64 位微型计算机，指的是该微型计算机的一个字等于 64 位二进制信息。通常，运算器以字为单位进行运算，一般寄存器以字为单位进行存储，控制器以字为单位进行接收和传递。

内存容量是计算机的一个重要技术指标。目前，计算机常见的内存容量配置为 2GB、4GB、8GB 和 16GB，甚至更大。内存通过总线直接相连，存取数据速度快。

内部存储器按读/写方式又可分为随机存取存储器和只读存储器两类。

随机存取存储器允许用户随时进行读/写数据，简称 RAM。开机后，计算机系统把需要的程序和数据调入 RAM，再由 CPU 取出执行，用户输入的数据和计算的结果也存储在 RAM 中。只要关机或断电，RAM 中的程序和数据就立即全部丢失。因此，为了妥善保存计算机处理后的数据和结果，必须及时将其转存到外存储器。根据工作原理不同，RAM 又可分为静态 RAM(SRAM)和动态 RAM(DRAM)。

只读存储器只允许用户读取数据，不能写入数据，简称 ROM。ROM 常用于存放系统核心程序和服务程序。开机后，ROM 中就有程序和数据；断电后，ROM 中的程序和数据也不丢失。根据工作原理的不同，ROM 又可分为掩模 ROM(MROM)、可编程 ROM(PROM)、可擦除可编程 ROM(EPROM)和电可擦除可编程 ROM(EEPROM)。

2）高速缓冲存储器

随着计算机技术的高速发展，CPU 主频的不断提高，对内存的存取速度要求越来越高；然而，内存的速度总是达不到 CPU 的速度，它们之间存在着速度上的严重不匹配。为了协调二者之间的速度差异，在这二者之间采用了高速缓冲存储器技术。高速缓冲存储器又称为 Cache。

Cache 采用双极型静态 RAM，即 SRAM，它的访问速度是 DRAM 的 10 倍左右，但容量比内存相对要小，一般为 128KB、256KB、512KB、1MB 等。Cache 位于 CPU 和内存之间，通常将 CPU 要经常访问的内存内容先调入 Cache 中，以后 CPU 要使用这部分内容时可以快速地从 Cache 中取出。

Cache 一般分为 L1 Cache(一级缓存)和 L2 Cache(二级缓存)两种。L1 Cache 和 L2 Cache 集成在 CPU 芯片内部，目前主流 CPU 的 L2 Cache 存储容量一般为 1～12MB。新式 CPU 还具有 L3 Cache(三级缓存)。

3）外存储器

外存储器简称外存，也称辅存，主要用来存放需长期保存的程序和数据。开机后用户根据需要将所需的程序或数据从外存调入内存，再由 CPU 执行或处理。外存储器是通过适配器或多功能卡与 CPU 相连的，存取数据的速度比内存储器慢，但存储容量一般都比内存储器大得多。目前，微型计算机系统常用的外存储器有硬磁盘(简称硬盘)、光盘和闪存盘。光盘又可分为只读光盘和读/写光盘等。

硬盘是微型计算机系统中广泛使用的外部存储器设备。硬盘是由若干个圆盘组成的圆柱体，若干张盘片的同一磁道在纵方向上所形成的同心圆构成一个柱面，柱面由外向内编号，同一柱面上各磁道和扇区的划分与早期曾使用过的软盘基本相同，每个扇区的容量也与软盘一样，通常是 512B。所以，硬盘是按柱面、磁头和扇区的格式来组织存储信息的。硬盘格式化后的存储容量可按以下公式计算。

$$硬盘容量=磁头数\times柱面数\times扇区数\times每扇区字节数$$

例如,某硬盘格式化后磁头有16个,柱面3184个,每柱面有扇区63个,则该硬盘容量=16×3184×63×512B=1643249664B=1604736KB,约为1.6GB。

硬盘常被封装在硬盒内,固定安装在机箱里,难以移动。因此,它不能像软盘那样便于携带,但它比软盘存储信息密度高、容量大,读/写速度也比软盘快,所以人们常用硬盘来存储经常使用的程序和数据。硬盘的存储容量一般为几百吉字节(GB),甚至更大。硬盘实物图和工作原理图如图1-5所示。

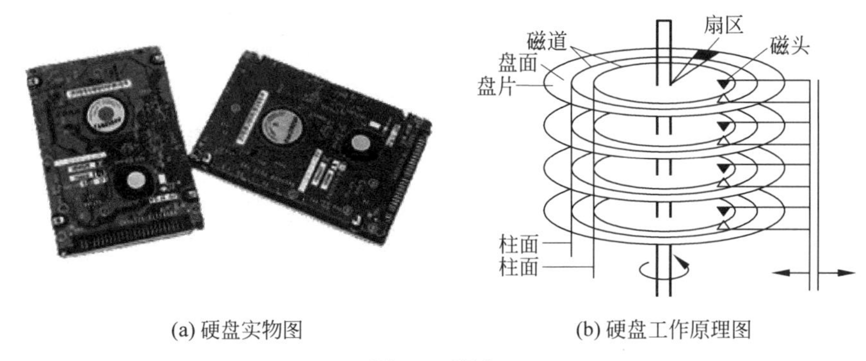

(a) 硬盘实物图　　(b) 硬盘工作原理图

图1-5　硬盘

光盘是利用光学方式读/写信息的外部存储设备,利用激光在硬塑料片上烧出凹痕来记录数据。光盘便于携带,存储容量比软盘大,一张CD光盘可以存放大约650MB数据,并且读/写速度快,不受干扰。

目前,计算机上使用的光盘大体可分为只读光盘(CD-ROM)、一次性写入光盘(WO)和可擦写型光盘(MO)3类。常用的CD-ROM光盘上的数据是在光盘出厂时就记录存储在上面的,用户只能读取,不能修改;WO型光盘允许用户写入一次,可多次读取;MO型光盘允许用户反复多次读/写,就像对硬盘操作一样,故也称为磁光盘。

优盘又称闪存盘,是一种近些年才发展起来的新型移动存储设备,它小巧玲珑,可用于存储任何数据,并与计算机方便地交换文件。优盘结构采用闪存存储介质和通用串行总线接口,具有轻巧精致、使用方便、便于携带、容量较大、安全可靠等特征。从容量上讲,它的容量从16MB到4GB、16GB、32GB,甚至更大;从读/写速度上讲,它采用USB接口标准,读/写速度大大提高;从稳定性上讲,它没有机械读/写装置,避免了移动硬盘容易碰伤等原因造成的损坏。它外形小巧,更容易携带,使用寿命主要取决于存储芯片寿命,存储芯片至少可擦写10万次以上。

图1-6　优盘

优盘由硬件部分和软件部分组成。其中,硬件部分包括Flash存储芯片、控制芯片、USB端口、PCB电路板、外壳和LED指示灯等。U盘实物如图1-6所示。

3. 输入设备

输入设备是人们向计算机输入程序和数据的一类设备。目前,常见的微型计算机输入设备有键盘、鼠标、光笔、扫描仪、数码相机及语音输入装置等。其中,键盘和鼠标是两种最基本的、使用最广泛的输入设备。为避免重复,关于键盘和鼠标的详细内容将在1.4节“计算机基础操作与汉字录入”中讲述。

4. 输出设备

输出设备是计算机输出结果的一类设备。目前,常见的微型计算机输出设备有显示器、打印机、绘图仪等。其中,显示器和打印机是最基本的、使用最广泛的输出设备。

1) 显示器

显示器是微型计算机必备的输出设备,它既可显示人们向计算机输入的程序和数据等可视信息,又可显示经计算机计算处理后的结果和图像。显示器通常可分为单色显示器、彩色显示器和液晶显示器,按显示器大小又可分为 14 英寸、15 英寸、17 英寸、21 英寸等规格(1 英寸=2.54 厘米)。显示器显示图像的细腻程度与显示器分辨率有关,分辨率愈高,显示图像愈清晰。所谓分辨率,是指屏幕上横向、纵向发光点的点数,一个发光点称为一个像素。目前,常见显示器的分辨率有 640×480 像素、800×600 像素、1024×768 像素、1920×1080 像素等。彩色显示器的像素由红、绿、蓝 3 种颜色组成,发光像素的不同组合可产生各种不同的图形。液晶显示器实物如图 1-7 所示。

2) 打印机

打印机是微型计算机打印输出信息的重要设备,它可将信息打印在纸上,供人们阅读和长期保存。目前,常用的打印机有针式、喷墨式和激光式 3 类。针式打印机是通过一排排打印针(常有 24 根针)冲击色带而形成墨点,组成文字或图像,它既可在普通纸上打印,又可打印在蜡纸上,但打印字迹比较粗糙;喷墨式打印机通过向纸上喷射微小的墨点形成文字或图像,打印字迹细腻,但纸和墨水耗材比较贵;激光式打印机的工作原理类似于静电复印机,打印机速度快且字迹精细,但价格较高。打印机实物外观如图 1-8 所示。

图 1-7　液晶显示器

图 1-8　打印机

5. 主板和总线

每台微型计算机的主机箱内部都有一块较大的电路板,称为主板。微型计算机的中央处理器芯片、内存储器芯片(又称内存)、硬盘、输入/输出接口以及其他各种电子元器件都是安装在这个主板上的。主板实物和主板分区如图 1-9 所示。

为了实现中央处理器、存储器和外部输入/输出设备之间的信息连接,微型计算机系统采用了总线结构。所谓总线(又称 BUS),是指能为多个功能部件服务的一组信息传送线,是实现中央处理器、存储器和外部输入/输出接口之间相互传送信息的公共通路。按功能不同,微型计算机的总线又可分为地址总线、数据总线和控制总线 3 类。

地址总线是中央处理器向内存、输入/输出接口传送地址的通路,地址总线的根数反映了微型计算机的直接寻址能力,即一个计算机系统的最大内存容量。例如早期的 Intel 8088 计算机系统有 20 根地址线,直接寻址范围为 2^{20}B(1MB);后来的 Intel 80286 型计算机系

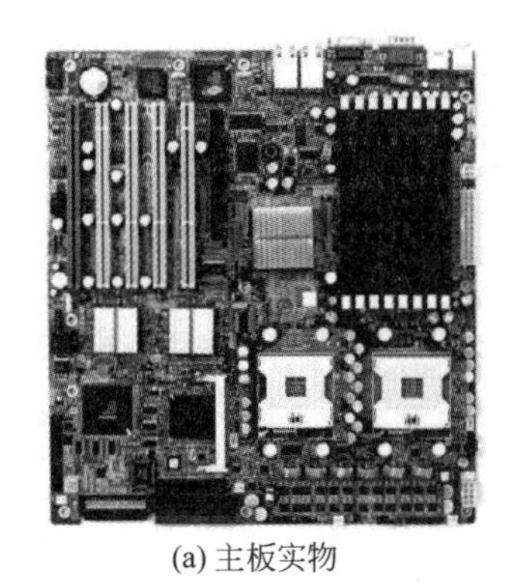

(a) 主板实物

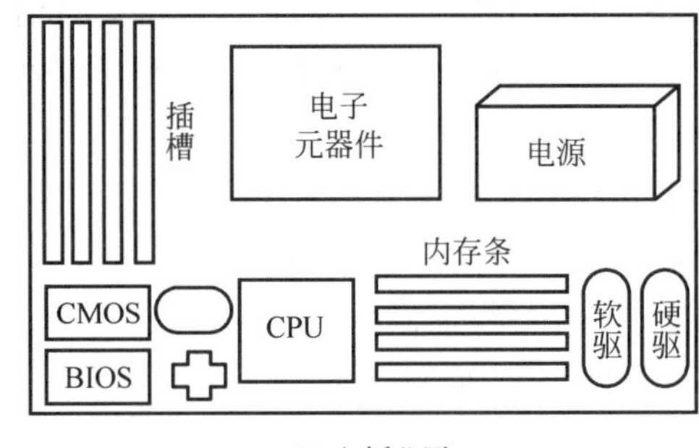

(b) 主板分区

图 1-9　主板

统地址线增加到了 24 根,直接寻址范围为 2^{24}B(16MB);再后来使用的 Intel 80486、Pentium(奔腾)计算机系统有 32 根地址线,直接寻址范围可达 2^{32}B(4GB)。

数据总线用于中央处理器与内存、输入/输出接口之间传送数据。16 位的计算机一次可传送 16 位数据,32 位的计算机一次便可传送 32 位的数据。

控制总线是中央处理器向内存及输入/输出接口发送命令信号的通路,同时也是内存或输入/输出接口向微处理器回送状态信息的通路。

通过总线,将微型计算机中的处理器、存储器、输入设备、输出设备等各功能部件连接起来,组成了一个整体的计算机系统。需要说明的是,上面介绍的功能部件仅仅是计算机硬件系统的基本配置。随着科学技术的发展,计算机已从单机应用向多媒体、网络应用发展,相应的音频卡、视频卡、调制解调器、网络适配器等功能部件也是计算机系统中不可缺少的硬件配置。总线结构如图 1-10 所示。

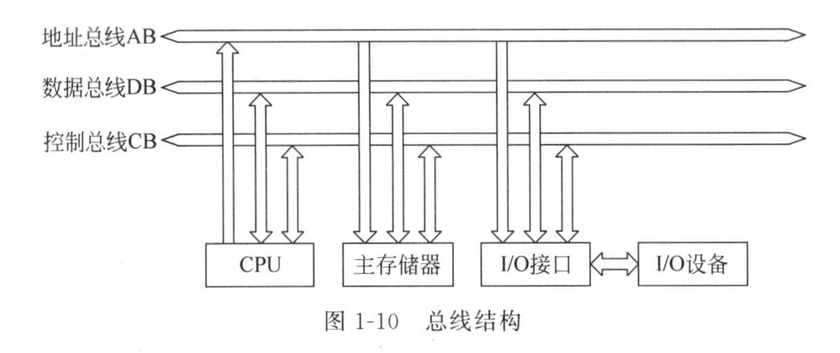

图 1-10　总线结构

1.2.3　计算机软件系统

只有硬件而没有软件的计算机称为“裸机”,它是无法进行工作的,只有配备了一定的软件才能发挥其功能。计算机软件按用途分为系统软件和应用软件两大类。

1. 系统软件

系统软件是用户操作、管理、监控和维护计算机资源(包括硬件和软件)所必需的软件,一般由计算机厂家或软件公司研制。系统软件分为操作系统、支撑软件、语言处理程序、数据库管理系统等。

1）操作系统

操作系统（Operating System，OS）是直接运行在计算机硬件上的最基本的系统软件，是系统软件的核心。它负责管理和控制计算机的软件、硬件资源，它是用户与计算机之间的一个操作平台，用户通过它来使用计算机。常用的操作系统有 Windows、UNIX、Linux 和 OS/2 等。

操作系统的功能十分丰富，从资源管理角度看，操作系统具有处理器管理、作业管理、存储器管理、设备管理、文件管理 5 大功能。

操作系统的种类繁多，根据用户使用的操作环境和功能特征可分为批处理操作系统、分时操作系统和实时操作系统等；根据所支持的用户数目可分为单用户操作系统和多用户操作系统；根据硬件结构可分为分布式操作系统、网络操作系统和多媒体操作系统等。

2）支撑软件

支撑软件是支持其他软件的编制、维护的软件，是对计算机系统进行测试、诊断和排除故障，对文件夹进行编辑、传送、显示、调试以及进行计算机病毒检测、防治等的程序集合。常见的有 Edit、Debug、Norton、Antivirus 等。

3）语言处理程序

人与计算机交流时需要使用相互可以理解的语言，以便将人的意图传达给计算机。人们把同计算机交流的语言称为程序设计语言。程序设计语言分为机器语言、汇编语言和高级语言 3 类。

机器语言（machine language）是最低层次的计算机语言，是直接用二进制代码表示指令的语言，是计算机硬件唯一可以直接识别和执行的语言。与其他程序设计语言相比，机器语言执行速度最快，执行效率最高。

为了克服机器语言编程的缺点，人们发明了汇编语言（assemble language）。汇编语言是采用人们容易识别和记忆的助记符号代替机器语言的二进制代码，如 MOV 表示传送指令，ADD 表示加法指令等。因此，汇编语言又称为符号语言，汇编语言指令与机器指令一一对应。对应一种基本操作，对解决同一问题编写的汇编语言程序在不同类型的机器上是不通用的，移植性较差。机器语言和汇编语言都是直接面向计算机的低级语言。

高级语言（high level language）是人们为了克服低级语言的不足而设计的程序设计语言。这种语言与自然语言和数学公式相当接近，而且不依赖于计算机的型号。高级语言的使用大大提高了编写程序的效率，改善了程序的可读性、可维护性、可移植性。目前，常用的高级语言有 C、C++、Fortran、Visual Basic、Visual C++及 Java 等。

语言处理程序是用来将利用各种程序设计语言编写的程序“翻译”成机器语言程序（称为目标程序）的翻译程序，常用的有“编译程序”和“解释程序”。编译程序将利用高级语言编写的程序作为一个整体进行处理，编译后与子程序库连接，形成一个完整的可执行程序。Fortran、C 语言等都采用这种编译方法。解释程序是对高级语言程序逐句解释执行，执行效率较低。Basic 语言属于解释型。所以，高级语言程序有两种执行方式，即编译执行方式和解释执行方式。

4）数据库管理系统

数据库管理系统是一种操纵和管理数据库的大型软件，用于建立、使用和维护数据库，对数据库进行统一管理和控制，以保证数据库的安全性和完整性。常见的数据库管理系统有 Access、SQL Server、Visual FoxPro、Oracle 等。

2. 应用软件

应用软件是用户为了解决实际应用问题而编制开发的专用软件。应用软件必须有操作系统的支持才能正常运行。应用软件种类繁多,例如财务管理软件、办公自动化软件、图像处理软件、计算机辅助设计软件及科学计算软件包等。

1.2.4 计算机的工作原理

1946 年,美籍匈牙利数学家冯·诺依曼教授提出了以"存储程序"和"程序控制"为基础的设计思想,即"存储程序"的基本原理。迄今为止,计算机基本工作原理仍然采用冯·诺依曼的这种设计思想。

1. 冯·诺依曼设计思想

冯·诺依曼设计思想如下。

- 计算机应包括运算器、存储器、控制器、输入设备和输出设备 5 大基本部件。
- 计算机内部采用二进制表示指令和数据。
- 将编好的程序(即数据和指令序列)存放在内存储器中,使计算机在工作时能够自动高速地从存储器中取出指令并执行指令。

1949 年,EDVAC 诞生在英国剑桥大学,这是冯·诺依曼与莫尔小组合作研制的离散变量自动电子计算机,是第一台现代意义的通用计算机,遵循了冯·诺依设计思想,在程序的控制下自动完成操作。这种结构一直延续至今,所以现在一般计算机都被称为冯·诺依曼结构计算机。

2. 指令与程序

1) 指令

指令是控制计算机完成某种特定操作的命令,是能被计算机识别并执行的二进制代码。一条指令包括操作码和操作数两部分。操作码指明该指令要完成的操作,例如取数、做加法或输出数据等。操作数指明操作对象的内容或所在的存储单元地址(地址码),操作数在大多数情况下是地址码,地址码可以有 0～3 个。

2) 程序

程序是指一组指示计算机每一步动作的指令,就是按一定顺序排列的计算机可以执行的指令序列。程序通常用某种程序设计语言编写,运行于某种目标体系结构,要经过编译和连接成为一种人们不易理解而计算机理解的格式,然后运行。

3. 计算机的工作过程

计算机的工作过程就是执行程序的过程。根据冯·诺依曼的设计,计算机能自动执行程序,而执行程序又归结为逐条执行指令。执行一条指令的过程如下所述。

(1) 取出指令:从存储器某个地址中取出要执行的指令送到 CPU 内部指令寄存器暂存。

(2) 分析指令:将保存在指令寄存器中的指令送到指令译码器,译出该指令对应的操作。

(3) 执行指令:根据指令译码器向各个部件发出控制信号,完成指令规定的各种操作。

(4) 为执行下一条指令做好准备,即形成下一条指令地址。

所以，计算机的工作过程就是执行指令序列的过程，也就是反复取指令、分析指令和执行指令的过程。

1.2.5 计算机系统的配置与性能指标

计算机系统的性能评价是一个很复杂的问题。下面着重介绍微型计算机系统的基本配置与性能指标。

1. 微型计算机系统的基本配置

微型计算机系统可根据需要灵活配置，不同的配置有不同的性能和不同的用途。目前，微型计算机的配置已经相当高级，例如以下配置。

微处理器：四核 2.8GHz。

内存储器：8GB。

硬盘：500GB。

光驱：DVD 刻录。

显示器：19 英寸彩色液晶显示器。

操作系统：Windows 7 或 Windows 10。

除了上述基本配置外，其他外部设备(如打印机、扫描仪、调制解调器等)可以根据需要选择配置。

2. 微型计算机系统的性能指标

如何评价计算机系统的性能是一个很繁杂的问题，在不同的场合依据不同的用途有不同的评价标准。但微型计算机系统有许多共同的性能指标是读者必须要熟悉的。目前，微型计算机系统主要考虑的性能指标有以下几个。

1) 字长

字长指计算机处理指令或数据的二进制位数，字长越长，表示计算机硬件处理数据的能力越强。通常，微型计算机的字长有 16 位、32 位以及 64 位等。目前流行的微型计算机字长是 64 位。

2) 速度

计算机的运算速度是人们最关心的一项性能指标。通常而言，微型计算机的运算速度以每秒钟执行的指令条数来表示，经常用每秒百万条指令数(MI/s)为计数单位。例如，通常的 Pentium 处理器的运算速度可达 300MI/s 甚至更高。

由于运算速度与处理器的时钟频率密切相关，所以人们也经常用中央处理器的主频来表示运算速度。主频以兆赫兹(MHz)或吉赫兹(GHz)为单位，主频越高，计算机运算速度越快。例如，Pentium Ⅱ 处理器的主频为 233～450MHz，Pentium Ⅲ 处理器为 450～1000MHz，Pentium 4 处理器的主频可达 3.6GHz，目前使用的 6 核酷睿 intel 微处理器，主频可达 4.0～5.0GHz。

3) 容量

容量是指内存的容量。内存储器容量的大小不仅影响存储信息的多少，而且影响运算速度。内存容量常有 128MB、256MB、1GB、2GB、4GB 等，容量越大，所能运行软件的功能就越强。在通常情况下，4GB 内存就能满足一般软件运行的要求，若要运行二维、三维动画软件，则需要 16GB 或更大的内存。

4）带宽

计算机的数据传输速率用带宽表示，数据传输速率的单位是位每秒(b/s)，也常用 Kb/s、Mb/s、Gb/s 表示每秒传输的位数。带宽反映了计算机的通信能力。例如，调制解调器速率为 33Kb/s 或 56Kb/s。

5）版本

版本序号反映计算机硬件、软件产品的不同生产时期，通常序号越大性能越好。例如，Windows 2000 就比 Windows 98 好，而 Windows 10 又比 Windows 7 功能更强，性能更好。

6）可靠性

可靠性是指在给定的时间内微型计算机系统能正常运行的概率，通常用平均无故障时间(MTBF)来表示，MTBF 的时间越长表明系统的可靠性越好。

1.3 计算机中的信息表示

计算机的主要功能是处理信息，如处理数据、文字、图像、声音等信息。在计算机内部所有信息都是用二进制编码表示的，各种信息必须经过数字化编码才能被传送、存储和处理。所以理解计算机中的信息表示是极为重要的。

1.3.1 数制与转换

1. 四种进位记数制

数制也称进位记数制，是用一组固定的符号和统一的规则来表示数值的方法。计算机中常用的数制有十进制、二进制、八进制和十六进制。十进制是人们习惯用的进制，但是由于技术上的原因，计算机内部一律采用二进制数据和信息，八进制和十六进制是为了弥补二进制数字过于冗长而出现在计算机中的，常用来描述存储单元的地址或表示指令码等，因此弄清不同进制及其相互转换是很重要的。

在各种进位记数制中有两个概念非常重要，即基数和位权。

基数指各种进位记数制中所使用的数码的个数，用 R 表示。例如，十进制中使用了 10 个不同的数码，分别是 0、1、2、3、4、5、6、7、8、9，因此十进制的基数 $R=10$。

一位数码的大小与它在数中所处的位置有关，每一位数的大小是该位上的数码再乘以一个它所处数位的一个固定数，这个不同数位上的固定数称为位权。位权的大小为 R 的某次幂，即 R^i。其中，i 为数码所在位置的序号(设小数点向左第 1 位为第 0 位，即序号为 0，依次向左序号为 1、2、3…)。例如，十进制个位数位置上的位权是 10^0，十位数位置上的位权为 10^1，百位数位置上的位权为 10^2 等；小数点后 1 位位置上的位权为 10^{-1}，依次向右第 2 位的位权为 10^{-2}，第 3 位的位权为 10^{-3} 等。

1）十进制

十进制(decimal notation)具有十个不同的数码，其基数为 10，各位的位权为 10^i。十进制数的进位规则是“逢十进一”。例如，十进制数 $(3427.59)_{10}$ 可以表示为下式：

$$(3427.59)_{10}=3\times10^3+4\times10^2+2\times10^1+7\times10^0+5\times10^{-1}+9\times10^{-2}$$

这个式子称为十进制数的按位权展开式，简称按权展开式。

2）二进制

二进制(binary notation)具有两个不同的数码符号0、1，其基数为2，各位的位权是2^i。二进制数的进位规则是“逢二进一”。例如，二进制数$(1101.101)_2$可以表示为下式：

$$(1101.101)_2=1\times2^3+1\times2^2+0\times2^1+1\times2^0+1\times2^{-1}+0\times2^{-2}+1\times2^{-3}$$

3）八进制

八进制(octal notation)具有八个不同的数码0、1、2、3、4、5、6、7，其基数为8，各位的位权是8^i。八进制数的进位规则是“逢八进一”。例如，八进制数$(126.35)_8$可以表示为下式：

$$(126.35)_8=1\times8^2+2\times8^1+6\times8^0+3\times8^{-1}+5\times8^{-2}$$

4）十六进制

十六进制(hexadecimal notation)具有16个不同的数码0、1、2、3、4、5、6、7、8、9、A、B、C、D、E、F(其中A、B、C、D、E、F分别表示十进制数10、11、12、13、14、15)，其基数为16，各位的位权是16^i。十六进制数的进位规则是“逢十六进一”。例如，十六进制数$(9E.B7)_{16}$可以表示为下式：

$$(9E.B7)_{16}=9\times16^1+14\times16^0+11\times16^{-1}+7\times16^{-2}$$

【说明】 这里为了区分不同进制的数，采用括号及下标的方法表示，但在有些地方习惯在数的后面加上字母D(十进制)、B(二进制)、O或Q(八进制)、H(十六进制)来分别表示相应数制。什么都不加默认为十进制数。

常用数制的特点如表1-1所示。

表1-1 常用数制的特点

数　制	基　数	数　码	进位规则
十进制	10	0、1、2、3、4、5、6、7、8、9	逢十进一
二进制	2	0、1	逢二进一
八进制	8	0、1、2、3、4、5、6、7	逢八进一
十六进制	16	0、1、2、3、4、5、6、7、8、9、A、B、C、D、E、F	逢十六进一

2. 不同进制之间的转换

1）二进制数、八进制数、十六进制数转换为十进制数

二进制、八进制、十六进制数转换为十进制数的方法：先写出相应进制数的按权展开式，然后再求和累加。

【例1.1】 将二进制数$(1101.101)_2$转换成等值的十进制数。

解：$(1101.101)_2=1\times2^3+1\times2^2+0\times2^1+1\times2^0+1\times2^{-1}+0\times2^{-2}+1\times2^{-3}$

$=8+4+1+0.5+0.125$

$=(13.625)_{10}$

【例1.2】 将$(2B.8)_{16}$和$(157.2)_8$分别转换成十进制数。

解：$(2B.8)_{16}=2\times16^1+11\times16^0+8\times16^{-1}=(43.5)_{10}$

$(157.2)_8=1\times8^2+5\times8^1+7\times8^0+2\times8^{-1}=(111.25)_{10}$

2）十进制数转换为二进制数、八进制数、十六进制数

在将十进制数转换成其他进制数时，需要将整数部分和小数部分分开进行转换，转换时需做不同的计算，然后再用小数点组合起来。

十进制整数转换成二进制整数的方法是将十进制整数除以 2,将所得到的商反复地除以 2,直到商为 0,每次相除所得的余数即为二进制整数的各位数字,第一次得到的余数为最低位,最后一次得到的余数为最高位,可以理解为除 2 取余,倒排余数。

【例 1.3】 将十进制整数$(29)_{10}$转换成二进制整数。

除法	余数	
2 | 29		低 ↑
2 | 14	1	
2 | 7	0	
2 | 3	1	
2 | 1	1	
0	1	高

解:根据如下计算可得$(29)_{10}=(11101)_2$

十进制小数转换成二进制小数的方法是将十进制小数乘以 2,将所得的乘积小数部分连续乘以 2,直到所得小数部分为 0 或满足精度要求为止。每次相乘后所得乘积的整数部分即为二进制小数的各位数字,第一次得到的整数为最高位,最后一次得到的整数为最低位。可以理解为乘 2 取整,顺排整数。

【例 1.4】 将十进制小数$(0.8125)_{10}$转换成二进制小数。

解:根据如下计算可得:$(0.8125)_{10}=(0.1101)_2$。

乘法	整数	
0.8125 ×) 2		高 ↓
1.6250	1	
×) 2 → 1.2500	1	
×) 2 → 0.5000	0	
×) 2 → 1.0	1	低

【说明】 一个十进制小数不一定能完全准确地转换成二进制小数,这时可以根据精度要求只转换到小数点后某一位为止。如要求采用四舍五入法且要求精度为小数点后 2 位,则连续乘 2 取 3 位整数,然后对第 3 位采用四舍五入法进行取舍。如要求采用只舍不入法且要求精度为小数点后 2 位,则连续乘 2 取两位整数就可以了。

十进制整数转换成八进制整数的方法是“除 8 取余法”,十进制整数转换成十六进制整数的方法是“除 16 取余法”,十进制小数转换成八进制小数的方法是“乘 8 取整法”,十进制小数转换成十六进制小数的方法是“乘 16 取整法”。2、8、16 均为二进制、八进制和十六进制数(非十进制数)的基数。因此,十进制数转换为非十进制数(二、八、十六进制数)的方法可概括为整数部分“除基取余倒排余数”,小数部分“乘基取整顺排整数”。

【例 1.5】 将十进制数$(517.32)_{10}$转换成八进制数(要求采用只舍不入法取 3 位小数)。

解:根据如下计算可得:$(517.32)_{10}=(1005.243)_8$

整数部分:

除法	余数	
8 | 517		低 ↑
8 | 64	5	
8 | 8	0	
8 | 1	0	
0	1	高

小数部分:

乘法	整数	
0.32 ×) 8		高 ↓
2.56	2	
×) → 4.48	4	
×) 8 → 3.84	3	低

【例 1.6】 将$(3259.45)_{10}$转换成十六进制数(要求采用只舍不入法取 3 位小数)。

解:根据如下计算可得$(3259.45)_{10}=(\mathrm{CBB}.733)_{16}$

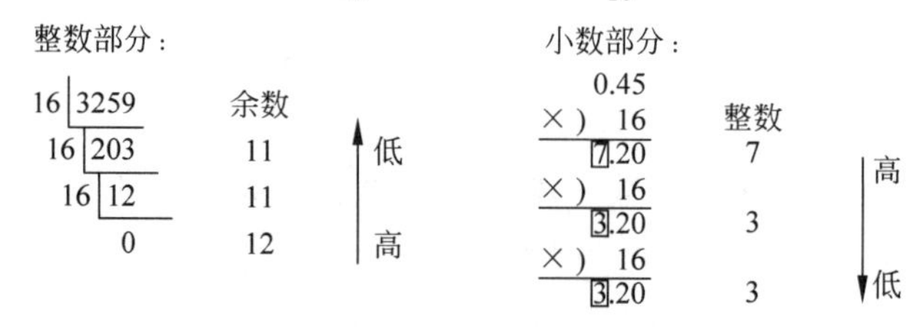

3）二进制数与八进制或十六进制数间的转换

因为二进制数的基数是 2，八进制的基数是 8，由于 $2^3=8$，$8^1=8$，即 $8^1=2^3$，故它们之间的对应关系是八进制数的每一位对应二进制数的 3 位，所以二进制数转换成八进制数可概括为"三位并一位"。即以小数点为界，分别向左或向右方向按每 3 位一组划分，不足 3 位时用 0 补足，然后将每组的 3 位二进制数按权展开后相加，得到 1 位八进制数，然后将这些八进制数按原二进制数的顺序排列即可。

【例 1.7】 将 $(10101111100.0111)_2$ 转换为八进制数。

解： 根据如下计算可得 $(10101111100.0111)_2=(2574.34)_8$

010	101	111	100	.	011	100
↓	↓	↓	↓		↓	↓
2	5	7	4	.	3	4

八进制数转换成二进制数可概括为"一位拆三位"，即以小数点为界，向左或向右将每一位八进制数用相应的 3 位二进制数取代。

【例 1.8】 将 $(6203.016)_8$ 转换为二进制数。

解： 根据如下计算可得 $(6203.016)_8=(110010000011.00000111)_2$

6	2	0	3	0	1	6
↓	↓	↓	↓	↓	↓	↓
110	010	000	011	000	001	110

由于 $2^4=16$，$16^1=16$，即 $16^1=2^4$，故二进制数与十六进制数之间的对应关系是十六进制数的每一位对应二进制数的 4 位。二进制数转换为十六进制数可概括为"四位并一位"，即以小数点为界，整数部分从右至左，小数部分从左至右，每 4 位一组，不足 4 位添 0 补足，并将每组的 4 位二进制数按权展开后相加，得到一位十六进制数，然后将这些十六进制数按原二进制数的顺序排列即可。

【例 1.9】 将二进制数 $(110101011110.101110101)_2$ 转换成为十六进制数。

解： 根据如下计算可得：$(110101011110.101110101)_2=(\mathrm{D5E.BA8})_{16}$

1101	0101	1110	.	1011	1010	1000
↓	↓	↓		↓	↓	↓
D	5	E	.	B	A	8

十六进制数转换成二进制数可概括为"一位拆四位"，即以小数点为界，向左或向右把每一位十六制数用相应的四位二进制数取代。

【例 1.10】 将十六进制数 $(\mathrm{5CB.09})_{16}$ 转换成二进制数。

解： 根据如下计算可得 $(\mathrm{5CB.09})_{16}=(010111001011.00001001)_2$

$=(10111001011.00001001)_2$

5	C	B	.	0	9
↓	↓	↓		↓	↓
0101	1100	1011	.	0000	1001

【说明】 由此可以看出，二进制数和八进制、十六进制数之间的转换非常直观。所以，如果要将一个十进制数转换成二进制数，可以先转换成八进制数或十六进制数，然后再快速地转换成二进制数。同样，在转换中若要将十进制数转换为八进制数和十六进数，也可以先

将十进制数转换成二进制数,然后再转换为八进制数或十六进制数。常用数制的对应关系如表1-2所示。

表1-2 常用数制的对应关系

十进制	二进制	八进制	十六进制	十进制	二进制	八进制	十六进制
0	0	0	0	9	1001	11	9
1	1	1	1	10	1010	12	A
2	10	2	2	11	1011	13	B
3	11	3	3	12	1100	14	C
4	100	4	4	13	1101	15	D
5	101	5	5	14	1110	16	E
6	110	6	6	15	1111	17	F
7	111	7	7	16	10000	20	10
8	1000	10	8				

1.3.2 二进制数及其运算

1. 采用二进制数的优越性

尽管计算机可以处理各种进制的数据信息,但计算机内部只使用二进制数。也就是说,在计算机内部只有0和1两个数字符号。在计算机内部为什么不使用十进制数而要使用二进制数呢?这是因为二进制数具有以下优越性。

1) 技术可行性

因为组成计算机的电子元器件本身只有可靠稳定的两种对立状态,例如电位的高电平状态与电位的低电平状态、晶体管的导通与截止、开关的接通与断开等,采用二进制数只需用0、1表示这两种对立状态即可,易于实现。

2) 运算简单性

采用二进制数,运算规则简单,便于简化计算机运算器结构,运算速度快。例如,二进制加法和减法的运算法则都只有3条,如果采用十进制计数,加法和减法的运算法则都各有几十条,要处理这几十条法则,线路设计相当困难。

3) 吻合逻辑性

逻辑代数中的“真/假”“对/错”“是/否”表示事物的正反两个方面,并不具有数值大小的特性,用二进制数的0/1表示刚好与之吻合,这正好为计算机实现逻辑运算提供了有利条件。

2. 二进制数的算术运算

二进制数的算术运算非常简单,它的基本运算是加法和减法,利用加法和减法可进行乘法和除法运算。在此只介绍加法运算和减法运算。

```
被加数: 11000011
  加数:   100101
+进位:      111
----------------
    和: 11101000
```

1) 加法运算

两个二进制数相加时,要注意“逢二进一”的规则,并且每一位相加时最多只有3个加数,即本位的被加数、加数和来自低位的进位数。

加法运算法则如下。

0+0=0

0+1=1+0=1

1+1=10(逢二进一)

$(11000011)_2+(100101)_2=(11101000)_2$

2）减法运算

两个二进制数相减时，要注意“借一当二”的规则，并且每一位最多有3个数，即本位的被减数、减数和向高位的借位数。

减法运算法则如下。

0−0=1−1=0

1−0=1

0−1=1(借一当二)

$(11000011)_2 \quad (101101)_2=(10010110)_2$

被减数：	11000011
减数：	101101
−借位：	1111
差：	10010110

3. 二进制数的逻辑运算

逻辑运算是对逻辑值的运算，对二进制数0、1赋予逻辑含义就可以表示逻辑值的“真”与“假”。逻辑运算包括逻辑与、逻辑或以及逻辑非3种基本运算。逻辑运算与算术运算一样按位进行，但是位与位之间不存在进位和借位的关系，也就是位与位之间毫无联系，彼此独立。

1）逻辑与运算(也称逻辑乘运算)

逻辑与运算符用∧或·表示。逻辑与运算的运算规则是仅当多个参加运算的逻辑值都为1时，与的结果才为1，否则为0。

2）逻辑或运算(也称逻辑加运算)

逻辑或运算符用∨或+表示。逻辑或运算的运算规则是仅当多个参加运算的逻辑值都为0时，或的结果才为0，否则为1。

3）逻辑非运算(也称求反运算)

逻辑非运算符用～表示，或者在逻辑值的上方加一横线表示，如$\overline{A}$。非运算的运算规则是对逻辑值取反，即逻辑变量A的非运算结果为A的逻辑值的相反值。

设A、B为逻辑变量，其逻辑运算关系如表1-3所示。

表1-3　基本逻辑运算关系表

A	B	A∨B	A∧B	$\overline{A}$	$\overline{B}$
0	0	0	0	1	1
0	1	1	0	1	0
1	0	1	0	0	1
1	1	1	1	0	0

【例1.11】 若$A=(1011)_2$，$B=(1101)_2$，求A∧B、A∨B、$\overline{A}$。

```
  1011        1011
 ∨1101       ∧1101
 -----       -----
  1111        1001
```

解：$A \wedge B=(1001)_2$，$A \vee B=(1111)_2$

$\overline{A}=(0100)_2$

1.3.3 计算机中的常用信息编码

信息编码是指采用少量基本符号,选用一定的组合原则,以表示大量复杂多样的信息。在计算机中信息是由 0 和 1 两个基本符号组成的,它不能直接处理英文字母、汉字、图形、声音,需要对这些对象进行编码后才能传送、存储和处理。编码过程就是将信息在计算机中转化为二进制代码串的过程。在编码时需要考虑数据的特性和便于计算机的存储和处理,下面介绍 BCD 码、ASCII 码和汉字编码。

1. BCD 码(二-十进制编码)

BCD 码(Binary Coded Decimal,二进制编码的十进制数)将每位十进制数用 4 位二进制数编码表示,选用 0000~1001 来表示 0~9 这 10 个数字。这种编码方法比较直观、简单,对于多位数,只需将它的每一位数字按表 1-4 中所列的对应关系用 BCD 码直接列出即可。

表 1-4 十进制数与 BCD 码的对照表

十进制数	BCD 码	十进制数	BCD 码
0	0000	5	0101
1	0001	6	0110
2	0010	7	0111
3	0011	8	1000
4	0100	9	1001

例如,十进制数$(8269.56)_{10}=(1000\ 0010\ 0110\ 1001.0101\ 0110)_{BCD}$

【说明】 BCD 码与二进制数之间的转换不是直接的,要先把 BCD 码表示的数转换成十进制数,再把十进制数转换成二进制数。

2. ASCII 码

ASCII 码(American Standard Code Information Interchange)是美国标准信息交换代码,被国际标准化组织指定为国际标准。ASCII 码有 7 位版本和 8 位版本两种,国际通用的 7 位 ASCII 码称为标准 ASCII 码(规定添加的最高位为 0),8 位 ASCII 码称为扩充 ASCII 码。

标准的 ASCII 码是 7 位二进制编码,即每个字符用一个 7 位二进制数来表示,7 位二进制数不够一字节,在 7 位二进制代码最左端再添加 1 位 0,补足一字节,故共有 128 种编码,可用来表示 128 个不同的字符,包括 10 个阿拉伯数字 0~9、52 个大小写英文字母、32 个标点符号和运算符以及 34 个控制符。ASCII 字符集如表 1-5 所示。

表 1-5 标准 ASCII 码字符集

高 3 位 / 低 4 位	000	001	010	011	100	101	110	111
0000	NUL	DLE	SP	0	@	P	`	P
0001	SOM	DC	!	1	A	Q	a	q
0010	STX	DC	"	2	B	R	b	r
0011	ETX	DC	#	3	C	S	c	s
0100	EOT	DC	$	4	D	T	d	t

续表

高3位 低4位	000	001	010	011	100	101	110	111
0101	ENQ	NAK	%	5	E	U	e	u
0110	ACK	SYN	&	6	F	V	f	v
0111	BEL	ETB	'	7	G	W	g	w
1000	BS	CAN	(	8	H	X	h	x
1001	HT	EM	)	9	I	Y	i	y
1010	LF	SUB	*	:	J	Z	j	z
1011	VT	ESC	+	;	K	[	k	{
1100	FP	FS	,	<	L	\	l	|
1101	CR	GS	_	=	M	]	m	}
1110	SO	RS	.	>	N	↑	n	~
1111	SI	US	/	?	O	↓	o	DEL

例如，数字0的ASCII码值为48(30H)，大写字母A的ASCII码值为65(41H)，小写字母a的ASCII码值为97(61H)，常用的数字字符、大写字母、小写字母的ASCII码值按从小到大的顺序排列，小写字母的ASCII码值比大写字母的ASCII码值多32(20H)，数字0到9的ASCII码值为48(30H)～到57(39H)。可见，其编码具有一定的规律，只要掌握其规律是不难记忆的。

扩展的ASCII码是8位码，也用1个字节表示，其前128个码与标准的ASCII码是一样的，后128个码(最高位为1)则有不同的标准，并且与汉字的编码有冲突。

3. 汉字编码

从信息处理角度来看，汉字的处理与其他字符的处理没有本质的区别，都是非数值处理。与英文字符一样，中文在计算机系统中也要使用特定的二进制符号系统来表示。也就是说汉字要能够被计算机识别和处理也必须编码，只是其编码更为复杂。通过键盘输入汉字时实际上是输入汉字的编码信息，这种编码称为汉字的外部码，即输入码。计算机为了存储、处理汉字必须将汉字的外部码转换成汉字的内部码。为了将汉字以点阵的形式输出，还要将汉字的内部码转换为汉字的字形码。此外，在计算机与其他系统或设备进行信息、数据交流时还要用到交换码。

1）外部码

外部码是在输入汉字时对汉字进行的编码，是一组字母或数字符号。外部码也叫汉字输入码。为了方便用户使用，输入码的编码规则既要简单清晰、直观易学、容易记忆，又要方便操作、输入速度快。汉字外码在不同的汉字输入法中有不同的定义。人们根据汉字的属性(汉字字量、字形、字音、使用频度)提出了数百种汉字外部码的编码方案，并将这种编码方案称为输入法。常见的输入法有智能ABC、五笔字型等。

2）内部码

汉字内部码也称为内码或汉字机内码。计算机处理汉字实际上是处理汉字的代码，在输入外部码后都要转换成内部码才能进行存储、处理和传送。在目前广泛使用的各种计算机汉字处理系统中，每个汉字的内码占用两个字节，并且每个字节的最高位为1，这是为了避免汉字的内码与英文字符编码(ASCII 码)发生冲突,容易区分汉字编码与英文字符编码,同时为了用尽可能少的存储空间来表示尽可能多的汉字而做出的约定。

由于汉字信息在计算机中都以内码形式进行存储和处理,所以无论使用哪种中文操作系统和汉字输入方法,输入的外码都会转换为内码。例如,输入汉字"中",可用全拼方式的 zhong 来输入,也可用双拼方式的 ay 或用五笔字型的"k"来输入。这三种不同形式的外码 zhong、ay、k 在相应输入法下输入计算机后都要被转换为"中"的内码 D6D0H。每个汉字的内码是唯一的,这种唯一性是不同中文系统之间信息交换的基础。

3) 交换码

当计算机之间或与终端之间进行信息交换时,要求它们之间传送的汉字代码信息完全一致。为了适应计算机处理汉字信息的需要,1981 年我国颁布了 GB2312 国家标准。该标准选出 6763 个常用汉字(其中,一级常用汉字 3755 个,二级汉字 3008 个)和 682 个非汉字字符,并为每个字符规定了标准代码,以便在不同的计算机系统之间进行汉字文本交换。

前面我们提出了汉字的机内码和交换码,下面我们简单介绍 GB 2312 汉字区位码、交换码和机内码的转换方法。

GB 2312 字符集构成一个二维表,行号称为区号,列号称为位号,每一个汉字或符号在码表中的位置用它所在的区号和位号来表示,即汉字的区位码。为了处理与存储的方便,每个汉字的区号和位号在计算机内部分别用一个字节来表示。例如,"学"字的区号为 49,位号为 07,它的区位码即为 4907,用两个字节的二进制数表示为 00110001 00000111B,或将区号和位号分别用两位十六进制数表示,然后拼装为 3107H。区位码无法用于汉字通信,因为它可能与通信使用的控制码(00H~1FH,即 0~31)发生冲突,因此 ISO2022 规定每个汉字的区号和位号必须分别加上 20H(即二进制数 00100000B),经过这样的处理而得的代码称为国标交换码,简称交换码,因此,"学"字的国标交换码计算为 5127H(即二进制数 01010001 00100111B)。由于文本中通常混合使用汉字和西文字符,汉字信息如果不予以特别标识,就会与单字节的 ASCII 码混淆。此问题的解决方法之一是将一个汉字看成是两个扩展 ASCII 码,使表示 GB2312 汉字的两个字节的最高位都为 1,即将汉字的国标交换码+8080H,这种高位为 1 的双字节汉字编码即为 GB2312 汉字的机内码,简称为内码。因此,"学"字的机内码为 D1A7H(即二进制数 11010001 10100111B)。

由于 GB 2312—1980 编码的汉字有限,所以汉字交换码标准在不断改进,如现在还在使用的 GBK、GB 18030 等标准。国际标准化组织 1993 年推出了能够对世界上的所有文字统一编码的编码字符集标准 ISO/IEC 10646,我国相应的国家标准是 GB 13000.1—1993《信息技术通用多八位编码字符集(UCS)第 1 部分:体系结构与基本多文种平面》,基于这两个标准,就可以实现在计算机上对世界上所有文字进行统一处理。由于它们采用的是 4 字节编码方案,所以其编码空间非常巨大,可以容纳多种文字同时编码,也就保证了多文种的同时处理。

4) 汉字输出码

汉字输出码又称汉字字形码、字模码,是为输出汉字将描述汉字字形的点阵数字化处理后的一串二进制符号。

尽管汉字字形有多种变化,但由于汉字都是方块字,每个汉字都同样大小,无论汉字的笔画多少,都可以写在特定大小的方块中。而一个方块可以看作是一个 M 行、N 列的矩阵，简称点阵。一个 M 行、N 列的点阵共有 $M \times N$ 个点。每个点可以是黑色或白色，分别表示有、无汉字的笔画经过，这种用点阵描绘出的字形轮廓称为汉字点阵字形。这种描述类似于用霓虹灯来显示文字、图案。

在计算机中用一组二进制数字表示点阵字形，若用一个二进制符号 1 表示点阵中的一个黑点，用一个二进制符号 0 表示点阵中的一个白点，则对一个用 16×16 点阵描述的汉字可以用 16×16=256 位的二进制数来表示出汉字的字形轮廓。这种用二进制表示汉字点阵字形的方法称为点阵的数字化。汉字字形经过点阵的数字化后转换成的一串数字称为汉字的数字化信息。图 1-11 就是一个汉字点阵的例子。

字节	取出的数据		字节
0	00H	00H	1
2	3FH	FCH	3
4	04H	20H	5
6	04H	20H	7
8	04H	20H	9
10	04H	20H	11
12	04H	20H	13
14	FFH	FFH	15
16	04H	20H	17
18	04H	20H	19
20	04H	20H	21
22	04H	20H	23
24	04H	20H	25
26	08H	20H	27
28	10H	20H	29
30	00H	20H	31

图 1-11 “开”字的 16×16 点阵

由于 8 个二进制位构成一个字节，所以需要用 32 个字节来存放一个 16×16 点阵描述的汉字字形；若用 24×24 点阵来描述汉字的字形，则需要 72 个字节来存放一个汉字的数字化信息。针对同样大小的汉字，点阵的行数、列数越多，占用的储存空间就越大，描述的汉字就越细致。16×16 点阵是最简单的汉字字形点阵，基本上能表示 GB 2312—1980 中所有简体汉字的字形。24×24 点阵则可以表示宋体、仿宋体、楷体、黑体等多字体的汉字。这两种点阵是比较常用的点阵。

汉字的各种编码之间的关系如图 1-12 所示，它们之间的变换也比较简单。

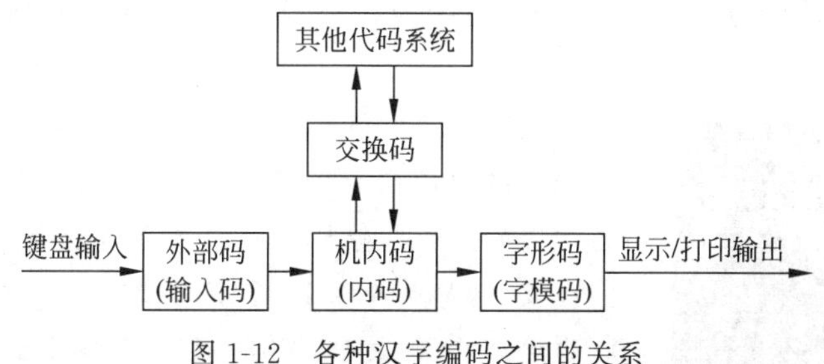

图 1-12 各种汉字编码之间的关系

5）汉字字库

汉字字形数字化后，以二进制文件的形式存储在存储器中，所有汉字的输出码就构成了汉字字形库,简称汉字库。汉字库可分为软字库和硬字库两种。在微型计算机中大都使用软字库,它以汉字字库文件的形式存储在磁盘中。

除上面所描述的点阵字库外,现在大量使用的主要还是矢量字库。矢量字库是把每个字符的笔画分解成各种直线和曲线,然后记下这些直线和曲线的参数,在显示的时候再根据具体的尺寸大小,由存储的参数画出这些线条而还原出原来的字符。它的好处就是可以随意放大、缩小,不像使用点阵那样出现马赛克效应而失真。矢量字库有很多种,区别在于它们采用不同的数学模型来描述组成字符的线条。常见的矢量字库有 Typel 字库和 Truetype 字库。

4. 中文信息的处理过程

中文信息通过键盘以外部码形式输入计算机,由中文操作系统中的输入处理程序把外部码翻译成相应的内码,并在计算机内部进行存储和处理,最后由输出处理程序查找字库,按需要显示的中文内码调用相应的字模,并送到输出设备进行显示或打印输出。该过程如图 1-13 所示。

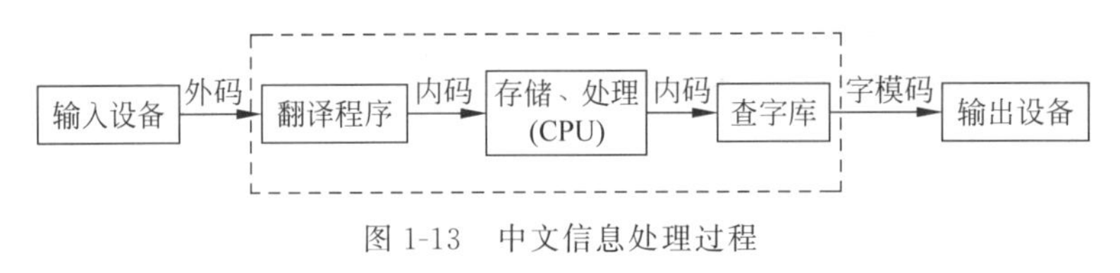

图 1-13　中文信息处理过程

1.4　计算机基础操作与汉字录入

本节介绍计算机的启动与关闭、键盘与鼠标的使用及汉字的录入方法。

1.4.1　计算机的启动与关闭

1. 启动计算机

对于笔记本电脑,开机时只需按下电源按钮即可。对于台式机,因它分主机和显示器两部分,所以在开机时应遵循一定的顺序。

先按显示器电源开关,再按主机电源开关,进而启动计算机系统。以安装有 Windows 10 操作系统的计算机为例,计算机的启动过程如下所述。

(1) 按下显示器的电源开关,一般标有 Power 字样,当显示器的电源指示灯亮时,表示显示器已经开启。

图 1-14　Windows 10 登录界面

(2) 按下主机箱上标有 Power 字样的电源按钮,当主机箱上的电源指示灯亮时,说明计算机主机已经开始启动。

(3) 打开电源开关后系统首先进行硬件自检。如果用户在安装 Windows 10 系统时设置了口令,则在启动过程中将出现口令对话框,用户只有回答正确的口令方可进入 Windows 10 系统,如图 1-14 所示。

(4) 如果安装 Windows 10 系统时没有设置口令,将直接进入 Windows 10 系统桌面,如图 1-15 所示。

图 1-15　Windows 10 桌面

2. 睡眠、关机、重启 Windows 10

(1) 单击"开始"按钮，在弹出的"开始"菜单中单击"电源"图标，弹出 Windows 10 的关机选项，如图 1-16 所示。

① 睡眠。"睡眠"是一种节能状态，当选择"睡眠"图标后，计算机会立即停止当前操作，将当前运行程序的状态保存在内存中并消耗少量的电能，只要不断电，当再次按下计算机开关时，便可以快速恢复"睡眠"前的工作状态。

② 关机。在单击"关机"图标后，计算机关闭所有打开的程序以及 Windows 10 本身，如图 1-17 所示，然后完全关闭计算机。

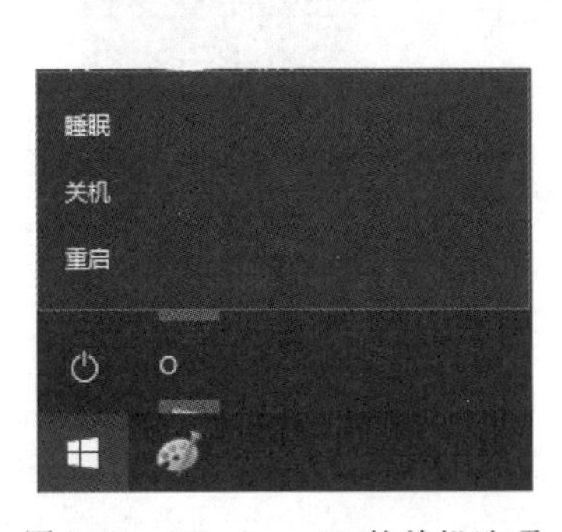

图 1-16　Windows 10 的关机选项

图 1-17　Windows 10 正在关机

③ 重启。重启计算机可以关闭当前所有打开的程序以及 Windows 10 操作系统，然后自动重新启动计算机并进入 Windows 10 操作系统。

(2) 在桌面空白处按下Alt+F4组合键,打开“关闭Windows”对话框,单击“希望计算机做什么?”列表框的下拉按钮,弹出其下拉列表,如图1-18所示,选择所需选项单击“确定”按钮即可完成相应操作。

① 切换用户。选择“切换用户”选项后,关闭所有当前正在运行的程序,但计算机不会关闭,其他用户可以登录而无须重新启动计算机。

② 注销。选择“注销”选项的操作和“切换用户”的操作类似。

以上两项操作都是在单击“确定”按钮后生效。

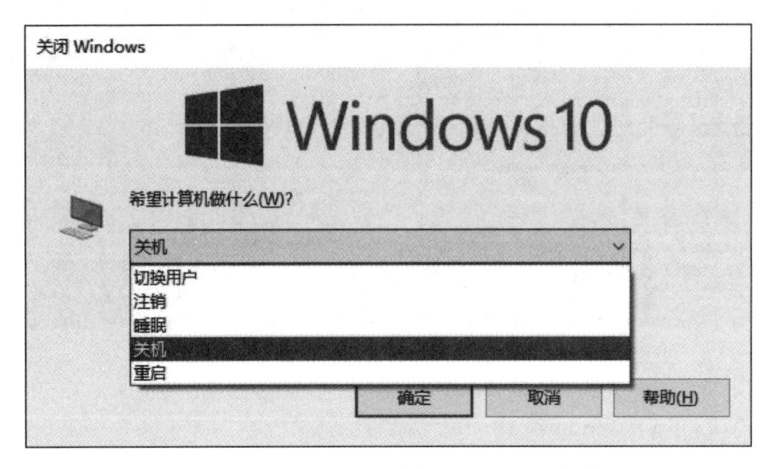

图1-18 Windows 10“关闭Windows”对话框

3.“死机”情况的处理

假设电脑因故障或操作不当,正处于“死机”状态,须按以下步骤来实现计算机重启。

(1) 热启动:按Ctrl+Alt+Del组合键,系统会自动弹出一个新界面,如图1-19所示,提示用户选择哪个操作,包括“锁定”“切换用户”“注销”“更改密码”“任务管理器”,若选择“任务管理器”选项,则打开“任务管理器”窗口,如图1-20所示,选择“无响应的应用程序”后单击“结束任务”按钮,或选择无响应的进程后单击“结束进程”按钮,即可结束死机状态。

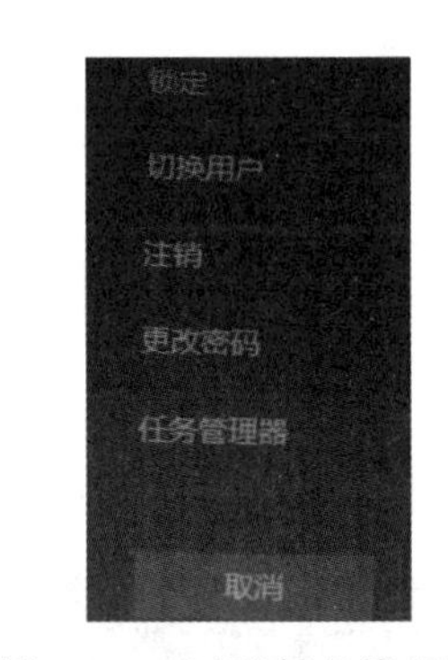

图1-19 选择“任务管理器”命令

(2) 按Reset按钮实现复位启动。当采用热启动不起作用时,可按复位按钮RESET进行启动,按下此按钮后立即释放,就完成了复位启动。这种复位启动也称为热启动。

(3) 强行关机后再重新启动计算机。如果使用前两种方法都不行,就直接长按POWER电源按钮直到显示器黑屏,然后释放电源按钮,稍等片刻后再次按下POWER按钮启动计算机即可。这种启动属于冷启动。

【注意】 无论是开机还是关机,请务必按照如上正确操作步骤操作。在万不得已的情况下才采用按POWER电源按钮的方式强行关闭计算机。强行关机对计算机的损害很大,直接切断交流电源的方法更不可取。

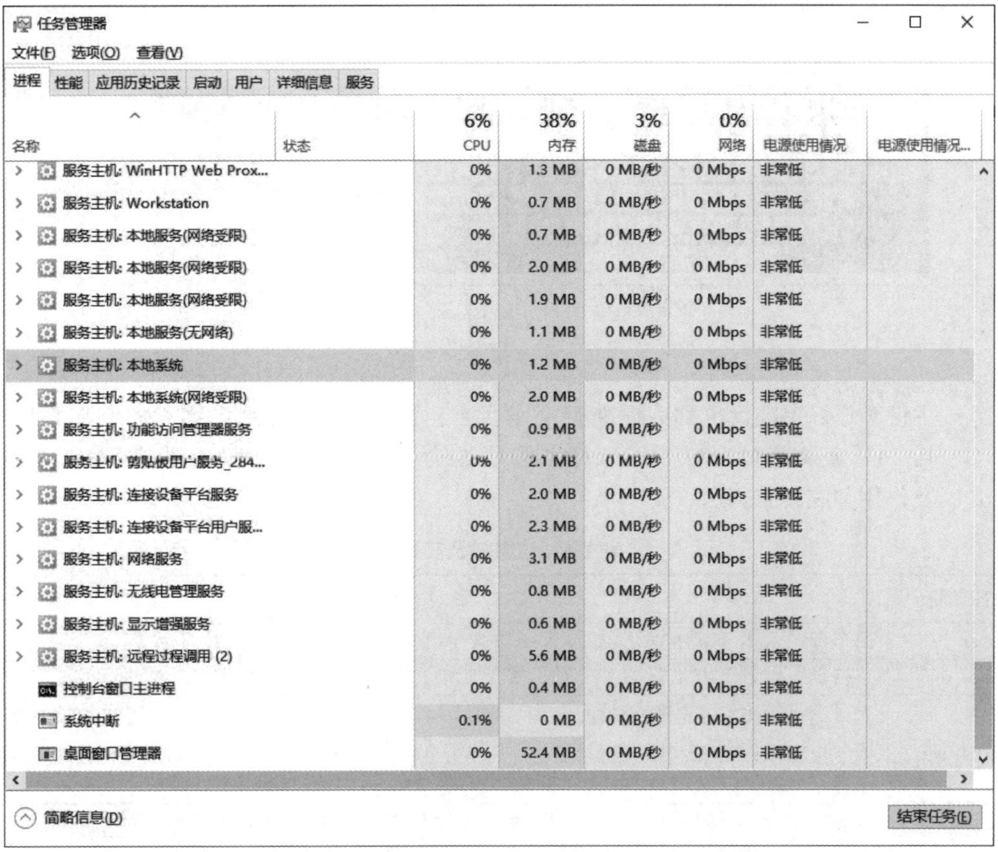

任务管理器

文件(F) 选项(O) 查看(V)

进程 性能 应用历史记录 启动 用户 详细信息 服务

名称	状态	6% CPU	38% 内存	3% 磁盘	0% 网络	电源使用情况	电源使用情况...
服务主机: WinHTTP Web Prox...		0%	1.3 MB	0 MB/秒	0 Mbps	非常低	
服务主机: Workstation		0%	0.7 MB	0 MB/秒	0 Mbps	非常低	
服务主机: 本地服务(网络受限)		0%	0.7 MB	0 MB/秒	0 Mbps	非常低	
服务主机: 本地服务(网络受限)		0%	2.0 MB	0 MB/秒	0 Mbps	非常低	
服务主机: 本地服务(网络受限)		0%	1.9 MB	0 MB/秒	0 Mbps	非常低	
服务主机: 本地服务(无网络)		0%	1.1 MB	0 MB/秒	0 Mbps	非常低	
服务主机: 本地系统		0%	1.2 MB	0 MB/秒	0 Mbps	非常低	
服务主机: 本地系统(网络受限)		0%	2.0 MB	0 MB/秒	0 Mbps	非常低	
服务主机: 功能访问管理器服务		0%	0.9 MB	0 MB/秒	0 Mbps	非常低	
服务主机: 剪贴板用户服务_284...		0%	2.1 MB	0 MB/秒	0 Mbps	非常低	
服务主机: 连接设备平台服务		0%	2.0 MB	0 MB/秒	0 Mbps	非常低	
服务主机: 连接设备平台用户服...		0%	2.3 MB	0 MB/秒	0 Mbps	非常低	
服务主机: 网络服务		0%	3.1 MB	0 MB/秒	0 Mbps	非常低	
服务主机: 无线电管理服务		0%	0.8 MB	0 MB/秒	0 Mbps	非常低	
服务主机: 显示增强服务		0%	0.6 MB	0 MB/秒	0 Mbps	非常低	
服务主机: 远程过程调用 (2)		0%	5.6 MB	0 MB/秒	0 Mbps	非常低	
控制台窗口主进程		0%	0.4 MB	0 MB/秒	0 Mbps	非常低	
系统中断		0.1%	0 MB	0 MB/秒	0 Mbps	非常低	
桌面窗口管理器		0%	52.4 MB	0 MB/秒	0 Mbps	非常低	

简略信息(D) 结束任务(E)

图 1-20 “任务管理器”窗口

1.4.2 键盘与鼠标的操作

键盘与鼠标是计算机中最基本也是最重要的输入设备,它们是人和计算机之间沟通的桥梁,通过对它们的操作用户可以很容易地控制计算机进行工作,在操作时将键盘与鼠标结合起来使用会大大提高工作效率。

1. 键盘的基本操作

键盘是人们用来向计算机输入信息的一种输入设备,数字、文字、符号及各种控制命令都是通过键盘输入到计算机中的。

1) 键盘分区

键盘的种类繁多,常用的有 101 键、104 键和 108 键键盘。104 键键盘比 101 键键盘多了 Windows 专用键,包含两个 Win 功能键和一个菜单键。按菜单键相当于右击鼠标。在 Win 功能键上面有 Windows 旗帜标志,按它可以打开“开始”菜单,与其他键组合也可完成相应的操作。

例如,按 Win+E 组合键可打开资源管理器,按 Win+D 组合键可显示桌面,按 Win+U 组合键可启用辅助工具。108 键键盘比 104 键键盘又多了与电源管理有关的键,如开/关机、休眠和唤醒等。在 Windows 的电源管理中可以设置它们。

按照键盘上各键所处位置的基本特征,键盘一般被划分为4个区,如图1-21所示。

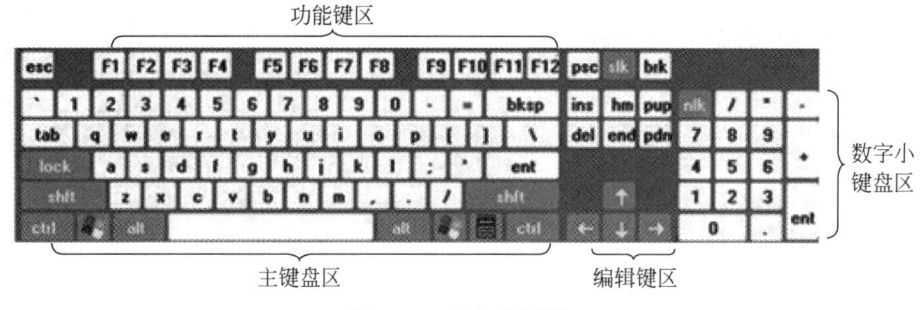

图1-21 键盘分区图

- 主键盘区:主键盘也称为标准打字键盘,与标准的英文打字机键盘的键位相同,包括26个英文字母、10个数字、标点符号、数学符号、特殊符号和一些控制键,控制键及作用如表1-6所示。

表1-6 控制键及其作用

控制键	功　能
Enter	回车键。常用于表示确认,如输入一段文字已结束,或一项设置工作已完成
Space	空格键。键盘下方最长的一个键。按下此键光标右移一格,即输入一个空白字符
CapsLock	大写字母锁定键。控制字母的大小写输入。此键为开关型,按下此键,位于指示灯区域中的CapsLock指示灯亮,此时输入字母为大写;若再次按下此键,指示灯灭,输入字母为小写
BackSpace	或标记为"←",退格键。按下此键,删除光标左侧的字符,并使光标左移一格
Shift	上档键。用于输入双字符键的上档字符,方法是按住此键的同时,再按下双字符键。若按住Shift键的同时,再按下字母键,则输入大写字母
Tab	跳格键。用于快速移动光标,使光标跳到下一个制表位
Ctrl	控制键。不能单独使用,必须与其他键配合构成组合键使用
Alt	转换键。与控制键一样,不能单独使用,必须与其他键配合构成组合键使用

- 数字小键盘区:也称为辅助键区,该区按键分布紧凑,适于单手操作,主要用于数字的快速输入。数字锁定键NumLock用于控制数字键区的数字与光标控制键的状态,它是一个切换开关,按下该键,键盘上的NumLock指示灯亮,此时作为数字键使用;再按一次该键,指示灯灭,此时作为光标移动键使用。
- 功能键区:位于键盘最上端,包括F1~F12功能键和Esc键等,作用说明如表1-7所示。

表1-7 功能键及作用

功能键	功　能
Esc	释放键:也称强行退出键。用于退出运行中的系统或返回上一级菜单
F1~F12	功能键:不同的软件赋予它们不同的功能,用于快捷下达某项操作命令
PrintScreen	屏幕打印键:抓取整个屏幕图像到剪贴板,简写为PrtScr
ScrollLock	滚动锁定键:功能是使屏幕滚动暂停(锁定)/继续显示信息。当锁定有效时,ScrollLock指示灯亮,否则,此指示灯灭
Pause/Break	暂停/中断键:按下此键可暂停系统正在运行的操作,再按下任意键可以继续

• 编辑键区：又称光标控制键区，主要用于控制或移动光标，作用说明如表 1-8 所示。

表 1-8 编辑键及作用

编辑键	功 能
Insert	插入键：插入字符，编辑状态下用于插入/改写状态切换，简写为 Ins
Delete	删除键：删除光标右侧的字符，同时光标后续字符依次左移，简写为 Del
PageUp/PageDown	上/下翻页键：文字处理软件中用于上/下翻页
↑、↓、←、→	方向键或光标移动键：编辑状态下用于上、下、左、右移动光标

2）快捷键

在 Windows 环境中，所有的操作都可以使用键盘来实现，除了上面介绍的各单键的功能外，还经常使用一些组合键来完成一定的操作。Windows 10 的常用快捷键及功能如表 1-9 所示。

表 1-9 常用快捷键及功能

组合键	功 能	组合键	功 能
Ctrl+Alt+Delete	打开 Windows 任务管理器	Alt+F4	关闭当前窗口
Ctrl+Esc	打开开始菜单	Alt+Tab	在打开的程序之间选择切换
Alt+PrintScreen	抓取当前活动窗口或对话框图像到剪贴板	Alt+Esc	以程序打开的顺序切换

【说明】 Ctrl、Alt、Shift 三个键与其他键组合使用时，应先按住该键再按其他键。比如，Ctrl+Alt+Delete 组合键，应先按住 Ctrl 和 Alt 键不放，然后再按 Delete 键。

3）键盘操作指法

（1）键盘基准键位与手指分工：键盘基准键位是指主键盘上的 A、S、D、F、J、K、L 和“;”这八个键，用以确定两手在键盘上的位置和击键时相应手指的出发位置。各个手指的正确放置位置如图 1-22 所示。

图 1-22 键盘基准键位和手指定位图

在键盘的基准键位中，F 键和 J 键表面下方分别有一个凸起的小横杠，它们是左、右手指的两个定位键，用于使操作者在手指脱离键盘后能够迅速找到该基准键位。为了实现“盲打”，提高录入速度，10 个手指的击键并不是随机的，而是有明确分工的，如图 1-23 所示。

其中，小指负责的键位比较多，常用的控制键分别由左、右手的小指负责，这些键需要按住不放，同时另一只手敲击其他键。两个拇指专门负责空格键。

（2）正确姿势：

• 坐姿要端正，腰要挺直，肩部放松，两脚自然平放于地面。
• 手腕平直，手指弯曲自然适度，轻放在基准键上。

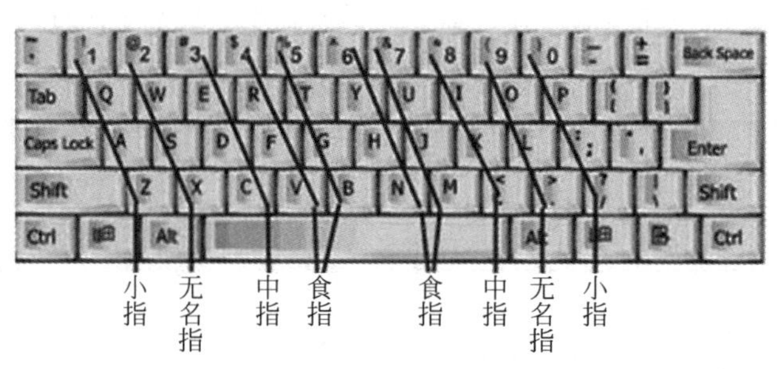

图 1-23　键盘上的手指分工图

- 输入文稿前先将键盘右移 5cm,文稿放在键盘左侧以便阅读。
- 座椅的高低应调至适当的位置,以便于手指击键;眼睛同显示器呈水平直线且目光微微向下,这样眼睛不容易疲劳。

(3) 键盘击键的正确方法:

- 击键前,两个拇指应放在空格键上,其余各手指轻松放于基准键位。
- 击键时,各手指各负其责,速度均匀,力度适中,不可用力过猛,不可按键或压键。
- 击键后,各手指应立刻回到基准键位,恢复击键前的手形。
- 初学者首先要求击键准确,再求击键速度。

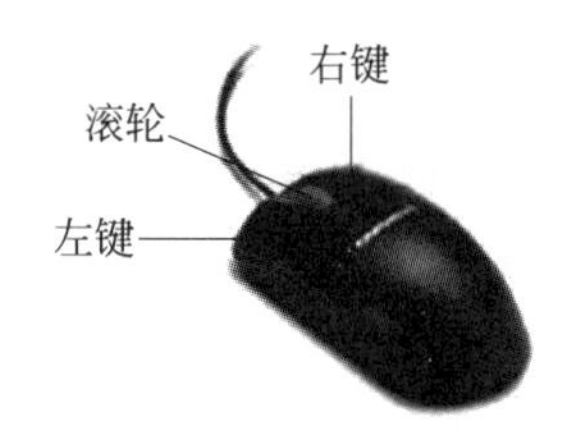

图 1-24　鼠标结构图

2. 鼠标的基本操作

在 Windows 环境中,用户的绝大部分操作都是通过鼠标完成的,它具有体积小、操作方便、控制灵活等诸多优点。常见的鼠标有两键式、三键式及四键式之分。目前,最常用的鼠标为三键式,包括左键、右键和滚轮,如图 1-24 所示。通过滚轮可以快速上下浏览内容及快速翻页。

鼠标的基本操作包括以下 5 种方式。

- 指向:把鼠标指针移动到某对象上,一般用于激活对象或显示工具提示信息。如将鼠标指针指向工具栏中的“新建”按钮时,“新建空白文档”提示信息即会显示于该按钮的右下方。
- 单击:鼠标指针指向某对象时将左键按下后快速放开,常用于选定对象。
- 右击(右键单击):将鼠标右键按下后快速放开,会弹出一个快捷菜单或帮助提示,常用于完成一些快捷操作。在不同位置针对不同对象右击,会打开不同的快捷菜单。
- 双击:鼠标指向某对象时连续快速地按动两次鼠标左键,常用于打开对象、执行某个操作。
- 拖动:鼠标指向某对象,按住鼠标左键或右键不放移动鼠标,当到达指定位置后再释放。常用于移动、复制、删除对象,右键拖动还可以创建对象的快捷方式。

随着操作的不同,鼠标指针会呈现不同的形状,常见的鼠标指针形状及含义如表 1-10 所示。

表 1-10　鼠标指针常见形状及含义

指针形状	含　义	指针形状	含　义	指针形状	含　义
↖	正常状态	I	文本插入点	↘ ↗	沿对角线方向调整
↖?	帮助选择	＋	精确定位	↔ ↕	沿水平或垂直方向调整
↖⧗	后台操作	⊘	操作无效	✥	可以移动
⧗	忙,请等待	☝	超链接	↑	其他选择

1.4.3　汉字录入

汉字是一种拼音、象形和会意文字,本身具有十分丰富的音、形、义等内涵。经过许多中国人多年的精心研究形成了种类繁多的汉字输入码,迄今为止,已有几百种汉字输入码的编码方案问世,其中广泛使用的有 30 多种。按照汉字输入的编码规则,汉字输入码大致可分为以下几种类型。

- 拼音码:简称音码,利用汉字拼音作为汉字编码,每个汉字的拼音本身就是输入码。这种编码方案的优点是不需要其他记忆,只要输入者会拼音,就可以掌握汉字输入法。但是,汉语普通话发音有 400 多个音节,由 22 个声母、37 个韵母拼合而成,因此用音码输入汉字,编码长且重码多,即音同字不同的字具有相同的编码,为了识别同音字,许多编码方案都提供屏幕提示,用户可通过前后翻页查找所需汉字。
- 字形码:简称形码,是根据汉字的字形、结构和特征组成的编码。这类编码方案的主要特点是将汉字拆分成若干基本成分(字根),再用这些基本成分拼装组合成各种汉字的编码。这种输入方法速度快,但输入者要会折字并记忆字根。常用的字形码输入方法有五笔字型输入法、首尾码输入法等。
- 音形码:既考虑汉字的读音,又考虑汉字结构特征的一类汉字输入编码。它以汉字发音为基础,再补充各个汉字字形结构属性的有关特征,将声、韵、部、形结合在一起编码。这类输入法的特点是字根少,记忆量小,输入速度快。常用的音形码输入法有自然码输入法、大众码输入法和钱码输入法等。
- 流水码:使用等长的数字编码方案,具有无重码、输入快的特征,尤其以输入各种制表符、特殊符号见长。但流水码编码无规律,难记忆。常用的流水码输入法有区位码输入法等。

经常使用的汉字输入法有拼音和五笔两种。当 Windows 10 操作系统在安装时就装入了一些默认的汉字输入法,例如微软拼音输入法、智能 ABC 输入法、全拼输入法等。用户可以选择添加或删除输入法,也可以装入新的输入法。目前,比较流行的汉字输入法还有拼音加加、搜狗拼音、王码五笔型、极点五笔、陈桥智能五笔及五笔加加输入法等。

1. 拼音输入法

拼音输入法分为全拼、智能 ABC、双拼等,其优点是输入者知道汉字的拼音就能输入汉字。拼音输入法除了用 V 代替韵母 ü 外,没有特殊的规定。

1) 输入法的使用

下面以"中文(简体)-搜狗拼音输入法"为例说明输入法的调出、切换与输入。

(1) 从任务栏调出输入法:单击任务栏右侧的⌨图标,打开输入法菜单,如图 1-25 所示,单击“中文(简体)-搜狗拼音输入法”命令,即可调出此输入法,或按Ctrl+Shift组合键切换到该输入法,任务栏将显示某输入法的状态条,如图1-26所示。

“中文(简体)-搜狗拼音输入法”是一种在全拼输入法的基础上加以改进的拼音输入法,它可以用多种方式输入汉字。例如,“中国人民”可以输入全部拼音zhongguorenmin,也可以只输入简拼即声母zgrm,还可以全拼与简拼混合输入,即zhonggrm。

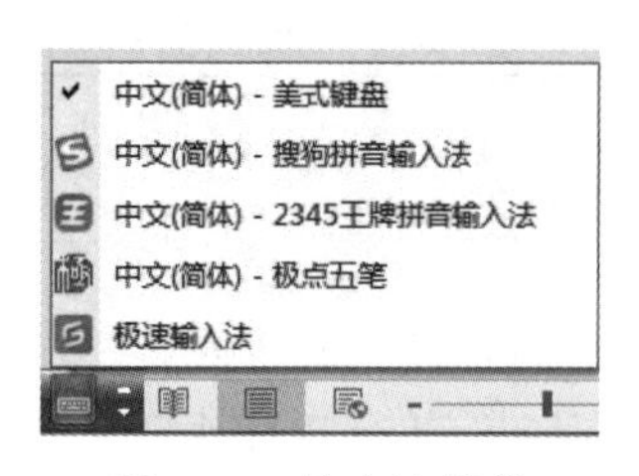

图1-25　输入法菜单

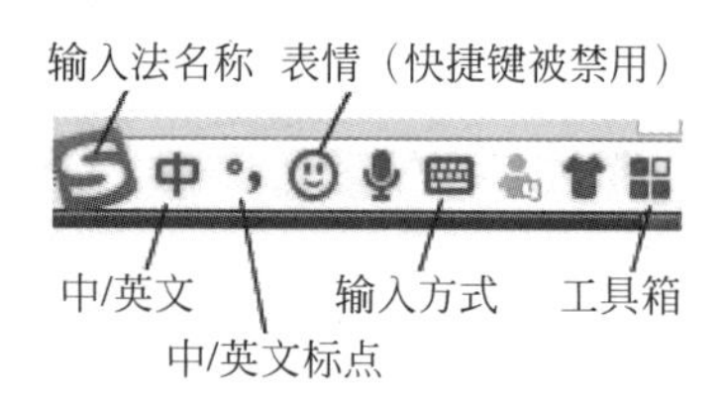

图1-26　“中文(简体)-搜狗拼音输入法”状态条

【说明】　在全拼与简拼混合输入中,当无法区分是一个字还是两个字时可以使用单引号作隔音符号,如xi’a(“西安”或“喜爱”)、min’g(“民歌”或“民工”)。

“中文(简体)-搜狗拼音输入法”具有智能词组的输入特点。例如,中国人民解放军zgrmjfj。

(2) 中英文状态切换:在输入汉字时,切换到英文状态通常有以下两种方法,一是按Shift键快速切换中/英文状态;二是在输入法状态条中单击“中/英文”图标将中文转换成英文或将英文状态转换为中文状态。

(3) 中英文标点切换:在输入汉字时,切换中英文标点通常用两种方法,一是按Ctrl+“.”组合键快速切换中英文标点;二是单击输入法状态条中的“中文标点”图标转换至“英文标点”图标,反之亦然。

(4) 全角/半角状态切换:右击“输入法状态条”,弹出如图1-27所示的快捷菜单,再单击“全半角”图标则实现全角/半角状态切换。

图1-27　输入法状态条的快捷菜单

2) 软键盘

软键盘(soft keyboard)是通过软件模拟的键盘,可以通过单击输入需要的各种字符,一般在一些银行的网站上要求输入账号和密码时很容易看到。使用软键盘是为了防止木马记录键盘的输入。

在输入法状态条的快捷菜单中单击“软键盘”图标或者右击“输入方式”图标都会打开如图1-28所示的13个选项组成的选项栏,它就是Windows系统提供的13种软键盘布局。在选项栏中选择任何一个选项就可以切换到任何一个字符界面,从而实现13种不同类型字符的输入。其中,若单击“PC键盘”选项则会打开“搜狗软键盘”界面,如图1-29所示,通过“搜狗软键盘”可以输入数字、英文字符、标点符号和汉字等。

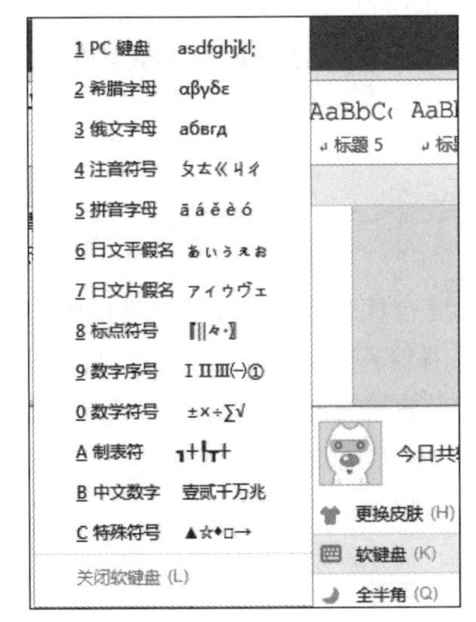

图 1-28 “软键盘”中的 13 种字符布局

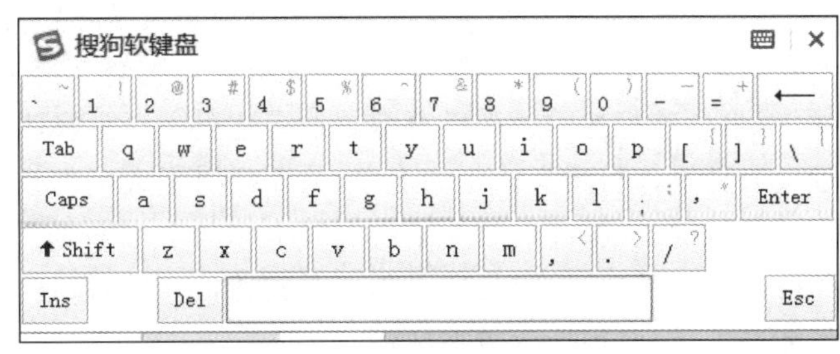

图 1-29 “搜狗软键盘”界面

2. 五笔字型输入法

五笔字型输入法是我国的王永民教授发明的，所以又称为“王码”，现在已被微软公司收购，微软公司经过升级后提供 86 和 98 两种版本，常用的是 86 版。

五笔字型输入法的优点是无须知道汉字的发音，编码规则是确定一个汉字由哪几个字根组成。每个汉字或词组最多击 4 键便可输入，重码率极低，可实现盲打，是目前输入汉字速度较快的一种输入法。

五笔字根是指组成汉字的最常用笔画或部首，共归纳了 130 个基本字根，分布在 25 个英文字母键位上(Z 键除外)，这些字根是组字和拆字的依据。

汉字有横、竖、撇、捺、折 5 种笔画，它们分布在键盘上的 5 个区中，为了便于用户记忆，把每个区各键位的字根编成口诀如下。

五笔字型均直观，依照笔顺把码编；

键名汉字打四下，基本字根请照搬；

一二三末取四码，顺序拆分大优先；

不足四码要注意，交叉识别补后边。

末笔字型交叉识别码是“末笔画的区号(十位数，1～5)＋字形代码(个位数，1～3)”＝对应的字母键，其中，字形代码为左右型 1、上下型 2、杂合性 3。

(1) 键名汉字。连击四次，例如，月(eeee)、言(yyyy)、口(kkkk)。

(2) 成字字根。键名＋第一、二、末笔画，不足 4 码时按空格，例如雨(fghy)、马(cnng)、四(lh 空格)。

(3) 单字。例如操(rkks)、鸿(iaqg)、否(gik 空格)、会(wfcu)、位(wug 空格)。

(4) 词组。

- 两字词：每字各取前两码，例如奋战(dlhk)、显著(joaf)、信息(wyth)。
- 三字词：取前两字第一码、最后一字前两码。例如计算机(ytsm)、红绿灯(xxos)、实验室(pcpg)。

- 四字词：每字各取其第一码，例如众志成城(wfdf)、四面楚歌(ldss)。
- 多字词：取第一、二、三及最末一个字的第一码。例如中国共产党(klai)、中华人民共和国(kwwl)、百闻不如一见(dugm)。

1.5 多媒体技术

多媒体技术是当今计算机发展的一项新技术，是一门综合性信息技术，它把电视的声音和图像功能、印刷业的出版能力、计算机的人机交互能力、因特网的通信技术有机地融于一体，对信息进行加工处理后再综合地表达出来。多媒体技术改善了信息的表达方式，使人们通过多种媒体得到实体化的形象，从而吸引了人们的注意力。多媒体技术也改变了人们使用计算机的方式，进而改变了人们的工作和学习方式。多媒体技术涉及的知识面非常广，随着计算机软件和硬件技术、大容量存储技术、网络通信技术的不断发展，多媒体技术应用领域不断扩大，实用性也越来越强。

1.5.1 多媒体的基本概念

学习多媒体技术，首先要明确几个基本概念，即媒体、多媒体以及多媒体技术。

1. 媒体

媒体(media)是指承载或传递信息的载体。在日常生活中，大家熟悉的报纸、书刊、杂志、广播、电影及电视均是媒体，都以它们各自的媒体形式进行着信息的传播。它们中有的以文字作为媒体，有的以图像作为媒体，有的以声音作为媒体，还有的将文、声、图、像综合在一起作为媒体。同样的信息内容，在不同领域中采用的媒体形式是不同的，报纸书刊领域采用的媒体形式为文字、表格和图片；绘画领域采用的媒体形式是图形、文字和色彩；摄影领域采用的媒体形式是静止图像、色彩；电影、电视领域采用的是图像或运动图像、声音和色彩。

根据国际电信联盟(ITU)的定义，媒体可分为表示媒体、感觉媒体、存储媒体、显示媒体和传输媒体五大类，如表1-11所示。

表1-11 媒体的表现形式

媒体类型	媒体特点	媒体形式	媒体实现方式
表示媒体	信息的处理方式	计算机数据格式	ASCII码、图像、音频、视频编码等
感觉媒体	人们感知客观环境的信息	视、听、触觉	文字、图形、图像、动画、视频和声音等
存储媒体	信息的存储方式	存取信息	内存、硬盘、光盘、纸张
显示媒体	信息的表达方式	输入、输出信息	显示器、投影仪、数码摄像机、扫描仪等
传输媒体	信息的传输方式	传输介质	电磁波、电缆、光缆等

人类利用视觉、听觉、触觉、味觉和嗅觉感受各种信息。其中通过视觉得到的信息最多，其次是听觉和触觉，三者一起得到的信息达到了人们感受到信息的95%。因此感觉媒体是人们接受信息的主要来源，而多媒体技术充分利用了这种优势。

2. 多媒体

多媒体一词译自英语 Multimedia,它是多种媒体信息的载体,信息借助载体得以交流传播。多媒体是信息的多种表现形式的有机结合,即利用计算机技术把文字、图形、图像、声音等多种媒体信息综合为一体,并进行加工处理,即录入、压缩、存储、编辑、输出等。广义上的多媒体概念中不但包括多种的信息形式,还包括了处理和应用这些信息的硬件和软件。与传统媒体相比,多媒体具有以下特征。

(1) 信息载体的多样性:指信息媒体的多样化和多维化。计算机利用数字化方式能够综合处理文字、声音、图形、图像、动画和视频等多种信息,从而为用户提供一种集多种表现形式为一体的全新的用户界面,便于用户更全面、更准确地接受信息。

(2) 信息的集成性:指将多媒体信息有机地组织在一起,共同表达一个完整的概念。如果只是将各种信息存储在计算机中而没有建立各种媒体之间的联系,例如只能显示图形或只能播出声音,则不能算是媒体的集成。

(3) 多媒体的交互性:指用户可以利用计算机对多媒体的呈现过程进行干预,从而更加个性化地获得信息。

(4) 实时性:指由于多媒体集成时,其中的声音及活动的视频/图像是和时间密切相关的,因此多媒体技术支持对声音和视频等时基媒体提供实时处理的能力。

(5) 非线性:以往人们读/写文本时大都采用线性顺序地读/写,循序渐进地获取知识。多媒体的信息结构形式一般是一种超媒体的网状结构,它改变了人们传统的读/写模式,借用超媒体的方法,把内容以一种更灵活、更具变化的方式呈现给用户。超媒体不仅为用户浏览信息和获取信息带来极大的便利,也为多媒体的制作带来了极大的便利。

(6) 数字化:实际应用中必须要将各种媒体信息转换为数字化信息后,计算机才能对数字化的多媒体信息进行存储、加工、控制、编辑、交换、查询和检索,所以,多媒体信息必须是数字化信息。

3. 多媒体技术

多媒体技术是一种基于计算机技术处理多种信息媒体的综合技术,包括数字化信息的处理技术、多媒体计算机系统技术、多媒体数据库技术、多媒体通信技术和多媒体人机界面技术等。多媒体技术具有多样性、集成性、交互性、实时性、非线性和数字化等特点,其应用产生了许多新的应用领域。多媒体技术融合了计算机硬件技术、计算机软件技术以及计算机美术、计算机音乐等多种计算机应用技术。多种媒体的集合体将信息的存储、传输和输出有机地结合起来,使人们获取信息的方式变得丰富,引领人们走进了一个多姿多彩的数字世界。

多媒体关键技术包括数据压缩技术、大规模集成电路制造技术、大容量光盘存储器、实时多任务操作系统以及多种多媒体应用软件等。

1.5.2 多媒体的基本元素

多媒体是多种信息的集成应用,其基本元素主要有文本、图形、图像、音频、动画及视频等。

1. 文本

文本(text)是文字、字符及其控制格式的集合。通过对文本显示方式(包括字体、大小、格式、颜色及文本效果等)的控制,多媒体系统可以使显示的文字信息更容易理解。

2. 图形

常见的图形(graphic)包括工程设计图、美术字体等,它们的共同特点是均由点、线、圆、矩形等几何形状构成。由于这些形状可以方便地用数学方法表示,如直线可以用起始点和终止点坐标表示,圆可以用圆点坐标和半径表示。因此,在计算机中通常用一组指令来描述这些图形的构成,称为矢量图形。

由于矢量图形是用数学方法描述的,因此在还原显示时可以方便地进行旋转、缩放和扭曲等操作,并保持图形不会失真。同时,由于去掉了一些不相关信息,所以矢量图形的数据量大大减小。

3. 图像

图像(image)与图形的区别在于,组成图像的不是具有规律的各种线条,而是具有不同颜色或灰度的点。照片就是图像的一种典型例子。

图像的分辨率是影响图像质量的重要指标,以水平和垂直两个方向上的像素数量来表示。如分辨率 800×600 表示一幅图像在水平方向上有 800 个像素点,在垂直方向上有 600 个像素点。显然,图像的分辨率越高,则组成图像的像素越多,图像的显示质量越高。

图像的灰度是决定图像质量的另一个重要指标。在图像中,如果一个像素点只有黑、白两种颜色,则可以只用一个二进制位表示;如果要表示多种颜色,则必须使用多个二进制位。例如用 8 个二进制位表示一个像素,则每个像素可以表示 256 种颜色;如果用 24 个二进制位表示一个像素,则可以有 1667 多万种颜色,这就是所谓的"真彩色"。

由此可见,与图形相比,一幅数字图像会占据更大的存储空间,而且,如果图像色彩越丰富、画面越逼真,则图像的像素也就越多、灰度也就越大,图像的数据量也就越大。

4. 音频

音频(audio)是指音乐、语言及其他的声音信息。为了在计算机中表示声音信息,必须把声波的模拟信息转换成为数字信息。其一般过程为首先在固定的时间间隔内对声音的模拟信号进行采样,然后将采样到的信号转换为二进制数表示,按一定的顺序组织成声音文件,播放时再将存储的声音文件转化为声波播出。

当然,用于表示声音的二进制数位越多,则量化越准确,恢复的声音也就越逼真,所占据的存储空间也就越大。

5. 动画

动画(animation)是运动的图画,实质是一幅幅静态图像或图形快速连续播放。动画的连续播放既指时间上的连续,也指图像内容上的连续,即播放的相邻两幅图像之间内容相差很小。动画与视频的区别在于动画的图像是由人工绘制出来的。

6. 视频

视频(video)的实质就是一系列有联系的图像数据连续播放。当静态图像以每秒 15～30 帧的速度连续播放时,由于人眼的视觉暂留效应,就会感觉不到图像画面之间的间隔,从而产生画面连续运动的感觉。视频图像可来自录像带、摄像机等视频信号源的影像,如录像带、影碟上的电影/电视节目、电视、摄像等。

由于视觉图像的每一帧其实是一幅静态图像,因此,视频信息所占据的存储空间会更加巨大。

1.5.3 多媒体计算机

多媒体计算机(multimedia personal computer,MPC)实际上是对具有多媒体处理能力的计算机系统的统称。多媒体计算机系统建立在普通计算机系统基础之上,涉及的科学技术领域除了计算机技术之外还有声、光、电磁等相关学科,是一门跨学科的综合技术。它是应用计算机技术和其他相关学科的综合技术,将各种媒体以数字化的方式集成在一起,从而使计算机具有处理、存储、表现各种媒体信息的综合能力和交互能力。

1. 多媒体计算机的关键技术

在多媒体计算机中关键技术主要有以下几项。

1) 视频和音频数据的压缩和解压缩技术

视频信号和音频信号数据量大得惊人,这是制约多媒体技术发展和应用的最大障碍。一帧中等分辨率(640×480)真彩色(24 位)数字视频图像的数据量约占 0.9MB 的空间,如果存放在容量为 650MB 的光盘中,以每秒 30 帧的速度播放,只能播放约 20s; 双通道立体声的音频数字数据量为 1.4MB/s,一个容量为 650MB 的光盘只能存储约 7min 的双通道立体声音频数据; 一部放映时间为 2h 的电影或电视剧,其视频和音频的数据量共约占 208 800MB 的存储空间,这是现代存储设备根本无法解决的。所以说一定要把这些信息压缩后存放,在播放时解压缩。所谓图像压缩是指图像从以像素存储的方式,经过图像转换、量化和高速编码等处理转换成特殊形式的编码,从而大大减少计算机所需存储和实时传输的数据量。

2) 专用芯片

多媒体计算机要进行大量的数字信号处理、图像处理、压缩和解压缩及解决多媒体数据之间关系等有关问题,所以需要使用专用芯片。这种芯片包含很多功能,集成度可达上亿个晶体管。

3) 大容量存储器

目前,CD 光盘得到广泛应用,但其容量逐渐不能满足多媒体应用的需求,发展大容量光盘存储格式是目前迫切需要解决的问题。

4) 适用于多媒体的软件

多媒体操作系统为多媒体计算机用户开发应用系统而设置了具有编辑功能和播放功能的操作系统软件以及各种多媒体应用软件。

2. 重要硬件配置

多媒体计算机的主要硬件配置除了必须包括 CD-ROM 外,还必须包括音频卡和视频卡,这方面既是构成计算机的重要组成部分,也是衡量一台 MPC 功能强弱的基本要素。

1) 音频卡

音频卡又称为声卡,是多媒体计算机的标准配件之一,主要作用是对声音信息进行获取、编辑、播放等处理,为话筒、耳机、音箱、CD-ROM 以及乐器数字接口(musical instrument digital interface, MIDI)键盘、合成器等音乐设备提供数字接口和集成能力。声卡可以集成在主板上,也可以是单独部件,通过插入扩展槽中供用户使用,其主要性能指标如下。

(1) 采样频率:采样频率是单位时间内的采样次数。一般来说,语音信号的采样频率

是语音所必需的频率宽度的两倍以上。人耳可听到的频率为20Hz～22kHz,所以对于声频卡,其采样频率为最高频率22kHz的2倍以上,即采样频率应在44kHz以上。较高的采样频率能获得较好的声音还原。目前声频卡的采样频率一般为44.1kHz、48kHz或更高。

(2) 采样值编码位数:采样值编码位数是记录每次采样值使用的二进制编码位数。二进制编码位数直接影响还原声音的质量,当前声卡有16位、32位和64位等,编码位数越长,声音还原效果越好。

2) 视频卡

计算机处理视频信息需要使用视频卡,它是对所有用于输入/输出视频信号的接口功能卡的总称。目前常用的视频卡主要有DV卡和视频采集卡等。DV卡的作用是将数字摄像机或录像带中的数字视频信号用数字方式直接输入计算机。视频采集卡先将录像带或电视中模拟信号变成数字信号,再输入计算机。

1.5.4 多媒体技术的应用

随着多媒体技术日新月异的发展,多媒体技术的应用也越来越广泛,几乎涉及社会和人们生活的各个领域。多媒体技术的标准化、集成化以及多媒体软件技术的发展使信息的接收、处理和传输更加方便、快捷。多媒体技术的典型应用包括以下几个方面。

1. 教育和培训

由于多媒体具有非线性和多样性的特点,提供了丰富多彩的人机交流方式,而且反馈及时,所以学习者可以按自己的学习基础和学习兴趣选择自己所要学习的内容,提高学习的自主性与参与性。利用多媒体技术开展培训教学工作,内容直观、寓教于乐,有助于提高学习效率。

2. 咨询和演示

在销售、导游或宣传等活动中,使用多媒体技术编制的软件能够图文并茂地展示产品、游览景点和宣传丰富多彩的内容,观者可获得自己感兴趣的相关信息。并且公司、企业、学校、政府部门以及个人等还可以建立自己的信息网站进行自我展示和信息服务。

3. 娱乐和游戏

多媒体技术的出现使得影视作品和游戏产品制造发生了巨大的变化。计算机和网络游戏由于具有多媒体的感官刺激,游戏者通过与计算机的交互,体会到身临其境的感觉,趣味性和娱乐性大大增强。

4. 电子出版

电子出版物以数字代码方式将图、文、声、像等信息编辑加工后存储在磁、光、电介质上,通过计算机或者具有类似功能的设备读取使用,用以表达思想、普及知识和积累文化,具有多媒体、交互性、高容量、易检索等特征。例如以光盘形式发行的电子图书,集文字、图像、声音、动画和视频于一身,具有容量大、体积小、成本低等特点。随着网络媒体的发展,光盘出版物逐渐呈现没落的趋势。

5. 视频会议系统

视频会议系统(Video Conferencing System)是人们的交流方式和科技相融合的产物。它是一个不受地域限制、建立在宽带网络基础上的双向、多点、实时的视/音频交互系统。它使在地理上分散的用户可以通过图像、声音、文本等多种方式交流信息,支持人们进行远距

离实时信息交流与共享，开展协同学习和工作，就如同所有人都在同一个房间面对面地工作一样，极大地方便了协作成员之间的直观交流，从而真正实现“天涯共此时”的梦想。充分利用网络视频会议系统，将信息传递生动化，建立基于视/音频多媒体技术互动的对话渠道，是对现有网络平台价值的一种提升。

6. 视频服务系统

诸如视频点播、视频购物、电子商务等视频服务系统拥有大量的用户，是多媒体技术的又一个应用热点。

多媒体技术的应用远不止上面所列举的这些，只要大家用心去观察、感受就会发现一个绚丽多姿的多媒体世界正在形成，让人流连忘返，更加热爱生活、享受生活。

1.5.5 流媒体技术

流媒体技术是指一边下载一边播放来自网络服务器上的音频和视频信息，而不需要等到整个多媒体文件下载完毕就可以观看的技术。流媒体技术实现了连续、实时地传送。

在流媒体技术出现之前，如果要播放网上的电影或声音，必须先将整个文件下载并保存到本地计算机上，这种播放方式称为下载播放。下载播放是一种非实时传输的播放，其实质是将媒体文件作为一般文件对待。它将播放与下载分开，播放与网络的传输速率无关。下载播放的优点是可以获得高质量的音影作品，一次下载，可以多次播放；缺点是需要较长的下载时间，客户端需要有较大容量的存储设备。下载播放只能使用预先存储的文件，不能满足实况直播的需要。

流式播放采用边下载边播放的方式，经过短暂的缓冲即可在用户终端上对视频或音频进行播放，媒体文件的剩余部分将在后台由服务器继续向用户终端不断传送，但播放过的数据不保留在用户端的存储设备上。

流媒体技术被广泛应用于网上直播、网络广告、视频点播、网络电台、远程教育、远程医疗、企业培训和电子商务等多个领域。流式播放的优点是随时传送，随时播放，能够应用于现场直播、突发事件报道等对实时性传输要求较高的场合；主要缺点是当网络传输速率低于流媒体的播放速率或网络拥塞时会造成播放的声音、视频时断时续。

目前，流媒体格式的文件有很多，如. asf、. rm、. ra、. mpg、. flv 等，不同格式的文件要用不同的播放软件来播放，常用的流媒体播放软件有 RealNetworks 公司的 RealPlayer、Apple 公司的 QuickTime 和微软公司的 Windows Media Player。

越来越多的网站也提供了在线播放视频、音频的服务，如优酷、土豆网、中国网络电视台等。打开 IE 浏览器，进入这些网站后，就可以根据窗口的提示进行节目的点播，然后就可以播放。通常，播放窗口中除了视频画面外还有进度条、时间显示、音量调节、播放/暂停、快进及后退等控制组件。

1.6 计算机安全

随着计算机的快速发展以及计算机网络的普及，计算机安全问题越来越受到广泛的重视与关注。国际标准化组织(ISO)对计算机安全的定义是：“为数据处理系统建立和采取的技术和管理的安全保护，保护计算机硬件、软件、数据不因偶然或恶意的原因而遭破坏、更

改、泄露。”

对于计算机安全的威胁多种多样,主要是自然因素和人为因素。自然因素是指一些意外事故的威胁;人为因素是指人为的入侵和破坏,主要是计算机病毒和网络黑客。

计算机安全可以分为管理安全、技术安全和环境安全3个方面,本节只讨论计算机病毒对计算机的破坏以及如何防护。

1.6.1 计算机病毒

1. 计算机病毒的概念

计算机病毒(computer virus)在《中华人民共和国计算机信息系统安全保护条例》中有明确定义:“病毒指编辑或者在计算机程序中插入的破坏计算机功能或者破坏数据,影响计算机使用,并且能够自我复制的一组计算机指令或者程序代码。”通俗地讲,病毒就是人为的特殊程序,具有自我复制能力、很强的感染性、一定的潜伏期、特定的触发性和极大的破坏性。

2. 计算机病毒的特征

1) 非授权可执行性

计算机病毒隐藏在合法的程序或数据中,当用户运行正常程序时伺机窃取系统的控制权,得以抢先运行,然而此时用户还认为在执行正常程序。

2) 隐蔽性

计算机病毒是一种具有较高编程技巧且短小精悍的可执行程序,它通常总是隐藏在操作系统、引导程序、可执行文件或数据文件中,不易被人们发现。

3) 传染性

传染性是计算机病毒最重要的一个特征。病毒程序一旦侵入计算机系统,就会通过自我复制迅速传播,计算机病毒具有再生与扩散的能力。计算机病毒可以从一个程序传染到另一个程序,也可以从一台计算机传染到另一台计算机,还可以从一个计算机网络传染到另一个计算机网络。

4) 潜伏性

计算机病毒具有依附于其他媒体寄生的能力,病毒可以悄悄隐藏起来,这种媒体称为计算机病毒的宿主。入侵计算机的病毒可以在一段时间内不发作,然后在用户不察觉的情况下进行传染,一旦达到某种条件,隐藏潜伏的病毒就肆虐地进行复制、变形、传染和破坏。

5) 表现性或破坏性

无论何种病毒程序,一旦侵入系统,都会对操作系统的运行造成不同程度的影响,即使不直接产生破坏作用的病毒程序,也要占用系统资源。绝大多数病毒程序要显示一些文字或图像,影响系统正常运行,还有一些病毒程序删除文件,甚至摧毁整个系统和数据,使之无法恢复,造成无可挽回的损失。

6) 可触发性

计算机病毒一般都有一个或几个触发条件,用来激活病毒的表现部分或破坏部分。触发的实质是一种条件的控制,病毒程序可以依据设计者的要求在一定条件下实施攻击。这些条件可能是病毒设计好的特定字符、某个特定日期或特定时刻,或者是病毒内置的计数器达到一定次数等,一旦满足触发条件或者激活病毒的传染机制,病毒就会进行传染。

3. 计算机病毒的类型

目前，计算机病毒的种类繁多，其破坏性的表现方式也很多。据资料介绍，全世界目前已发现的计算机病毒已超过 15 000 种，种类不一，分类的方法也很多，按感染方式可分为引导型病毒、一般应用程序型和系统程序型病毒；按寄生方式可分为操作系统型病毒、外壳型病毒、入侵型病毒、源码型病毒；按破坏情况可分为良性病毒和恶性病毒。

1）引导型病毒

引导型病毒又称操作系统型病毒，主要寄生在硬盘的主引导程序中，当系统启动时进入内存，伺机传染和破坏。典型的引导型病毒有大麻病毒、小球病毒等。

2）文件型病毒

文件型病毒一般感染可执行文件（扩展名为.com 或.exe 的文件）。在用户调用染毒的可执行文件时病毒抢先被运行，然后驻留内存传染其他文件，如 CIH 病毒。

3）宏病毒

宏病毒是利用办公自动化软件（如 Word、Excel 等）提供的用“宏”命令编制的病毒，通常寄生于文档或用模板编写的宏中。一旦用户打开了感染病毒的文档，宏病毒即被激活并驻留在普通模板上，使所有能自动保存的文档都感染这种病毒。宏病毒可以影响文档的打开、存储、关闭等操作，可删除文件、随意复制文件、修改文件名或存储路径、封闭有关菜单，还可造成不能正常打印，使人们无法正常使用文件。

4）网络病毒

因特网的广泛连接使利用网络传播病毒成为病毒发展的新趋势。网络病毒一般利用网络的通信功能将自身从一个节点发送到另一个节点，并自行启动。它们对网络计算机，尤其是网络服务器主动进行攻击，不仅非法占用了网络资源，而且导致网络堵塞，甚至造成整个网络系统的瘫痪。蠕虫病毒（Worm）、特洛伊木马（Trojan）病毒、冲击波（Blaster）病毒、电子邮件病毒等都属于网络病毒。

5）混合型病毒

混合型病毒是两种或两种以上病毒的混合。例如，有些混合型病毒既能感染磁盘的引导区，又能感染可执行文件；有些电子邮件病毒则是文件型病毒和宏病毒的混合体。

4. 计算机感染病毒后的常见症状

了解计算机感染病毒后的各种症状有助于及时发现病毒。计算机感染病毒后的常见症状有如下几种。

（1）屏幕显示异常：屏幕上出现异常图形，有时出现莫名其妙的问候语，或直接显示某种病毒或某几种病毒的标志信息。

（2）系统运行异常：原来能正常运行的程序无法运行或运行速度明显减慢，经常出现异常死机，或无故重新启动，或蜂鸣器无故发声等。

（3）硬盘存储异常：硬盘空间突然减小，经常无故读/写磁盘，或磁盘驱动器“丢失”等。

（4）内存异常：内存空间骤然变小，出现内存空间不足、不能加载执行文件的提示。

（5）文件异常：例如，文件名称、扩展名、日期等属性被更改，文件长度加长，文件内容改变，文件被加密，文件打不开，文件被删除，甚至硬盘被格式化等；莫名其妙地出现许多来历不明的隐藏文件或者其他文件；可执行文件运行后神秘地消失或者产生出新的文件；某些应用程序被屏蔽，不能运行。

(6) 打印机异常：不能打印汉字或打印机“丢失”等。

(7) 硬件损坏：例如,CMOS 中的数据被改写,不能继续使用；BIOS 芯片被改写等。

1.6.2 网络黑客

黑客(hacker)原指那些掌握高级硬件和软件知识能剖析系统的人,但现在“黑客”已变成了网络犯罪的代名词。黑客就是利用计算机技术、网络技术非法侵入、干扰、破坏他人计算机系统,或擅自操作、使用、窃取他人的计算机信息资源,对电子信息交流和网络实体安全具有威胁性和危害性的人。

黑客攻击网络的方法是不停寻找因特网上的安全缺陷,乘虚而入。黑客主要通过掌握的计算机技术和网络技术进行犯罪活动,如窥视政府、军队的机密信息,企业内部的商业秘密,个人的隐私资料等；截取银行账号,信用卡密码,以盗取巨额资金；攻击网上服务器,或取得其控制权,继而修改、删除重要文件,发布不法言论等。

1.6.3 计算机病毒和黑客的防范

计算机病毒和黑客的出现给计算机安全提出了严峻的挑战,解决问题最重要的一点就是树立“预防为主,防治结合”的思想,树立计算机安全意识,防患于未然,积极地预防黑客的攻击和计算机病毒的入侵。

1. 防范措施

防范措施如下。

(1) 对外来的计算机、存储介质(光盘、闪存盘、移动硬盘等)或软件要进行病毒检测,确认无病毒后才能使用。

(2) 在别人的计算机上使用自己的闪存盘或移动硬盘的时候必须处于写保护状态。

(3) 不要运行来历不明的程序或使用盗版软件。

(4) 不要在系统盘上存放用户的数据和程序。

(5) 对于重要的系统盘、数据盘以及磁盘上的重要信息要经常备份,以便遭到破坏能及时得到恢复。

(6) 利用加密技术对数据与信息在传输过程中进行加密。

(7) 利用访问控制权限技术规定用户对文件、数据库、设备等的访问权限。

(8) 不定时更换系统的密码,提高密码的复杂程度,以增强入侵者破译的难度。

(9) 迅速隔离被感染的计算机：当计算机发现病毒或异常时应立刻断网,以防止计算机受到更多的感染,或者成为传播源再次感染其他计算机。

(10) 不要轻易下载和使用网上的软件；不要轻易打开来历不明的邮件中的附件；不要浏览一些不太了解的网站；不要执行从互联网下载后未经杀毒处理的软件或文档；调整好浏览器的安全设置,并且禁止一些脚本和 ActiveX 控件的运行,防止恶性代码的破坏。对于通过网络传输的文件,应在传输前和接收后使用反病毒软件进行检测和清除病毒,以确保文件安全。

(11) 关闭或删除系统中不需要的服务：默认情况下,许多操作系统会安装一些辅助服务,如 FTP 客户端、Telnet 等。这些服务为攻击者提供了方便,如果用户不需要使用这些功能,则可删除它们,这样可以大大减少被攻击的可能性。

(12) 购买并安装正版的具有实时监控功能的杀毒卡或反病毒软件，时刻监视系统的各种异常并及时报警，以防止病毒的入侵，并要经常更新反病毒软件的版本，以及升级操作系统，安装堵塞漏洞的补丁。

(13) 对于网络环境应设置"病毒防火墙"。

2. 设置防火墙

防火墙是指设置在不同网络(如可信任的企业内部网，或不可信任的公共网，或网络安全域)之间的一系列部件的组合。它可通过监测、限制、更改跨越防火墙的数据流尽可能地对外部屏蔽网络内部的信息、结构和运行状况，以此来实现网络的安全保护。

在逻辑上，防火墙是一个分离器，也是一个限制器，还是一个分析器，有效地监控了内部网和 Internet 之间的任何活动，保证了内部网络的安全。典型的防火墙具有以下 3 个方面的基本特征。

(1) 内部、外部网络之间的所有网络数据流都必须经过防火墙。

(2) 只有符合安全策略的数据流才能够通过防火墙。

(3) 防火墙自身具有非常强的抗攻击能力。

目前常见的防火墙有瑞星防火墙及卡巴斯基防火墙等。

3. 安装正版杀毒软件

杀毒软件又称反病毒软件，是用于消除计算机病毒、特洛伊木马和恶意软件，保护计算机安全的一类软件的总称，可以对资源进行实时监控，阻止外来侵袭。杀毒软件通常集成病毒监控、识别、扫描和清除及病毒库自动升级等功能。杀毒软件的任务是实时监控和扫描磁盘，其实时监控方式因软件而异。有的反病毒软件是通过在内存中划分一部分空间，将计算机中流过内存的数据与反病毒软件自身所带的病毒库(包含病毒定义)的特征码相比较，以判断是否为病毒。另一些杀毒软件则在所划分到的内存空间中，虚拟执行系统或用户提交的程序，根据行为或结果做出判断。部分反病毒软件通过在系统添加驱动程序的方式进驻系统，并且随操作系统启动。大部分的杀毒软件还具有防火墙的功能。

目前，使用较多的杀毒软件有 QQ 电脑管家、火绒和 360 卫士。个别反病毒软件还提供永久免费使用，例如 360 杀毒软件。

由于计算机病毒种类繁多，新病毒又在不断出现，病毒对反病毒软件来说永远是超前的，也就是说，清除病毒的工作具有被动性。切断病毒的传播途径，防止病毒的入侵比清除病毒更重要。

习 题 1

1. 单项选择题

(1) 下列叙述中，正确的是(   )。

A. CPU 能直接读取硬盘上的数据　　B. CPU 能直接存取内存储器

C. CPU 由存储器、运算器和控制器组成　　D. CPU 主要用来存储程序和数据

(2) 1946 年首台电子数字计算机 ENIAC 问世后，冯·诺依曼(Von Neumann)在研制 EDVAC 计算机时提出两个重要的改进，它们是(   )。

A. 引进 CPU 和内存储器的概念　　B. 采用机器语言和十六进制

C. 采用二进制和存储程序控制的概念　　D. 采用 ASCII 编码系统

(3) 汇编语言是一种(　　)。

A. 依赖于计算机的低级程序设计语言　　B. 计算机能直接执行的程序设计语言

C. 独立于计算机的高级程序设计语言　　D. 面向问题的程序设计语言

(4) 假设某台式计算机的内存储器容量为 128MB,硬盘容量为 10GB,硬盘的容量是内存容量的(　　)。

A. 40 倍　　B. 60 倍　　C. 80 倍　　D. 100 倍

(5) 计算机的硬件主要包括中央处理器(CPU)、存储器、输出设备和(　　)。

A. 键盘　　B. 鼠标　　C. 输入设备　　D. 显示器

(6) 根据汉字国标 GB2312-80 的规定,二级次常用汉字个数是(　　)。

A. 3000 个　　B. 7445 个　　C. 3008 个　　D. 3755 个

(7) 在一个非零无符号二进制整数之后添加一个 0,则此数的值为原数的(　　)。

A. 4 倍　　B. 2 倍　　C. 1/2 倍　　D. 1/4 倍

(8) Pentium(奔腾)微机的字长是(　　)。

A. 8　　位 B. 16 位　　C. 32 位　　D. 64 位

(9) 下列关于 ASCII 编码的叙述中正确的是(　　)。

A. 一个字符的标准 ASCII 码占一个字节,其最高二进制位总为 1

B. 所有大写英文字母的 ASCII 码值都小于小写英文字母 a 的 ASCII 码值

C. 所有大写英文字母的 ASCII 码值都大于小写英文字母 a 的 ASCII 码值

D. 标准 ASCII 码表有 256 个不同的字符编码

(10) 在 CD 光盘上标记有 CD-RW 字样,此标记表明这光盘是(　　)。

A. 只能写入一次,可以反复读出的一次性写入光盘

B. 可多次擦除型光盘

C. 只能读出,不能写入的只读光盘

D. RW 是 Read and Write 的缩写

(11) 一个字长为 5 位的无符号二进制数能表示的十进制数值范围是(　　)。

A. 1~32　　B. 0~31　　C. 1~31　　D. 0~32

(12) 计算机病毒是指"能够侵入计算机系统并在计算机系统中潜伏、传播,破坏系统正常工作的一种具有繁殖能力的(　　)"。

A. 流行性感冒病毒　　B. 特殊小程序

C. 特殊微生物　　D. 源程序

(13) 在计算机中,每个存储单元都有一个连续的编号,此编号称为(　　)。

A. 地址　　B. 位置号　　C. 门牌号　　D. 房号

(14) 在所列出的①字处理软件、②Linux、③UNIX、④学籍管理系统、⑤Windows 7 和⑥Office2010 这 6 个软件中,属于系统软件的有(　　)。

A. ①②③　　B. ②③⑤　　C. ①②③⑤　　D. 全部都不是

(15) 在下列字符中,ASCII 码值最小的一个是(　　)。

A. 空格字符　　B. 0　　C. A　　D. a

(16) 十进制数 100 转换成二进制数是(　　)。

A. 0110101　　B. 01101000　　C. 01100100　　D. 01100110

(17) 在下列设备中,不能作为微机输出设备的是(　　)。

A. 打印机　　B. 显示器　　C. 鼠标器　　D. 绘图仪

(18) 世界上公认的第一台电子计算机诞生的年代是(　　)年。

A. 1943　　B. 1946　　C. 1950　　D. 1951

(19) 构成 CPU 的主要部件是(　　)。

A. 内存和控制器　　B. 内存、控制器和运算器

C. 高速缓存和运算器　　D. 控制器和运算器

(20) 二进制数 110001 转换成十进制数是(　　)。

A. 47　　B. 48　　C. 49　　D. 51

2. 上机操作题

(1) 了解计算机的系统配置,区分计算机的各类设备,会正确地开/关计算机;假设用户的计算机因故障或操作不当正处于“死机”状态,请给出合理的解决方案来重新启动计算机,并实践操作之。

(2) 熟悉键盘布局,了解各键位的分布及作用,熟悉键盘上常用组合键的使用方法,学会用正确的击键方法操作键盘。

(3) 练习鼠标的使用方法,能够灵活地使用鼠标进行各种操作。

(4) 将常用输入法设置为系统的默认输入法。

(5) 自选题目进行中文打字练习、英文打字练习以及中英文打字练习。

第2章 Windows 10 操作系统

操作系统(Operating System,OS)是最重要的系统软件,它控制和管理计算机系统软件和硬件资源,提供用户和计算机操作接口界面,并提供软件的开发和应用环境。计算机硬件必须在操作系统的管理下才能运行,人们借助操作系统才能方便、灵活地使用计算机,而Windows 则是微软公司开发的基于图形用户界面的操作系统,也是目前使用最为广泛的操作系统。本章首先介绍操作系统的基本知识和概念,之后重点介绍 Windows 10 的使用和操作。

学习目标:

- 理解操作系统的基本概念和 Windows 10 的新特性。
- 掌握构成 Windows 10 的基本元素和基本操作。
- 掌握 Windows 10 文件资源管理器和文件/文件夹的常用操作。
- 掌握 Windows 10 的系统设置和磁盘维护的基本方法。

2.1 操作系统和 Windows 10

操作系统是最重要、最基本的系统软件,没有操作系统,人与计算机将无法直接交互,无法合理组织软件和硬件有效的工作。通常,没有操作系统的计算机被称为“裸机”。

2.1.1 操作系统概述

1. 什么是操作系统

操作系统是一组控制和管理计算机软、硬件资源为用户提供便捷使用计算机的程序集合。它是配置在计算机上的第一层软件,是对硬件功能的扩充。它不仅是硬件与其他软件系统的接口,也是用户和计算机之间进行交流的界面。操作系统是计算机软件系统的核心,是计算机发展的产物。引入操作系统主要有两个目的:一是方便用户使用计算机。用户输入一条简单的指令就能自动完成复杂的功能,操作系统启动相应程序,调度恰当的资源输出结果;二是统一管理计算机系统的软、硬件资源,合理组织计算机工作流程,以便更有效地发挥计算机的效能。

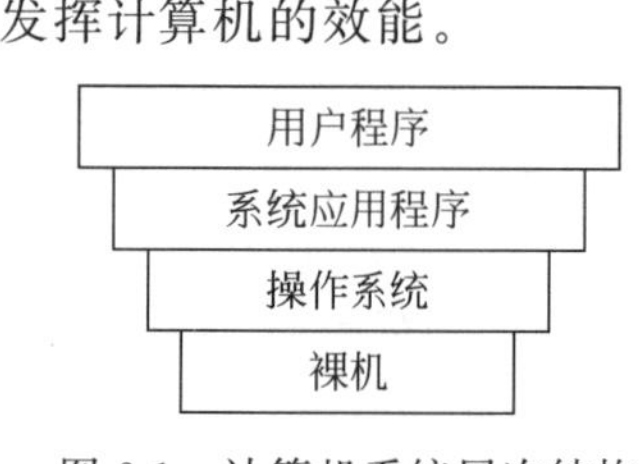

图 2-1 计算机系统层次结构

操作系统是用户和计算机之间的接口,为用户和应用程序提供进入硬件的界面。图 2-1 所示为计算机硬件、操作系统、其他系统软件、应用软件以及用户之间的层次关系。

2. 操作系统的功能

1) 处理器管理

处理器管理最基本的功能是处理中断事件。处理器只

能发现中断事件并产生中断，而不能进行处理，配置了操作系统后，就可以对各种事件进行处理。处理器管理的另一个功能是处理器调度。处理器可能是一个，也可能是多个，不同类型的操作系统将针对不同情况采取不同的调度策略。

2）存储器管理

存储器管理主要是指针对内存储器的管理。主要任务是分配内存空间，保证各作业占用的存储空间不发生矛盾，并使各作业在自己所属存储区中互不干扰。

3）设备管理

设备管理是负责管理各类外围设备（简称外设），包括分配、启动和故障处理等。主要任务是当用户使用外围设备时，必须提出要求，待操作系统进行统一分配后方可使用。当用户的程序运行要使用某外设时，由操作系统负责驱动外设。另外，操作系统还具有处理外设中断请求的能力。

4）文件管理

文件管理是指操作系统对信息资源的管理。在操作系统中，将负责存取的管理信息的部分称为文件系统。文件是在逻辑上具有完整意义的一组相关信息的有序集合，每个文件都有一个文件名。文件管理支持文件的存储、检索和修改等操作以及文件的保护功能，操作系统一般都提供功能较强的文件系统，有的还提供数据库系统来实现信息的管理工作。

5）作业管理

每个用户请求计算机系统完成一个独立的操作称为作业。作业管理包括作业的输入和输出及作业的调度与控制（根据用户的需要控制作业运行的步骤）。

3. 操作系统的种类

操作系统可以从以下两个角度进行分类。

（1）从用户角度，将操作系统分为单用户单任务（如 DOS）、单用户多任务（如 Windows）和多用户多任务（如 UNIX）。

（2）从系统操作方式的角度，将操作系统分为批处理操作系统、分时操作系统、实时操作系统、网络操作系统和分布式操作系统 5 种。

2.1.2 Windows 10 的新特性

2015 年 7 月 29 日，美国微软公司正式发布计算机和平板电脑操作系统 Windows 10。

Windows 10 的版本经过多次修改和更新，发展至第五版 Windows 10，也是最新的一版 Windows 10，又称 Windows 10 创意者更新秋季版（官方宣布名称之前，曾临时称作“Windows 10 秋季创意者更新”），代号 RS3，版本号 16299，发布于 2017 年 10 月。

Windows 10 RS3 的新特性主要有。

- OneDrive 支持按需同步。
- 有限数目的应用采用“流畅设计”语言。
- Windows Ink 功能获大量改进。
- 可将人脉图标或某个联系人的头像固定在任务栏。
- 支持在任务管理器中查看 GPU 使用状况。
- Microsoft Edge 开启和关闭标签更加流畅。
- 微软小娜（Cortana）新增“视觉智能”功能。

- 新增 Mixed Reality Viewer 应用程序。
- 支持连接 Android 设备和 iOS 设备。

2.2 Windows 10 的基本元素和基本操作

Windows 10 和以前版本的 Windows 相比,基本元素仍由桌面、窗口、对话框和菜单等基本部分组成,但对于某些基本元素的组合做了精细、完美与人性化的调整,整个界面发生了较大的变化,更加友好和易用,使用户操作起来更加方便和快捷。

2.2.1 Windows 10 的启动与关闭

1. Windows 10 的启动

安装了 Windows 10 操作系统的计算机,打开计算机电源开关即可启动 Windows 10。如果用户在安装 Windows 10 时设置了口令,则在启动过程中将出现口令对话框,用户只有回答正确的口令方可进入 Windows 10 系统,如图 2-2 所示。

2. 睡眠、关机、重启 Windows 10

(1) 单击“开始”按钮,在弹出的菜单中选择“电源”图标,打开如图 2-3 所示的“关机”选项。

① 睡眠。“睡眠”是一种节能状态,当选择“睡眠”命令后,计算机会立即停止当前操作,将当前运行程序的状态保存在内存中并消耗少量的电能,只要不断电,当再次按下计算机开关时,便可以快速恢复“睡眠”前的工作状态。

② 关机。在单击“关机”命令后,计算机关闭所有打开的程序以及 Windows 10 本身,然后完全关闭计算机。

③ 重启。重启计算机可以关闭当前所有打开的程序以及 Windows 10 操作系统,然后自动重新启动计算机并进入 Windows 10 操作系统。

图 2-2　Windows 10 登录界面

图 2-3　Windows 10 关机选项

(2) 在桌面空白处按下 Alt+F4 组合键,在弹出的对话框中单击下拉列表框,如图 2-4 所示,选择所需选项并单击“确定”按钮即可完成相应操作。

① 切换用户。选择“切换用户”选项后,关闭所有当前正在运行的程序,但计算机不会关闭,其他用户可以登录而无须重新启动计算机。

② 注销。选择“注销”选项的操作和“切换用户”的操作类似。

以上两项操作都是在单击“确定”按钮后生效。

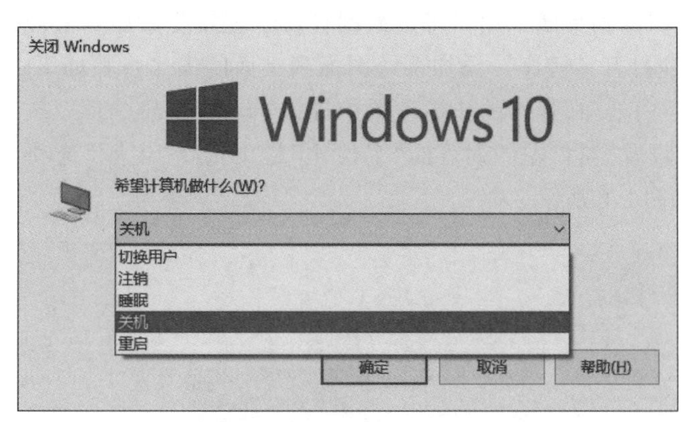

图 2-4　Windows 10“关闭 Windows”对话框

2.2.2　Windows 10 桌面

桌面是用户启动计算机及登录到 Windows 10 操作系统后看到的整个屏幕界面，它看起来就像一张办公桌面，用于显示窗口和对话框，如图 2-5 所示。

图 2-5　Windows 10 桌面组成

桌面是用户和计算机进行交流的界面，它是由若干应用程序图标和任务栏组成，也可以根据需要在桌面上添加各种快捷图标，在使用时双击图标就能快速启动相应的程序或文件。

1. 桌面图标及其查看和排序方式

1）桌面图标

桌面图标包含图形和文字说明两部分。每个图标代表一个工作对象，如文件夹或者某个应用程序，如图 2-5 所示。这些图标与安装系统时选择的组件有关，一般包括“此电脑”“网络”等图标，可将经常使用的程序或文档放在桌面或在桌面建立快捷方式，以便能够快速

方便地进入相应的工作环境。

(1) 添加系统图标到桌面。用户可以根据自身办公需要添加经常使用的系统图标到桌面上,方便平时快速打开该程序。添加系统图标到桌面的操作步骤如下。

① 右击桌面空白处,在弹出的快捷菜单中选择"个性化"命令;

② 在打开的"设置"窗口左侧列表的"个性化"栏中选择"主题"选项,单击右侧"桌面图标设置"超链接,如图 2-6 所示。

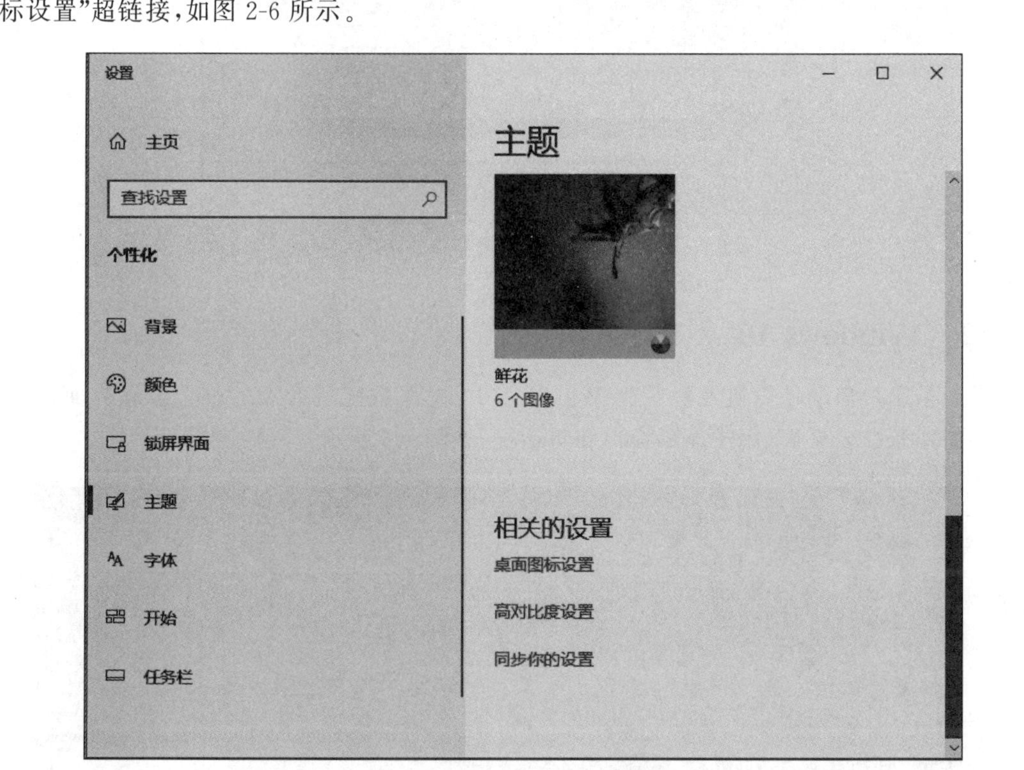

图 2-6 "设置"窗口中的"主题"选项

③ 在打开的"桌面图标设置"对话框中的"桌面图标"栏选中需要在桌面显示的图标,如图 2-7 所示,然后单击"确定"按钮。

(2) 添加快捷图标到桌面。为了方便使用,用户可以将文件、文件夹和应用程序的图标添加到桌面上。添加方法有两个。

方法 1:在"开始"菜单的列表中找到需要添加到桌面的应用程序,将其选中并按下鼠标左键不放拖移至桌面后释放左键。

方法 2:右击某个文件或文件夹,在弹出的快捷菜单中选择"发送到"→"桌面快捷方式"命令,如图 2-8 所示。

2) 桌面图标的查看和排序方式

用户需要对桌面上的图标进行大小和位置调整时,可以在桌面上的空白处右击,在弹出的快捷菜单中选择"查看"和"排序方式"命令,如图 2-9 和图 2-10 所示。

(1) 在"查看"子菜单中如果取消"显示桌面图标"的显示状态,则桌面图标会全部消失,如果取消"自动排列图标"命令的选中状态,则可以使用鼠标拖动图标将其摆放在桌面上的任意位置。

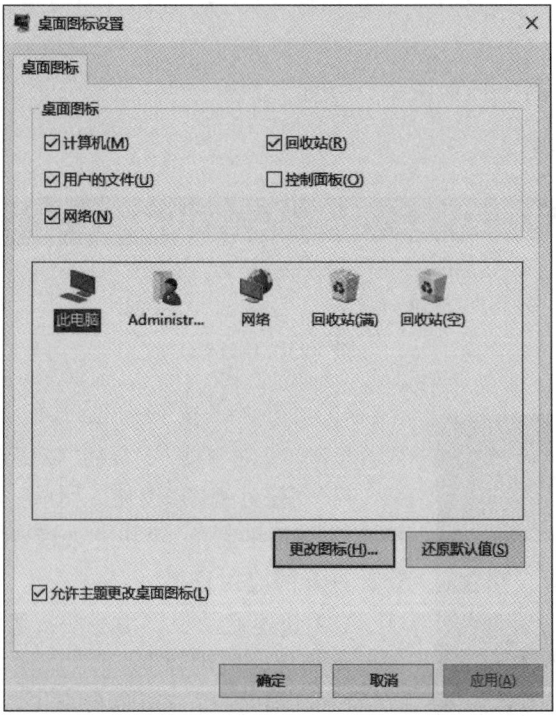

图 2-7 “桌面图标设置”对话框

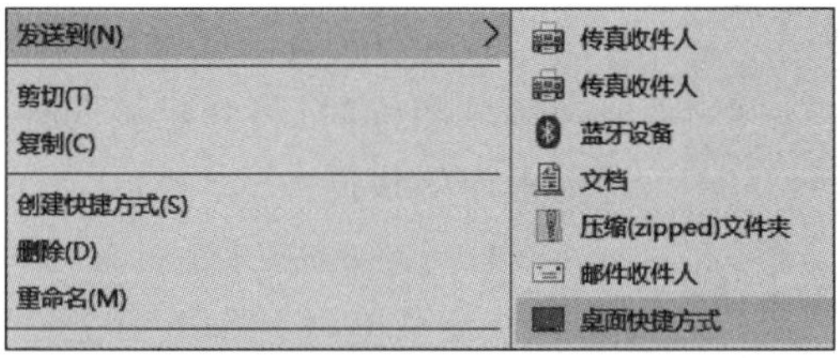

图 2-8 在桌面建立某个文件或文件夹的快捷方式

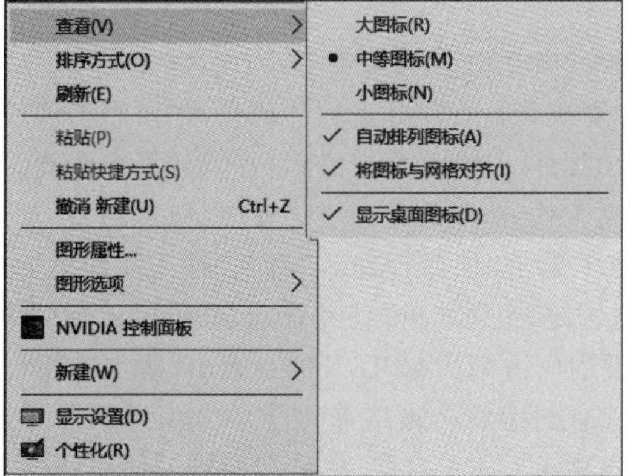

图 2-9 桌面图标的“查看”

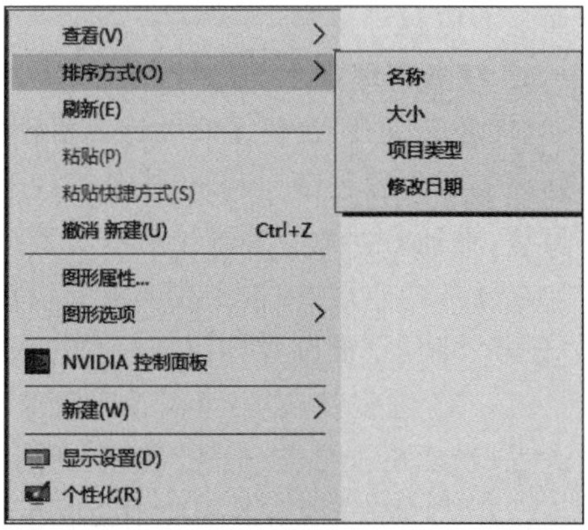

图 2-10 桌面图标的“排序方式”

(2) 在“排序方式”子菜单中可以选择按名称、大小、项目类型和修改时间进行排序。

2. 任务栏

任务栏在桌面的最下方,如图 2-11 所示。

图 2-11 任务栏

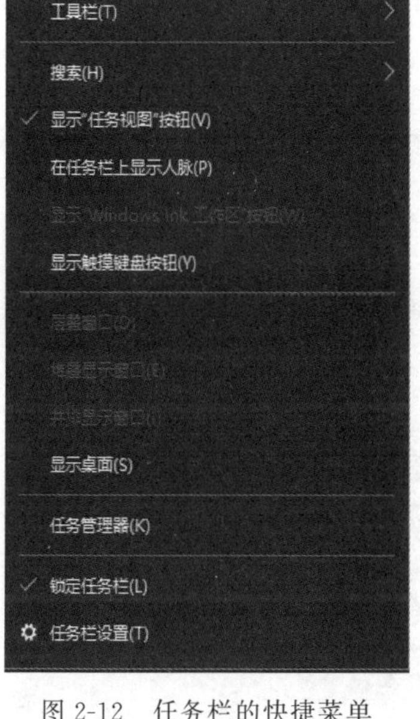

图 2-12 任务栏的快捷菜单

(1)“开始”按钮。位于任务栏的最左边,使用 Windows 10 通常是从“开始”按钮开始的。

(2)“任务视图”按钮。“任务视图”按钮是 Windows 10 系统新增的功能,可用它来设置“虚拟桌面”,能快速地查看打开的应用程序。

(3) 快速启动栏。由一些按钮组成,单击按钮便可快速启动相应的应用程序。

(4) 任务窗口。用于显示正在执行的应用程序和打开的窗口所对应的图标,单击任务按钮图标,可以快速切换活动窗口。

(5) 通知区域。此区域是显示后台运行的程序,右击通知区域图标时,将弹出该图标的快捷菜单,该菜单提供特定程序的快捷方式。

在任务栏的空白处右击,弹出如图 2-12 所示快捷菜单,该快捷菜单用于“锁定任务栏”和在任务栏显示“任务视图”按钮等设置。选择“任务栏设置”命令,打开如图 2-13 所示的“设置”→“任务栏”窗口。该窗口主要用于在桌面模式下自动隐藏任务栏和任务栏在桌面上的位置等设置。

3. 任务管理器

“任务管理器”提供了有关计算机性能、计算机运行程序和进程的信息,主要用于管理中央处理器和内存程序。利用“任务管理器”启动程序、结束程序或进程,查看计算机性能的动态显示,更加方便地管理维护自己的系统,提高工作效率,使系统更加安全、稳定。

在任务栏空白处右击,在弹出的快捷菜单中单击“任务管理器”命令,打开如图 2-14 所示“任务管理器”窗口,使用 Ctrl+Alt+Del 组合键,也可打开“任务管理器”窗口。

(1) 在“进程”列表中可查看应用程序或进程所占用的 CPU 及内存大小,单击应用程序或进程,然后单击“结束任务”按钮,此时该程序或进程将会被结束。

(2)“性能”选项卡的上部则会以图形形式显示 CPU、内存、硬盘和网络的使用情况,如图 2-15 所示。

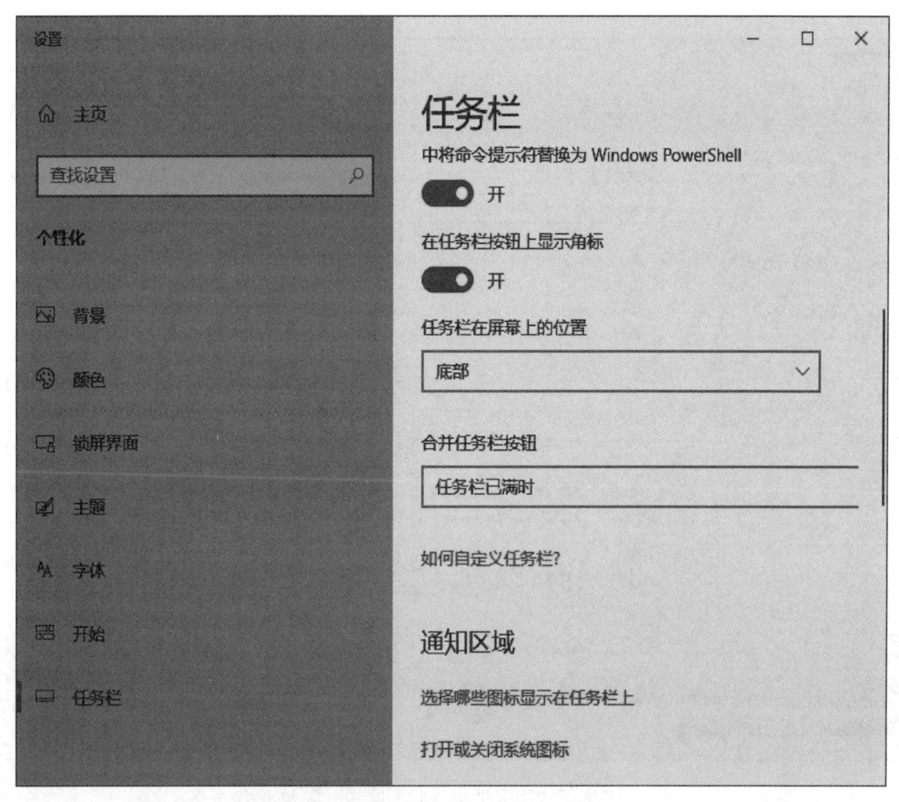

图 2-13 “设置”→“任务栏”窗口

任务管理器

文件(F) 选项(O) 查看(V)

进程 性能 应用历史记录 启动 用户 详细信息 服务

名称	状态	3% CPU	39% 内存	3% 磁盘	0% 网络	0% GPU	GPU 引擎
应用 (2)							
Microsoft Word (32 位) (2)		0%	99.5 MB	0 MB/秒	0 Mbps	0%	
任务管理器 (2)		0.3%	30.0 MB	0 MB/秒	0 Mbps	0%	
后台进程 (37)							
2345安全中心-服务程序 (32 位)		0%	1.6 MB	0 MB/秒	0 Mbps	0%	
2345安全中心-主动防御 (32 位)		0%	38.5 MB	0 MB/秒	0 Mbps	0%	
2345加速浏览器安全中心 (32 位)		0%	3.9 MB	0.1 MB/秒	0 Mbps	0%	
2345看图王核心服务 (32 位)		0%	3.8 MB	0.1 MB/秒	0 Mbps	0%	
Application Frame Host		0%	8.5 MB	0 MB/秒	0 Mbps	0%	
COM Surrogate		0%	2.2 MB	0 MB/秒	0 Mbps	0%	
COM Surrogate		0%	1.4 MB	0 MB/秒	0 Mbps	0%	
CTF 加载程序		0%	23.1 MB	0 MB/秒	0 Mbps	0%	
HD Audio Background Proce...		0%	0.1 MB	0 MB/秒	0 Mbps	0%	

简略信息(D) 结束任务(E)

图 2-14 “任务管理器”窗口的“进程”选项卡

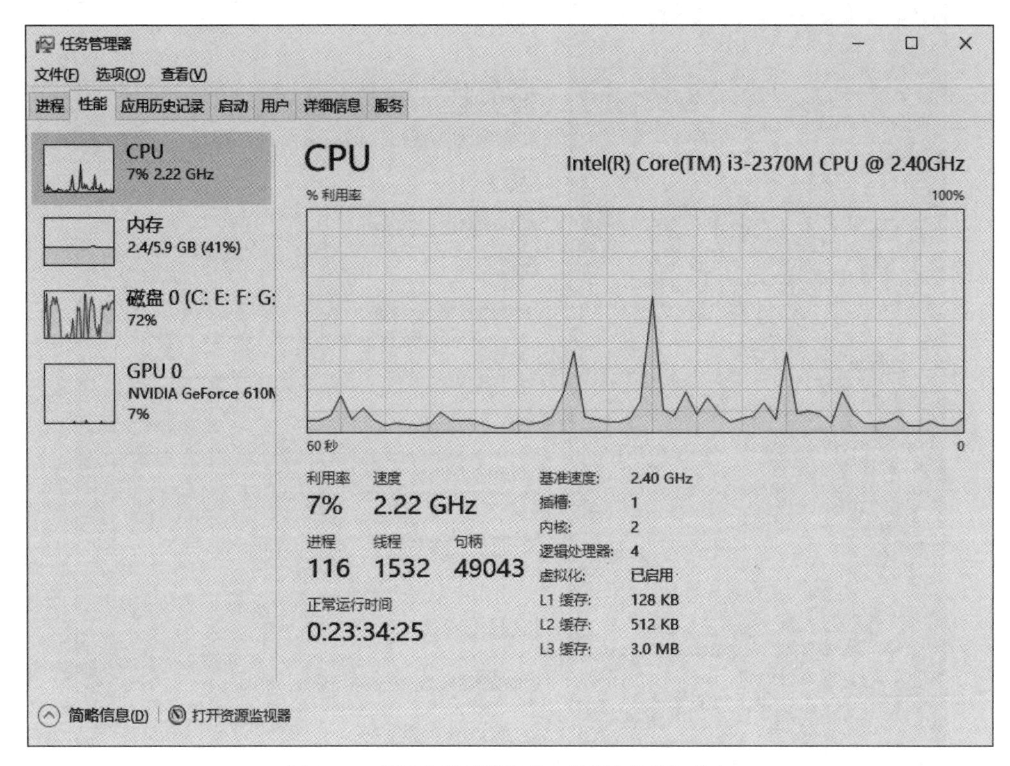

图 2-15 “任务管理器”窗口的“性能”选项卡

2.2.3 Windows 10 窗口和对话框

1. Windows 10 窗口

1) 窗口的组成

在 Windows 10 中,以窗口的形式管理各类项目,基本窗口只有两种,即文件窗口和文件夹窗口。通过窗口可以查看文件夹等资源,也可以通过程序窗口进行操作、创建文档,还可以通过浏览器窗口畅游 Internet。虽然不同的窗口具有不同的功能,但基本的形态和操作都是类似的。Windows 10 中的文件夹窗口组成如图 2-16 所示。

(1) 标题栏:位于窗口顶部,用于显示不同文件夹窗口的名称,它与地址栏的名称相同,最左侧显示该文件夹窗口对应的图标,单击该图标可选择移动、最小化、最大化、关闭等命令,故称控制图标。最右侧是最小化按钮、最大化/还原按钮和关闭按钮。

(2) 地址栏:位于工作区的上部,通过单击“前进”和“后退”按钮,导航至已经访问的位置。另外,还可以单击“前进”按钮右侧的向下箭头,然后从该列表中进行选择以返回到以前访问过的窗口。

(3) 选项卡:Windows 10 将昔日的菜单栏和工具栏变成了今日的选项卡和功能区,使文件夹窗口和文件窗口的操作完全统一了起来,操作更直观、方便和快捷。选项卡随打开的不同文件夹窗口而改变,根据窗口中添加的不同项目还增加了“加载项”选项卡。尽管不同文件夹窗口其选项卡也不同,但所有文件夹窗口都有“文件”和“查看”两个选项卡。除了“此电脑”窗口外,其他所有文件夹窗口还包含有“主页”和“共享”两个选项卡。但只有“此电脑”窗口和“驱动器”窗口包含有“管理驱动器工具”选项卡,它包含有“保护”“管理”和“介质”

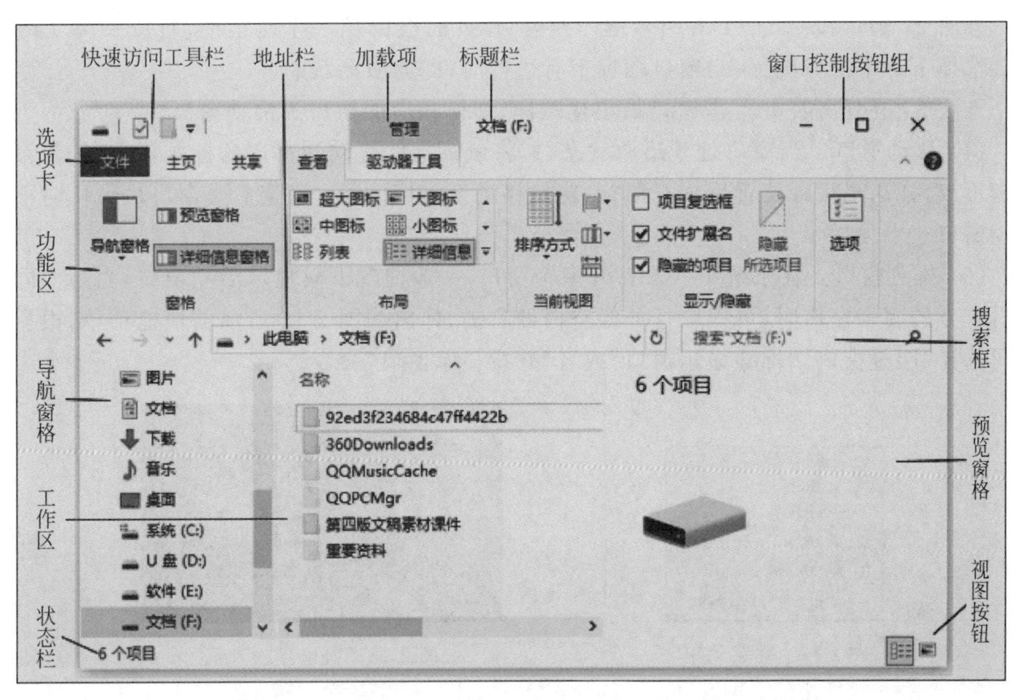

图 2-16　Windows 10 文件夹窗口组成

3 个组，主要用于对驱动器的管理和操作，如磁盘的清理、格式化、光盘的刻录和擦除等操作，所以，我们把它称作“加载项”。

(4) 功能区：用于放置不同选项卡所对应的命令按钮，这些命令按钮按组放置。

(5) 工作区：用于显示该文件夹窗口所包含的所有文件夹或文件的图标和名称。

(6) 导航窗格：单击可快速切换或打开其他窗口。

(7) 搜索框：地址栏的右侧是功能强大的搜索框，用户可以在此输入任何想要查询的搜索项。若用户不知道要查找的文件位于某个特定的文件夹或库中，浏览文件可能意味着查看数百个文件和子文件夹，为了节省时间和精力，可以使用搜索框搜索想要找的文件。

(8) 视图按钮：位于窗口右下角，包含“在窗口中显示每一项的相关信息”和“使用大缩略图显示项”两个按钮，用以控制窗口中所包含项目的显示方式。

2) 窗口的操作

在 Windows 10 中，可以同时打开多个窗口，窗口始终显示在桌面上，窗口的基本操作包括移动窗口、排列窗口、调节窗口大小、窗口贴边显示等。

(1) 打开窗口。在 Windows 10 桌面上，可使用两种方法打开窗口，一种方法是左键双击图标；另一种方法是在选中的图标上右击，在弹出的快捷菜单中选择“打开”命令。

(2) 关闭窗口。关闭窗口的方法有两种，直接单击窗口右上角的关闭按钮；或者右击标题栏，打开如图 2-17 所示的控制菜单，选择“关闭”命令。

(3) 切换窗口。Windows 10 是一个多任务操作系统，可以同时处理多项任务。当前正在操作的窗口称为活动窗口，其标题栏呈深蓝色显示，已经打开但当前未操作的窗口称为非活动窗口，标题栏呈灰色显示。切换窗口有以下 3 种方法：

方法 1：在想要激活的窗口内单击。

方法 2：通过按 Alt+Tab 组合键切换窗口，此时会弹出一个对话框，每按一次 Tab 键就会选择下一个窗口图标，当窗口图标带有边框时，即为激活状态。

方法 3：在任务栏处单击窗口最小化图标，切换相应的窗口为活动窗口。

(4) 移动窗口。当窗口处于还原状态时，将鼠标指针移动到窗口的标题栏上，按住鼠标左键不放，拖动至目标位置后松开鼠标，窗口移动至目标位置。注意：当窗口最大化时不能移动窗口。

(5) 排列窗口。在系统中一次打开多个窗口，一般情况下只显示活动窗口，当需要同时查看打开的多个窗口时，可以在任务栏空白处右击，弹出如图 2-18 所示的快捷菜单，根据需求可选择“层叠窗口”“堆叠显示窗口”或者“并排显示窗口”命令。

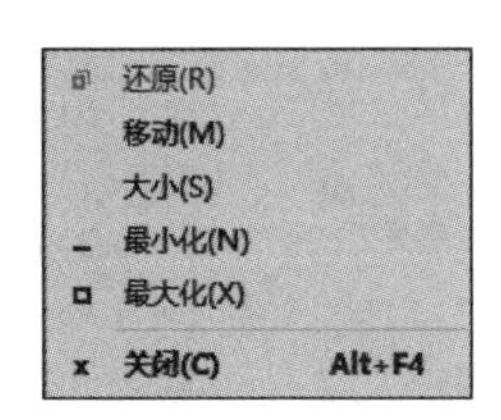

图 2-17　控制菜单

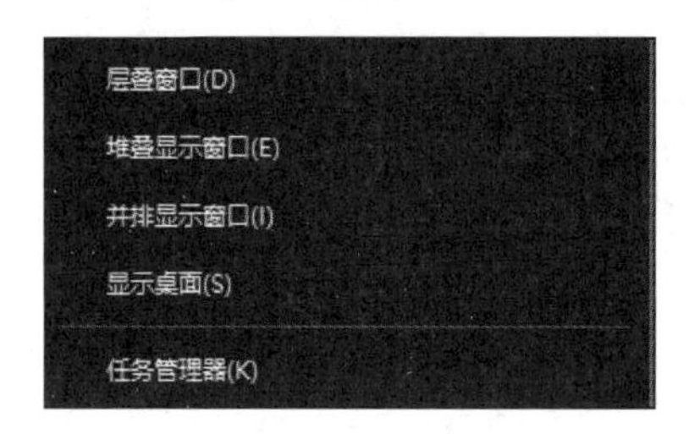

图 2-18　窗口排列方式

(6) 缩放窗口。当窗口处于还原状态时，可以随意改变窗口的大小，以便将其调整到合适的尺寸。将鼠标指针放在窗口的水平或垂直边框上，当鼠标指针变成上下或左右双向箭头时进行拖动，可以改变窗口的高度或宽度。将鼠标指针放在窗口边框任意角上，当鼠标指针变成斜线双向箭头时进行拖动，可对窗口进行等比例缩放。

(7) 窗口贴边显示。在 Windows 10 系统中，如果需要同时处理两个窗口，可以用鼠标指向一个窗口的标题栏并按下鼠标左键，拖曳至屏幕左右边缘或角落位置，窗口会冒“气泡”，此时松开鼠标左键，窗口即会贴边显示。

2. Windows 10 对话框

对话框是一种特殊的 Windows 窗口，由标题栏和不同的元素组成，用户可以通过对话框与系统进行交互操作。对话框可以移动，但不能改变大小，这也是它和窗口的重要区别。

在 Windows 的对话框中，除了有标题栏、边界线和“关闭”按钮外，还有一些控件供用户使用，如图 2-19 所示。

(1) 选项卡。当两组以上功能的对话框合并在一起，形成一个多功能对话框时就会出现选项卡，单击标签可以进行选项卡的切换。

(2) 命令按钮。命令按钮用来执行某一种操作，单击某一命令按钮将执行与其名称相应的操作。如单击“确定”按钮，表示保存所做的全部更改并关闭对话框。

(3) 复选框。有一组选项供用户选择，可选择若干项，各选项间一般不会冲突，被选中的选项前有一个“√”，若再次单击该选项则取消“√”。

(4) 单选按钮。表示在一组项中选择一项且只能选择一项，单击某选项则被选中，被选中的选项前面有一个圆点。

(5) 下拉列表。下拉列表框中包含多个选项，单击下拉列表框右侧的 ⌄ 按钮，将打开一个下拉列表，从中可以选择所需的选项。

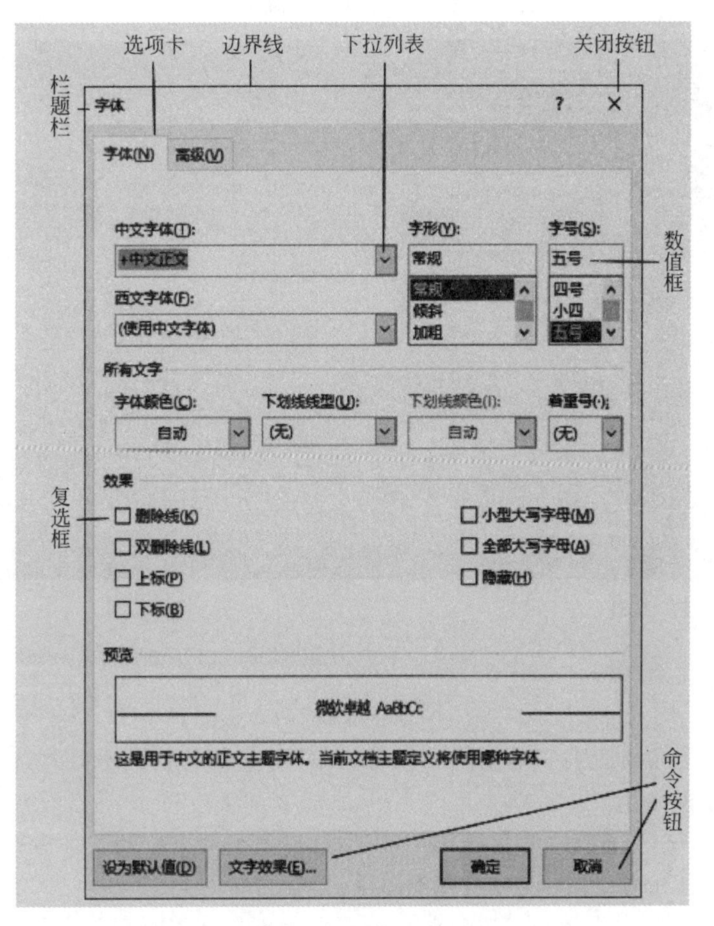

图 2-19　对话框组件

(6) 数值框。用于输入数字,若其右边有两个方向相反的三角形按钮,也可以单击它来改变数值大小。

2.2.4　Windows 10 菜单

Windows 10 菜单分为"开始"菜单、控制菜单和快捷菜单 3 种。每种菜单各有其特点和用途。

1."开始"菜单

单击桌面左下角的"开始"按钮,即可弹出"开始"屏幕工作界面,它主要由"展开"按钮、用户名 Administrator、"文档"按钮、"图片"按钮、"设置"按钮、"电源"按钮、所有应用程序列表和"动态磁贴"面板等组成,如图 2-20 所示。

系统默认情况下,"动态磁贴"面板主要包含了生活动态及播发和浏览的主要应用,用户可以根据需要将应用程序添加到"动态磁贴"面板中。

打开"开始"菜单,在程序列表中右击要固定到"开始"屏幕的程序,在弹出的快捷菜单中选择"固定到'开始'屏幕"命令,即可将程序固定到"开始"屏幕中。如果要从"开始"屏幕中取消固定,右击"开始"屏幕中的程序,在弹出的快捷菜单中选择"从'开始'屏幕取消固定"命

图 2-20　“开始”屏幕

令即可。

就像从任务栏启动程序一样,单击“动态磁贴”面板中的程序图标即可快速启动该程序。

2. 控制菜单

每个打开的窗口,都有一个标题栏,右击标题栏弹出的下拉列表称为控制菜单,这组菜单主要用于对窗口的控制操作,故称控制菜单。

3. 快捷菜单

无论是昔日的 Windows 7 还是今日的 Windows 10,用户在使用菜单时最喜欢使用的还是快捷菜单,这是因为快捷菜单方便、快捷。快捷菜单是右击一个项目或一个区域时弹出的菜单列表。图 2-21 和图 2-22 所示分别为在桌面右击“此电脑”图标和右击桌面空白区域弹出的快捷菜单。可见选择不同对象或不同区域所弹出的快捷菜单是不一样的,使用鼠标选择快捷菜单中的相应选项即可对所选对象实现“打开”“删除”“重命名”等操作。

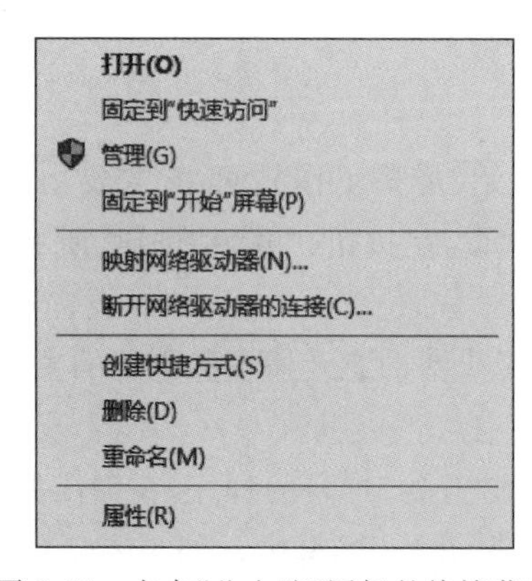

图 2-21　右击“此电脑”图标的快捷菜单

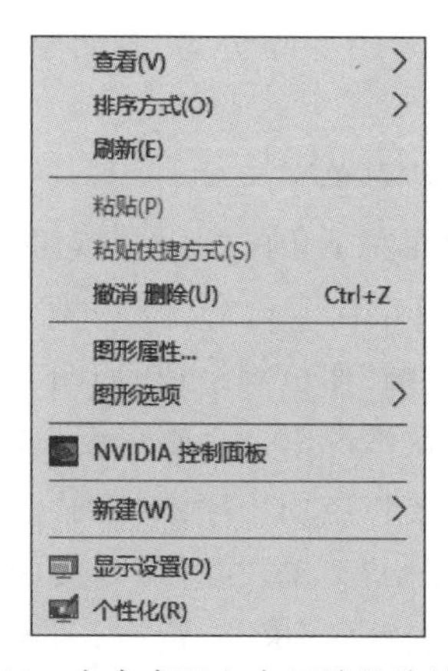

图 2-22　右击桌面空白区域的快捷菜单

2.3 Windows 10 的文件管理

计算机中所有的程序、数据等都是以文件的形式存放在计算机中的。在 Windows 10 中,“此电脑”与“文件资源管理器”都是 Windows 提供的用于管理文件和文件夹的工具,二者的功能类似,都具有强大的文件管理功能。本节首先介绍文件和文件夹的概念、文件资源管理器,然后介绍文件和文件夹的常见操作。

2.3.1 文件和文件夹的概念

1. 磁盘分区与盘符

计算机中的主要存储设备为硬盘,但是硬盘不能直接存储数据,需要将其划分为多个空间,而划分出的空间即为磁盘分区,如图 2-23 所示。其中 U 盘是移动存储设备,其他盘均为本地磁盘的分区。磁盘分区是使用分区编辑器(Partition editor)在磁盘上划分的几个逻辑部分,盘片一旦划分成数个分区,不同类的目录与文件就可以存储进不同的分区。

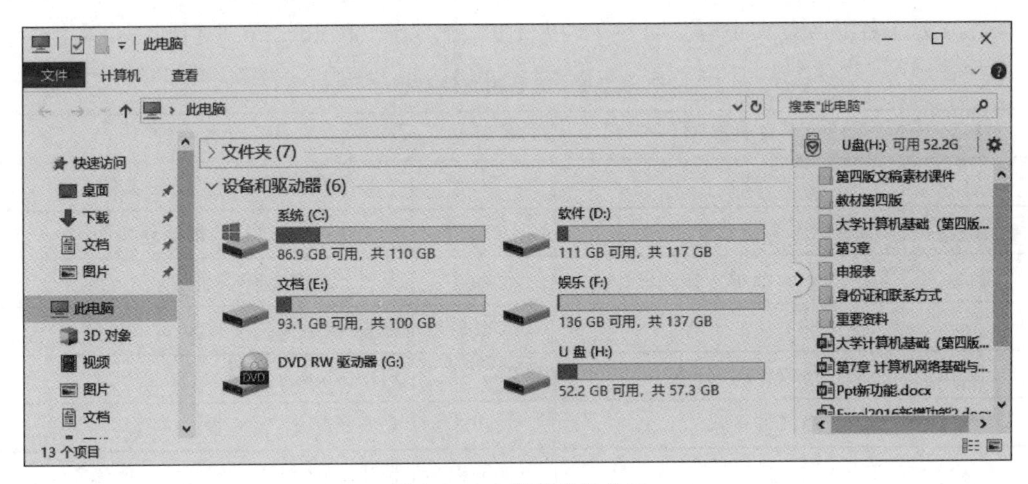

图 2-23 本地磁盘的分区

Windows 10 系统一般是用“此电脑”来存放文件,此外,也可以用移动存储设备来存放文件,如 U 盘、移动硬盘以及手机的内部存储器等。从理论上来说,文件可以被存放在“此电脑”的任意位置,但是为了便于管理,文件应按性质分盘存放。

通常情况下,计算机的硬盘最少需要划分为 3 个分区:C、D 和 E 盘。

C 盘用来存放系统文件。所谓系统文件,是指操作系统和应用软件中的系统操作部分。一般系统默认情况下都会被安装在 C 盘,包括常用的程序。

D 盘主要用来存放应用软件文件,如 Office、Photoshop 等程序,常常被安装在 D 盘。一般性的软件,如 RAR 压缩软件等可以安装在 C 盘;对于大型软件,如 3ds Max 等,需要安装在 D 盘,这样可以少用 C 盘的空间,从而提高系统的运行速度。

E 盘用来存放用户自己的文件,如用户自己的电影、图片和 Word 资料文件等。如果硬盘还有多余空间,可以添加更多的分区。

【注意】 几乎所有的软件默认的安装路径都在 C 盘中,计算机用得越久,C 盘被占用的空间就越多。随着时间的增加，系统反应会越来越慢。所以，安装软件时，需要根据自身情况改变安装路径。

2. 文件和文件夹

1) 文件的基本概念

(1) 文件。文件是一组相关信息的集合，每个文件都以文件名进行标识，计算机通过文件名存取文件。计算机中任何程序和数据都是以文件的形式存储在外部存储器上。一个存储器中能存储大量的文件，要对各个文件进行管理，则需要将它们分类进行组织。

(2) 文件名的结构。文件名一般由两部分组成，格式为“主文件名.扩展名”，两部分之间用英文“.”隔开，扩展名一般是 3 个字符或 4 个字符，用来表示文件类型。如文件名“数据统计.xlsx”表示该文件为一个 Excel 文档，常见的文件类型如表 2-1 所示。

文件与相应的应用程序的关联是通过文件的扩展名进行的，扩展名可表示该文件的类型。

(3) 文件名的组成。文件名由字母、数字、汉字和其他符号组成，最多可包含 255 个字符，文件名可以包含空格，但不能包含以下字符：\、/、:、*、?、＜、＞、|。

(4) 文件名不区分大小写。同一文件夹下的 ABC.txt 和 abc.txt 是指同一个文件。

表 2-1　常见的文件类型

扩展名	文件类型	扩展名	文件类型
.docx	Word 文档文件	.bak	一些程序自动创建的备份文件
.xlsx	Excel 电子表格文件	.bat	DOS 中自动执行的批处理文件
.pptx	PowerPoint 演示文稿文件	.dat	某种形式的数据文件
.txt	文本文件	.dbf	数据库文件
.bmp	画图程序或位图文件	.psd	Photoshop 生成的文件
.jpg	图像压缩文件格式	.dll	动态链接库文件(程序文件)
.exe	直接执行文件	.mp3	使用 mp3 格式压缩存储的声音文件
.com	命令文件(可执行的程序)	.inf	信息文件
.ini	系统配置文件	.wav	波形声音文件
.sys	DOS 系统配置文件	.zip	压缩文件
.wma	微软公司制定的声音文件格式		

2) 文件夹的基本概念

文件夹是计算机中用于分类存储文件的一种工具，可以将多个文件或文件夹放置在同一个文件夹中，从而对文件或文件夹分类管理。文件夹由文件夹图标和文件夹名称组成，其图标呈黄色显示，如图 2-24 所示。

图 2-24　文件夹

同文件名的组成一样，文件夹命名必须遵循以下规则。

(1) 文件夹名称长度最多可达 256 个字符，一个汉字相当于两个字符。

(2) 文件夹名称中不能出现斜线(\、/)、竖线(|)、小于号(＜)、大

于号(>)、冒号(:)、引号(“”)、问号(?)和星号(*)。

(3) 文件夹名称不区分大小写,如 abc 和 ABC 是同一个文件夹名。

(4) 文件夹没有扩展名。

(5) 同一个文件夹中的文件夹不能同名。

3) 文件/文件夹路径

文件和文件夹的路径表示文件和文件夹的位置,路径在表示时有绝对路径和相对路径两种表示方法。

绝对路径是从根文件夹开始的表示方法,根通常用\来表示,如 C:\Windows\System32 表示 C 盘下的 Windows 文件夹下的 System32 文件夹。根据文件或文件夹提供的路径,用户可以在计算机上找到该文件或文件夹的存放位置,如图 2-25 所示。

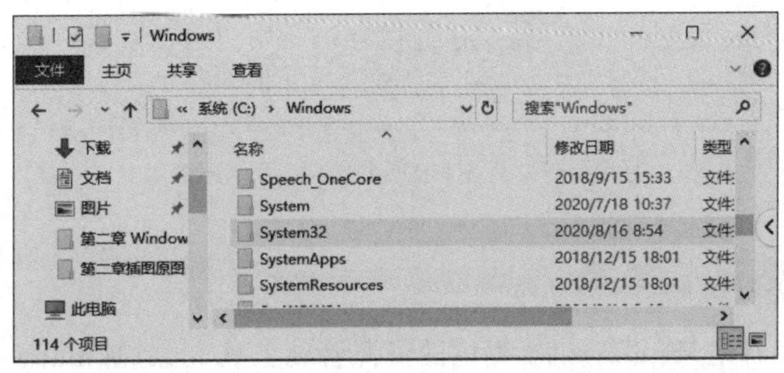

图 2-25　System32 文件夹的存放位置

4) 文件和文件夹属性

文件和文件夹的属性有两种:只读、隐藏,如图 2-26 所示为文件属性,图 2-27 为文件夹属性。

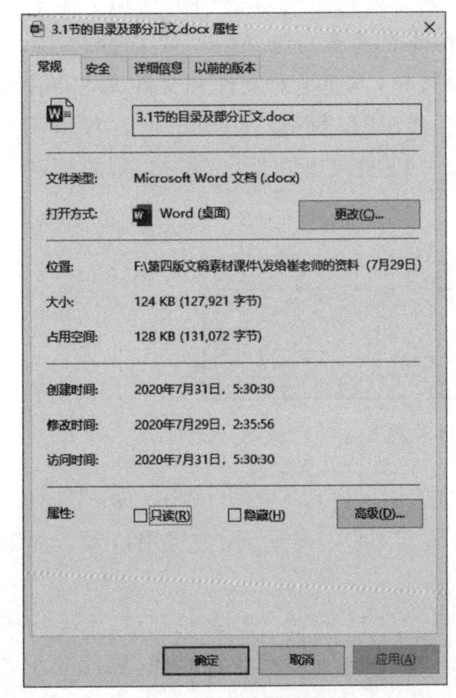

图 2-26　文件属性

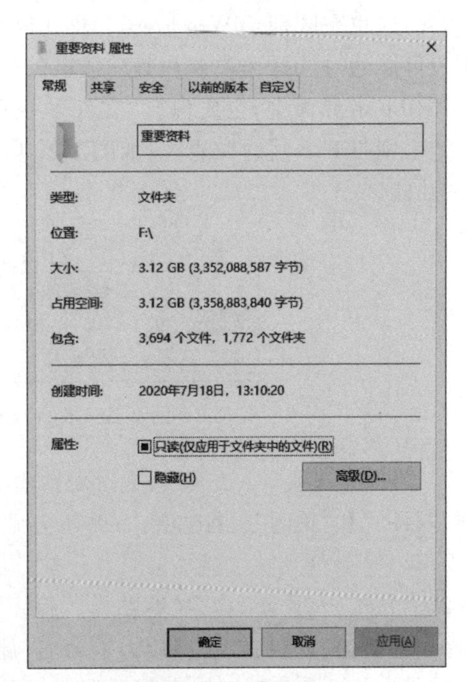

图 2-27　文件夹属性

(1) 只读:表示对文件或文件夹只能查看不能修改。

(2) 隐藏:在系统被设置为不显示隐藏文件或文件夹时,该对象隐藏起来不被显示。若要将其显示出来,应在“查看”选项卡的“显示/隐藏”组中,选中“隐藏的项目”复选框。如图 2-28 所示。

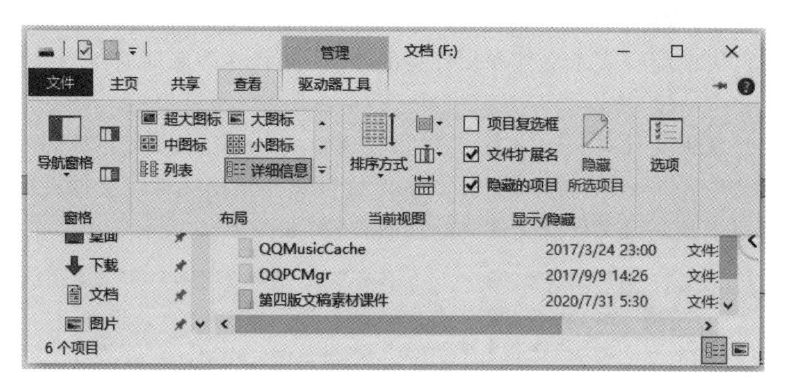

图 2-28 “查看”选项卡的“显示/隐藏”组

2.3.2 文件资源管理器

文件资源管理器是 Windows 10 提供的资源管理工具,也是 Windows 10 的精华功能之一。通过文件资源管理器可以查看计算机上的所有资源,能够方便地管理计算机上的文件和文件夹。

1. 文件资源管理功能区

在 Windows 10 中,采用了 Ribbon 界面,最显著的特点就是采用了选项卡标签和功能区的形式,这也是区别于 Windows 7 及其以前版本的重要标志之一。下面介绍 Ribbon 界面,用户可以通过选择选项卡和其功能区的命令按钮,方便地对文件和文件夹进行操作。

在 Ribbon 界面中,主要包含“文件”“主页”“共享”和“查看”4 个选项卡,单击不同的选项卡标签,则打开不同的功能区,如图 2-29 所示。单击“展开功能区”按钮,则打开某选项卡对应的功能区。

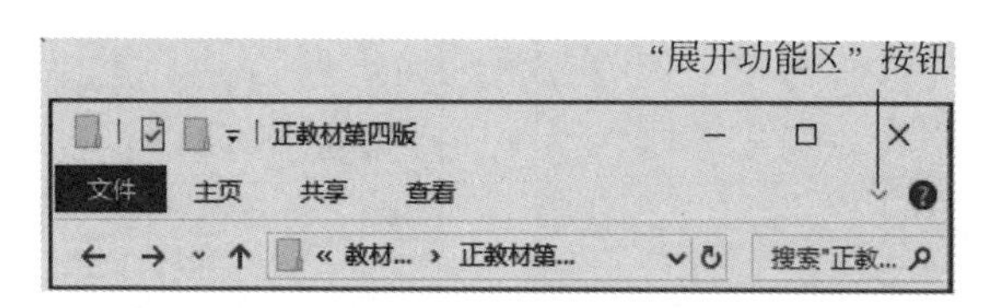

图 2-29 文件夹窗口的常见选项卡

(1) “文件”选项卡:在其下拉列表中包含“打开新窗口”“打开 Windows PowerShell”“选项”“帮助”和“关闭”5 个选项,右侧还会显示最近用户经常访问的“常用位置”,如图 2-30 所示。

(2) “主页”选项卡:包含“剪贴板”“组织”“新建”“打开”及“选择”5 个组,主要用于文件或文件夹的新建、复制、移动、粘贴、重命名、删除、查看属性和选择等操作,如图 2-31 所示。若单击“最小化功能区”按钮,可将功能区折叠起来,只显示选项卡。

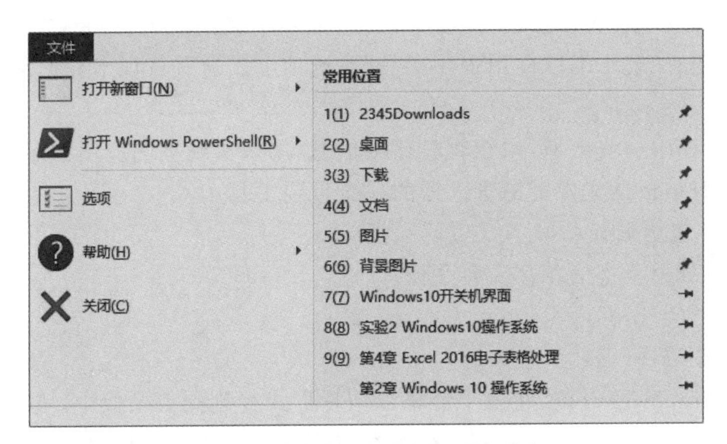

图 2-30 “文件”选项卡的下拉列表

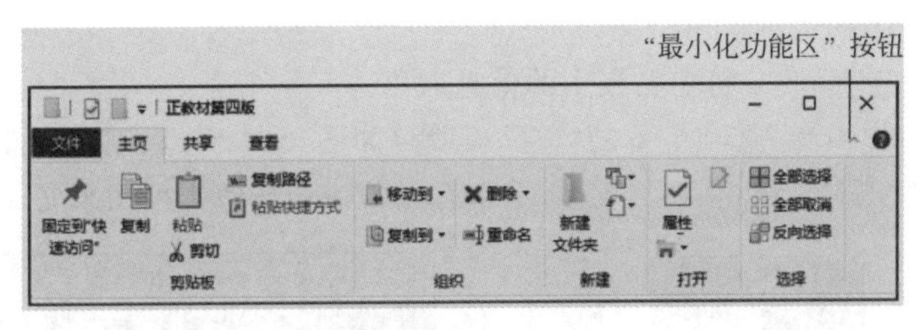

图 2-31 “主页”选项卡

(3) “共享”选项卡：包含“发送”“共享”和“高级安全”3 个组，主要用于文件的发送和共享操作，如文件压缩、刻录和打印等，如图 2-32 所示。

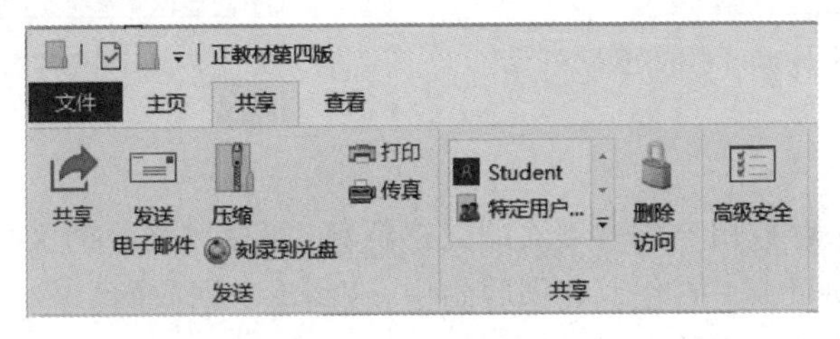

图 2-32 “共享”选项卡

(4) “查看”选项卡：包含“窗格”“布局”“当前视图”“显示/隐藏”和“选项”5 个组，主要用于对窗口、布局、视图及显示/隐藏等操作，如图 2-33 所示。

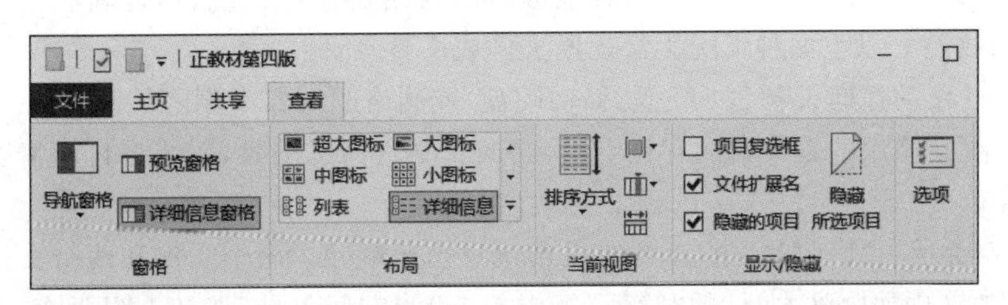

图 2-33 “查看”选项卡

【注意】 除了上述主要的选项卡外，当文件夹窗口中包含图片文件或音乐文件时，还会出现“图片工具管理”或“音乐工具”选项卡，当选中某个磁盘时还会出现“管理驱动器工具”选项卡。另外，还有“解压缩”“应用程序工具”等选项卡。这些选项卡我们称之为“加载项”。

2. 剪贴板

剪贴板是内存中一块区域，用于暂时存放信息，用来实现不同应用程序之间数据的共享和传递。所以，剪贴板是文件资源管理器的一个重要工具。

1) 将信息存入剪贴板

如下 4 个命令用于将信息存入剪贴板。

(1) 复制(按 Ctrl+C)。

(2) 剪切(按 Ctrl+X)。

(3) 按下 Print Screen 键，将整个屏幕以图片形式复制到剪贴板中。

(4) 按下 Alt+Print Screen 组合键，将当前活动窗口或对话框以图片形式复制到剪贴板中。

2) 将剪贴板中的信息取出

粘贴命令(按 Ctrl+V)将剪贴板中的信息取出。

文件窗口中的“开始”选项卡下的“剪贴板”组(如图 2-34 所示)以及文件夹窗口中的“主页”选项卡下的“剪贴板”组(如图 2-35 所示)，它们的命令按钮都可用来完成数据的传递。

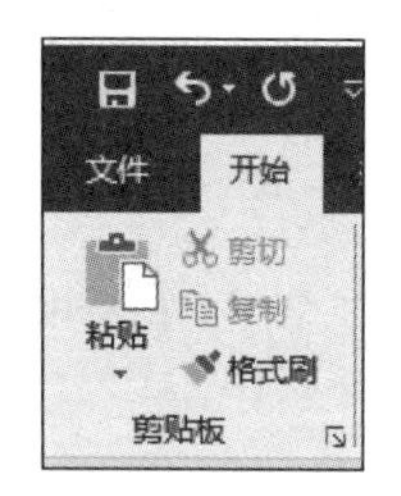

图 2-34　文件窗口中的“剪贴板”组

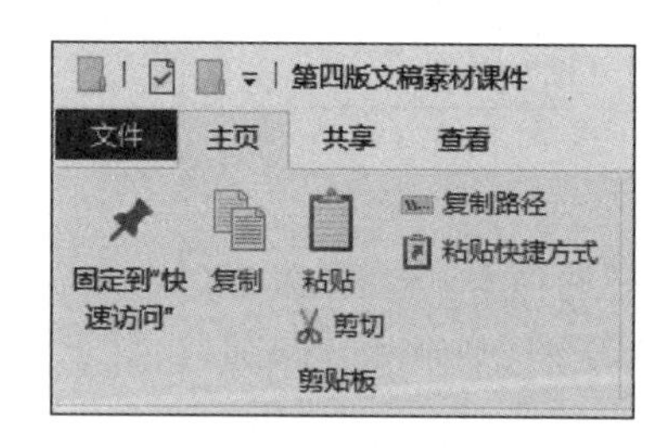

图 2-35　文件夹窗口中的“剪贴板”组

3. 回收站

回收站主要用来存放用户临时删除的文档资料，如存放删除的文件、文件夹、快捷方式等。这些被删除的项目会一直保留在回收站中，直到清空回收站。

回收站是一个特殊的文件夹，默认在每个硬盘分区根目录下的 RECYCLER 文件夹中，而且是隐藏的。当文件删除后，实质上就是把它放到这个文件夹中，仍然占用磁盘空间。只有在回收站里删除它或清空回收站才能使文件真正删除。

【注意】 不是所有被删除的对象都能够从回收站还原，只有从本地硬盘中删除的对象才能放入回收站。以下两种情况无法还原文件或文件夹。

(1) 从可移动存储设备(如 U 盘、移动硬盘)或网络驱动器中删除的对象。

(2) 回收站使用的是硬盘的存储空间，当回收站空间已满时，系统将自动清除较早删除的对象。

图 2-36 所示为“回收站”窗口，不难看出用户已经删除了两个文件和两个文件夹到回收站。可以在“管理回收站工具”的“管理”组中单击“清空回收站”按钮，将回收站清空；也可以在“还原”组中单击“还原所有项目”按钮，将删除的全部文件和文件夹还原；还可以还原指定的文件或文件夹。

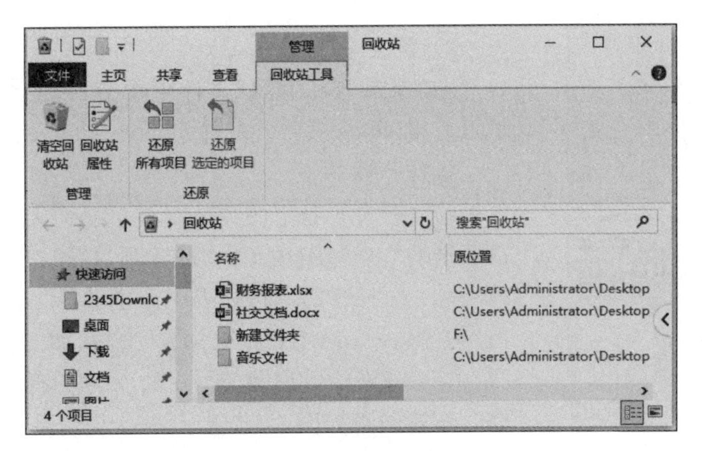

图 2-36 “回收站”窗口

2.3.3 文件与文件夹的操作

1. 新建文件和文件夹

1）新建文件夹

打开任何一个文件夹窗口，如 F 盘。新建一个名称为“校园学习生活”的文件夹，再在该文件夹下新建两个二级文件夹，名称分别为“开心学习”和“快乐生活”。

操作步骤如下。

（1）在桌面双击“此电脑”图标，在打开的“此电脑”窗口的“设备和驱动器”栏双击“F 盘”图标，进入 F 盘。

（2）在“主页”选项卡的“新建”组中单击“新建文件夹”按钮，如图 2-37 所示。

（3）输入名称“校园学习生活”并双击该文件夹。

（4）同理，在“校园学习生活”文件夹下分别建立“开心学习”和“快乐生活”文件夹。新建结果如图 2-38 所示。

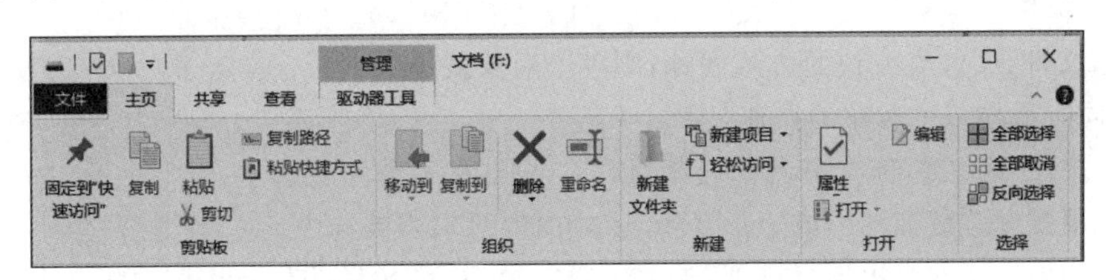

图 2-37 “主页”选项卡的“新建”组

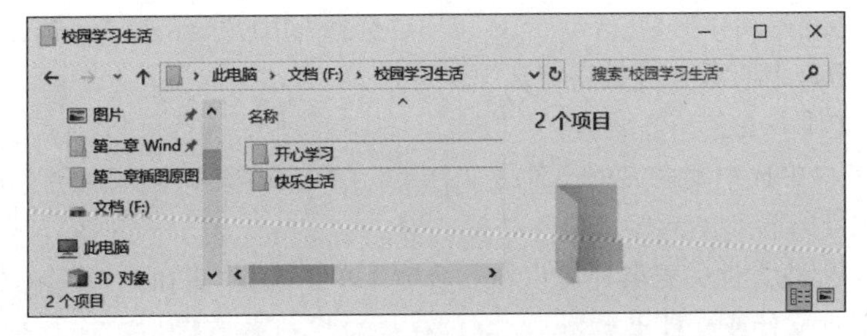

图 2-38 新建二级文件夹后的效果

图 2-39 “新建项目”按钮的下拉列表

2) 新建文件

在“校园学习生活”文件夹中分别建立文件名为“我的学习心得.docx”和“个人财务计划.xlsx”文件。

操作步骤如下。

(1) 进入 F 盘下的“校园学习生活”文件夹中,在“主页”选项卡的“新建”组中单击“新建项目”按钮。

(2) 在打开的下拉列表中分别选择“Microsoft Word 文档”和“Microsoft Excel 工作表”选项,如图 2-39 所示。

(3) 分别输入文件名“我的学习心得”和“个人财务计划”,新建结果如图 2-40 所示。

【注意】 新建文件和文件夹还可以使用快捷菜单。

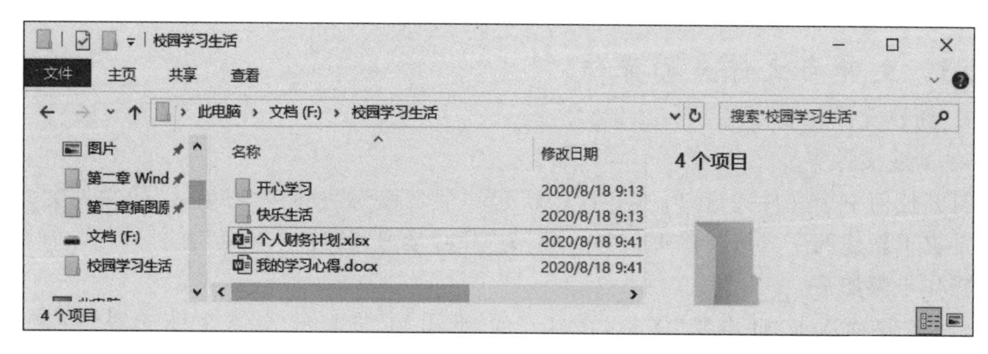

图 2-40 新建文件后的效果

2. 选择文件或文件夹

在 Windows 中进行操作,必须首先选择对象,再对选择的对象进行操作。下面介绍选择对象的几种方法。

1) 选择单个对象

单击文件、文件夹或快捷方式图标,则单个对象被选中。

2) 同时选择多个对象的操作

(1) 按住 Ctrl 键,依次单击要选择的对象,则这些对象均被选中。

(2) 用鼠标左键拖动形成矩形区域,区域内的对象均被选中。

(3) 如果选择的对象连续排列,先单击第一个对象,然后按住 Shift 键的同时单击最后一个对象,则从第一个对象到最后一个对象之间的所有对象均被选中。

(4) 在文件夹窗口的“主页”选项卡下,单击“选择”组的“全部选择”按钮或按 Ctrl+A 组合键,则当前窗口中的所有对象均被选中。

3. 文件或文件夹更名

在文件夹窗口中选中要命名的文件或文件夹,在“主页”选项卡的“组织”组中单击“重命名”按钮,如图 2-41 所示,然后输入名称按确认键。

【注意】 文件或文件夹更名还可以在其快捷菜单中选择“重命名”命令实现更名。

4. 复制/移动文件或文件夹

复制/移动文件或文件夹有如下 3 种方法。

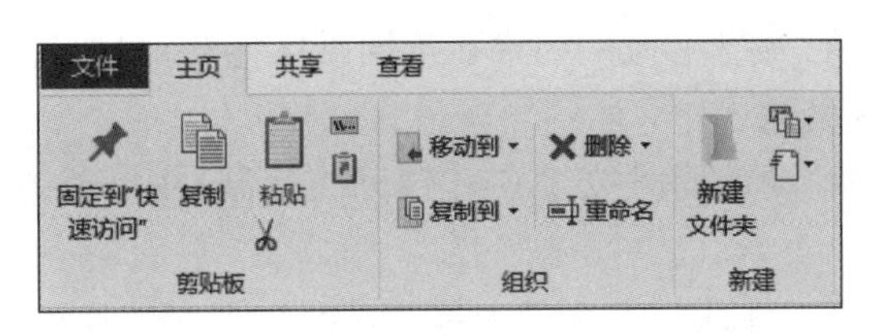

图 2-41 “主页”选项卡的“组织”组

方法 1：使用命令按钮。

例如，想要将 G 盘根目录下的“文档资料”文件夹复制到 F 盘下的“校园学习生活”文件夹，操作步骤如下。

① 进入 G 盘，选中“文档资料”文件夹，在“主页”选项卡的“组织”组中，单击“复制到”按钮。

② 在弹出的下拉列表中单击“选择位置”命令，如图 2-42 所示。

③ 在打开的“复制项目”对话框中，找到并选中 F 盘下的“校园学习生活”文件夹，如图 2-43 所示。

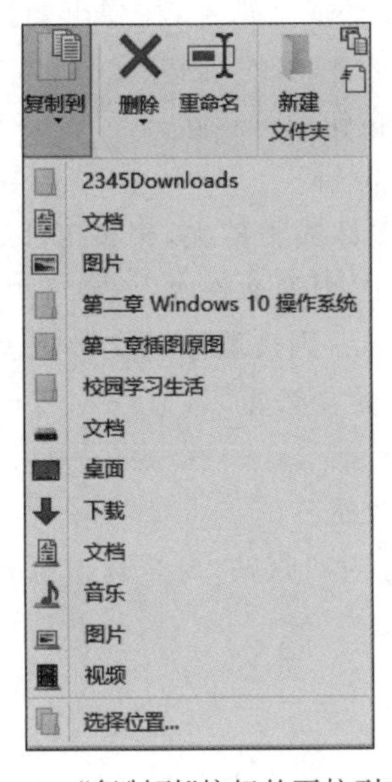

图 2-42 “复制到”按钮的下拉列表

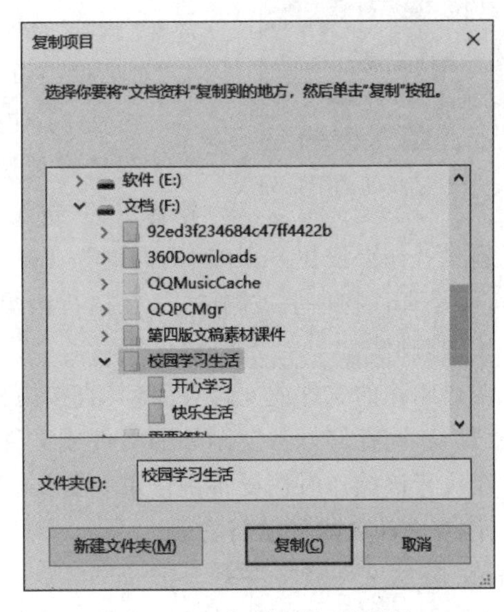

图 2-43 “复制项目”对话框

④ 单击“复制”按钮完成复制。

使用命令按钮移动文件或文件夹的操作只是需要单击“移动到”按钮，其他操作与复制文件和文件夹的操作类似，在此不再详述。

方法 2：使用快捷菜单。

右击被选中的文件或文件夹，在弹出的快捷菜单中选择“复制”或“剪切”命令，然后在目标位置右击，在弹出的快捷菜单中选择“粘贴”命令，前者实现的是复制操作，而后者实现的是移动操作。

方法 3：直接拖动法。有如下 3 种情况。

(1) 对于多个对象或单个非程序文件，如果在同一盘区拖动，例如从 F 盘的一个文件夹拖到F盘的另一个文件夹,则为移动;如果在不同盘区拖动,例如从F盘的一个文件夹拖到E盘的一个文件夹,则为复制。

(2) 在同一盘区,在拖动的同时按住Ctrl键则为复制,在拖动的同时按住Shift键或不按则为移动。

(3) 如果将一个程序文件从一个文件夹拖动至另一个文件夹或桌面上,Windows 10会把源文件留在原文件夹中,而在目标文件夹建立该程序的快捷方式。

5. 删除文件或文件夹

删除文件或文件夹有如下4种方法。

方法1:使用命令按钮。

选中需要删除的文件或文件夹,如图2-44所示,在"主页"选项卡的"组织"组中单击"删除"的下拉按钮,在弹出的下拉列表中若选择"永久删除"命令,将直接被删除;若选择"回收"命令,将进入回收站。若"显示回收确认"被选中,则会弹出删除确认对话框,否则不会弹出确认对话框。

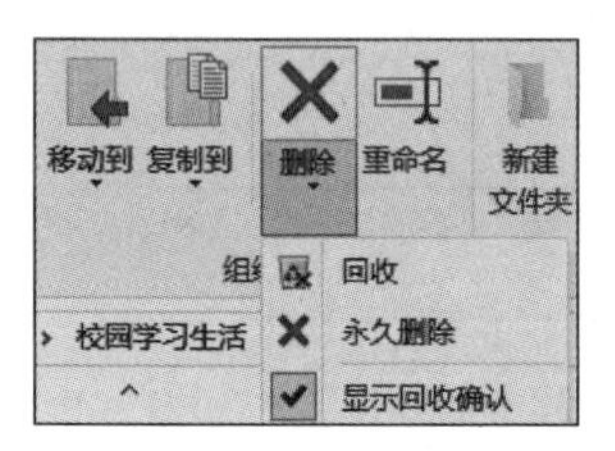

图2-44 "删除"按钮的下拉列表

方法2:使用快捷菜单。

右击需要删除的文件或文件夹,在弹出的快捷菜单中选择"删除"命令,然后在弹出的"删除文件"或"删除文件夹"对话框中单击"是"按钮即可删除。

方法3:使用Delete键。

先选定要删除的文件或文件夹,再按Delete键,然后在弹出的"删除文件"或"删除文件夹"对话框中单击"是"按钮即可删除。如果按住Shift键的同时按Delete键删除,则被删除的文件或文件夹不进入回收站,而是真正物理上被删除了,在执行该操作时一定要慎重。

方法4:拖动法。

选中需要删除的文件或文件夹,将其直接拖移至回收站。

【注意】 移动存储设备上删除的文件或文件夹不进入回收站,而是真正从物理上被删除。所以在执行该操作时也要特别慎重。

6. 文件或文件夹的显示与隐藏

1) 显示/隐藏文件或文件夹

用户在文件夹窗口中看到的可能并不是全部的内容,有些内容当前可能没有显示出来,这是因为Windows 10在默认情况下会将某些文件(如隐藏文件)隐藏起来不显示。为了能够显示所有文件和文件夹,可进行如下设置。

在任何一个打开的文件夹窗口中,在"查看"选项卡的"显示/隐藏"组中,选中"隐藏的项目"复选按钮,则系统中全部文件或文件夹都将显示出来(包括隐藏的文件或文件夹),如图2-45所示。

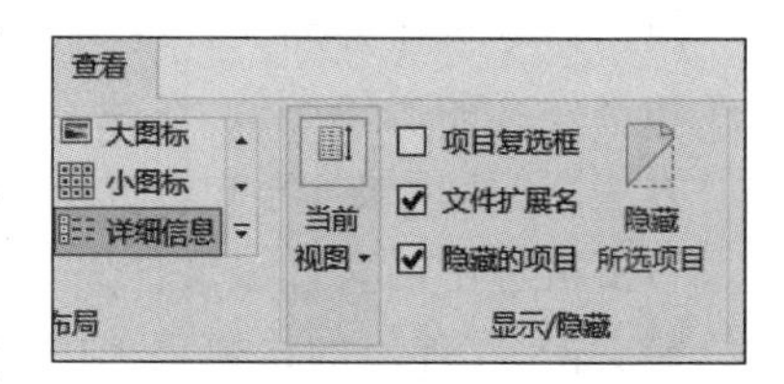

图2-45 "查看"选项卡的"显示/隐藏"组

如果要将某个文件或文件夹隐藏起来不显示,则应选中该文件或文件夹,在"查看"选项卡的"显示/隐藏"组中单击"隐藏所选项目"按钮并同时取消"隐藏的项目"复选框的选中状态。

2）显示/隐藏文件的扩展名

通常情况下，在文件夹窗口中看到的大部分文件只显示了文件名的信息，而其扩展名并没有显示。这是因为默认情况下 Windows 10 对于已在注册表中登记的文件只显示文件名，而不显示扩展名。也就是说，Windows 10 是通过文件的图标来区分不同类型的文件的，只有那些未被登记的文件才能在文件夹窗口中显示其扩展名。

如果想看到所有文件的扩展名，可以在任何一个打开的文件夹窗口中，在“查看”选项卡的“显示/隐藏”组中选中“文件扩展名”复选框，如图 2-45 所示。

【说明】 以上设置是对整个系统而言，无论是显示隐藏的文件或文件夹，还是文件的扩展名，一经设置，以后打开的任何一个文件夹窗口都能看到所有文件或文件夹以及所有文件的扩展名。

7. 创建文件或文件夹的快捷方式

用户可为自己经常使用的文件或文件夹创建快捷方式，快捷方式只是将对象（文件或文件夹）直接链接到桌面或计算机任意位置，其使用和一般图标一样，这就减少了查找资源的操作，提高了用户的工作效率。创建快捷方式的操作如下：

（1）右击要创建快捷方式的文件或文件夹。

（2）在弹出的快捷菜单中选择“创建快捷方式”或选择“发送到”→“桌面快捷方式”命令，如图 2-46 所示。前者创建的快捷方式与对象同处一个位置，后者创建的快捷方式在桌面上。

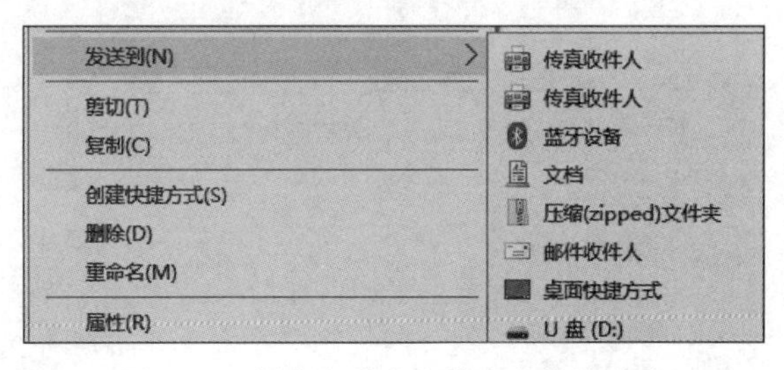

图 2-46　创建文件或文件夹的快捷方式

8. 文件和文件夹的搜索

当计算机中的文件和文件夹过多时，用户在短时间内难以找到，这时用户可借助 Windows 10 的搜索功能帮助用户快速搜索到需要及时使用的文件或文件夹。

每个打开的文件夹窗口都有一个搜索框，它位于地址栏的右侧，查找方法是根据查找的文件或文件夹所在的大概位置打开相应的文件夹窗口。

例如，要在 F 盘中查找所有的 Word 文档文件，则需首先打开 F 盘文件夹窗口，然后在“搜索”文本框中输入“ *. docx”，系统立即开始搜索并将搜索结果显示于搜索框的下方，如图 2-47 所示。

如果用户想要基于一个或多个属性搜索文件或文件夹，则搜索时可在打开的“搜索工具”→“搜索”选项卡的“优化”组指定属性，从而更加快速地查找到指定属性的文件或文件夹。

例如，查找 F 盘上上星期修改过的存储容量在 16KB～1MB 的所有 *. jpg 文件，则需首先打开 F 盘窗口，在搜索文本框中输入“. jpg”，在“搜索工具”→“搜索”选项卡的“优化”组中选择“修改日期”为“上周”，选择“大小”为“小(16KB～1MB)”，系统立即开始搜索，并将搜索结果显示于搜索框的下方，如图 2-48 所示。

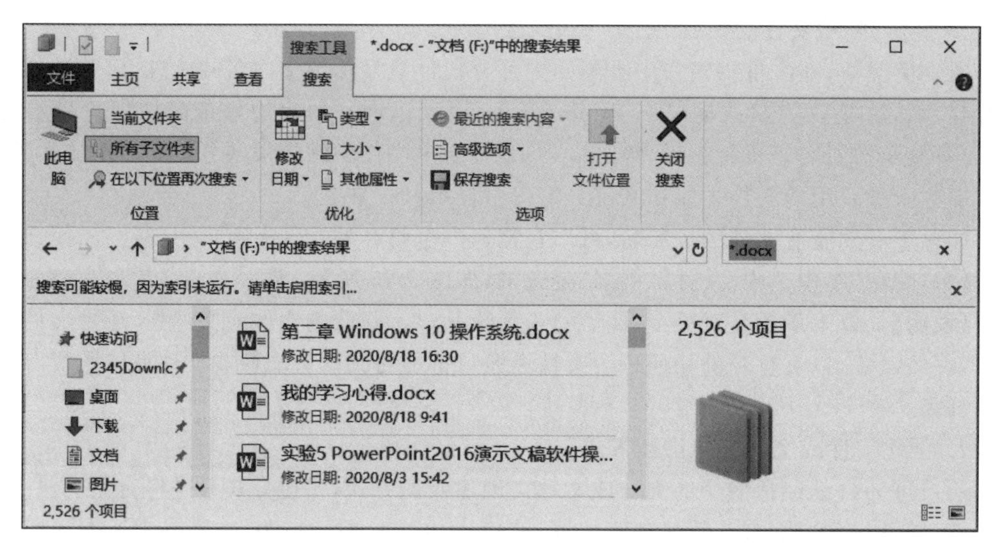

图 2-47　在 F 盘搜索所有 Word 文档文件

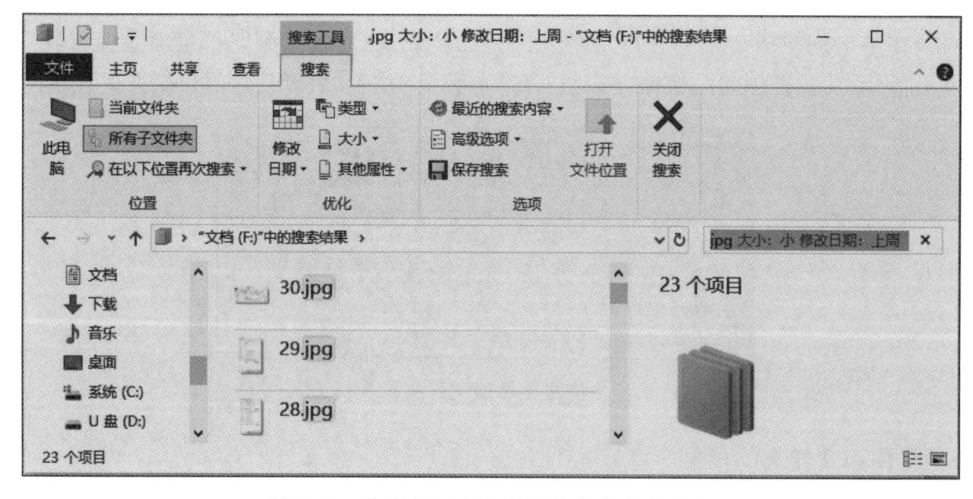

图 2-48　搜索基于多个属性的文件或文件夹

2.4　Windows 10 的系统设置和磁盘维护

Windows 10 的系统设置包括账户、外观和主题、鼠标与键盘、区域与时间等的设置，以及安装与卸载程序、备份与还原数据等。限于篇幅，本节仅介绍设置开机密码、设置个性化桌面和显示设置，最后简单介绍磁盘维护。

2.4.1　Windows 10 的系统设置

1. 设置开机密码为 PIN 码

PIN 是为了方便移动、手持设备进行身份验证的一种密码措施，设置 PIN 之后，在登录系统时，只要输入设置的数字字符，不需要按 Enter 键或单击鼠标，即可快速登录系统，也可以访问 Microsoft 服务的应用。设置开机密码为 PIN 码的操作步骤如下。

(1) 单击“开始”按钮,在弹出的“开始”菜单中单击 Administrator 按钮。

(2) 在弹出的子菜单中选择“更改账户设置”命令,如图 2-49 所示。

(3) 在打开的“设置”窗口左侧的“账户”栏选择“登录选项”命令,在右侧 PIN 区域下方单击“添加”按钮,如图 2-50 所示。

图 2-49 选择“更改账户设置”命令

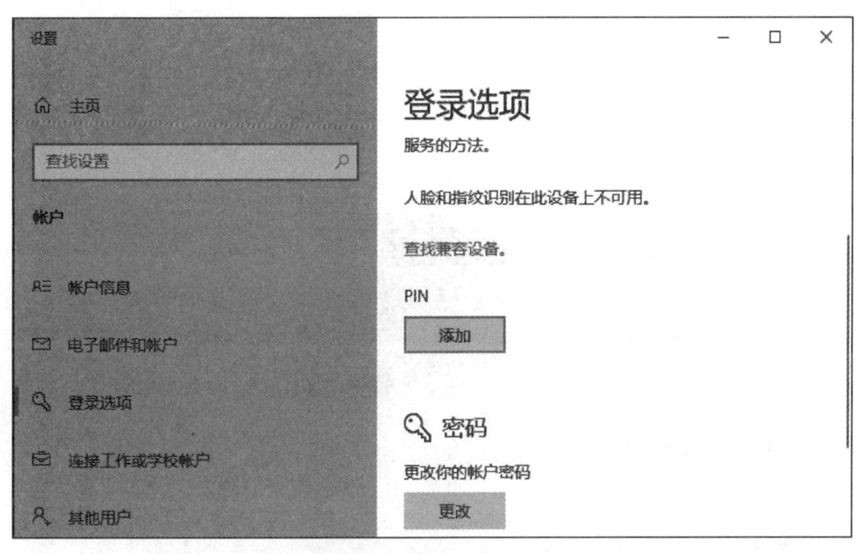

图 2-50 选择“登录选项”→单击“添加”按钮

(4) 在弹出的“Windows 安全中心”对话框中的第一个文本框中输入密码,在第二个文本框中输入确认密码,单击“确定”按钮即可完成设置 PIN 密码的操作,如图 2-51 所示。

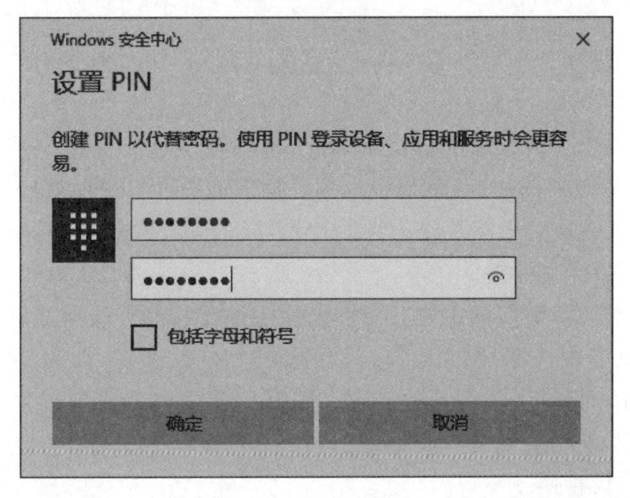

图 2-51 输入 PIN 码

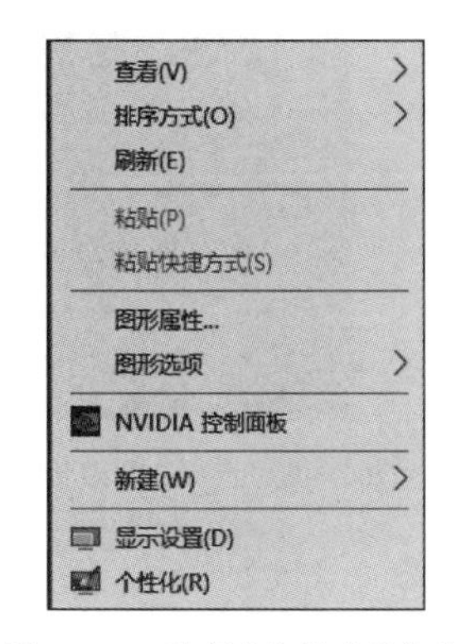

图 2-52　选择“个性化”命令

2. 设置个性化桌面

1）设置主题

主题是桌面背景图片、窗口颜色和声音的组合，用户可以对主题进行设置。操作步骤如下。

(1) 右击桌面空白处，在弹出的快捷菜单中选择“个性化”命令，如图 2-52 所示。

(2) 在打开的“设置”窗口左侧的“个性化”栏中选择“主题”选项，拖动右侧的滚动条，在“应用主题”栏选择一种主题，如“鲜花”，如图 2-53 所示，然后单击“关闭”按钮，关闭窗口。

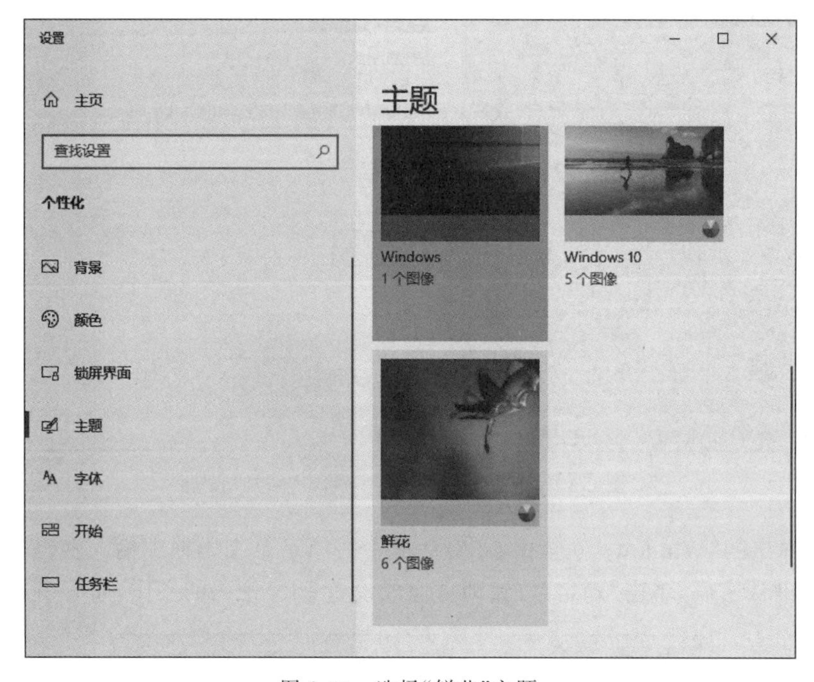

图 2-53　选择“鲜花”主题

2）设置桌面背景

桌面背景可以是数字图片、纯色或带有颜色框架的图片，也可以是幻灯片。

【例 2.1】　任意选择一张图片作为桌面背景，背景图片存放于“第 2 章素材库\例题 2\例 2.1”下的“背景图片”文件夹。

(1) 在打开的“设置”窗口的左侧“个性化”栏中选择“背景”选项并单击右侧“背景”框的下拉按钮，在下拉列表中选择“图片”选项，然后单击“浏览”按钮，如图 2-54 所示。

(2) 弹出“打开”对话框，如图 2-55 所示，按图片存放位置找到图片并单击“选择图片”按钮，插入图片并自动关闭“打开”对话框。

3）设置屏幕保护程序

【例 2.2】　选择一组照片作为屏幕保护程序，照片存放于“第 2 章素材库\例题 2\例 2.2”下的“上海外滩夜景”文件夹。

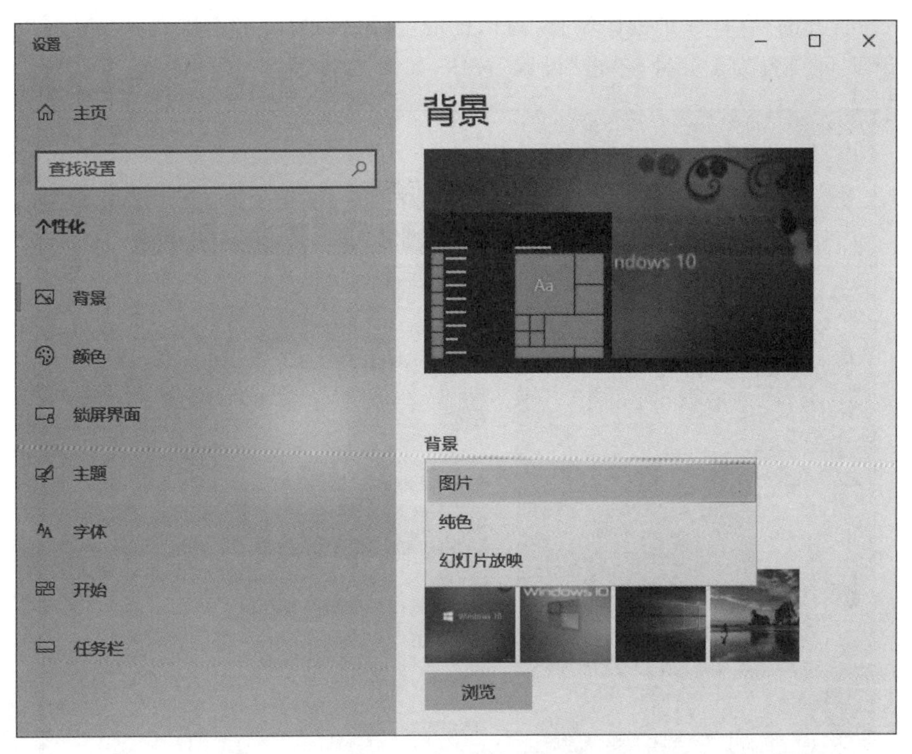

图 2-54　设置桌面背景

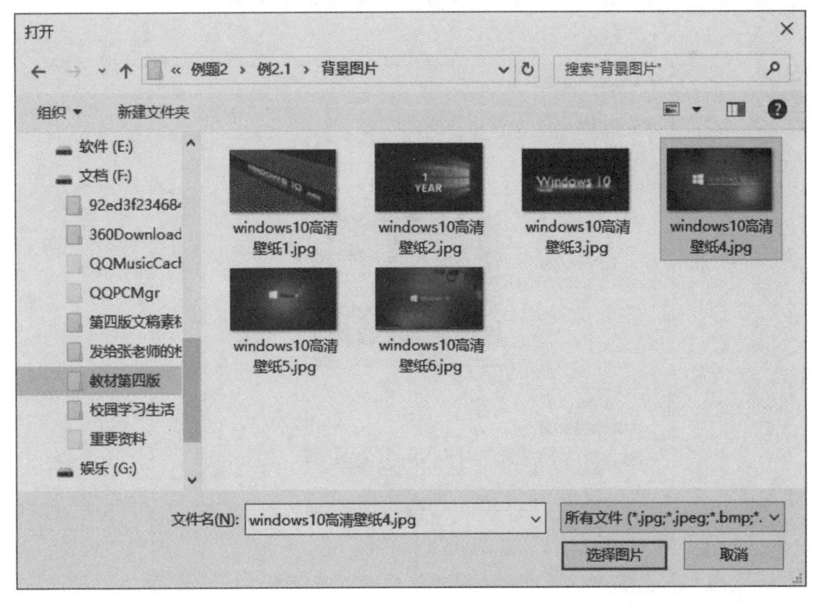

图 2-55　“打开”对话框

操作步骤如下。

(1) 在打开的“设置”对话框左侧“个性化”栏中选择“锁屏界面”选项，拖动右侧的滚动条，单击“屏幕保护程序设置”超链接，如图 2-56 所示。

(2) 在打开的"屏幕保护程序设置"对话框的"屏幕保护程序"下拉列表中选择"照片"选项,"等待"时间设置为1分钟,单击"设置"按钮,如图2-57所示。

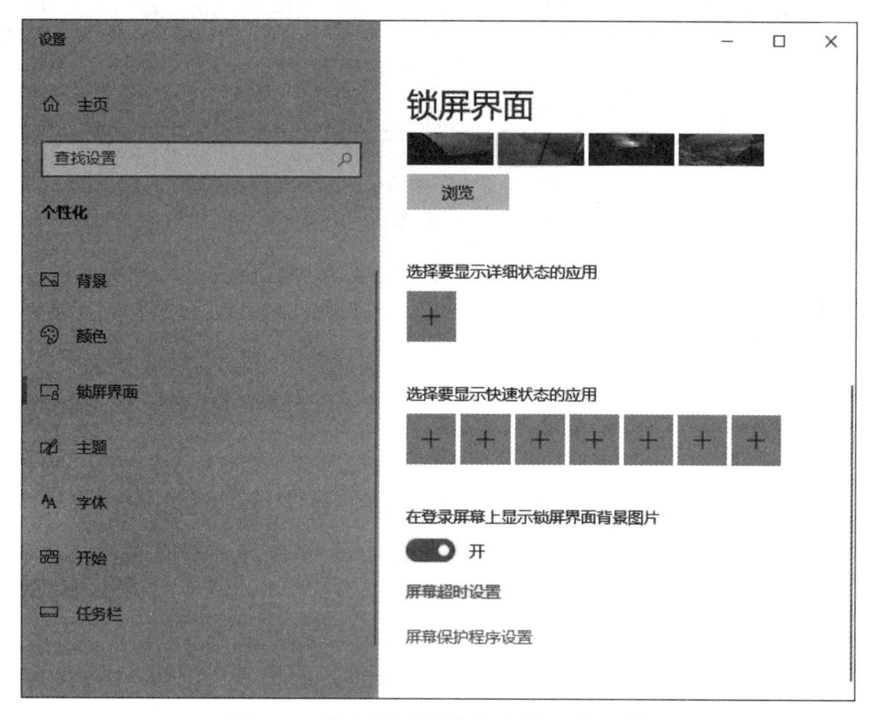

图2-56 单击"屏幕保护程序设置"超链接

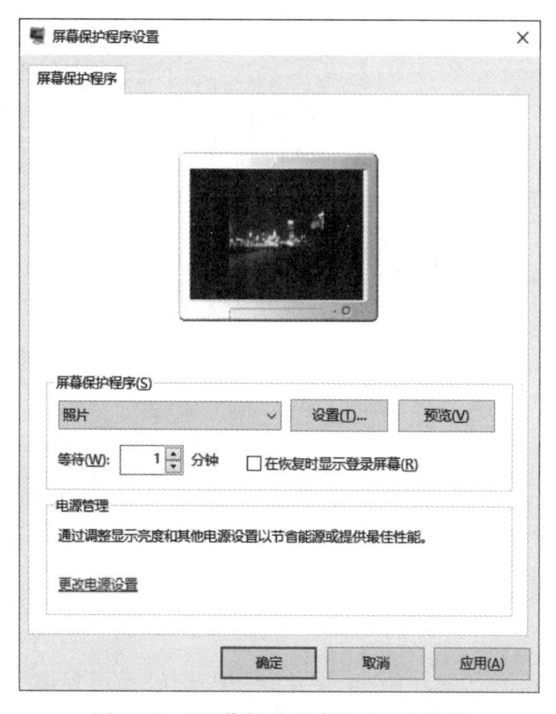

图2-57 "屏幕保护程序设置"对话框

(3) 在打开的“照片屏幕保护程序设置”对话框中，将“幻灯片放映速度”设置为“中速”，单击“浏览”按钮，如图 2-58 所示。

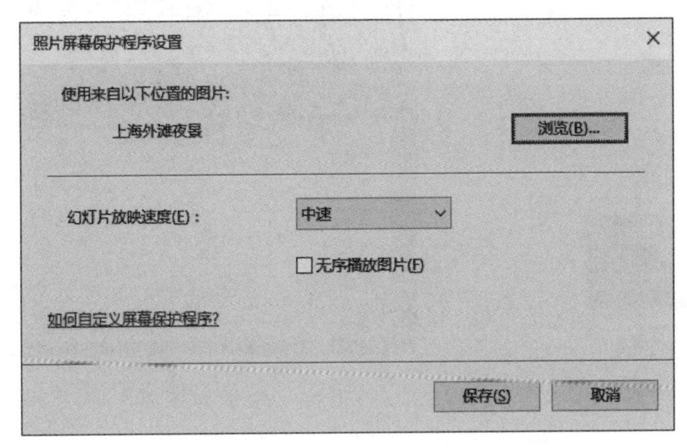

图 2-58 “照片屏幕保护程序设置”对话框

(4) 在打开的“浏览文件夹”对话框中找到存放照片的文件夹，单击“确定”按钮，如图 2-59 所示，返回到“照片屏幕保护程序设置”对话框，单击“保存”按钮。

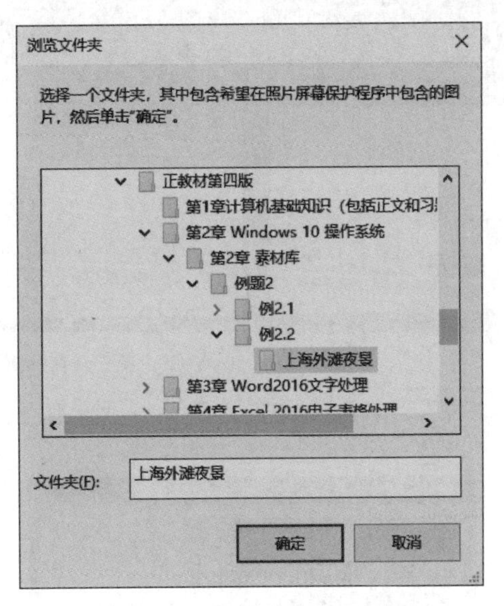

图 2-59 “浏览文件夹”对话框

(5) 返回到“屏幕保护程序设置”对话框，单击“确定”按钮，关闭对话框完成设置。

4) 设置“虚拟桌面”

“虚拟桌面”又称多桌面，其设置步骤如下。

(1) 单击任务栏上的“任务视图”按钮，如图 2-60 所示。

(2) 进入虚拟桌面操作界面，单击“新建桌面”按钮，如图 2-61 所示。

(3) 此时可新建一个桌面，系统会自动命名为“桌面 2”，如图 2-62 所示。

(4) 进入“桌面 1”操作界面，用鼠标右击一个窗口图标，如文档(F:)盘，在弹出的快捷菜单中选择“移动到”→“桌面 2”命令，如图 2-63 所示。

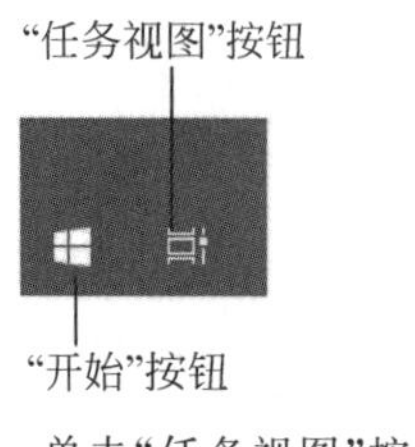

图 2-60　单击“任务视图”按钮

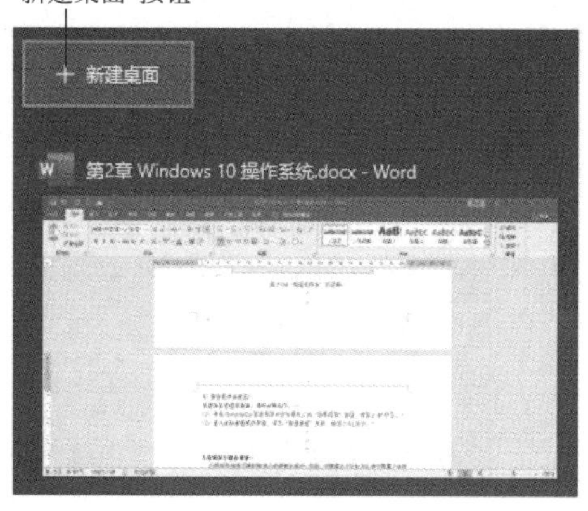

图 2-61　单击“新建桌面”按钮

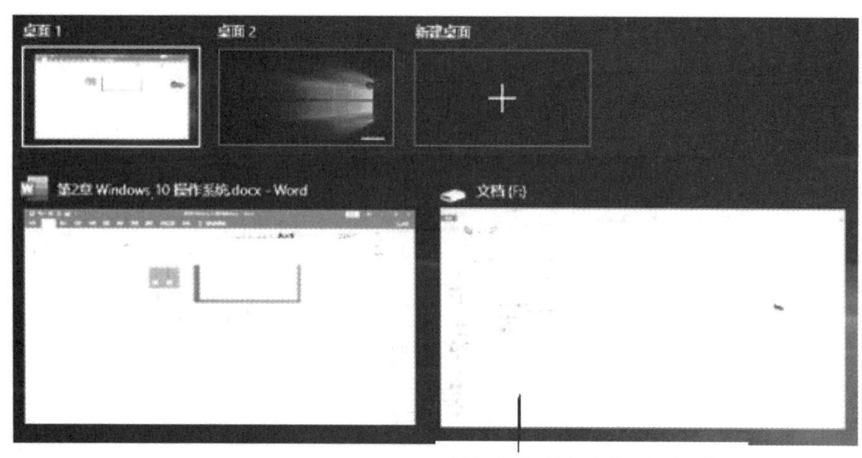

图 2-62　新建一个名为“桌面 2”的桌面

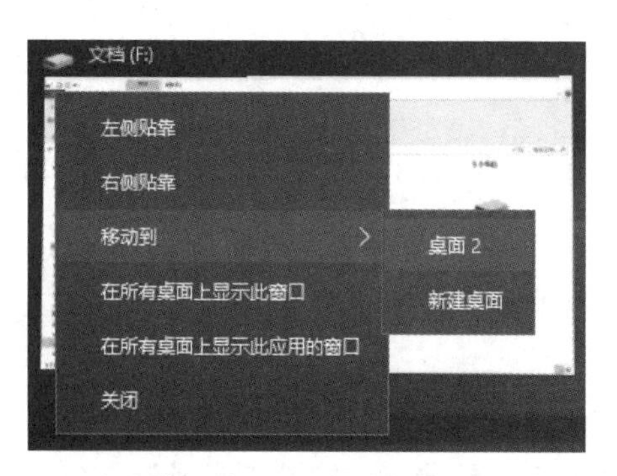

图 2-63　实现将文档(F:)盘移动至“桌面 2”的操作

(5) 经过移动以后，文档(F:)盘包含在“桌面 2”中，移动后的界面如图 2-64 所示。

5) 设置全屏显示“开始”菜单

操作步骤如下。

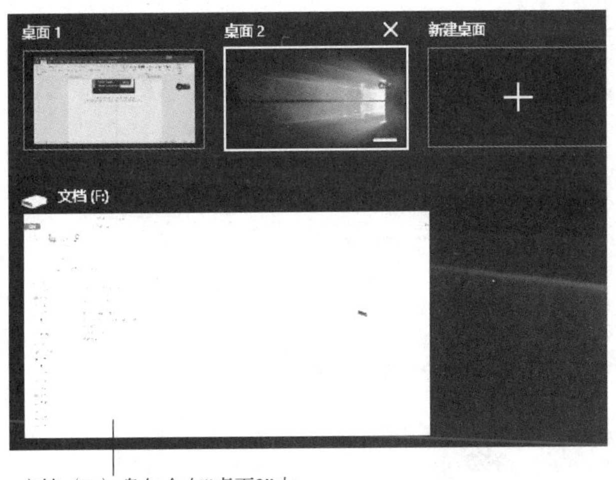

图 2-64　文档(F:)盘已包含在“桌面 2”中

(1) 右击桌面空白处，在弹出的快捷菜单中选择“个性化”命令，打开“设置”窗口，如图 2-65 所示。

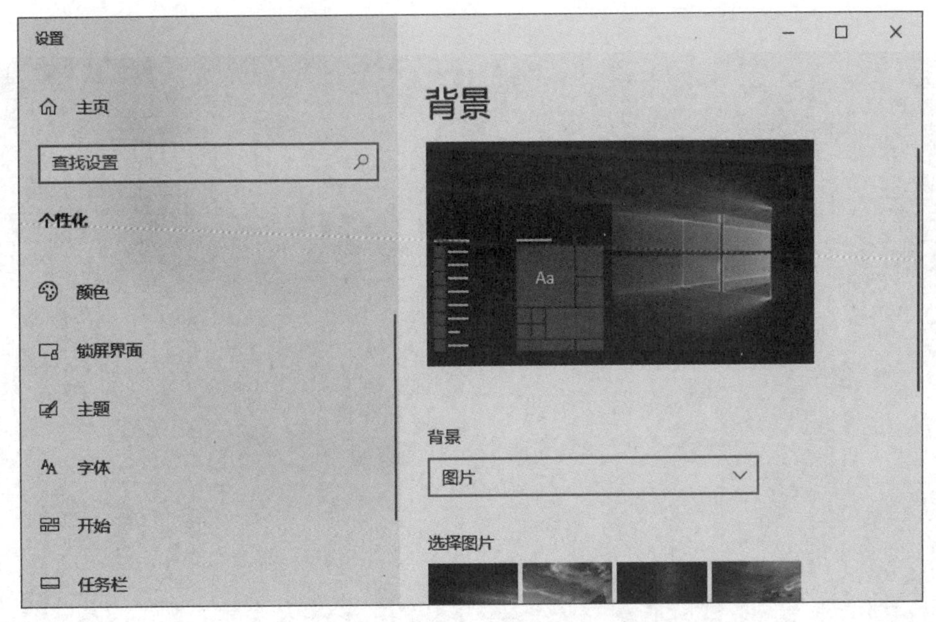

图 2-65　“设置”窗口

(2) 在“设置”窗口左侧“个性化”栏中选择“开始”选项，在弹出的右侧“开始”选项栏中将“使用全屏‘开始’屏幕”的开关图标设置为“开”，如图 2-66 所示。然后关闭“设置”窗口。

(3) 单击“开始”按钮，在弹出的“开始”菜单中选择“所有应用”命令，如图 2-67 所示，则实现全屏显示“开始”菜单，如图 2-68 所示。

(4) 再次单击“开始”按钮，或单击任务栏中当前已经打开的任意一个窗口的最小化图标，则退出全屏显示“开始”菜单界面。

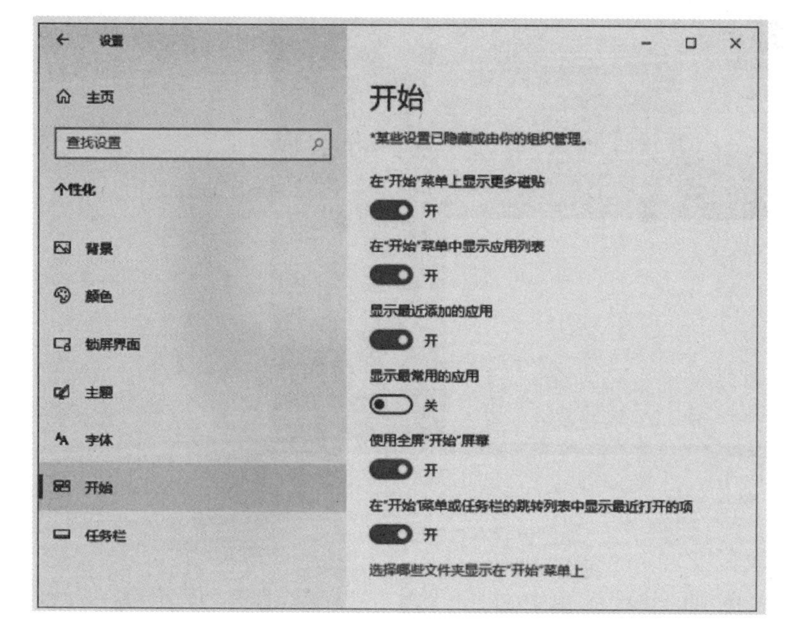

图 2-66　将"使用全屏'开始'屏幕"的开关图标设置为"开"

图 2-67　选择"所有应用"命令

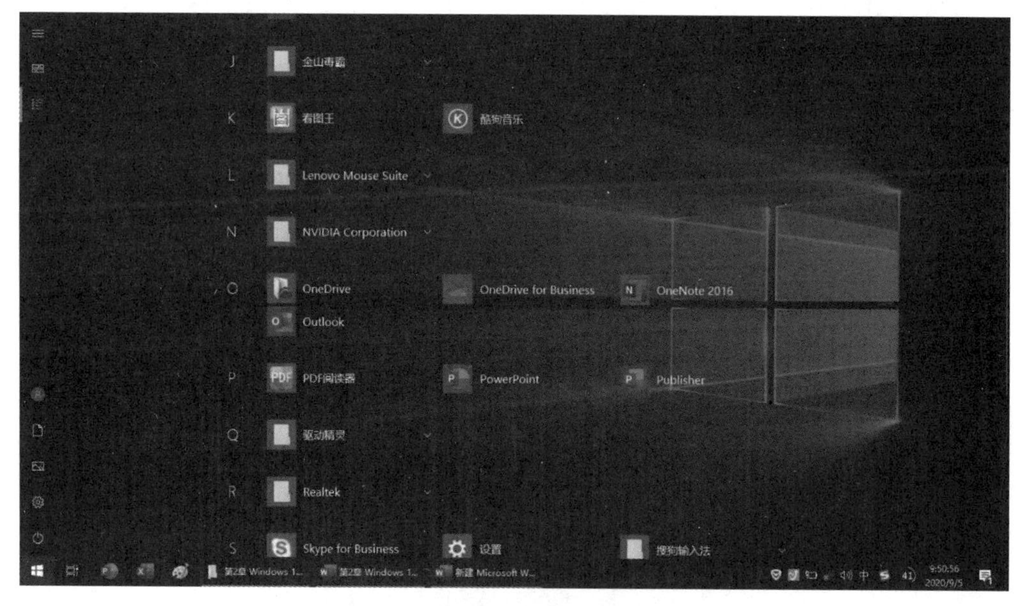

图 2-68　全屏幕显示"开始"菜单界面

3. 显示设置

1) 设置让桌面字体变得更大

通过对显示的设置,可以让桌面的字体变得更大。操作步骤如下。

(1) 右击系统桌面空白处,在弹出的快捷菜单中选择"显示设置"命令,如图 2-69 所示。

(2) 打开"设置"窗口,在窗口右侧的"显示"界面中的"更改文本、应用等项目的大小"列表框中选择"125%"选项,如图 2-70 所示。

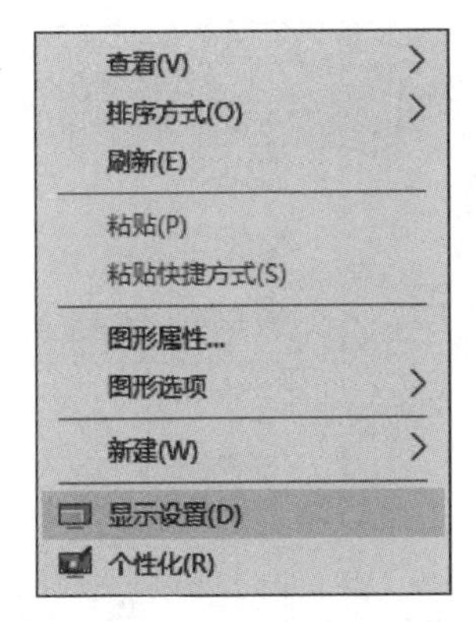

图 2-69　选择“显示设置”命令

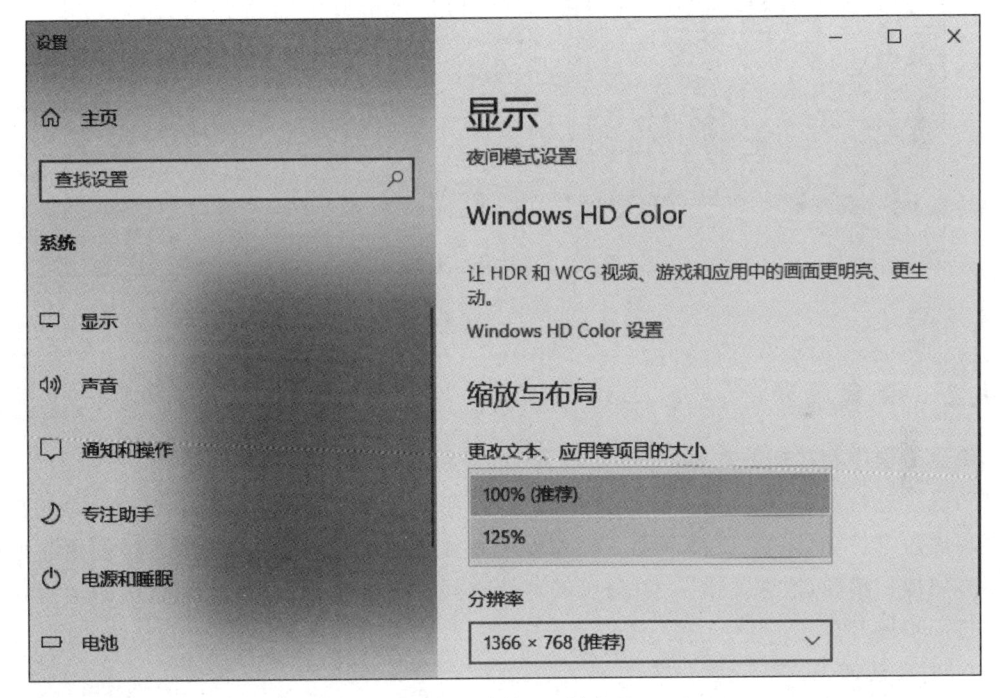

图 2-70　选择 125%选项

【说明】 该选项仅有 100%和 125%两个选项。

2）设置显示器分辨率

分辨率是指显示器所能显示的像素的多少。例如，分辨率 1024×768 表示屏幕上共有 1024×768 像素。分辨率越高，显示器可以显示的像素越多，画面越精细，屏幕上显示的项目越小，相对也增大了屏幕的显示空间，同样的区域内能显示的信息也就越多，故分辨率是一个非常重要的性能指标。调整显示器分辨率的操作步骤如下。

（1）右击桌面空白处，在弹出的快捷菜单中选择“显示设置”命令。

（2）打开“设置”窗口，在窗口右侧的“显示”界面中的“分辨率”下拉列表框中选择一种分辨率，如 1366×768 选项，如图 2-71 所示。

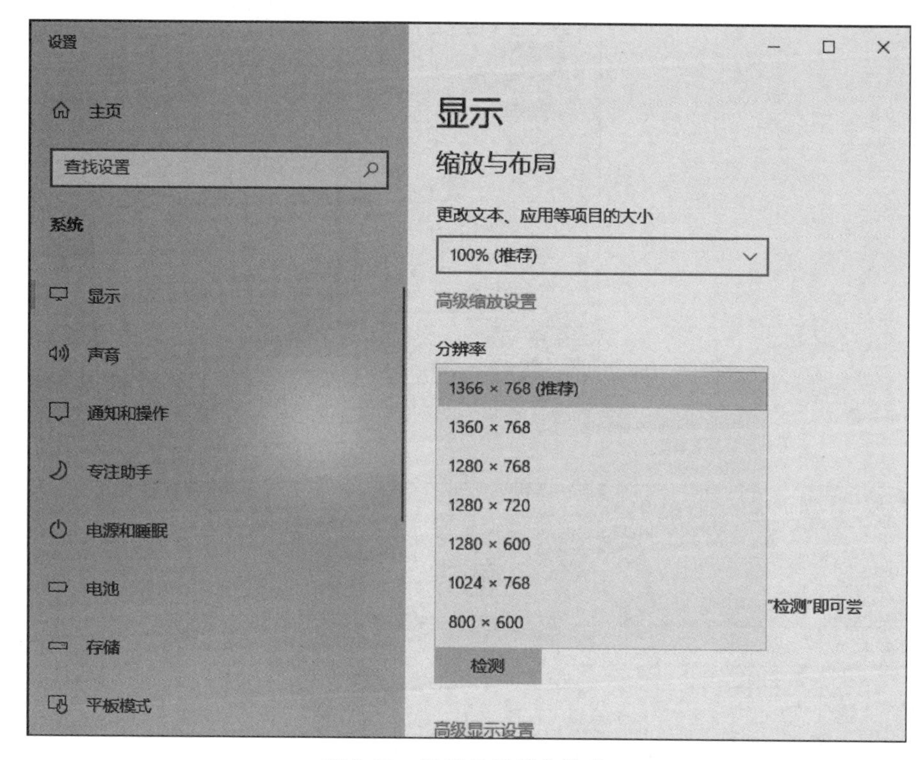

图 2-71 设置显示器分辨率

2.4.2 磁盘维护

磁盘是程序和数据的载体,它包括硬盘、光盘和 U 盘等,还包括曾经广泛使用的软盘。通过对磁盘进行维护,可以增大数据的存储空间,加大对数据的保护,Windows 10 系统提供了多种磁盘维护工具,如“磁盘清理”“碎片整理和优化驱动器”工具。用户通过使用它们能及时方便地扫描硬盘、修复错误、对磁盘的存储空间进行清理和优化,使计算机的运行速度得到进一步提升。

1. 磁盘清理

在 Windows 10 系统中,使用磁盘清理工具可以删除硬盘分区中的系统 Internet 临时文件、文件夹以及回收站中的多余文件,从而达到释放磁盘空间、提高系统性能的目的。磁盘清理的操作步骤如下。

(1) 在系统桌面上单击屏幕左下角的“开始”按钮,在其打开的所有程序列表中选择“Windows 管理工具”命令,在展开的子菜单中选择“磁盘清理”子命令,如图 2-72 所示。

(2) 在弹出的“磁盘清理:驱动器选择”对话框中单击“驱动器”下拉按钮,在弹出的下拉列表中选择准备清理的驱动器,如选择 G 盘,单击“确定”按钮,如图 2-73 所示。

(3) 弹出“娱乐(G:)的磁盘清理”对话框,在“要删除的文件”区域中选中准备删除文件的复选框和“回收站”复选框,单击“确定”按钮,如图 2-74 所示。

(4) 在弹出的“磁盘清理”对话框中单击“删除文件”按钮即可完成磁盘清理的操作,如图 2-75 所示。

图 2-72　选择“磁盘清理”子命令

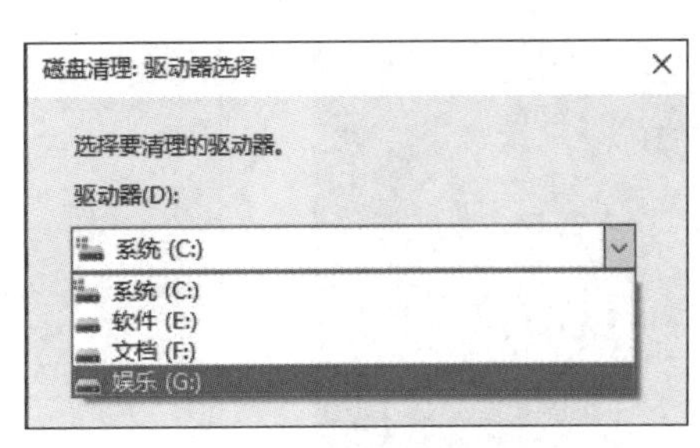

图 2-73　选择准备清理的磁盘

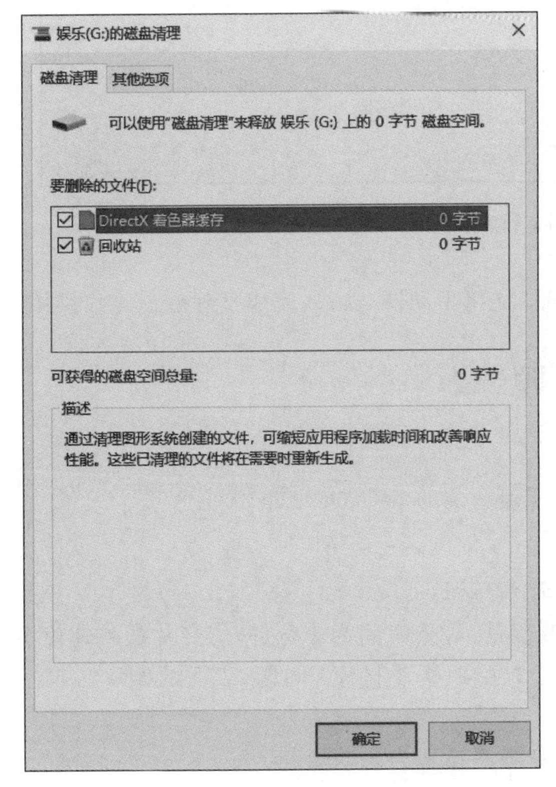

图 2-74　选择要删除的文件

图 2-75　“磁盘清理”对话框

2. 整理磁盘碎片

定期整理磁盘碎片可以保证文件的完整性，从而提高计算机读取文件的速度。整理磁盘碎片的操作如下。

(1) 在系统桌面上单击屏幕左下角的“开始”按钮，在其打开的所有程序列表中选择“Windows 管理工具”命令，在展开的子菜单中选择“碎片整理和优化驱动器”命令，如图 2-76 所示。

(2) 在弹出的“优化驱动器”窗口的“状态”列表框中单击准备整理的磁盘，如 G 盘，单击“优化”按钮，如图 2-77 所示。

图 2-76　选择碎片整理子命令

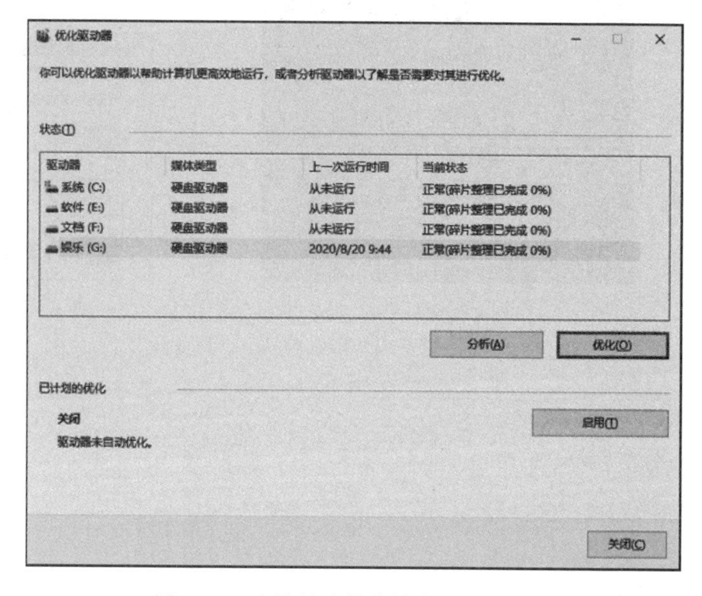

图 2-77　选择驱动器并单击"优化"按钮

(3) 碎片整理结束，单击"关闭"按钮，关闭"优化驱动器"窗口，完成整理磁盘碎片操作。

习　题　2

1. Windows 10 的系统设置

(1) 个性化设置。

① 主题选择"应用主题"中的"鲜花"。

② 桌面背景选择一幅图片-Windows 10 高清壁纸。

③ 屏幕保护程序选择一组照片-上海外滩夜景，等待时间为 1 分钟，幻灯片放映速度为中速。背景图片和上海外滩夜景分别存放于"第 2 章素材库\例题 2"下的"例 2.1"和"例 2.2"文件夹中。

(2) 任务栏设置：改变任务栏的位置，将任务栏设置为自动隐藏。

(3) 设置系统日期和时间。

(4) 显示设置。

① 设置显示器分辨率。

设置当前屏幕分辨率。若为 1366×768，则设置为 800×600，再恢复设置为 1366×768，观察桌面图标大小的变化。

② 查看显示器刷新频率。

(5) 创建用户名为 Student 的账户并为该账户设置 8 位密码。

(6) 将"画图"程序固定到"开始"屏幕。

2. Windows 10 的文件及文件夹操作

(1) 在 G 盘(或其他盘)根目录下建立两个一级文件夹 Jsj1 和 Jsj2，再在 Jsj1 文件夹下建立两个二级文件夹 mmm 和 nnn。

（2）在 Jsj2 文件夹中新建文件名分别为 wj1.txt、wj2.txt、wj3.txt、wj4.txt 的 4 个空文件。

（3）将已建立的 4 个文件复制到 Jsj1 文件夹中。

（4）将 Jsj1 文件夹中的 wj2.txt 和 wj3.txt 文件移动到 nnn 文件夹中。

（5）删除 Jsj1 文件夹中的 wj4.txt 文件到回收站中，然后将其恢复。

（6）在 Jsj2 文件夹中建立“记事本”的快捷方式。

（7）将 mmm 文件夹的属性设置为“隐藏”。

（8）设置“显示”或“不显示”隐藏的文件和文件夹。观察前后文件夹 mmm 的变化。

（9）设置系统“显示”或“不显示”文件类型的扩展名，观察 Jsj2 文件夹中各文件名称的变化。

第3章　Word 2016 文字处理

从本章开始将介绍 Microsoft Office 2016 现代商用办公软件，主要包括 Word 文字处理软件、Excel 电子表格处理软件和 PowerPoint 演示文稿处理软件。本章将介绍 Word 文字处理软件。

学习目标：

- 熟悉 Word 2016 的窗口界面。
- 掌握 Word 文档的基本操作。
- 掌握文档的输入、编辑和排版操作。
- 掌握图形处理和表格处理的基本操作。
- 了解复杂的图文混排操作。

3.1　Word 2016 概述

本节将主要介绍 Word 2016 的新增功能、窗口界面、文档格式和文档视图。需要注意的是，Word 2016 的新增功能在 Office 2016 的其他组件中也同样适用。

3.1.1　Word 2016 的新增功能

Word 2016 作为文字处理软件较之以前的版本增加了以下新功能。

1. 协同工作功能

Office 2016 新加入了协同工作的功能，只要通过共享功能选项发出邀请，就可以让其他使用者一同编辑文件，而且每个使用者编辑过的地方，也会出现提示，让所有人都可以看到哪些段落被编辑过。

2. 操作说明搜索功能

Word 2016 选项卡右侧的搜索框提供操作说明搜索功能，即全新的 Office 助手 Tell Me。在搜索框中输入想要搜索的内容，搜索框会给出相关命令，这些都是标准的 Office 命令，直接单击即可执行该命令。对于使用 Office 不熟练的用户来说，将会为其带来更大的方便。

3. 云模块与 Office 融为一体

Office 2016 中云模块已经很好地与 Office 融为一体。Word 文档可以使用本地硬盘储存，也可以指定云模块 OneDrive 作为默认存储路径。基于云存储的文件用户可以通过手机、iPad 或是其他客户端等设备随时存取存放到云端上的文件。

4. 增加“加载项”功能组

“插入”选项卡中增加了一个“加载项”功能组，里面包含“获取加载项”“我的加载项”两个按钮。这里主要是微软和第三方开发者开发的一些 App，主要是为 Office 提供一些扩充性的功能。比如用户可以下载一款检查器，来帮助检查文档的断字或语法问题等。

5. 手写公式

Word 2016 中增加了一个相当强大而又实用的功能——墨迹公式，使用该公式可以快速地在编辑区域手写输入数学公式，并能够将这些公式转换成为系统可识别的文本格式。

6. 简化文件分享操作

Word 2016 将共享功能和 OneDrive 进行了整合，在“文件”按钮的“共享”界面中，可以直接将文件保存到 OneDrive 中，然后邀请其他用户一起来查看、编辑文档。同时多人编辑文档的记录都能够保存下来。

3.1.2 Word 2016 窗口

在系统桌面单击“开始”按钮，在弹出的“开始”菜单中选择 Word 2016 命令，打开如图 3-1 所示的启动 Word 2016 的界面，单击右侧“新建”栏中的“空白文档”图标，打开如图 3-2 所示的 Word 2016 窗口。

图 3-1 启动 Word 2016 的界面

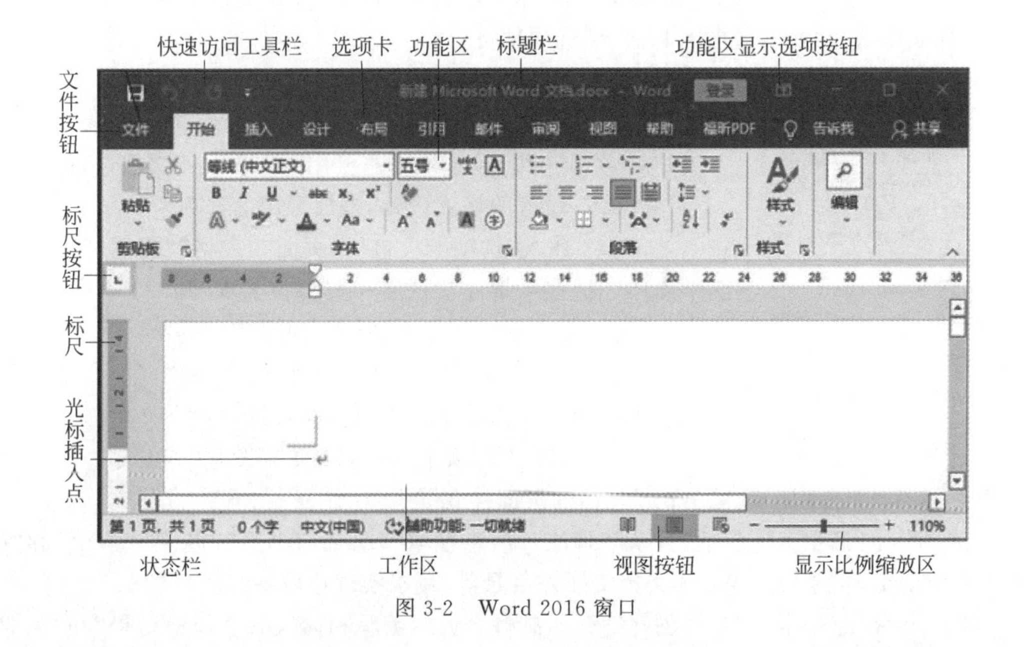

图 3-2 Word 2016 窗口

Word 2016 窗口主要由标题栏、快速访问工具栏、文件按钮、选项卡、功能区、工作区、状态栏、文档视图切换区和显示比例缩放区等组成。

1. 标题栏

标题栏位于窗口的顶端,用于显示当前正在运行的程序名及文件名等信息,标题栏最右端有 3 个按钮,分别用来控制窗口的最小化、最大化/还原和关闭。

2. 快速访问工具栏

快速访问工具栏中包含常用操作的快捷按钮,方便用户使用。在默认状态下,仅包含"保存""撤销"和"恢复"3 个按钮,单击右侧的下拉按钮可添加其他快捷按钮。

3. Office 助手

Office 助手"告诉我"(Tell Me)提供操作说明搜索功能。在搜索框中输入想要搜索的内容,搜索框会给出相关命令,这些都是标准的 Office 命令,直接单击即可执行该命令。

4. "文件"按钮和选项卡

"文件"按钮主要用于控制执行文档的新建、打开、关闭和保存等操作。

常见选项卡有"开始""插入""设计""布局""引用""邮件""审阅""视图"等,单击某选项卡,会打开相应的功能区。对于某些操作,软件会自动添加与操作相关的选项卡,如插入或选中图片时软件会自动在常见选项卡右侧添加"图片工具"→"格式"选项卡,方便用户对图片的操作。

5. 功能区

功能区用于显示某选项卡下的各个功能组,例如在图 3-2 中显示的是"开始"选项卡下的"剪贴板""字体""段落""样式"和"编辑"功能组,组内列出了相关的命令按钮。某些功能组右下角有一个"对话框启动器"按钮,单击此按钮可打开一个与该组命令相关的对话框。

窗口右上角的"功能区显示选项"按钮用于控制选项卡和功能区的显示与隐藏,单击该按钮弹出其下拉列表,如图 3-3 所示。单击功能区右侧的"折叠功能区"按钮,将功能区折叠起来,仅显示选项卡;如果要同时显示选项卡和功能区,应单击"功能区显示选项"按钮,在其下拉列表中选择"显示选项卡和命令"选项即可。

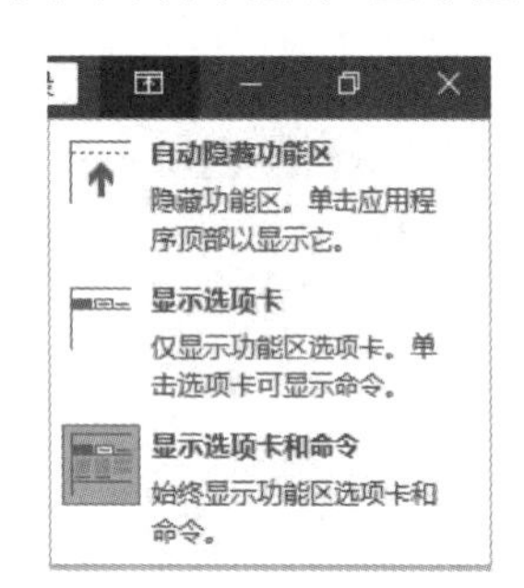

图 3-3 "功能区显示选项"按钮的下拉列表

下面就常用选项卡及相应功能区作简要介绍。

(1)"开始"选项卡。包括"剪贴板""字体""段落""样式"和"编辑"5 个组,该选项卡主要用于对 Word 文档进行文字编辑和字体、段落的格式设置,是最常用的选项卡。

(2)"插入"选项卡。包括"页面""表格""插图""加载项""媒体""链接""批注""页眉和页脚""文本"和"符号"10 个组,主要用于在 Word 文档中插入各种元素。

(3)"设计"选项卡。包括"文档格式"和"页面背景"两个组,主要用于文档的格式以及页面背景设置。

(4)"布局"选项卡。包括"页面设置""稿纸""段落"和"排列"4 个组,主要用于设置 Word 文档的页面样式。

(5)"引用"选项卡。包括"目录""脚注""信息检索""引文与书目""题注""索引"和"引文目录"7 个组,主要用于 Word 文档中插入目录等,用以实现比较高级的功能。

(6)"邮件"选项卡。包括"创建""开始邮件合并""编写和插入域""预览结果"和"完成"

5 个组，该选项卡的用途比较专一，主要用于 Word 文档中进行邮件合并方面的操作。

(7) “审阅”选项卡。包括“校对”“辅助功能”“语言”“中文简繁转换”“批注”“修订”“更改”“比较”“保护”和“墨迹”10 个组，主要用于对 Word 文档进行校对和修订等操作，适用于多人协作处理 Word 长文档。

(8) “视图”选项卡。包括“文档视图”“页面移动”“显示”“缩放”“窗口”“宏”和 SharePoint 7 个组，主要用于设置 Word 操作窗口的视图类型，以方便操作。

6. 导航窗格

在“视图”选项卡的“显示”功能组中选中“导航窗格”复选框，可显示导航窗格，如图 3-4 所示。导航窗格主要用于显示当前文档的标题级文字，以方便用户快速查看文档，单击其中的标题即可快速跳转到相应的页面，如图 3-5 所示。单击“导航”窗格右侧的下拉按钮，在其下拉列表中选择“移动”命令，可将其放置在当前窗口的任何位置。

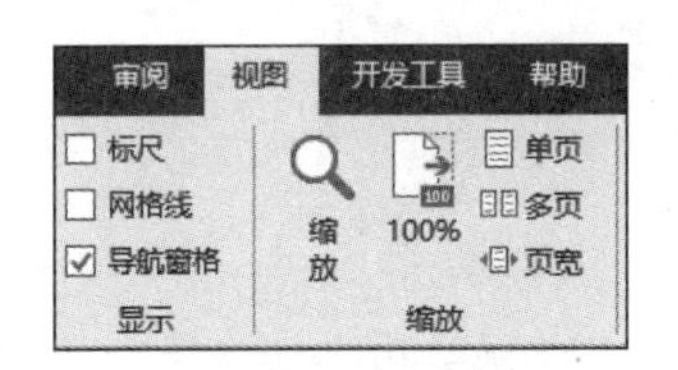

图 3-4 选中“导航窗格”复选框

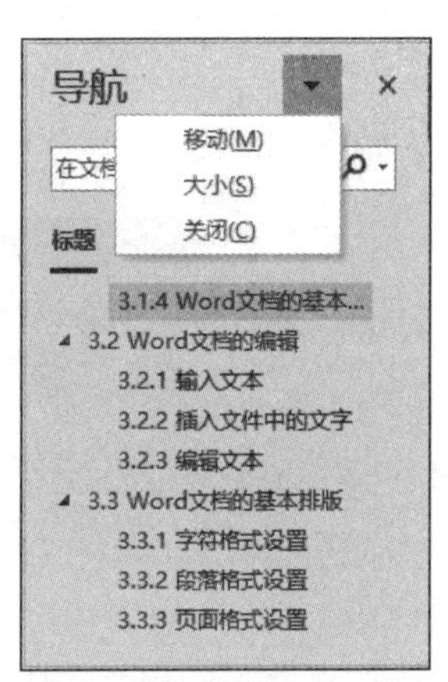

图 3-5 显示“导航”窗格

7. 文本编辑区

功能区下方的空白区域为工作区，也就是文本编辑区，是输入文本、添加图形图像以及编辑文档的区域，对文本的操作结果也都将显示在该区域。文本编辑区中闪烁的光标为插入点，是文字和图片的输入位置，也是各种命令生效的位置。工作区右边和下边分别是垂直滚动条和水平滚动条。

8. 标尺

在“视图”选项卡的“显示”组中选中“标尺”复选框，显示文档的垂直标尺和水平标尺。

9. 状态栏和视图栏

窗口的左侧底部显示的是状态栏，主要提供当前文档的页码、字数、修订、语言等信息。窗口的右侧底部显示的是视图栏，包括文档视图切换区和显示比例缩放区，单击文档视图切换区相应按钮可以切换文档视图，拖动显示比例缩放区中的“显示比例”滑块或单击两端的“+”号或“-”号可以改变文档编辑区的大小。

3.1.3 文档格式和文档视图

1. Word 2016 文档格式

在计算机中，信息是以文件为单位存储在外存中的，通常将由 Word 生成的文件称为

Word 文档。Word 文档格式自 Word 2007 版本开始之后的版本都是基于新的 XML 的压缩文件格式,在传统的文件扩展名后面添加了字母 x 或 m,x 表示不含宏的 XML 文件,m 表示含有宏的 XML 文件,如表 3-1 所示。

表 3-1　Word 2016 中的文件类型与其对应的扩展名

文件类型	扩展名
Word 2016 文档	.docx
Word 2016 启用宏的文档	.docm
Word 2016 模板	.dotx
Word 2016 启用宏的模板	.dotm

2. Word 2016 文档视图

Word 2016 文档主要有五种视图,分别是页面视图、阅读视图、Web 版式视图、大纲视图、草稿视图。其中大纲视图、草稿视图需在"视图"选项卡下的"视图"组中进行切换,如图 3-6 所示。

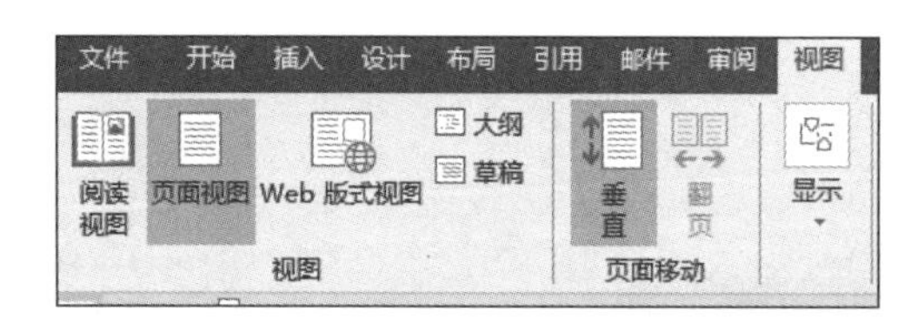

图 3-6　"视图"选项卡中的"视图"功能组

1) 页面视图

页面视图是 Word 默认的视图模式,该视图中显示的效果和打印的效果完全一致。在页面视图中可看到页眉、页脚、水印和图形等各种对象在页面中的实际打印位置,便于用户对页面中的各种对象元素进行编辑,如图 3-7 所示。

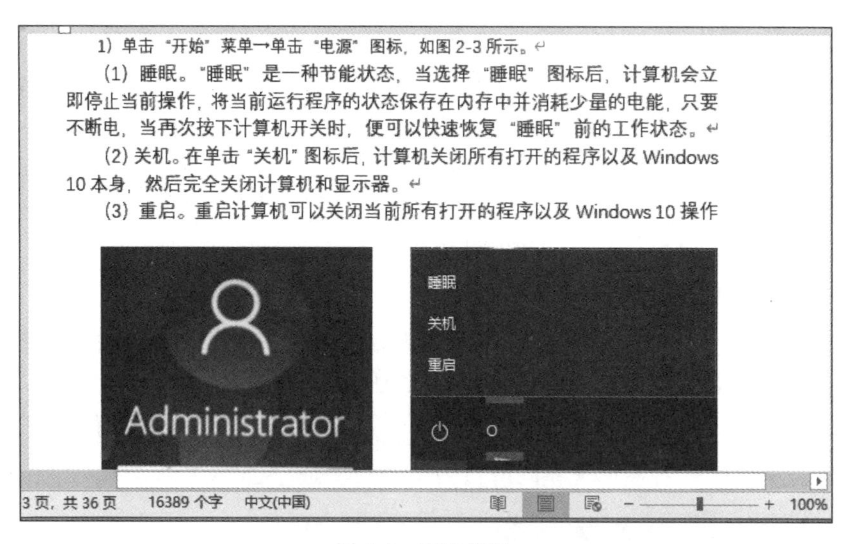

图 3-7　页面视图

2）阅读视图

在该视图模式中，文档将全屏显示，一般用于阅读长文档，用户可对文字进行勾画和批注，如图 3-8 所示。单击左、右三角形按钮可切换文档页面显示，按 Esc 键可退出阅读视图模式。

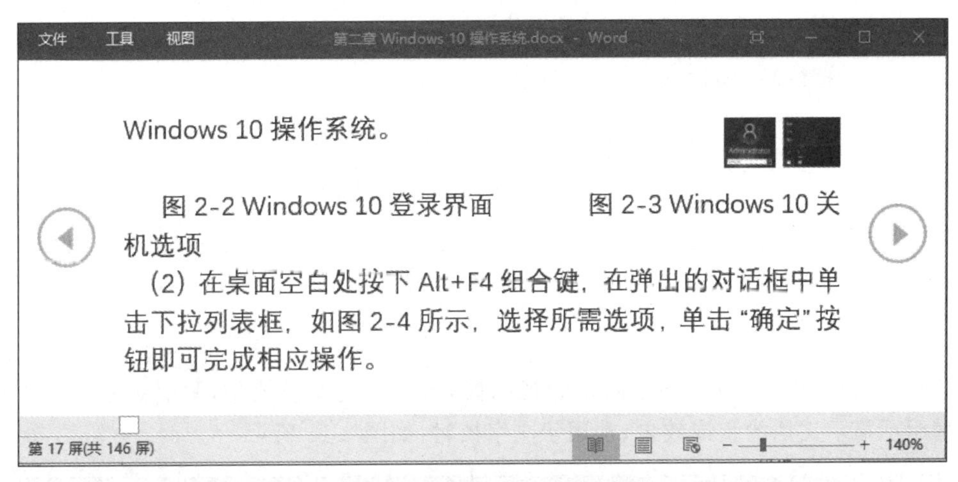

图 3-8　阅读视图

3）Web 版式视图

Web 版式视图专为浏览和编辑 Web 网页而设计，它能够模仿 Web 浏览器来显示 Word 文档。例如，文档将显示为一个不带分页符的长页，并且文本和表格将自动换行以适应窗口的大小，如图 3-9 所示。

图 3-9　Web 版式视图

4）大纲视图

大纲视图就像是一个树形的文档结构图，常用于编辑长文档，如论文、标书等。大纲视图是按照文档中标题的层次来显示文档，可将文档折叠起来只看主标题，也可将文档展开查看整个文档的内容，如图 3-10 所示。

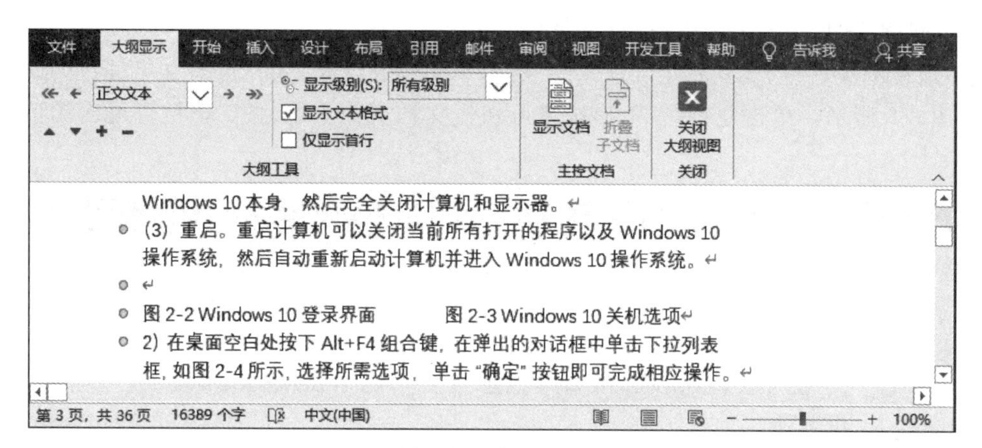

图 3-10　大纲视图

5) 草稿视图

草稿视图是 Word 2016 中最简化的视图模式，在该视图模式中，只会显示文档中的文字信息而不显示文档的装饰效果，常用于文字校对，如图 3-11 所示。

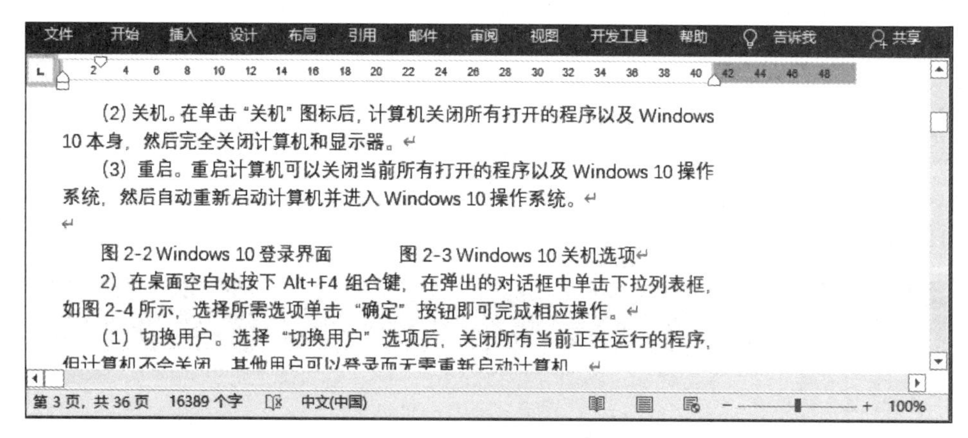

图 3-11　草稿视图

【提示】 一般来说，使用 Word 编辑文档时默认使用页面视图模式。

3.2　Word 文档的基本操作

Word 文档的基本操作主要包括文档的新建、保存、打开、关闭、输入文本以及编辑文档等。

3.2.1　Word 文档的新建、保存、打开与关闭

1. 新建文档

在 Word 2016 中可以新建空白文档，也可以根据现有内容新建具有特殊要求的文档。

1) 新建空白文档

新建空白文档的操作步骤如下：

(1) 单击“文件”按钮,在打开的 Backstage 视图的左侧列表中选择“新建”选项。

(2) 在右侧的“新建”栏中单击“空白文档”图标,即可新建一个文件名为“文档 1-Word”的空白文档,如图 3-12 所示。

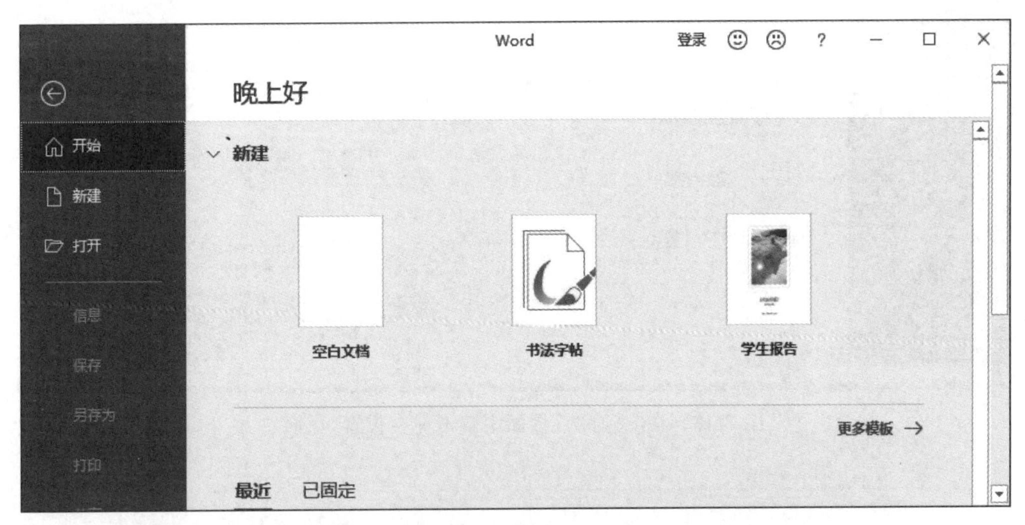

图 3-12 Backstage 视图中的“新建”选项

2) 根据模板创建文档

在 Word 2016 中,模板分为 3 种,第一种是安装 Office 2016 时系统自带的模板;第二种是用户自己创建后保存的自定义模板(*.dotx);第三种是 Office 网站上的模板,需要下载才能使用。Word 2016 更新了模板搜索功能,可以直接在 Word 文件内搜索需要的模板,大大提高了工作效率。

在如图 3-12 所示的“新建”栏中单击所需要的模板图标,如传真、简历、学生报告等,即可新建对应模板的 Word 文档,以满足自己的特殊需要。

2. 保存文档

1) 保存新建文档

如果要对新建文档进行保存,可单击快速访问工具栏上的“保存”按钮;也可单击“文件”按钮,在打开的 Backstage 视图左侧下拉列表中选择“保存”选项。在这两种情况下都会弹出一个“文件”按钮的“另存为”界面,在该界面中有两种保存方式。

(1) 选择保存云端,在联机情况下单击 OneDrive 登录或者单击“添加位置”设置云端账户登录到云端存储,以该方式存储的文档可以与他人共享。

(2) 保存在本地计算机上,双击“此电脑”按钮或者“浏览”按钮,找到保存位置(如桌面)并双击,如图 3-13 所示,将打开“另存为”对话框,然后在“文件名”文本框中输入文件名,在“保存类型”下拉列表框中选择默认类型,即“Word 文档(*.docx)”,然后单击“保存”按钮,如图 3-14 所示。

2) 保存已有文档

对于已经保存过的文档经过处理后的保存,可单击快速访问工具栏上的“保存”按钮;也可单击“文件”按钮后在下拉列表中选择“保存”命令,或者使用快捷组合键 Ctrl+S 进行快速保存,在这几种情况下都会按照原文件的存放路径、文件名称及文件类型进行保存。

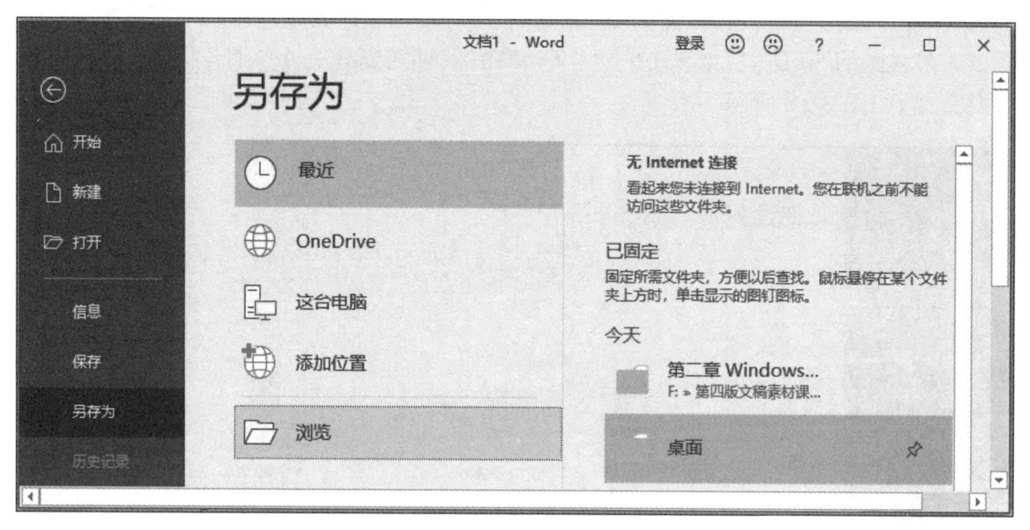

图 3-13　在“另存为”界面中双击保存位置“桌面”

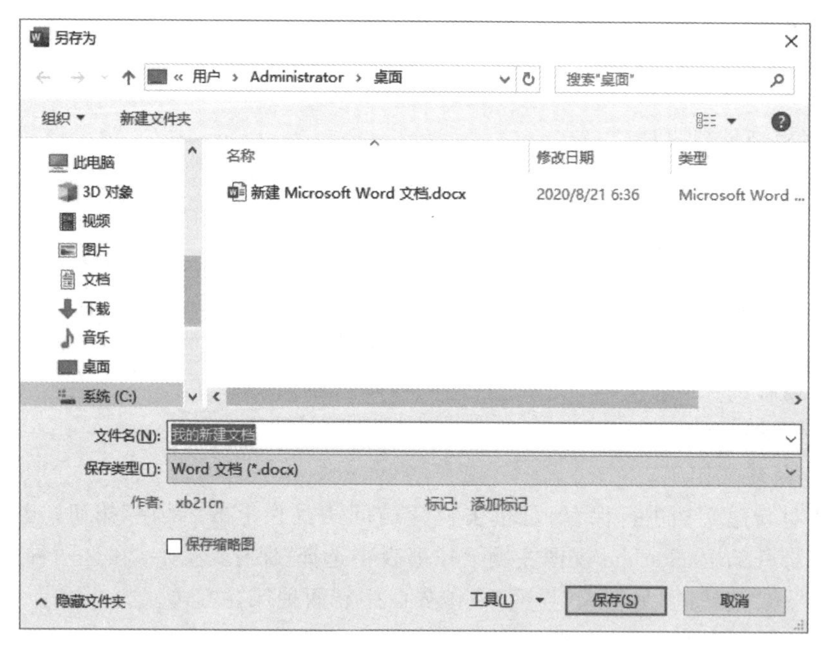

图 3-14　“另存为”对话框

3）另存为其他文档

如果文档已经保存过，在进行了一些编辑操作之后，若要保留原文档、文件更名、改变文件保存路径或者改变文件类型，都需要打开“文件”→“另存为”界面进行保存，保存方式同保存新建文档步骤类似。

3. 打开和关闭文档

对于任何一个文档，都需要先将其打开，然后才能对其进行编辑。编辑完成后，可将文档关闭。

1）打开文档

用户可参考如下方法打开 Word 文档。

（1）对于已经存在的 Word 文档，只需双击该文档的图标便可打开该文档。

（2）若要在已经打开 Word 文档时打开另外一个文档，可单击“文件”按钮，在打开的 Backstage 视图左侧下拉列表中选择“打开”选项，在右侧的“打开”界面中找到并双击需要打开的文件，如图 3-15 所示。

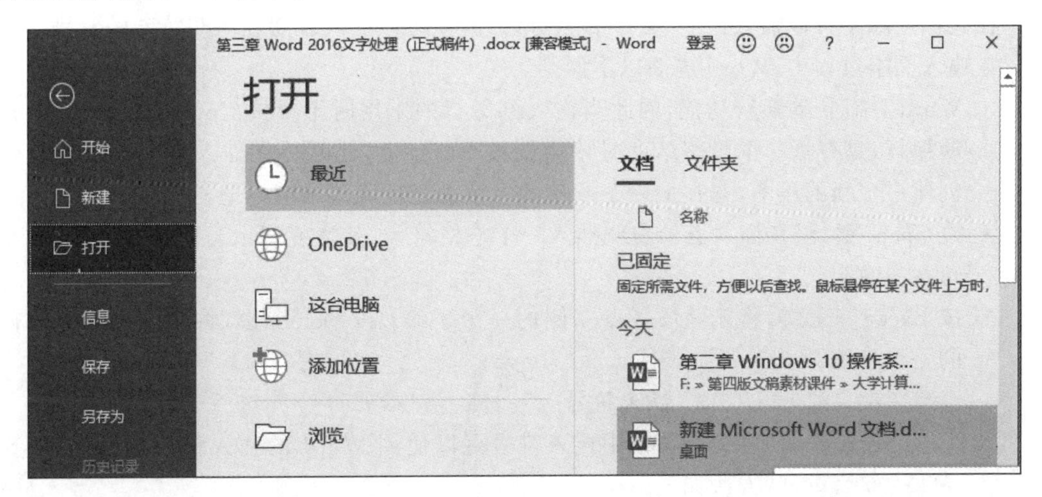

图 3-15　打开另外一个文档

2）关闭文档

对文档完成全部操作后，要关闭文档时，可单击“文件”按钮，在打开的 Backstage 视图左侧下拉列表中选择“关闭”命令，或单击窗口右上角的“关闭”按钮。

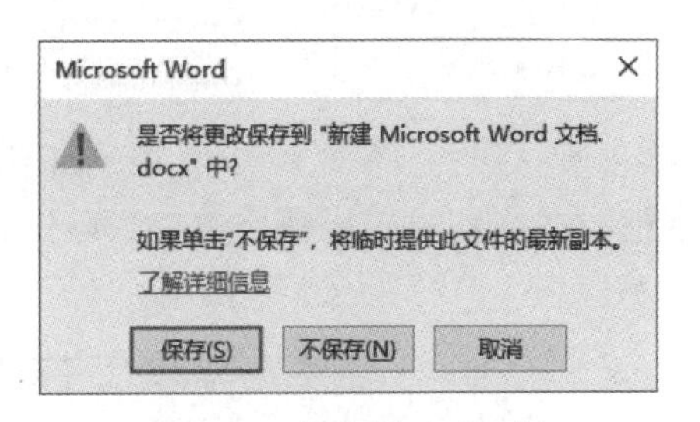

图 3-16　保存提示对话框

在关闭文档时，如果没有对文档进行编辑、修改操作，可直接关闭；如果对文档做了修改，但还没有保存，系统会弹出一个提示对话框，询问用户是否需要保存已经修改过的文档，如图 3-16 所示，单击“保存”按钮即可保存并关闭该文档。

3.2.2　在文档中输入文本

用户建立的文档常常是一个空白文档，还没有具体的内容，下面介绍向文档中输入文本的一般方法。

1. 定位插入点

在 Word 文档的输入编辑状态下，光标起着定位的作用，光标的位置即对象的“插入点”位置。定位“插入点”可通过键盘和鼠标的操作来完成。

（1）用键盘快速定位“插入点”。

- Home 键：将“插入点”移到所在行的行首。
- End 键：将“插入点”移到所在行的行尾。
- PgUp 键：上翻一屏。

- PgDn 键：下翻一屏。
- Ctrl+Home：将“插入点”移动到文档的开始位置。
- Ctrl+End：将“插入点”移动到文档的结束位置。

(2) 用鼠标“单击”直接定位“插入点”。

将鼠标指针指向文本的某处,直接单击即可定位“插入点”。

2. 输入文本的一般方法和原则

在文档中除了可以输入汉字、数字和字母以外,还可以插入日期和一些特殊的符号。

在输入文本过程中,Word 遵循以下原则。

- Word 具有自动换行功能,因此当输入到每行的末尾时不要按 Enter 键,Word 会自动换行,只有当一个段落结束时才需要按 Enter 键,此时将在插入点的下一行重新创建一个新的段落,并在上一个段落的结束处显示段落结束标记。
- 按 Space 键,将在插入点的左侧插入一个空格符号,其宽度将由当前输入法的全/半角状态而定。
- 按 BackSpace 键,将删除插入点左侧的一个字符；按 Delete 键,将删除插入点右侧的一个字符。

3. 插入符号

在文档中插入符号可以使用 Word 的插入符号的功能,操作方法如下。

(1) 将插入点移动到需要插入符号的位置,在“插入”选项卡的“符号”组中单击“符号”按钮,从弹出的下拉列表中选择需要的符号,如图 3-17 所示。

图 3-17 “符号”下拉列表

(2) 如不能满足要求,再选择“其他符号”选项,打开“符号”对话框,在“符号”或“特殊字符”选项卡下可分别选择所需要的符号或特殊字符,如图 3-18 所示。

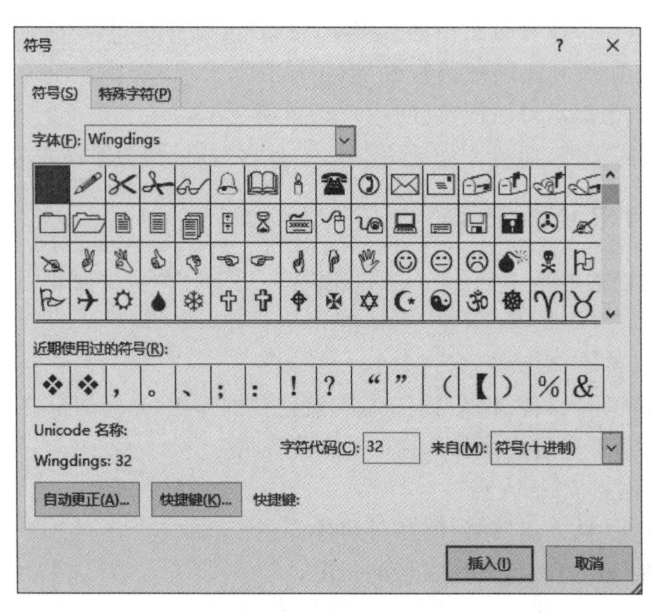

图 3-18 “符号”对话框

(3) 选择符号或特殊字符后单击“插入”按钮,再单击“关闭”按钮即可。

4. 插入文件

插入文件是指将另一个 Word 文档的内容插入当前 Word 文档的插入点,使用该功能可以将多个文档合并成一个文档,操作步骤如下。

(1) 定位插入点,在“插入”选项卡的“文本”组中单击“对象”下拉按钮。

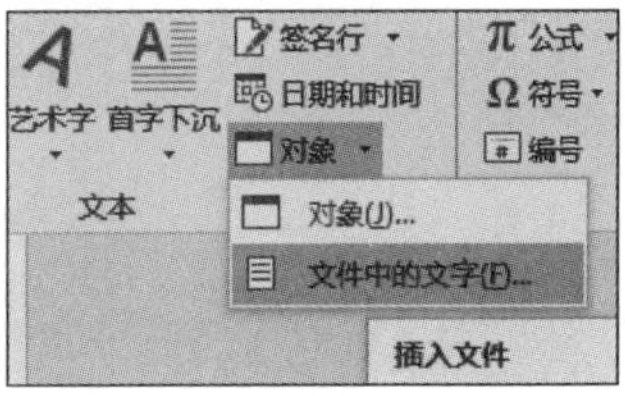

图 3-19 “对象”下拉列表

(2) 从下拉列表中选择“文件中的文字”选项,如图 3-19 所示,打开“插入文件”对话框,如图 3-20 所示。

(3) 在“插入文件”对话框中选择所需文件,然后单击“插入”按钮,插入文件内容后系统会自动关闭对话框。

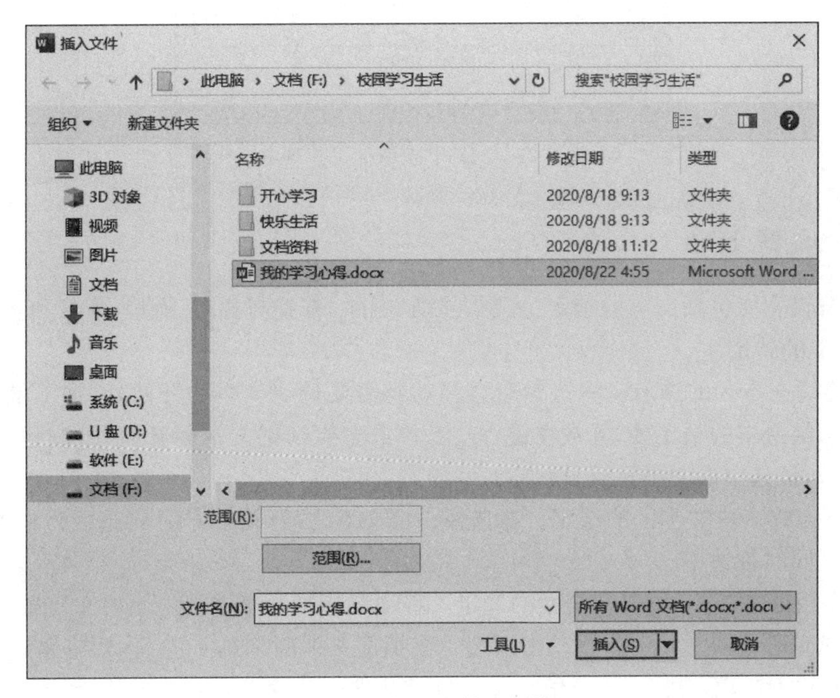

图 3-20 “插入文件”对话框

5. 插入数学公式

编辑文档时常常需要输入数学符号和数学公式,可以使用 Word 提供的“公式编辑器”来输入。例如要建立如下数学公式:

$$f(x)=a_0+\sum_{n=1}^{\infty}\left(a_n\cos\frac{n\pi x}{L}+b_n\sin\frac{n\pi x}{L}\right)$$

可采用如下输入方法和步骤。

(1) 将“插入点”定位到需要插入数学公式的位置,在“插入”选项卡的“符号”组中单击“公式”的下三角按钮,在弹出的下拉列表中选择所需公式,如图 3-21 所示。

(2) 如在下拉列表中找不到所需公式,则在联机情况下,可以单击“Office. com 中的其他公式”命令扩展寻找范围进行查找。

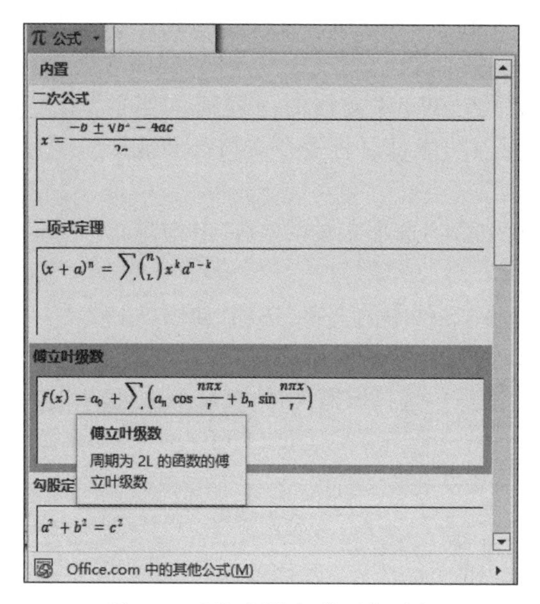

图 3-21 “公式”按钮的下拉列表

3.2.3 编辑文档

文档编辑主要包括文本的选定、复制、移动、删除、查找与替换、撤销、恢复和重复等。

1. 文本的选定

(1) 连续文本区的选定。将鼠标指针移动到需要选定文本的开始处,按下鼠标左键拖动至需要选定文本的结尾处,释放左键;或者单击需要选定文本的开始处,按下 Shift 键在结尾处单击,被选中的文本呈反显状态。

(2) 不连续多块文本区的选定。在选择一块文本之后,按住 Ctrl 键选择另外的文本,则多块文本可同时被选中。

(3) 文档的一行、一段以及全文的选定。移动鼠标指针至文档左侧的文档选定区,当鼠标指针变成空心斜向上的箭头时单击可选中鼠标箭头所指向的一整行,双击可选中整个段落,三击可选中全文。

(4) 要选定整篇文档。

- 按住 Ctrl 键单击文档选定区的任何位置。
- 按 Ctrl＋A 组合键。
- 在“开始”选项卡的“编辑”组中选择“选择”→“全选”命令。

2. 文本的复制与移动

复制与移动文本常使用以下两种方法。

(1) 使用鼠标左键。选定需要复制与移动的文本,按下鼠标左键拖动至目标位置为移动,在按下鼠标左键的同时按住 Ctrl 键拖动至目标位置为复制。

(2) 使用剪贴板。选定需要复制与移动的文本,在“开始”选项卡的“剪贴板”组中单击“复制”按钮或“剪切”按钮,或右击鼠标后选择快捷菜单中的“复制”命令或“剪切”命令;将光标移至目标位置,再单击“剪贴板”组中的“粘贴”按钮,或右击鼠标后选择快捷菜单中的

"粘贴"命令。单击"复制"按钮和选择"复制"命令实现的是复制,单击"剪切"按钮和选择"剪切"命令实现的是移动。

3. 文本的删除

如果要删除一个字符,可以将插入点移动到要删除字符的左边,然后按 Delete 键;也可以将插入点移动到要删除字符的右边,然后按 BackSpace 键;如果要删除一个连续的文本区域,首先选定需要删除的文本,然后按 BackSpace 键或按 Delete 键均可。

4. 文本的查找与替换

查找与替换操作是编辑文档的过程中常用的操作。在进行查找和替换操作之前需要在打开的"查找和替换"对话框中注意查看"搜索选项"栏中的各个选项的含义,如表 3-2 所示。

表 3-2 "搜索选项"组中各选项的含义

选项名称	操作含义
全部	整篇文档
向上	插入点到文档的开始处
向下	插入点到文档的结尾处
区分大小写	查找或替换字母时需区分字母的大小写
全字匹配	在查找时只有完整的词才能被找到
使用通配符	可用"?"或"*"分别代表任意一个字符或任意一个字符串
区分全角/半角	在查找或替换时,所有字符需区分全角/半角
忽略空格	查找或替换时,空格将被忽略

【例 3.1】 进入"第 3 章素材库\例题 3"下的"例 3.1"文件夹打开"查找和替换(文字素材).docx"文档,将文档中的"儿童"替换成"孩子",替换字体颜色为"红色",字形为"粗体"、带"粗下画线",替换前后的文字如图 3-22 和图 3-23 所示。要求将替换后的文档保存在"例 3.1"文件夹中,文件名为"查找和替换(替换结果).docx"。

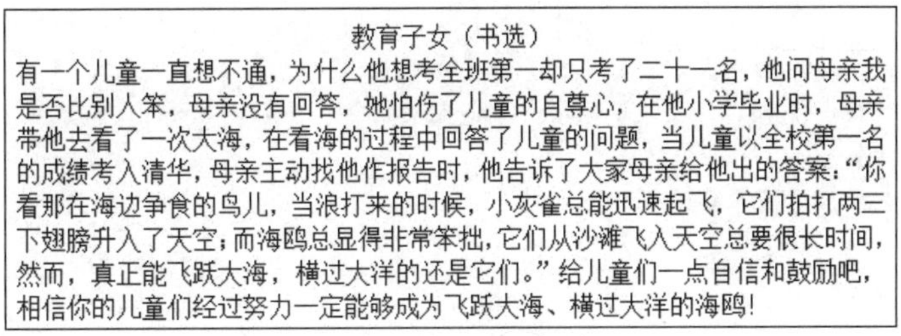

教育子女(书选)

有一个儿童一直想不通,为什么他想考全班第一却只考了二十一名,他问母亲我是否比别人笨,母亲没有回答,她怕伤了儿童的自尊心,在他小学毕业时,母亲带他去看了一次大海,在看海的过程中回答了儿童的问题,当儿童以全校第一名的成绩考入清华,母亲主动找他作报告时,他告诉了大家母亲给他出的答案:"你看那在海边争食的鸟儿,当浪打来的时候,小灰雀总能迅速起飞,它们拍打两三下翅膀升入了天空;而海鸥总显得非常笨拙,它们从沙滩飞入天空总要很长时间,然而,真正能飞跃大海,横过大洋的还是它们。"给儿童们一点自信和鼓励吧,相信你的儿童们经过努力一定能够成为飞跃大海、横过大洋的海鸥!

图 3-22 替换前的文档

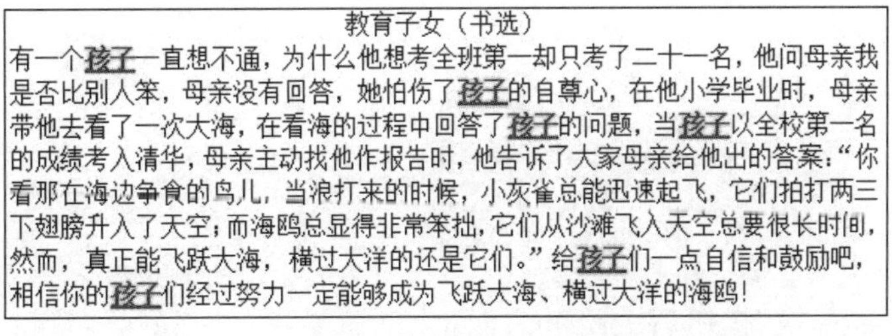

教育子女(书选)

有一个**孩子**一直想不通,为什么他想考全班第一却只考了二十一名,他问母亲我是否比别人笨,母亲没有回答,她怕伤了**孩子**的自尊心,在他小学毕业时,母亲带他去看了一次大海,在看海的过程中回答了**孩子**的问题,当**孩子**以全校第一名的成绩考入清华,母亲主动找他作报告时,他告诉了大家母亲给他出的答案:"你看那在海边争食的鸟儿,当浪打来的时候,小灰雀总能迅速起飞,它们拍打两三下翅膀升入了天空;而海鸥总显得非常笨拙,它们从沙滩飞入天空总要很长时间,然而,真正能飞跃大海,横过大洋的还是它们。"给**孩子**们一点自信和鼓励吧,相信你的**孩子**们经过努力一定能够成为飞跃大海、横过大洋的海鸥!

图 3-23 文档替换后的效果

操作步骤如下。

(1) 进入“例题 3”下的“例 3.1”文件夹，打开“查找和替换(文字素材).docx”文档，在“开始”选项卡的“编辑”组中单击“替换”按钮，打开“查找和替换”对话框并切换至“替换”选项卡。在“查找内容”文本框中输入“儿童”，在“替换为”文本框中输入“孩子”，如图 3-24 所示。

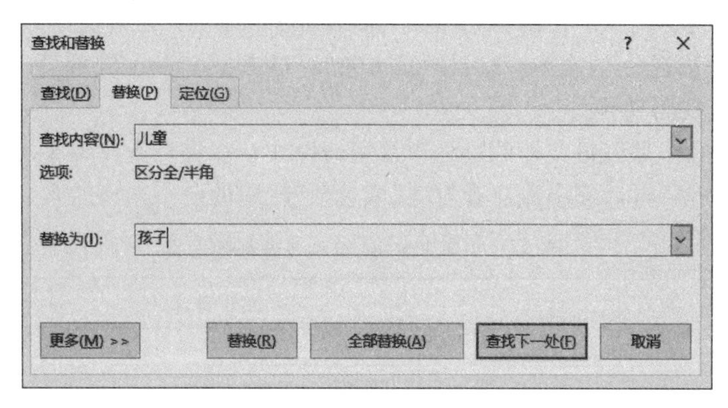

图 3-24 “查找和替换”对话框

(2) 单击“更多”按钮扩展对话框，再将光标定位于“替换为”文本框中，选择“格式”选项列表中的“字体”选项，如图 3-25 所示，设置字体格式为“加粗、粗下画线”和“字体颜色为红色”。

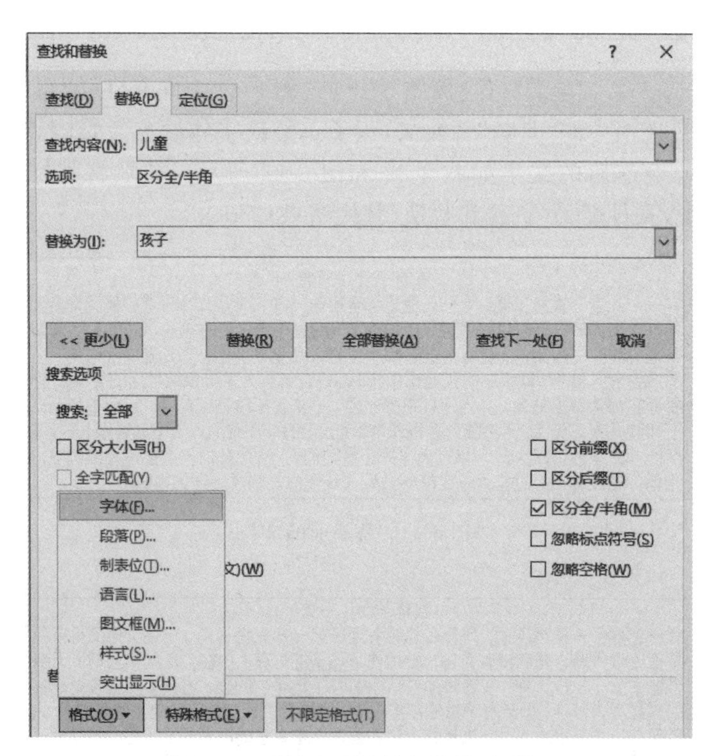

图 3-25 单击“更多”按钮扩展对话框

(3) 单击“全部替换”按钮后关闭对话框。

(4) 以“查找和替换(替换结果).docx”为文件名保存在“例 3.1”文件夹中。

【注意】 通过替换操作不仅可以替换内容，也可以同时替换内容和格式，还可以只进行格式的替换。

5. 撤销、恢复或重复

向文档中输入一串文本，如“科学技术”，在快速访问工具栏中立即产生两个命令按钮“撤销键入”和“重复键入”，如果单击“重复键入”按钮，则会在插入点处重复输入这一串文本；如果单击“撤销键入”按钮，刚输入的文本会被清除，同时“重复键入”按钮变成“恢复键入”按钮，单击“恢复键入”按钮后，刚刚清除的文本会重新恢复到文档中，如图 3-26 和图 3-27 所示。

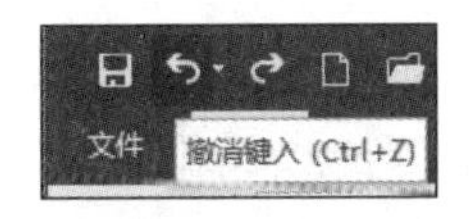

图 3-26 撤销操作按钮

图 3-27 恢复操作按钮

按钮名称中的“键入”两个字是随着操作的不同而变化的，例如，如果执行的是删除文本操作，则按钮名称会变成“撤销清除”和“重复清除”。

使用撤销操作按钮可以撤销编辑操作中最近一次的误操作，而使用恢复操作按钮可以恢复被撤销的操作。

3.3 Word 文档的基本排版

文本输入、编辑完成以后就可以进行排版操作了。这里我们先介绍 Word 文档的基本排版，然后再介绍高级排版。基本排版主要包括文字格式、段落格式和页面格式的设置。

3.3.1 设置文字格式

文字格式，即字符格式，主要是指字体、字号、倾斜、加粗、下画线、颜色、字符边框和字符底纹等。在 Word 中，文字通常有默认的格式，在输入文字时采用默认的格式，如果要改变文字的格式，用户可以重新设置。

在设置文字格式时要先选定需要设置格式的文字，如果在设置之前没有选定任何文字，则设置的格式对后来输入的文字有效。

设置文字格式有两种方法，一种是在“开始”选项卡的“字体”组中单击相应的命令按钮进行设置，如图 3-28 所示；另一种是单击“字体”组右下角的“对话框起动器”按钮，即“字体”按钮，打开“字体”对话框进行设置，如图 3-29 所示。

“开始”选项卡的“字体”组中的按钮分为两行，第 1 行从左到右分别是字体、字号、增大字号、缩小字号、更改大小写、清除所有格式、拼音指南和字符边框按钮，第 2 行从左到右分别是加粗、倾斜、下画线、删除线、下标、上标、文本效果和板式、以文本突出显示颜色、字体颜色、字符底纹和带圈字符按钮。

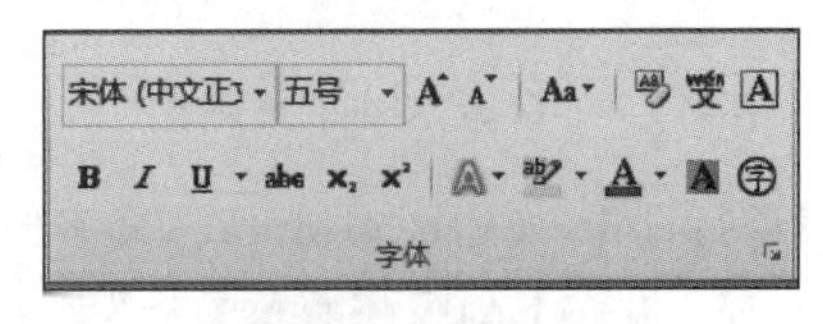

图 3-28 “字体”组

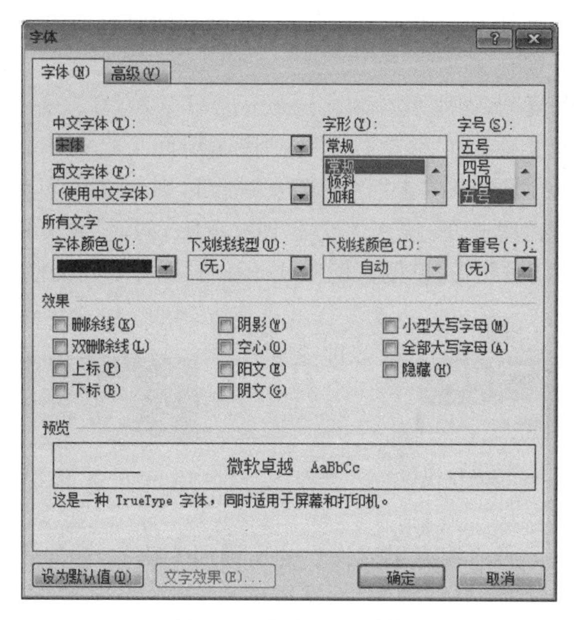

图 3-29 “字体”对话框

图 3-30 “字体”按钮下拉列表

1. 设置字体和字号

在 Word 2016 中,对于汉字,默认的字体和字号分别是等线(中文正)、五号;对于西文字符,默认的字体和字号分别是等线(西文正)、五号。

字体和字号的设置可以分别用“字体”组中的字体、字号按钮或者“字体”对话框中的“字体”和“字号”下拉列表实现,其中在对话框中设置字体时中文和西文字体可分别进行设置。在“字体”下拉列表中列出了可以使用的字体,包括汉字和西文,在列出字体名称的同时还会显示该字体的实际外观,如图 3-30 所示。

在设置字号时可以使用中文格式,以“号”作为字号单位,如“初号”“五号”“八号”等,“初号”为最大,“八号”为最小;也可以使用数字格式,以“磅”作为字号单位,如 5 表示 5 磅、72 表示 72 磅等,72 磅为最大,5 磅为最小。

2. 设置字形和颜色

文字的字形包括常规、倾斜、加粗和加粗倾斜 4 种,字形可使用“字体”组中的“加粗”按钮和“倾斜”按钮进行设置。字体的颜色可使用“字体”组中的“字体颜色”下拉列表进行设置,如图 3-31 所示。文字的字形和颜色还可通过“字体”对话框进行设置。

3. 设置下画线和着重号

在“字体”对话框的“字体”选项卡中可以对文本设置不同类型的下画线,也可以设置着重号,如图 3-32 所示,在 Word 中默认的着重号为“.”。

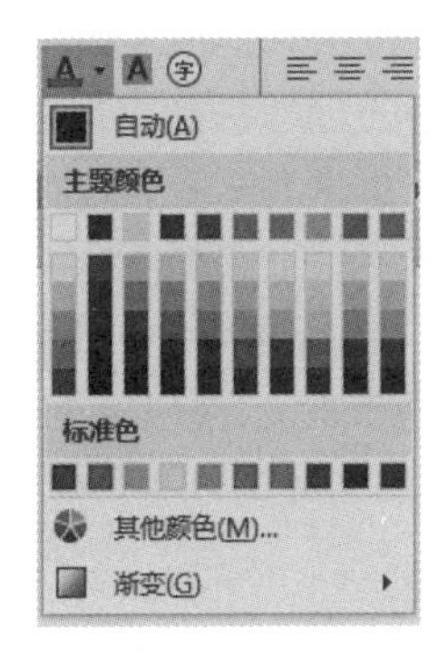

图 3-31 "字体颜色"按钮下拉列表

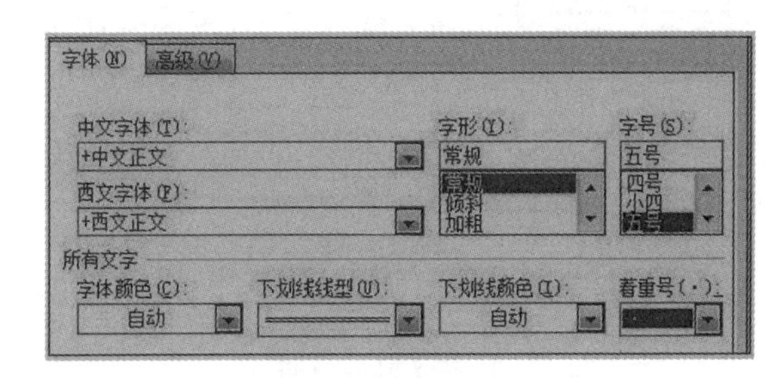

图 3-32 在"字体"对话框中设置下画线和着重号

设置下画线最直接的方法是使用"字体"组中的下画线按钮。

4. 设置文字特殊效果

文字特殊效果包括"删除线""双删除线""上标"和"下标"等。文字特殊效果的设置方法为选定文字,在"字体"对话框中的"字体"选项卡的"效果"选项组中选择需要的效果项,再单击"确定"按钮,如图 3-33 所示。

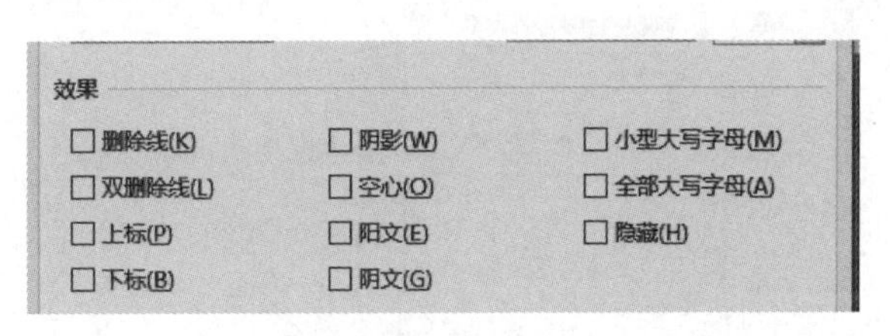

图 3-33 在"字体"对话框中设置文字特殊效果

如果只是对文字加删除线或者对文字设置上标或下标,直接使用"字体"组中的删除线、上标或下标按钮即可。

5. 设置文字间距

在"字体"对话框的"高级"选项卡下的"字符间距"选项组中可设置文字的缩放、间距和位置,如图 3-34 所示。

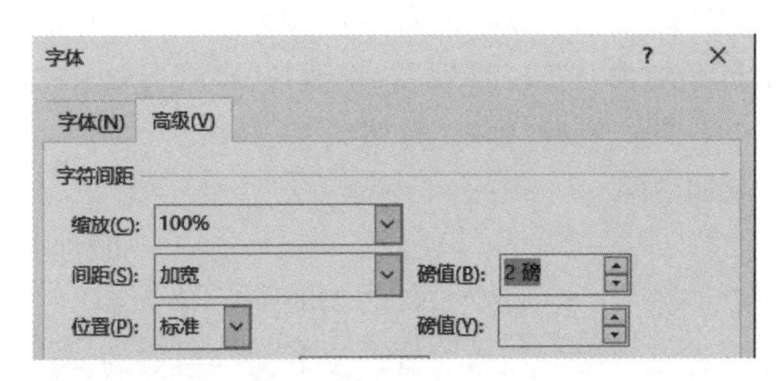

图 3-34 "字体"对话框中的"高级"选项卡

6. 设置文字边框和文字底纹

1) 设置文字边框

(1) 给文字设置系统默认的边框,选定文字后直接在"开始"选项卡的"字体"组中单击"字符边框"按钮。

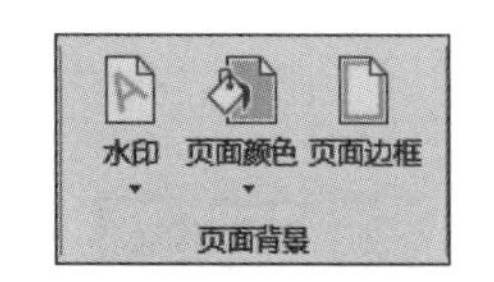

图 3-35 “设计”选项卡的“页面背景”组

(2) 给文字设置用户自定义的边框,选定文字后,在“设计”选项卡的“页面背景”组中单击“页面边框”按钮,如图 3-35 所示,打开“边框和底纹”对话框,切换至“边框”选项卡,在“设置”选择区中选择方框类型,再设置方框的“样式”“颜色”和“宽度”;在“应用于”下拉列表中选择“文字”选项,如图 3-36 所示,然后单击“确定”按钮。

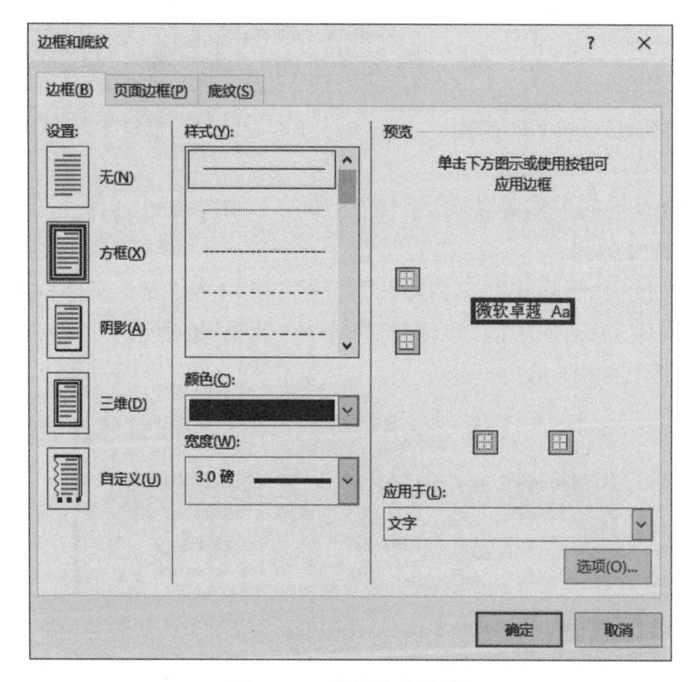

图 3-36 设置文字边框

2) 设置文字底纹

(1) 给文字设置系统默认的底纹,选定文字后直接在“开始”选项卡的“字体”组中单击“字符底纹”按钮。

(2) 给文字设置用户自定义的底纹,首先打开“边框和底纹”对话框,然后切换至“底纹”选项卡,在“填充”组中选择颜色,或在“图案”组中选择“样式”;并在“应用于”下拉列表中选择“文字”,如图 3-37 所示,然后单击“确定”按钮。

7. 文字格式的复制和清除

1) 复制文字格式

复制格式需要使用“开始”选项卡的“剪贴板”组中的“格式刷”按钮完成,这个“格式刷”不仅可以复制文字格式,还可以复制段落格式。复制文字格式的操作如下。

(1) 选定已设置好文字格式的文本。

(2) 在“开始”选项卡的“剪贴板”组中单击或双击“格式刷”按钮,此时该按钮呈下沉显示,鼠标指针变成刷子形状。

(3) 将光标移动到需要复制文字格式的文本的开始处,按住左键拖动鼠标直到需要复制文字格式的文本结尾处释放鼠标,完成格式复制。单击为一次复制格式,双击为多次复制

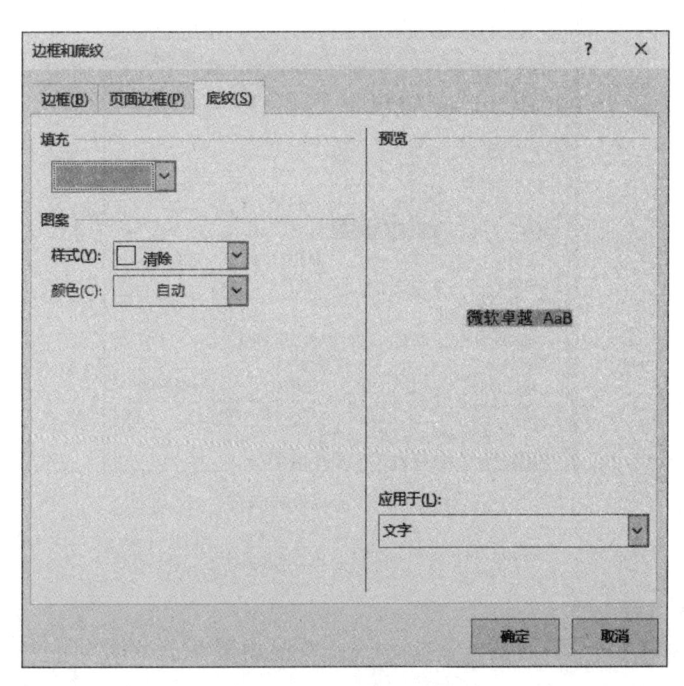

图 3-37　设置文字底纹

文字格式。

(4) 如多次复制,复制完成后还需要再次单击"格式刷"按钮结束格式的复制状态。

2) 清除文字格式

格式的清除是指将用户所设置的格式恢复到默认的状态,可以使用以下两种方法。

(1) 选定需要使用默认格式的文本,然后用格式刷将该格式复制到要清除格式的文本。

(2) 选定需要清除格式的文本,然后在"开始"选项卡的"字体"组中单击"清除格式"按钮或按 Ctrl+Shift+Z 组合键。

3.3.2　设置段落格式

设置段落格式常使用两种方法:一种是在"开始"选项卡的"段落"组中单击相应按钮进行设置,如图 3-38 所示;另一种是单击"段落"组右下角的"段落设置"按钮,打开"段落"对话框进行设置,如图 3-39 所示。

"开始"选项卡的"段落"组中的按钮分两行,第 1 行从左到右分别是项目符号、编号、多级列表、减少缩进量、增加缩进量、中文版式、排序和显示/隐藏编辑标记按钮,第 2 行从左到右分别是文本左对齐、居中、右对齐、两端对齐、分散对齐、行和段落间距、底纹和边框按钮。

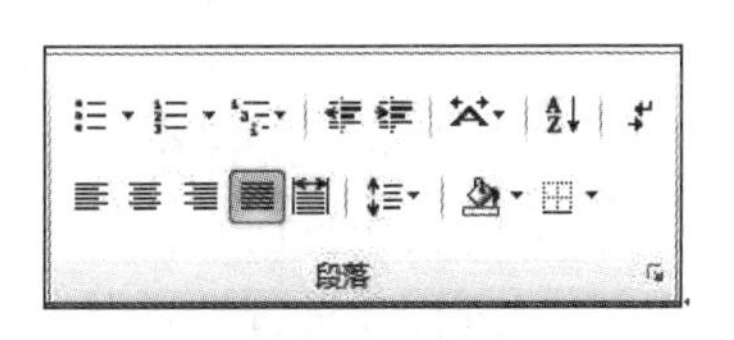

图 3-38　"段落"组按钮

段落格式的设置包括缩进、对齐方式、段间距与行距、边框与底纹以及项目符号与编号等。

在 Word 中,进行段落格式设置前需先选定段落,当只对某一个段落进行格式设置时,只需选中该段落;如果要对多个段落进行格式设置,则必须先选定需要设置格式的所有

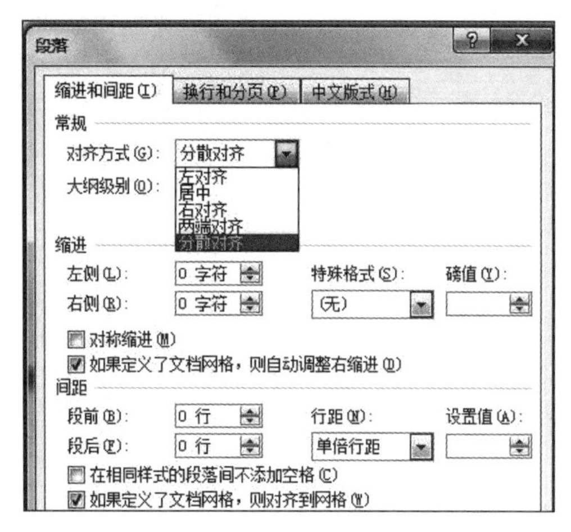

图 3-39 “段落”对话框

段落。

1. 设置对齐方式

Word 段落的对齐方式有“两端对齐”“左对齐”“居中”“右对齐”和“分散对齐”5 种。设置对齐方式的操作方法如下。

方法 1：选定需要设置对齐方式的段落，在“开始”选项卡的“段落”组中单击相应的对齐方式按钮即可。

方法 2：选定需要设置对齐方式的段落，在“段落”对话框的“缩进和间距”选项卡的“常规”组中，单击“对齐方式”下拉按钮，在下拉列表中选定用户所需的对齐方式后，单击“确定”按钮。

2. 设置缩进方式

1）缩进方式

段落缩进方式共有 4 种，分别是首行缩进、悬挂缩进、左缩进和右缩进。

- 左缩进：实施左缩进操作后，被操作段落会整体向右侧缩进一定的距离。左缩进的数值可以为正数也可以为负数。
- 右缩进：与左缩进相对应，实施右缩进操作后，被操作段落会整体向左侧缩进一定的距离。右缩进的数值可以为正数也可以为负数。
- 首行缩进：实施首行缩进操作后，被操作段落的第一行相对于其他行向右侧缩进一定距离。
- 悬挂缩进：悬挂缩进与首行缩进相对应。实施悬挂缩进操作后，各段落除第一行以外的其余行向右侧缩进一定距离。

2）通过标尺进行缩进

选定需要设置缩进方式的段落，拖动水平标尺（横排文本时）或垂直标尺（纵排文本时）上的相应滑块到合适的位置，在拖动滑块的过程中如果按住 Alt 键，可同时看到拖动的数值。

在水平标尺上有 3 个缩进标记（其中悬挂缩进和左缩进为一个缩进标记），如图 3-40 所示，但可进行 4 种缩进，即悬挂缩进、首行缩进、左缩进和右缩进。用鼠标拖动首行缩进标记，用于控制段落的第一行第一个字的起始位置；用鼠标拖动左缩进标记，用于控制段落的第一行以外的其他行的起始位置；用鼠标拖动右缩进标记，用于控制段落右缩进的位置。

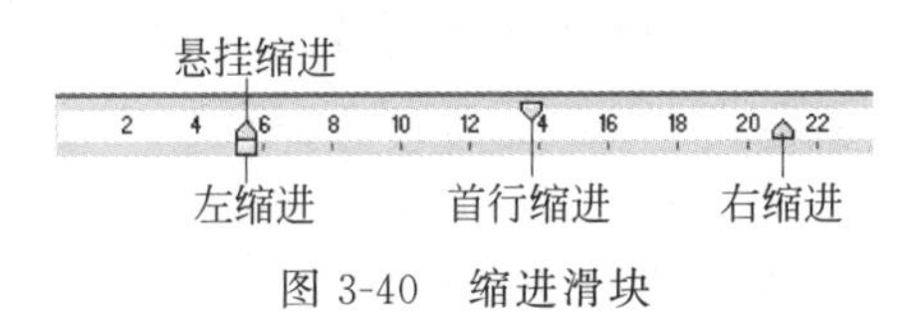

图 3-40　缩进滑块

3）通过“段落”对话框进行缩进

选定需要设置缩进方式的段落，打开“段落”对话框，切换至“缩进和间距”选项卡，如图 3-41 所示，在“缩进”选项区中，设置相关的缩进值后，单击“确定”按钮。

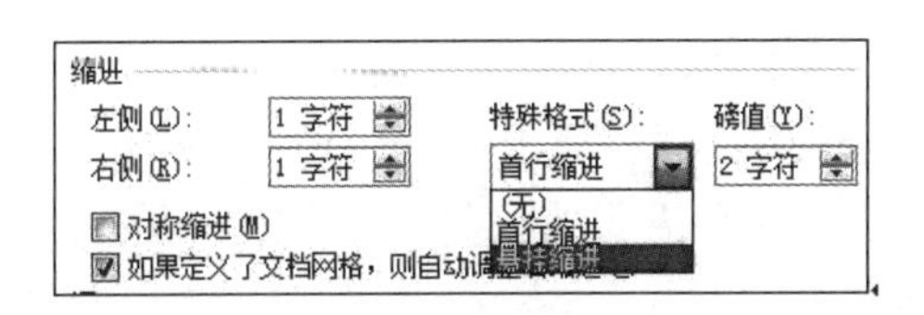

图 3-41　用对话框进行缩进设置

4）通过“段落”组按钮进行缩进

选定需要设置缩进方式的段落，通过单击“减少缩进量”按钮或“增加缩进量”按钮进行缩进操作。

3. 设置段间距和行距

段间距指段与段之间的距离，包括段前间距和段后间距，段前间距是指选定段落与前一段落之间的距离；段后间距是指选定段落与后一段落之间的距离。

行距指各行之间的距离，包括单倍行距、1.5 倍行距、2 倍行距、多倍行距、最小值和固定值。

段间距和行距的设置方法如下。

方法 1：选定需要设置段间距和行距的段落，打开“段落”对话框，切换至“缩进和间距”选项卡，在“间距”选项组中设置“段前”和“段后”间距，在“行距”选项组中设置“行距”，如图 3-42 所示。

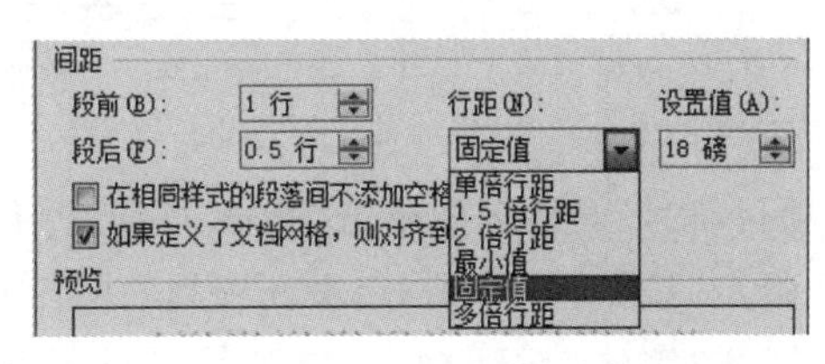

图 3-42　用对话框设置段间距和行距

方法 2：选定需要设置段间距和行距的段落，在“开始”选项卡的“段落”组中单击“行和段落间距”按钮，在打开的下拉列表中选择段间距和行距，如图 3-43 所示。

【注意】 不同字号的默认行距是不同的。一般来说，字号越大默认行距也越大。默认行距固定值是以磅值为单位，五号字的行距是 12 磅。

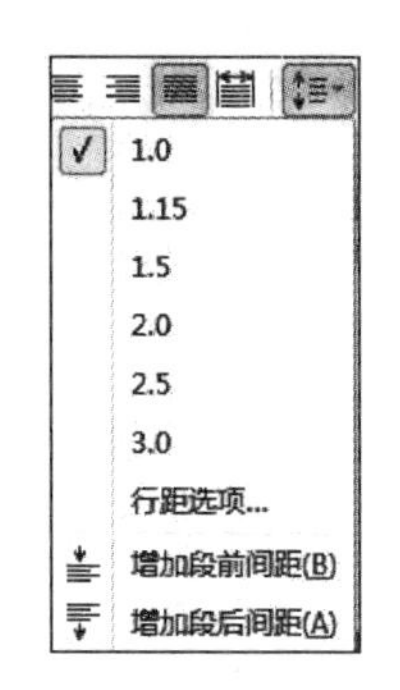

图 3-43　用命令按钮设置

4. 设置项目符号和编号

项目符号是一组相同的特殊符号,而编号是一组连续的数字或字母。很多时候,系统会自动给文本添加编号,但更多的时候需要用户手动添加。

对于添加项目符号或编号,用户可以在“段落”组中单击相应的按钮实现,还可以使用自动添加的方法,下面分别予以介绍。

1）自动建立项目符号和编号

如果要自动创建项目符号和编号,应在输入文本前先输入一个项目符号或编号,后跟一个空格,再输入相应的文本,待本段落输入完成后按 Enter 键,项目符号和编号会自动添加到下一并列段的开头。

2）设置项目符号

选定需要设置项目符号的文本段,单击“段落”组中的“项目符号”下拉按钮,在打开的“项目符号库”列表中单击选择一种需要的项目符号,在插入的同时系统会自动关闭“项目符号库”列表,如图 3-44 所示。

自定义项目符号的操作步骤如下:

(1) 如果给出的项目符号不能满足用户的要求,可在“项目符号”下拉列表中选择“定义新项目符号”选项,打开“定义新项目符号”对话框,如图 3-45 所示。

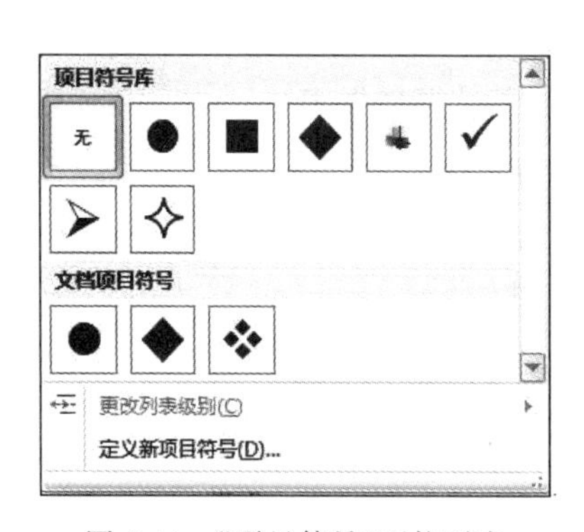

图 3-44　“项目符号”下拉列表

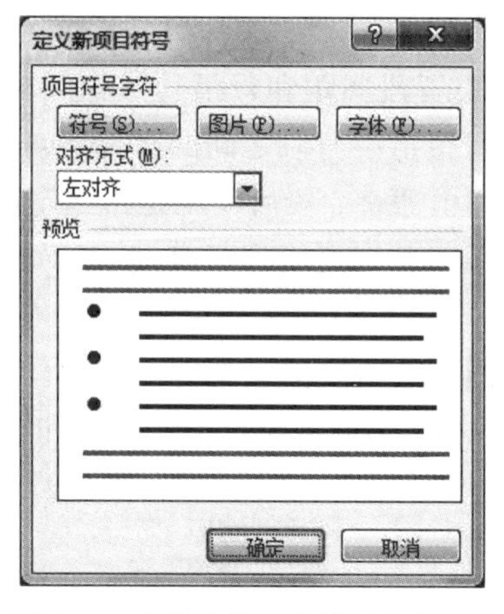

图 3-45　“定义新项目符号”对话框

(2) 在打开的“定义新项目符号”对话框中单击“符号”按钮,打开“符号”对话框,如图 3-46 所示,选择一种符号,单击“确定”按钮,返回到“定义新项目符号”对话框。

(3) 单击“字体”按钮,打开“字体”对话框,可以为符号设置颜色,设置完毕后单击“确定”按钮,返回到“定义新项目符号”对话框。

(4) 选择一种符号,单击“确定”按钮,插入项目符号的同时关闭对话框。

3）设置编号

设置编号的一般方法为在“段落”组中单击“编号”的下拉按钮,打开“编号库”下拉列表,如图 3-47 所示,从现有编号列表中选择一种需要的编号后单击“确定”按钮。

自定义编号的操作步骤如下:

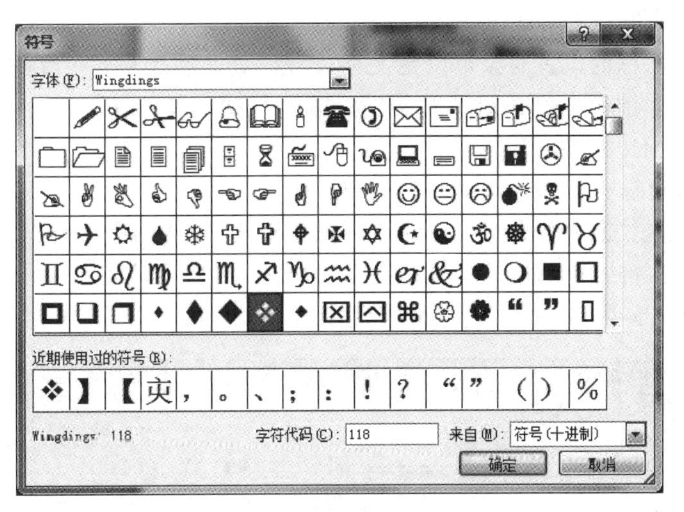

图 3-46 “符号”对话框

(1) 如果现有编号列表中的编号样式不能满足用户的要求，则在“编号”下拉列表中选择“定义新编号格式”选项，打开“定义新编号格式”对话框，如图 3-48 所示。

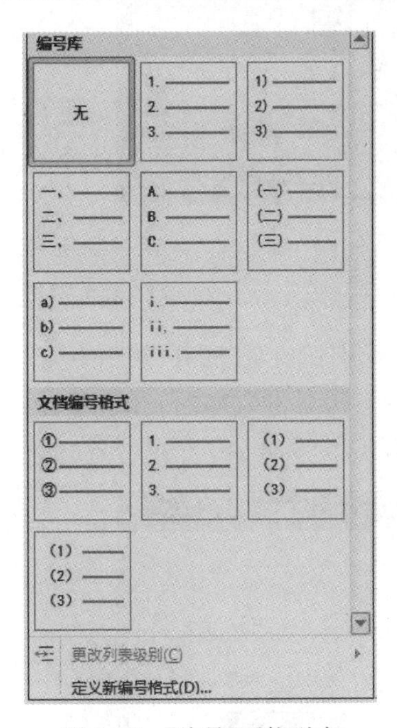

图 3-47 “编号”下拉列表

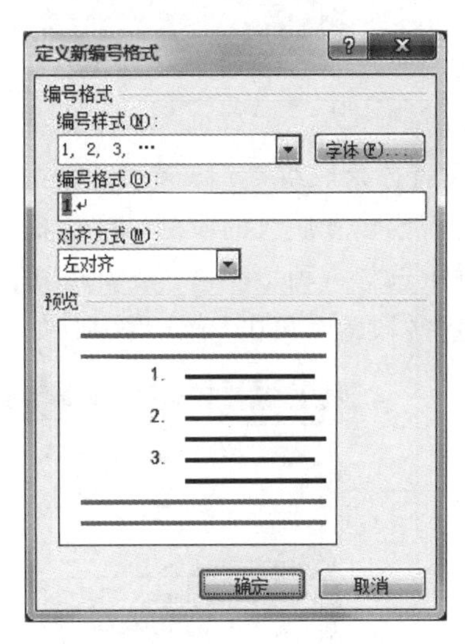

图 3-48 “定义新编号格式”对话框

(2) 在“编号格式”选项组的“编号样式”下拉列表中选择一种编号样式。

(3) 在“编号格式”选项组中单击“字体”按钮，打开“字体”对话框，对编号的字体和颜色进行设置。

(4) 在“对齐方式”下拉列表中选择一种对齐方式。

(5) 设置完成后单击“确定”按钮，在插入编号的同时系统会自动关闭对话框。

5. 设置段落边框和段落底纹

在 Word 中,边框的设置对象可以是文字、段落、页面和表格;底纹的设置对象可以是文字、段落和表格。前面已经介绍了对文字设置边框和底纹的方法,下面介绍设置段落边框、段落底纹和页面边框的方法。

1) 设置段落边框

选定需要设置边框的段落,在打开的“边框和底纹”对话框中切换至“边框”选项卡,在“设置”选项组中选择边框类型,然后选择边框“样式”“颜色”和“宽度”;在“应用于”下拉列表框中选择“段落”选项,如图 3-49 所示,然后单击“确定”按钮。

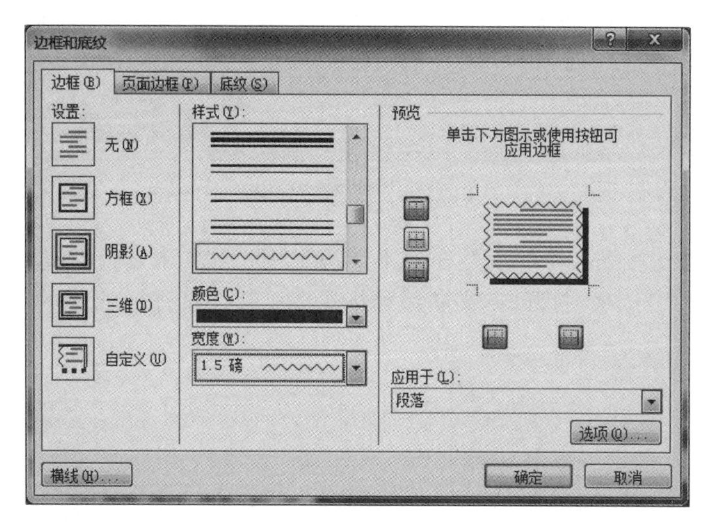

图 3-49 设置段落“边框”

2) 设置段落底纹

选定需要设置底纹的段落,在“边框和底纹”对话框中切换至“底纹”选项卡,在“填充”下拉列表框中选择一种填充色;或者在“图案”组中选择“样式”和“颜色”;在“应用于”下拉列表框中选择“段落”,单击“确定”按钮,如图 3-50 所示。

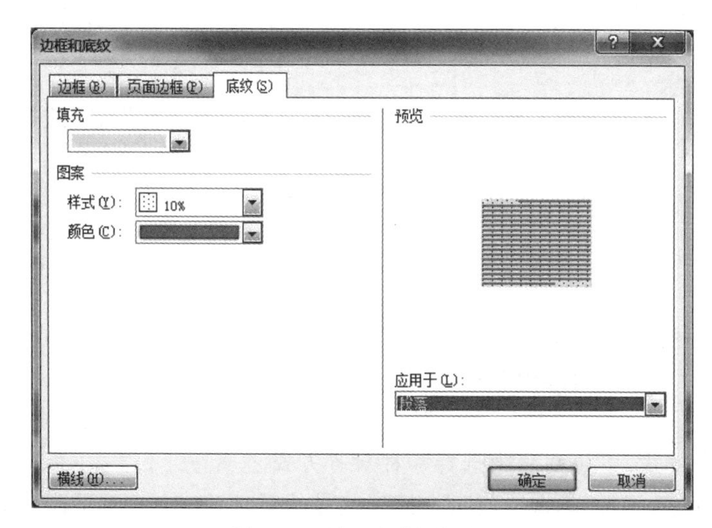

图 3-50 设置段落“底纹”

3）设置页面边框

将插入点定位在文档中的任意位置，打开“边框和底纹”对话框，切换至“页面边框”选项卡，可以设置普通页面边框，也可以设置“艺术型”页面边框，如图 3-51 所示。

取消边框或底纹的操作是先选择带边框和底纹的对象，然后打开“边框和底纹”对话框，将边框设置为“无”，将底纹设置为“无填充颜色”即可。

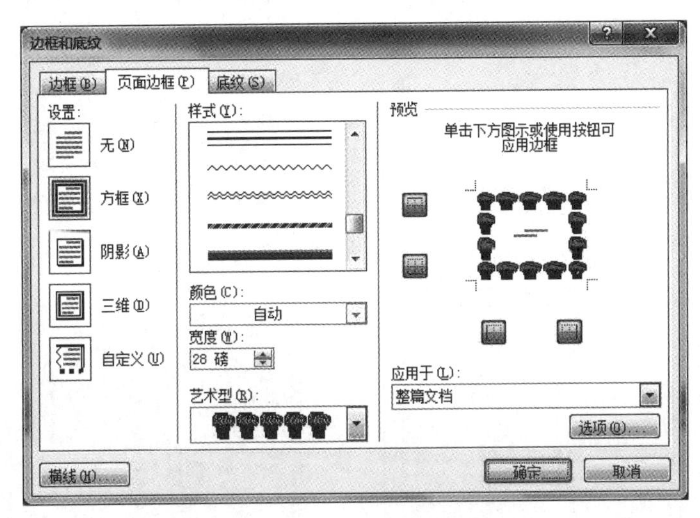

图 3-51　设置艺术型“页面边框”

3.3.3　设置页面格式

文档的页面格式设置主要包括页面排版、分页与分节、插入页码、插入页眉和页脚以及预览与打印等。页面格式设置一般是针对整个文档而言的。

1. 页面排版

Word 在新建文档时采用默认的页边距、纸型、版式等页面格式，用户可根据需要重新设置页面格式。用户在设置页面格式时，首先必须切换至“布局”选项卡的“页面设置”组，如图 3-52 所示。“页面设置”组中的按钮从左到右分别是“文字方向”“页边距”“纸张方向”“纸张大小”和“栏”，从上到下分别是“分隔符”“行号”和“断字”。

页面格式可以通过单击“页边距”“纸张方向”和“纸张大小”等按钮进行设置，也可通过单击“页面设置”按钮打开“页面设置”对话框进行设置。在此仅介绍利用“页面设置”对话框进行页面格式设置的方法。

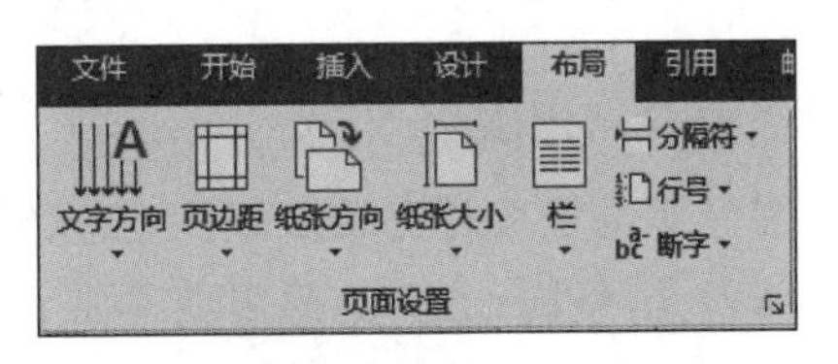

图 3-52　“页面设置”组

1）设置纸张类型

将“页面设置”对话框切换至“纸张”选项卡，在“纸张大小”下拉列表中选择纸张类型；也可在“宽度”和“高度”文本框中自定义纸张大小；在“应用于”下拉列表框中选择页面设置所适用的文档范围，如图 3-53 所示。

2）设置页边距

页边距是指文本区和纸张边沿之间的距离，页边距决定了页面四周的空白区域，它包括左、右页边距和上、下页边距。

将“页面设置”对话框切换至“页边距”选项卡,在“页边距”组中设置上、下、左、右 4 个边距值,在“装订线”中设置占用的空间和位置;在“纸张方向”组中设置纸张显示方向;在“应用于”下拉列表中选择适用范围,如图 3-54 所示。

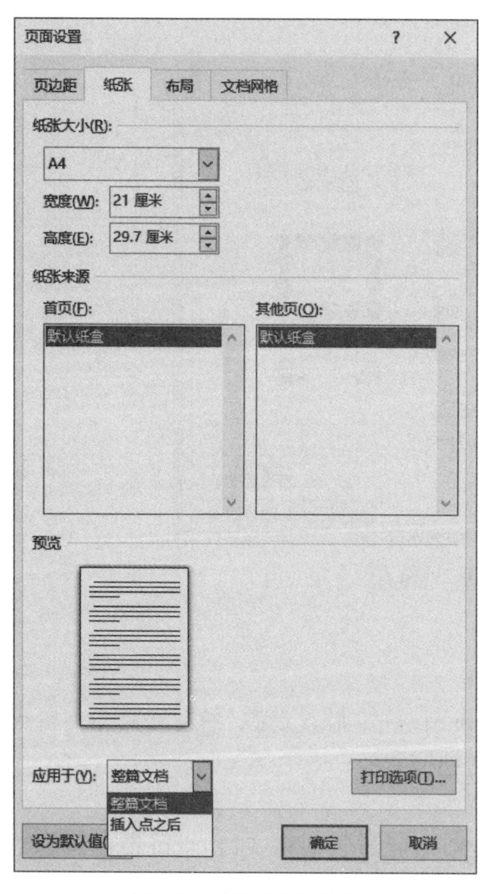

图 3-53 “纸张”选项卡

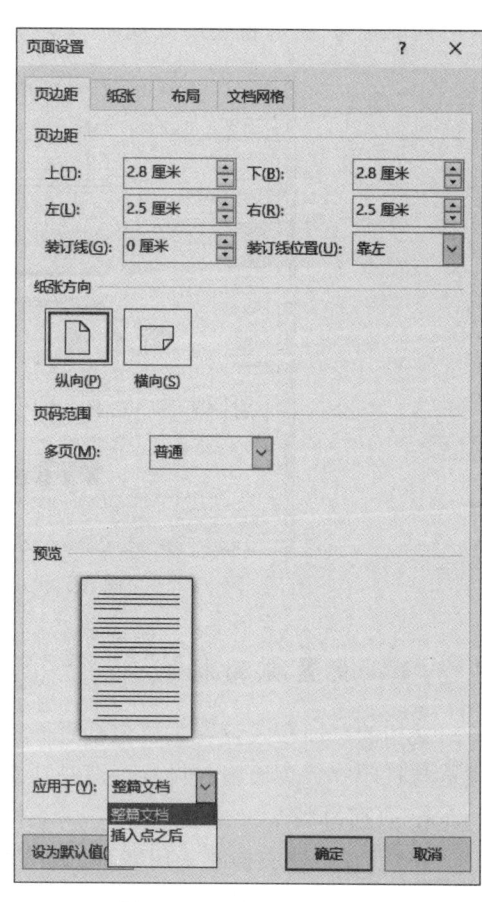

图 3-54 “页边距”选项卡

2. 分页与分节

1) 分页

在 Word 中输入文本,当文档内容到达页面底部时 Word 会自动分页。但有时在一页未写完时希望重新开始新的一页,这时就需要通过手工插入分页符来强制分页。

对文档进行分页的操作步骤如下。

(1) 将插入点定位到需要分页的位置。

(2) 切换至“布局”选项卡的“页面设置”组中单击“分隔符”按钮。

(3) 在打开的“分隔符”下拉列表中选择“分页符”选项,即可完成对文档的分页,如图 3-55 所示。

分页的最简单方法是将插入点移到需要分页的位置,按 Ctrl+Enter 组合键。

2) 分节

为了便于对文档进行格式化,可以将文档分隔成任意数量的节,然后根据需要分别为每节设置不同的样式。一般在建立新文档时 Word 将整篇文档默认为是一个节。分节的具体操作步骤如下。

(1) 将光标定位到需要分节的位置，然后切换至“布局”选项卡的“页面设置”组中单击“分隔符”按钮。

(2) 在打开的“分隔符”下拉列表中列出了 4 种不同类型的分节符，如图 3-56 所示，选择文档所需的分节符即可完成相应的设置。

- 下一页：插入分节符并在下一页上开始新节。
- 连续：插入分节符并在同一页上开始新节。
- 偶数页：插入分节符并在下一个偶数页上开始新节。
- 奇数页：插入分节符并在下一个奇数页上开始新节。

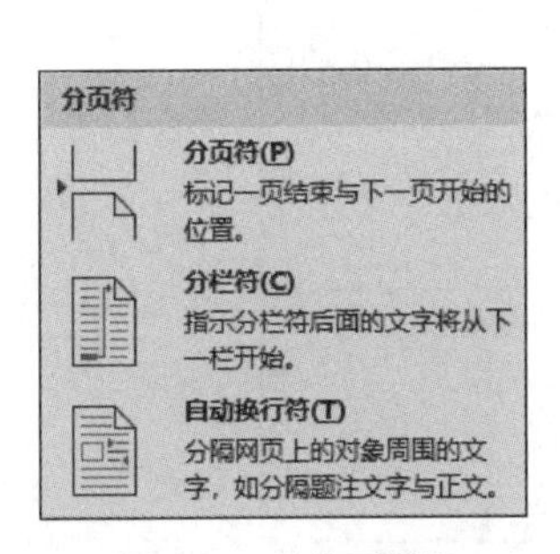

图 3-55 “分页符”

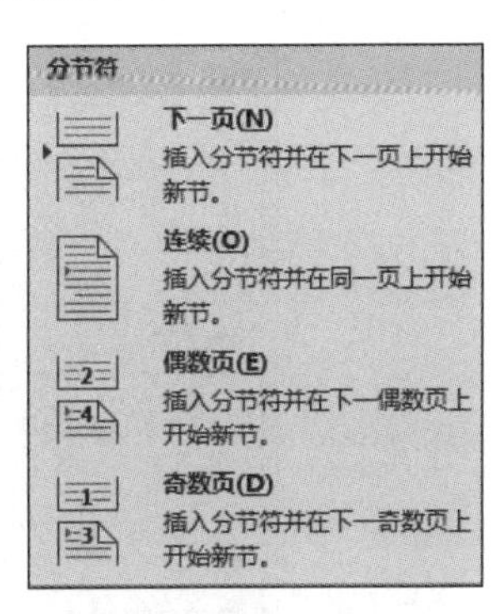

图 3-56 “分节符”

3. 插入页码

页码用来表示每页在文档中的顺序编号，在 Word 中添加的页码会随文档内容的增删自动更新。

在“插入”选项卡的“页眉和页脚”组中单击“页码”按钮，弹出下拉列表，如图 3-57 所示，选择页码的位置和样式进行设置。如果选择“设置页码格式”选项，则打开“页码格式”对话框，可以对页码格式进行设置，如图 3-58 所示。对页码格式的设置包括对编号格式、是否包括章节号和页码的起始编号等。

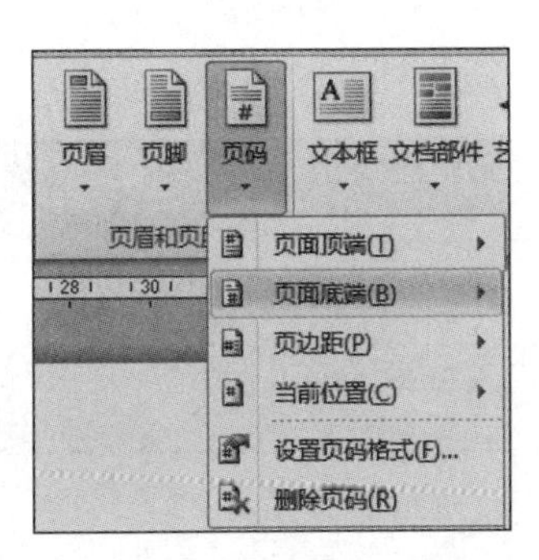

图 3-57 “页码”下拉列表

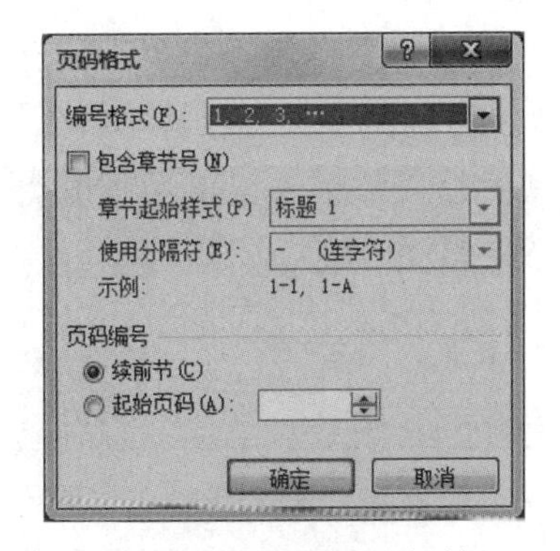

图 3-58 “页码格式”对话框

若要删除页码，只要在“插入”选项卡的“页眉和页脚”组中单击“页码”按钮，在打开的下拉列表项中选择“删除页码”选项即可。

4. 插入页眉和页脚

页眉是指每页文稿顶部的文字或图形,页脚是指每页文稿底部的文字或图形。页眉和页脚通常用来显示文档的附加信息,如页码、书名、章节名、作者名、公司徽标、日期和时间等。

1) 插入页眉/页脚

其操作步骤如下。

(1) 在“插入”选项卡的“页眉和页脚”组中单击“页眉”按钮,弹出下拉列表,如图3-59所示。选择“编辑页眉”选项,或者选择内置的任意一种页眉样式,或者直接在文档的页眉/页脚处双击,进入页眉/页脚编辑状态。

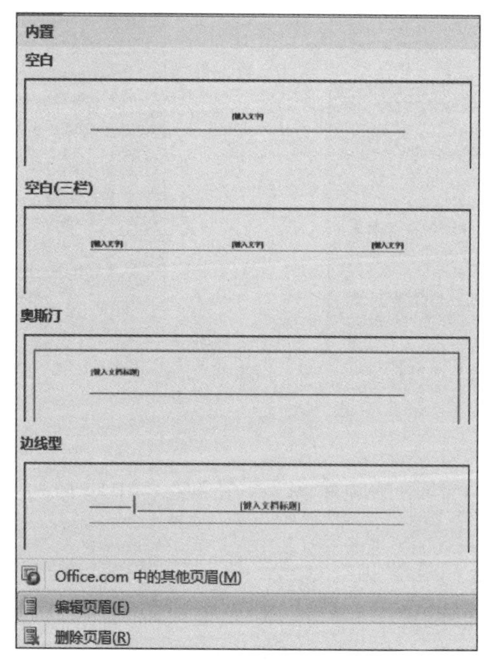

图3-59 “页眉”下拉列表

(2) 在页眉编辑区中输入页眉的内容,同时Word会自动添加“页眉和页脚”→“设计”选项卡,如图3-60所示。

图3-60 “页眉和页脚”→“设计”选项卡

(3) 如果想输入页脚的内容,可单击“导航”组中的“转至页脚”按钮,在页脚编辑区中输入文字或插入图形内容。

2）首页不同的页眉/页脚

对于书刊、信件、报告或总结等 Word 文档，通常需要去掉首页的页眉/页脚，这时可以按以下步骤操作。

（1）进入页眉/页脚编辑状态，在“页眉和页脚”→“设计”选项卡的“选项”组选中“首页不同”复选框。

（2）按上述添加页眉和页脚的方法在页眉或页脚编辑区中输入页眉或页脚。

3）奇偶页不同的页眉/页脚

对于进行双面打印并装订的 Word 文档，有时需要在奇数页上打印书名、在偶数页上打印章节名，这时可按以下步骤操作。

（1）进入页眉/页脚编辑状态，在“页眉和页脚”→“设计”选项卡的“选项”组选中“奇偶页不同”复选框。

（2）按上述添加页眉和页脚的方法在页眉或页脚编辑区中分别输入奇数页和偶数页的页眉或页脚。

5. 预览与打印

在完成文档的编辑和排版操作后，首先必须对其进行打印预览，如果用户不满意效果还可以进行修改和调整，满意后再对打印文档的页面范围、打印份数和纸张大小进行设置，然后将文档打印出来。

1）预览文档

在打印文档之前用户可使用打印预览功能查看文档效果。打印预览的显示与实际打印的真实效果基本一致，使用该功能可以避免打印失误或不必要的损失。同时在预览窗格中还可以对文档进行编辑，以得到满意的效果。

在 Word 2016 中单击“文件”按钮，在打开的 Backstage 视图左侧列表中选择“打印”命令，弹出打印界面，其中包含 3 个部分，左侧的 Backstage 视图选项列表、中间的“打印”命令选项栏和右侧的效果预览窗格，在右侧的窗格中可预览打印效果，如图 3-61 所示。

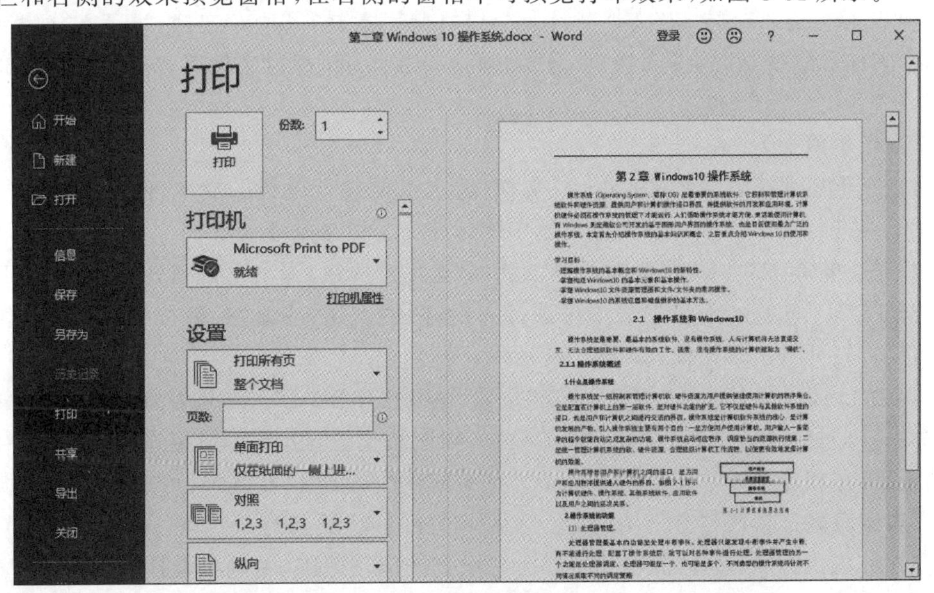

图 3-61 打印预览

在打印预览窗格中,如果用户看不清预览的文档,可多次单击预览窗格右下方的“显示比例”工具右侧的“+”号按钮,使之达到合适的缩放比例以便进行查看。单击“显示比例”工具左侧的“-”号按钮,可以使文档缩小至合适大小,以便实现多页方式查看文档效果。此外,拖动“显示比例”滑块同样可以对文档的缩放比例进行调整。单击“+”号按钮右侧的“缩放到页面”按钮,可以预览文档的整个页面。

总之,在打印预览窗格中可进行以下几种操作。

(1) 通过使用“显示比例”工具可设置适当的缩放比例进行查看。

(2) 在预览窗格的左下方可查看到文档的总页数,以及当前预览文档的页码。

(3) 通过拖动“显示比例”滑块可以实现文档的单页、双页或多页方式查看。

在中间命令选项栏的底部单击“页面设置”选项,可打开“页面设置”对话框,使用此对话框可以对文档的页面格式进行重新设置和修改。

2) 打印文档

预览效果满足要求后即可对文档实施打印,打印的操作方法如下。

在打开的“打印”界面中,在中间的“打印”命令选项栏设置打印份数、打印机属性、打印页数和双面打印等,设置完成后单击“打印”按钮即可打印文档。

3.4 Word 文档的高级排版

Word 文档的高级排版技巧主要包括文档的修饰,例如分栏,首字下沉,插入批注、脚注、尾注,编辑长文档以及邮件合并等。

3.4.1 分栏

对于报刊和杂志,在排版时经常需要对文章内容进行分栏排版,以使文章易于阅读,页面更加生动美观。

【例 3.2】 进入“例 3.2”文件夹打开“分栏(文字素材).docx”文档,将正文分为等宽的两栏,中间加分隔线,然后将文档以“分栏(排版结果).docx”为文件名保存到“例 3.2”文件夹中。

其操作步骤如下。

(1) 打开“分栏(文字素材).docx”文档,选定需要进行分栏的文本区域(对整篇文档进行分栏不用选定文本区域),本例应该选中除标题文字以外的正文。

(2) 在“布局”选项卡的“页面设置”组中单击“栏”按钮,弹出下拉列表,如图 3-62 所示。

(3) 在“栏”按钮的下拉列表中可选择一栏、两栏、三栏或偏左、偏右,本例应该选择“更多栏”选项,打开“栏”对话框,如图 3-63 所示。

(4) 在“预设”组中选择“两栏”或在“栏数”微调框中输入 2。如果设置各栏宽相等,可选中“栏宽相等”复选框。如果设置不同的栏宽,则取消选中“栏宽相等”复选框,各栏的“宽度”和“间隔”可在相应文本框中输入和调节。如果选中“分隔线”复选框,可在各栏之间加上分隔线。本例应该选择两栏并选中“栏宽相等”和“分隔线”复选框。

(5) 在“应用于”下拉列表框中选择分栏设置的应用范围,本例应选择“所选文字”选项。

(6) 单击“确定”按钮,完成设置,分栏效果如图 3-64 所示。

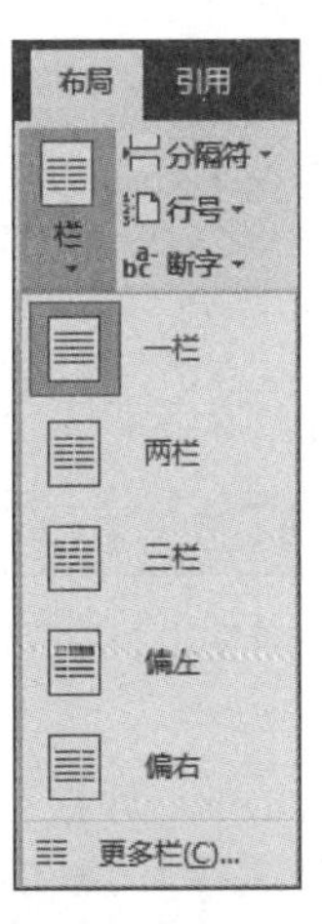

图 3-62 “栏”按钮的下拉列表

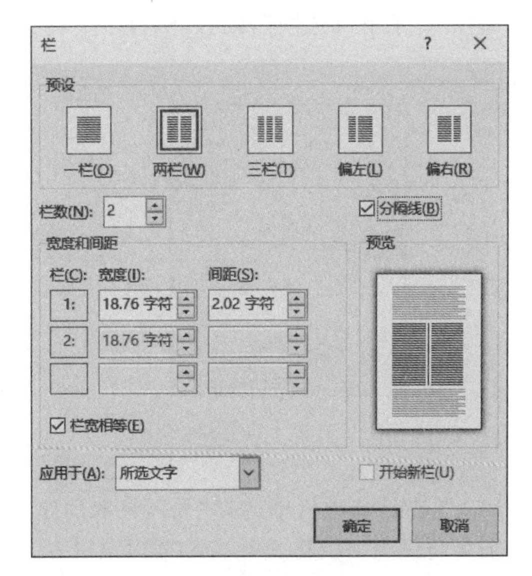

图 3-63 “栏”对话框

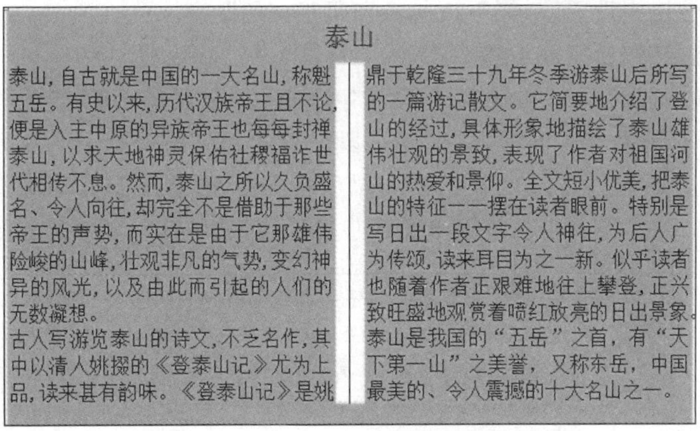

泰山

泰山，自古就是中国的一大名山，称魁五岳。有史以来，历代汉族帝王且不论，便是入主中原的异族帝王也每每封禅泰山，以求天地神灵保佑社稷福祚世代相传不息。然而，泰山之所以久负盛名、令人向往，却完全不是借助于那些帝王的声势，而实在是由于它那雄伟险峻的山峰，壮观非凡的气势，变幻神异的风光，以及由此而引起的人们的无数凝想。

古人写游览泰山的诗文，不乏名作，其中以清人姚鼐的《登泰山记》尤为上品，读来甚有韵味。《登泰山记》是姚鼐于乾隆三十九年冬季游泰山后所写的一篇游记散文。它简要地介绍了登山的经过，具体形象地描绘了泰山雄伟壮观的景致，表现了作者对祖国河山的热爱和景仰。全文短小优美，把泰山的特征一一摆在读者眼前。特别是写日出一段文字令人神往，为后人广为传颂，读来耳目为之一新。似乎读者也随着作者正艰难地往上攀登，正兴致旺盛地观赏着喷红放亮的日出景象。

泰山是我国的“五岳”之首，有“天下第一山”之美誉，又称东岳，中国最美的、令人震撼的十大名山之一。

图 3-64 设置分栏效果图

(7) 单击“文件”按钮，在打开的 Backstage 视图左侧列表中选择“另存为”选项，在右侧的“另存为”界面中找到并双击“例 3.2”文件夹，弹出“另存为”对话框，在“文件名”文本框中输入“分栏(排版结果)”，在保存类型下拉列表框中选择“Word 文档(*.docx)”选项。

【注意】 若要取消分栏，则需选中分栏的文本，然后在“分栏”对话框中设置为“一栏”；如果遇到最后一段分栏不成功的情况时，则需要在段末加上回车符。

3.4.2 设置首字下沉

首字下沉是指一个段落的第一个字采用特殊的格式显示，目的是使段落醒目，引起读者的注意。设置首字下沉的方法如下。

(1) 将插入点定位到需要设置首字下沉的段落。

(2) 在“插入”选项卡的“文本”组中单击“首字下沉”按钮，打开下拉列表，如图 3-65 所示。若选择“首字下沉选项”,则打开“首字下沉”对话框,如图 3-66 所示。

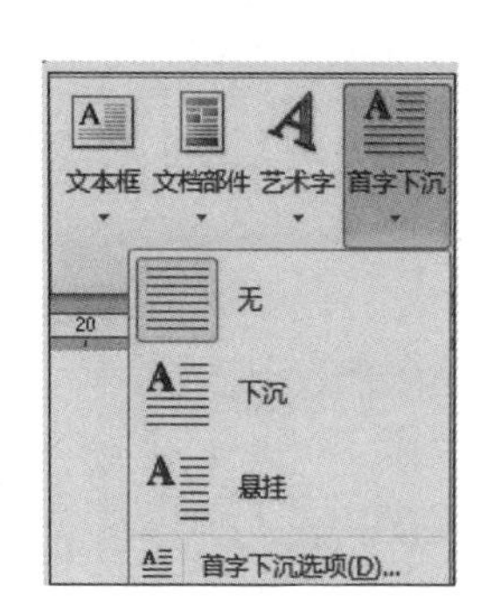

图 3-65 “首字下沉”下拉列表

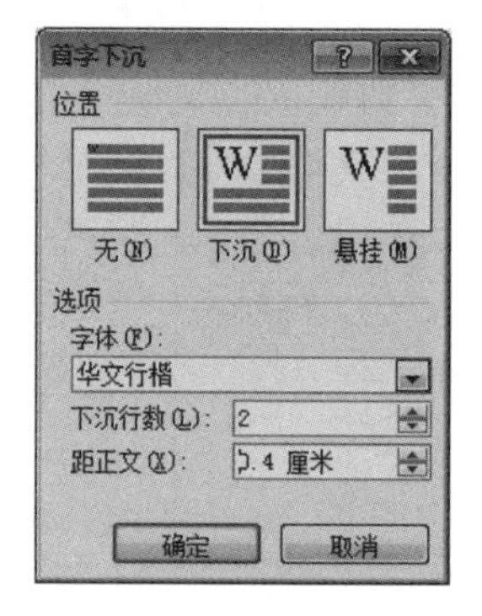

图 3-66 “首字下沉”对话框

(3) 在“位置”选项栏中选择“无”,将取消原来设置的首字下沉;选择“下沉”,可将段落的第一个字符设为下沉格式并与左页边距对齐,段落中的其余文字环绕在该字符的右侧和下方;选择“悬挂”,可将段落的第一个字符设为下沉,并将其置于从段落首行开始的左页边距中。

(4) 在“选项”组中设置字体、下沉行数和距正文的距离。

(5) 单击“确定”按钮完成设置。

【例 3.3】 进入“例 3.3”文件夹打开“首字下沉(文字素材).docx”文档,对文档中的两段文本分别设置不同的首字下沉效果,第一段设置的是下沉 3 行,第二段设置的是下沉 2 行,字体均为“华文行楷”,距正文 0.4 厘米,最后将文档以“首字下沉(排版结果).docx”为文件名保存在“例 3.3”文件夹中。按如上所述步骤操作,最后其设置效果如图 3-67 所示。

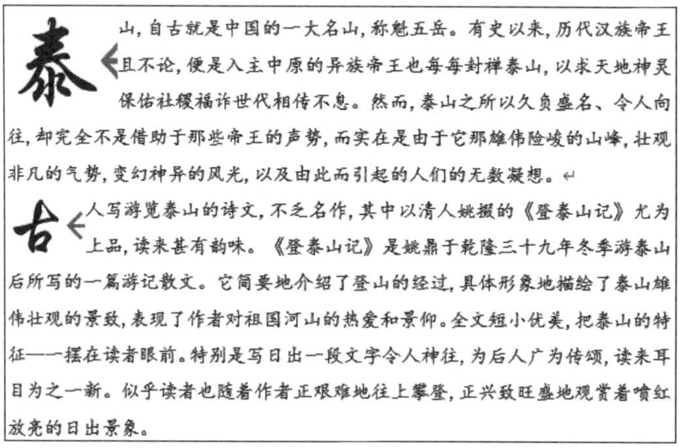

泰山,自古就是中国的一大名山,称魁五岳。有史以来,历代汉族帝王且不论,便是入主中原的异族帝王也每每封禅泰山,以求天地神灵保佑社稷福祚世代相传不息。然而,泰山之所以久负盛名、令人向往,却完全不是借助于那些帝王的声势,而实在是由于它那雄伟险峻的山峰,壮观非凡的气势,变幻神异的风光,以及由此而引起的人们的无数凝想。

古人写游览泰山的诗文,不乏名作,其中以清人姚掇的《登泰山记》尤为上品,读来甚有韵味。《登泰山记》是姚鼐于乾隆三十九年冬季游泰山后所写的一篇游记散文。它简要地介绍了登山的经过,具体形象地描绘了泰山雄伟壮观的景致,表现了作者对祖国河山的热爱和景仰。全文短小优美,把泰山的特征——摆在读者眼前。特别是写日出一段文字令人神往,为后人广为传颂,读来耳目为之一新。似乎读者也随着作者正艰难地往上攀登,正兴致旺盛地观赏着喷红放亮的日出景象。

图 3-67 首字下沉效果

3.4.3 批注、脚注和尾注

1. 插入批注

批注是审阅者根据自己对文档的理解给文档添加上的注释和说明的文字,一般位于文档正文右侧空白处。文档的作者可以根据审阅者的批注对文档进行修改和更正。

插入批注的方法如下。

(1) 将光标置于要批注的词组前或选中该词组。

(2) 切换至“审阅”选项卡的“批注”组中单击“新建批注”按钮,如图 3-68 所示。

(3) 在打开的批注框中输入需要注释和说明的文字。

2. 插入脚注和尾注

脚注和尾注用于给文档中的文本提供解释、批注以及相关的参考资料。一般可用脚注对文档内容进行注释说明,用尾注说明引用的文献资料。脚注和尾注分别由两个互相关联的部分组成,即注释引用标记和与其对应的注释文本。脚注位于页面底端,尾注位于文档末尾。

插入脚注和尾注的方法如下。

(1) 选中需要加注释的文本。

(2) 在“引用”选项卡的“脚注”组中单击“插入脚注”或“插入尾注”按钮,如图 3-69 所示。

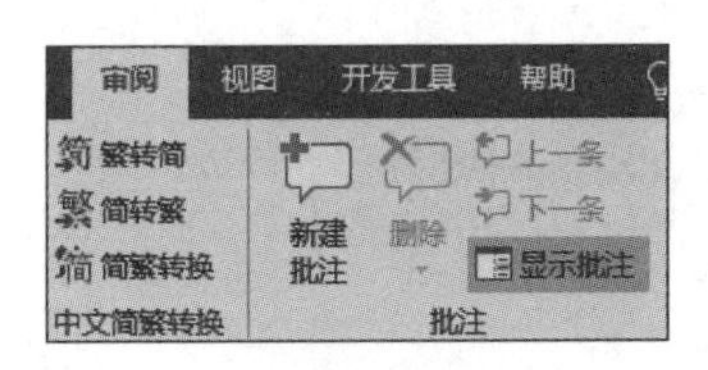

图 3-68 “审阅”选项卡的“批注”组

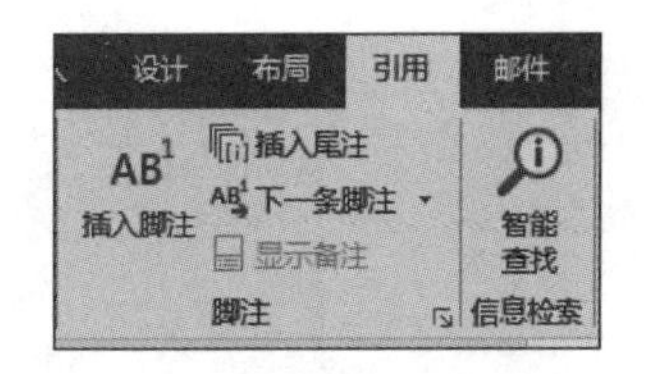

图 3-69 “引用”选项卡的“脚注”组

(3) 此时文本的右上角插入一个“脚注”或“尾注”的序号,同时在文档相应页面下方或文档尾部添加了一条横线并出现光标,光标位置为插入“脚注”或“尾注”内容的插入点,输入“脚注”或“尾注”内容即可。

【例 3.4】 进入“例 3.4”文件夹打开“插入批注脚注尾注(文字素材).docx”文档,为“带汁诸葛亮”中的“汁”字加批注(“汁”指眼泪);为“北伐”加脚注(南宋宁宗朝时韩侂胄主持的北伐金朝的战争);为“指挥若定失萧曹”加尾注(杜甫《咏怀古迹》五首之五)。最后将文档以“插入批注脚注尾注(排版结果).docx”为文件名保存在“例 3.4”文件夹中。插入批注脚注尾注的效果如图 3-70 所示。

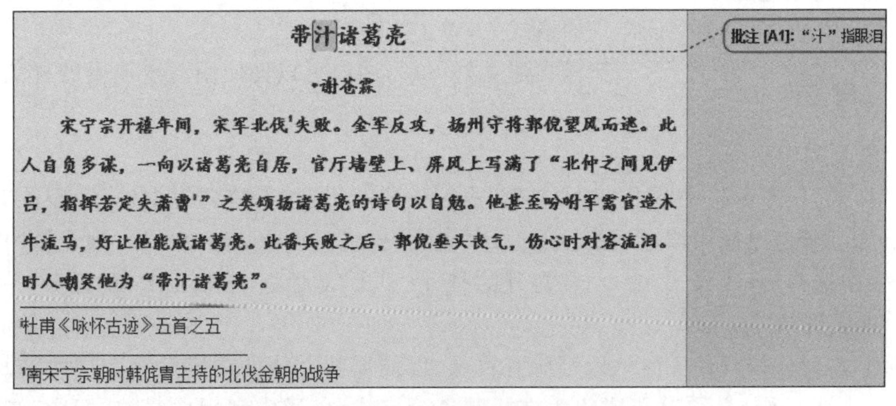

图 3-70 插入批注、脚注和尾注效果

3.4.4 编辑长文档

编辑长文档需要对文档使用高效排版技术。为了提高排版效率，Word 字处理软件提供了一系列的高效排版功能，包括样式、模板、生成目录等。

1. 使用样式功能

样式是一组已命名的字符和段落格式的组合。例如，一篇文档有各级标题、正文、页眉和页脚等，它们都有各自的字体大小和段落间距等，各以其样式名存储以便使用。

使用样式可以使文档的格式更容易统一，也可以构造大纲，使文档更具条理性。此外，使用样式还可以更加方便地生成目录。

1）设置样式

其操作步骤如下。

（1）选定要应用样式的文本。

（2）在“开始”选项卡的“样式”组中选择所需样式，如图 3-71 所示为标题文本应用“标题 2”样式。

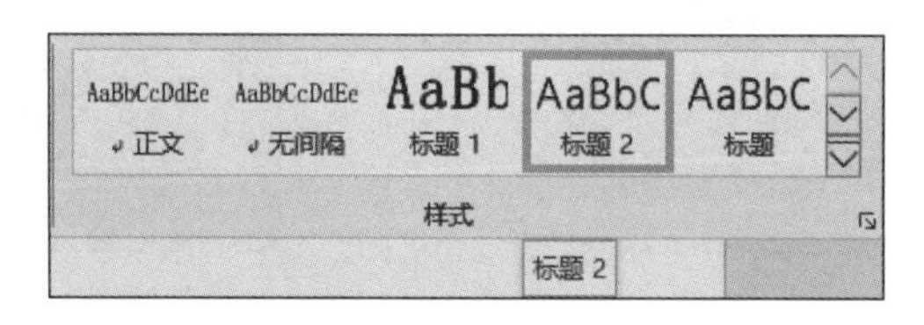

图 3-71 为标题文本应用“标题 2”样式

2）新建样式

当 Word 提供的样式不能满足工作的需要时，可修改已有的样式，快速创建自己特定的样式。新建样式的操作步骤如下。

（1）在“开始”选项卡的“样式”组中单击“样式”按钮，打开“样式”任务窗格，如图 3-72 所示。

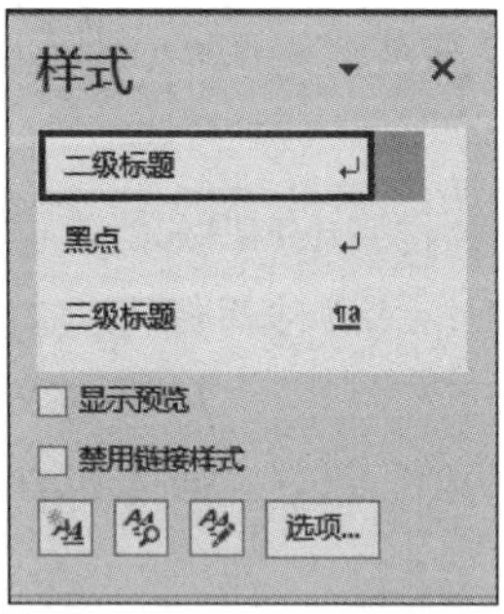

（2）在“样式”任务窗格中单击“新建样式”按钮，打开“根据格式化创建新样式”对话框，如图 3-73 所示。

（3）在“名称”框中输入样式名称，选择样式类型、样式基准、该样式的格式等，单击“确定”按钮。

图 3-72 “样式”任务窗格

新样式建立好以后，用户可以像使用系统提供的样式那样使用新样式。

3）修改和删除样式

在“样式”任务窗格中单击“样式名”右边的下拉箭头，在下拉列表中选择“删除”命令即可将该样式删除，原应用该样式的段落改用“正文”样式；如果要修改样式，则在该“样式名”下拉列表中选择“修改样式”命令，在打开的“修改样式”对话框中进行相应的设置。

2. 生成目录

当编写书籍、撰写论文时一般都应有目录，以便反映文档的内容全貌和层次结构，便于阅读。要生成目录，必须对文档的各级标题进行格式化，通常利用样式的“标题”统一格式化，便于长文档、多人协作编辑的文档的统一。目录一般分为 3 级，使用相应的“标题 1”“标

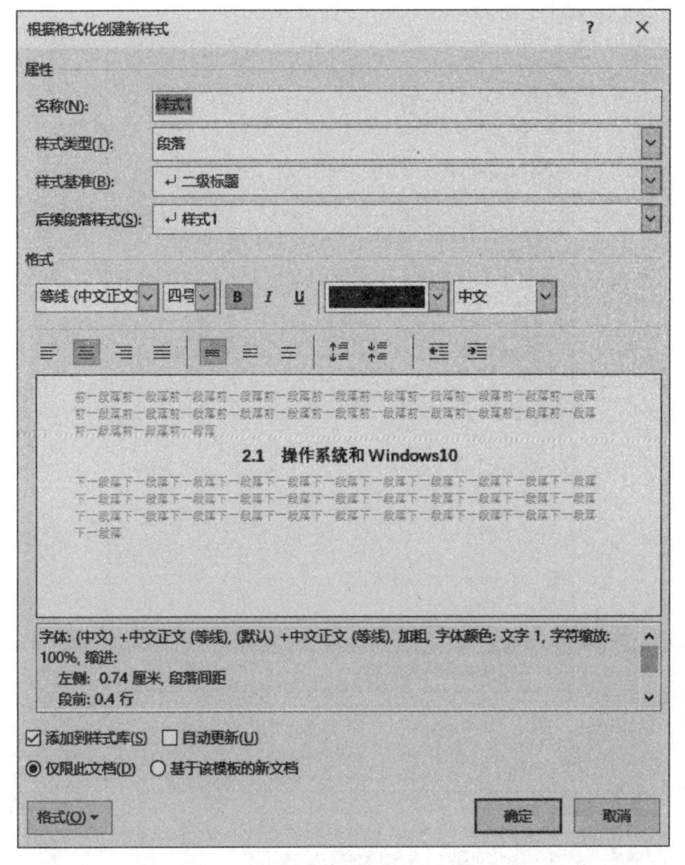

图 3-73 “根据格式化创建新样式”对话框

题 2”和“标题 3”样式来格式化，也可以使用其他几级标题样式，甚至还可以是自己创建的标题样式。

由于目录是基于样式创建的，故在自动生成目录前需要将作为目录的章节标题应用样式，一般情况下应用 Word 内置的标题样式即可。

文档目录制作步骤如下。

(1) 标记目录项：对正文中用作目录的标题应用标题样式，同一层级的标题应用同一种标题样式。

(2) 创建目录：

① 将光标定位于需要插入目录处，一般为正文开始前。

② 在“引用”选项卡的“目录”组中单击“目录”按钮，如图 3-74 所示。

③ 弹出“目录”按钮的下拉列表，如图 3-75 所示，选择“自定义目录”选项，打开“目录”对话框。

④ 在该对话框的“格式”下拉列表框中选择需要使用的目录模板，在“显示级别”下拉列表框中选择显示的最低级别并选中“显示页码”和“页码右对齐”复选框，如图 3-76 所示。

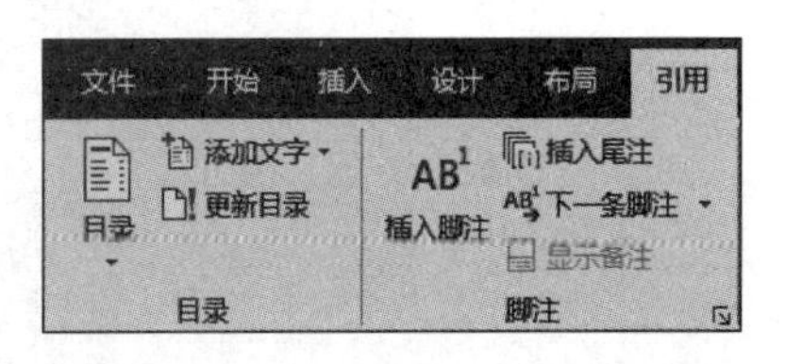

图 3-74 “引用”选项卡的“目录”组

⑤ 单击“确定”按钮,创建的目录如图 3-77 所示。

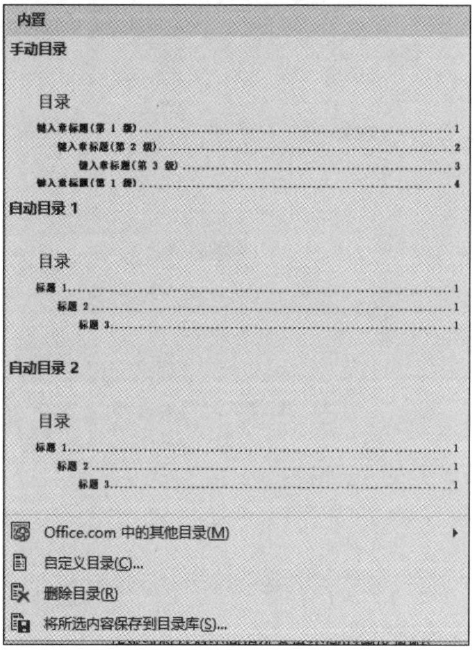

内置
手动目录
目录
键入章标题(第 1 级)……1
键入章标题(第 2 级)……2
键入章标题(第 3 级)……3
键入章标题(第 1 级)……4
自动目录 1
目录
标题 1……1
标题 2……1
标题 3……1
自动目录 2
目录
标题 1……1
标题 2……1
标题 3……1
Office.com 中的其他目录(M)
自定义目录(C)...
删除目录(R)
将所选内容保存到目录库(S)...

图 3-75 “目录”按钮的下拉列表

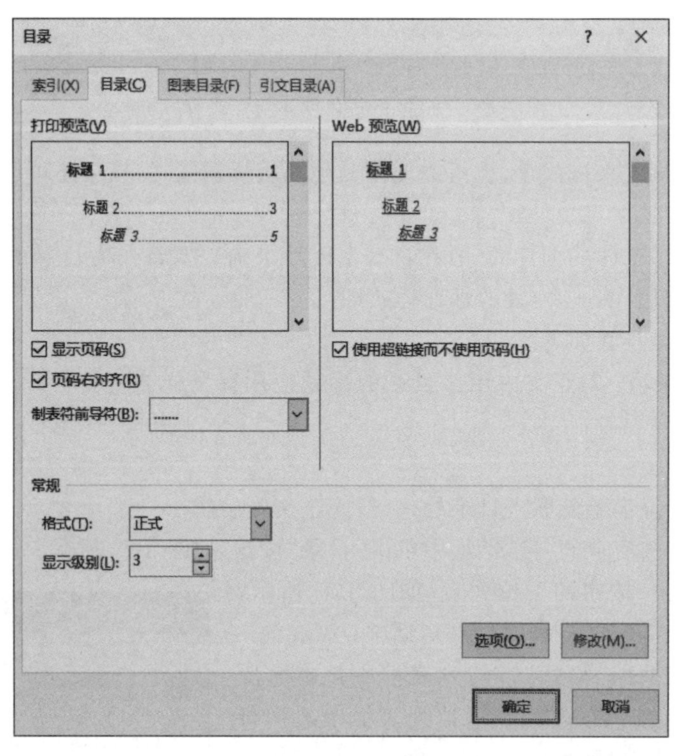

图 3-76 “目录”对话框

第2章 Windows 10操作系统 1

2.1 操作系统和Windows 10 1

2.1.1 操作系统概述 2

2.1.2 Windows 10的新特性 3

2.2 Windows 10的基本元素和基本操作 3

2.2.1 Windows 10的启动与关闭 3

2.2.2 Windows 10桌面 5

2.2.3 Windows 10窗口和对话框 11

2.2.4 Windows 10菜单 14

2.3 Windows 10的文件管理 15

2.3.1 文件和文件夹的概念 16

2.3.2 文件资源管理器 20

2.3.3 文件与文件夹的操作 22

2.4 Windows 10系统设置和磁盘维护 29

2.4.1 Windows 10的系统设置 29

2.4.2 磁盘维护 36

图 3-77 生成的目录示例

3.4.5 邮件合并技术

1. 邮件合并的概念

如果用户希望批量创建一组文档，可以通过 Word 2016 提供的邮件合并功能来实现。邮件合并主要指在文档的固定内容中合并与发送信息相关的一组通信资料，从而批量生成需要的邮件文档，使用这种功能可以大大提高工作效率。

邮件合并功能除了可以批量处理信函、信封、邀请函等与邮件相关的文档外，还可以轻松地批量制作标签、工资条和水电通知单等。

1）邮件合并所需的文档

邮件合并所需的文档，一个是主文档，另一个是数据源。主文档是用于创建输出文档的蓝图，是一个经过特殊标记的 Word 文档；数据源是用户希望合并到输出文档的一个数据列表。

2）适用范围

邮件合并适用于需要制作的数量比较大且内容可分为固定不变部分和变化部分的文档，变化的内容来自数据表中含有标题行的数据记录列表。

3）利用邮件合并向导

Word 2016 提供了“邮件合并分布向导”功能，它可以帮助用户逐步了解整个邮件合并的具体使用过程，并能便捷、高效地完成邮件合并任务。

2. 邮件合并技术的使用

【例 3.5】 使用“邮件合并分布向导”功能，按如下要求制作邀请函。

问题的提出：某高校学生会计划举办一场“大学生网络创业交流会”的活动，拟邀请部分专家和老师给在校学生进行演讲。因此，校学生会外联部需要制作一批邀请函，并分别递送给相关的专家和老师。要求将制作的邀请函保存到以专业+学号命名的文件夹中，文件名为“Word-邀请函.docx”。

事先准备的素材资料放在“第 3 章 素材库\例题 3”下的“例 3.5”文件夹中。主文档的文件名为“Word-邀请函主文档.docx”，数据源文件名为“通讯录.xlsx”。

其操作步骤如下。

(1) 打开“Word-邀请函主文档.docx”文件，并将光标定位在“尊敬的”和“(老师)”文字之间，如图 3-78 所示。

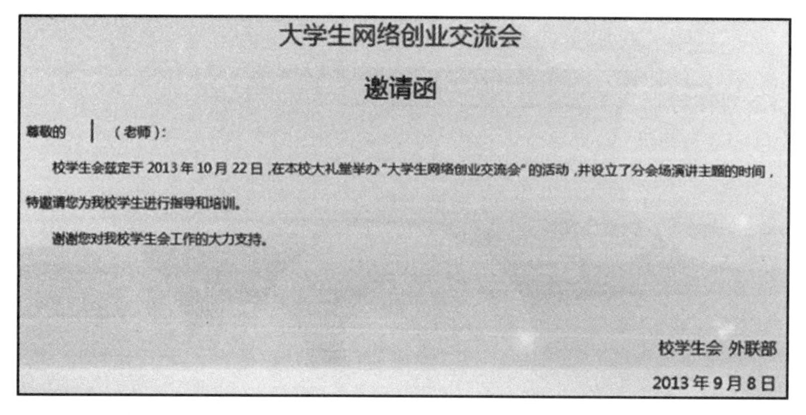

大学生网络创业交流会

邀请函

尊敬的 | （老师）：

校学生会兹定于 2013 年 10 月 22 日，在本校大礼堂举办“大学生网络创业交流会”的活动，并设立了分会场演讲主题的时间，特邀请您为我校学生进行指导和培训。

谢谢您对我校学生会工作的大力支持。

校学生会 外联部

2013 年 9 月 8 日

图 3-78 主文档

(2) 在“邮件”选项卡的“开始邮件合并”组中单击“开始邮件合并”按钮，弹出下拉列表，如图 3-79 所示。

(3) 选择“邮件合并分步向导”选项，打开“邮件合并”任务窗格，进入“邮件合并分步向导”的第 1 步。在“选择文档类型”栏中选择希望创建的输出文档的类型，此处选择“信函”，如图 3-80 所示。

(4) 单击“下一步：开始文档”超链接，进入“邮件合并分步向导”的第 2 步，在“选择开始文档”选项区域中选中“使用当前文档”单选按钮，以当前文档作为邮件合并的主文档，如图 3-81 所示。

(5) 单击“下一步：选取收件人”超链接，进入第 3 步，如图 3-82 所示，在“选择收件人”区域中选中“使用现有列表”单选按钮，单击“浏览”超链接，打开“选取数据源”对话框，选择“通讯录.xlsx”文件后单击“打开”按钮，打开“邮件合并收件人”对话框，单击“确定”按钮完成现有工作表的链接工作。

(6) 选择收件人的列表之后，单击“下一步：撰写信函”超链接，进入第 4 步，如图 3-83 所示。在“撰写信函”区域中单击“其他项目”超链接，打开“插入合并域”对话框，在“域”列表框中按照题意选择“姓名”域，单击“插入”按钮，如图 3-84 所示，在插入完所需的域后单击“关闭”按钮，关闭“插入合并域”对话框。

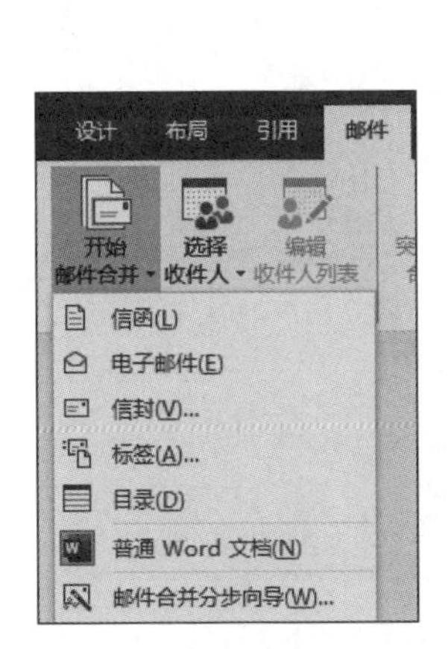

图 3-79 “开始邮件合并”下拉列表

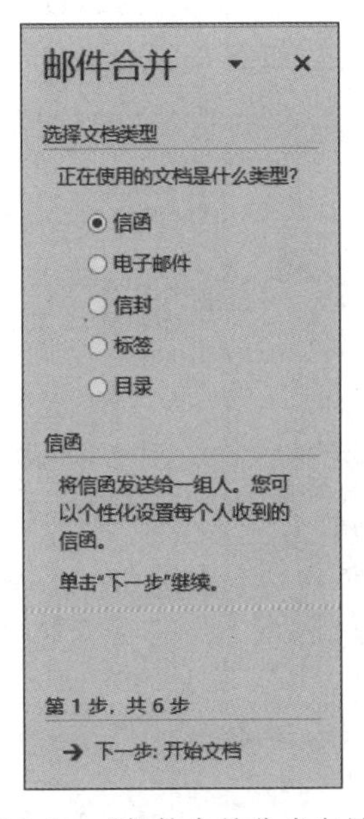

图 3-80 “邮件合并分步向导”第 1 步

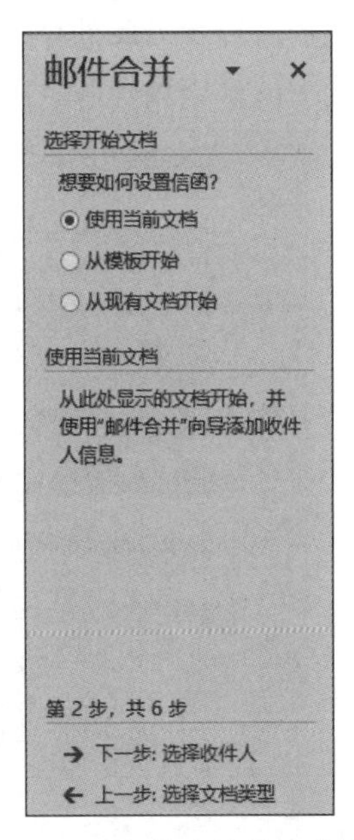

图 3-81 “邮件合并分步向导”第 2 步

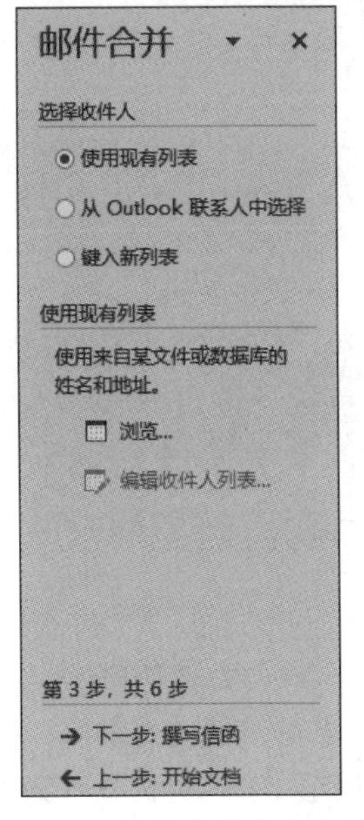

图 3-82 “邮件合并分步向导”第 3 步

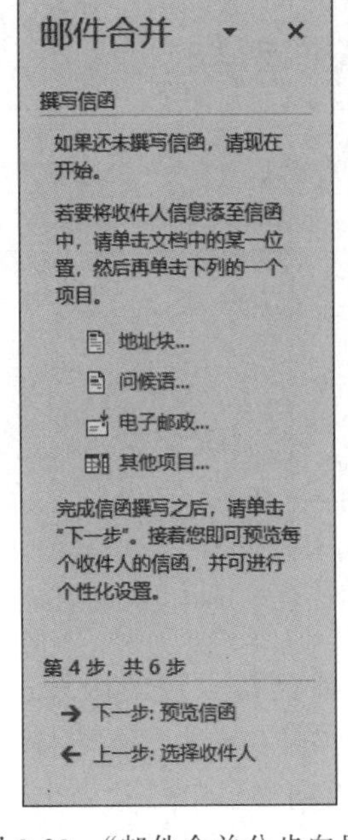

图 3-83 “邮件合并分步向导”第 4 步

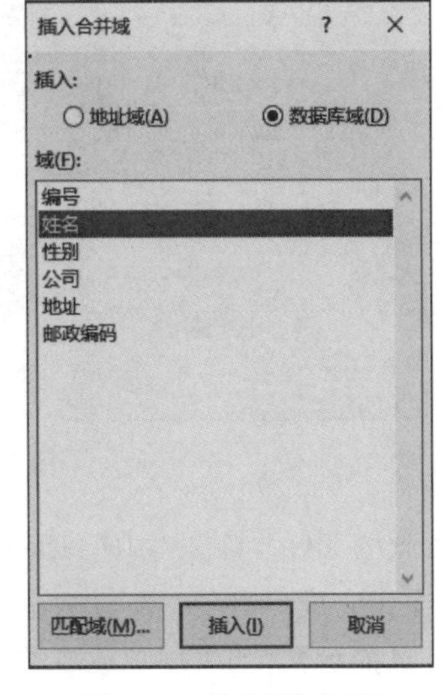

图 3-84 插入“姓名”域

(7) 在插入“姓名”域后单击“下一步：预览信函”超链接，进入第 5 步。在“预览信函”区域中单击“<<”或“>>”按钮，可查看具有不同邀请人的姓名和称呼的信函，如图 3-85 所示。

(8) 预览并处理输出文档后，单击“下一步：完成合并”超链接，进入“邮件合并分步向导"的最后一步。此处单击"编辑单个信函"超链接，打开"合并到新文档"对话框，在"合并记录"选项区域中选中"全部"单选按钮，如图 3-86 所示。

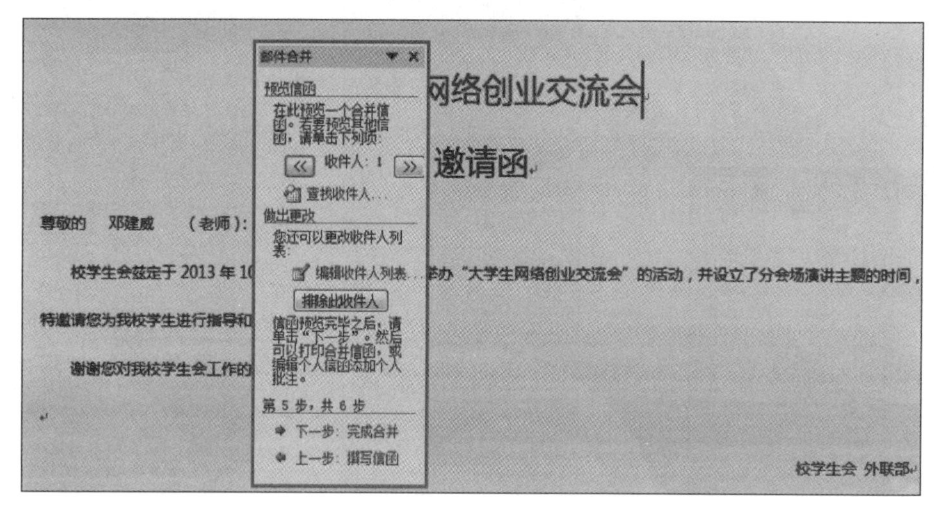

图 3-85 "邮件合并分步向导"第 5 步

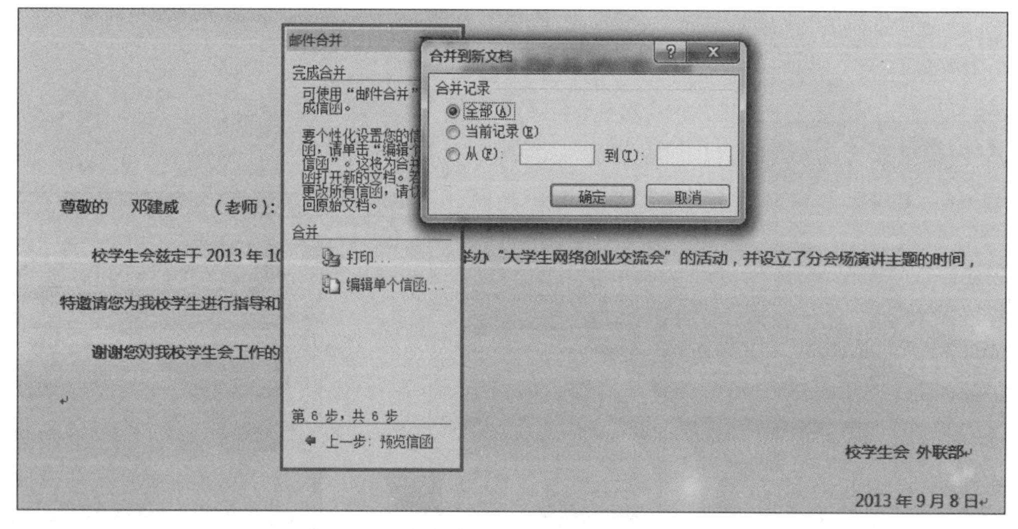

图 3-86 "邮件合并分步向导"的最后一步

(9) 单击"确定"按钮，即可在文中看到每页邀请函只包含 1 位专家或老师的姓名。全部操作完成后，以文件名"Word-邀请函"保存在自己的专业＋学号命名的文件夹中。

【提示】 如果用户想要更改收件人列表，可单击"做出更改"选项组中的"编辑收件人列表"超链接，在随后打开的"邮件合并收件人"对话框中进行更改。如果用户想从最终的输出文档中删除当前显示的输出文档，可单击"排除此收件人"按钮。

3.5 Word 2016 表格处理

在文档中使用表格是一种简明扼要的表达方式，它以行和列的形式组织信息，结构严谨,效果直观。一张表格常常可以代表大篇的文字描述,所以在各种经济、科技等书刊和文章中越来越多地使用表格。

3.5.1 插入表格

1. 表格工具

在 Word 文档中插入表格后会增加一个“表格工具”→“设计/布局”选项卡。

“表格工具”→“设计”选项卡中包括“表格样式选项”“表格样式”和“边框”3 个组,如图 3-87 所示。“表格样式”组中提供了“普通表格”“网格表”和“清单表”共 105 个内置表格样式,便于用户应用各种表格样式以及设置表格底纹;“边框”组便于用户快速地绘制表格,设置表格边框。

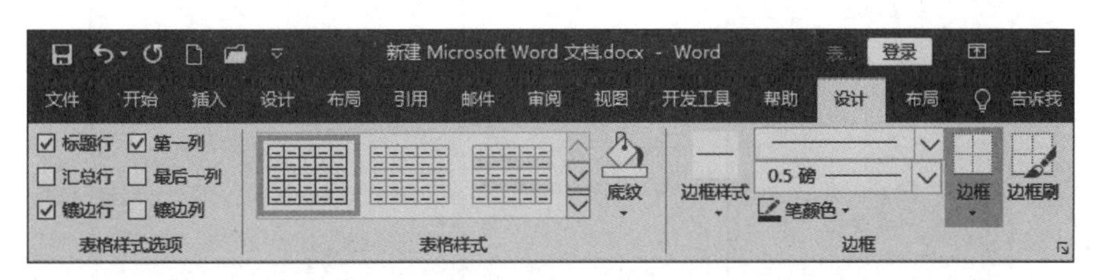

图 3-87 “表格工具”→“设计”选项卡

“表格工具”→“布局”选项卡中包括“表”“绘图”“行和列”“合并”“单元格大小”“对齐方式”和“数据”7 个组,主要提供了表格布局方面的功能,如图 3-88 所示。利用“表”组可方便地查看和定位表对象,利用“绘图”组可快速地绘制表格,利用“行和列”组可方便地增加或删除表格中的行和列,“合并”组用于合并或拆分单元格,“单元格大小”组用于调整行高和列宽,“对齐方式”组提供了文字在单元格内的对齐方式和文字方向,“数据”组用于数据计算和排序等。

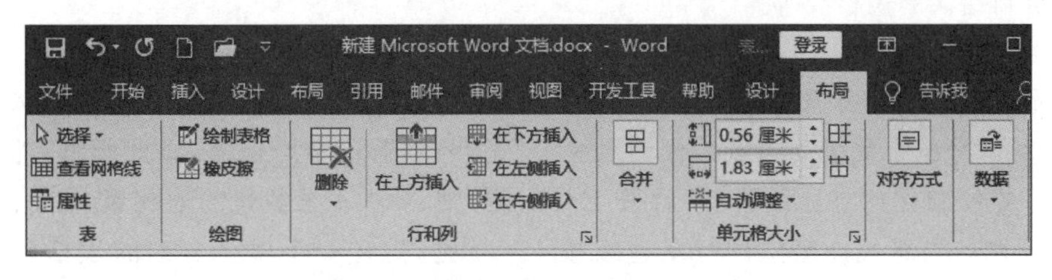

图 3-88 “表格工具”→“布局”选项卡

2. 建立表格

在“插入”选项卡的“表格”组中单击“表格”按钮,在弹出的下拉列表中选择不同的选项,可用不同的方法建立表格,如图 3-89 所示。在 Word 中建立表格的方法一般有 5 种,下面逐一介绍。

1) 拖动法

将光标定位到需要添加表格的位置,单击“表格”按钮,在弹出的下拉列表中按住鼠标左键拖动设置表格中的行和列,此时可在下拉列表的“表格”区中预览到表格行、列数,待行、列数满足要求后释放鼠标左键,即可在光标定位处插入一个空白表格。图 3-89 所示为使用拖动法建立 6 行 7 列的表格。用这种方法建立的表格不能超过 8 行 10 列。

2）对话框法

在“表格”下拉列表中选择“插入表格”选项，打开“插入表格”对话框，如图 3-90 所示，输入或选择行、列数及设置相关参数，然后单击“确定”按钮，即可在光标指定位置插入一个空白表格。

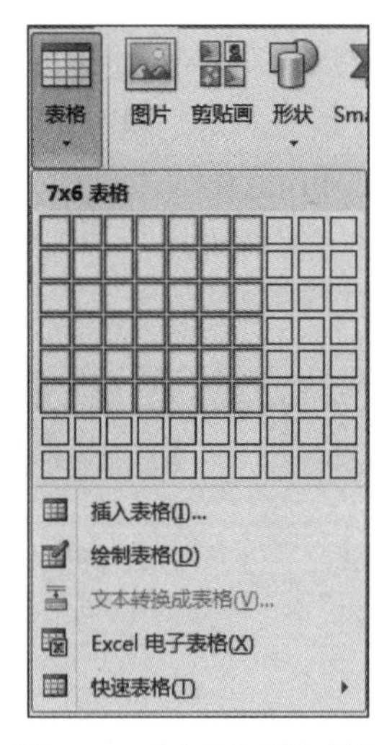

图 3-89 “表格”下拉列表

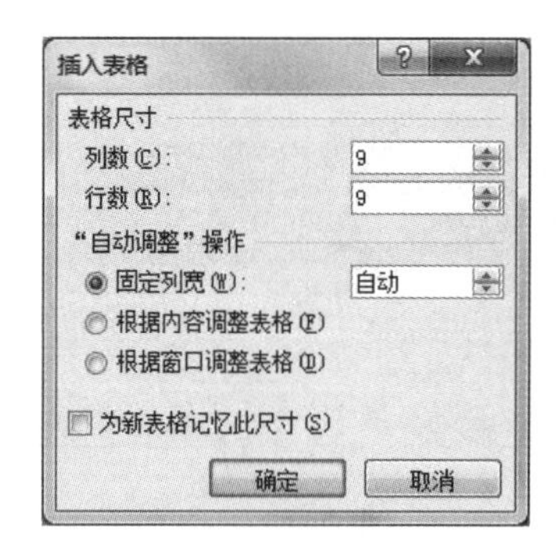

图 3-90 “插入表格”对话框

3）手动绘制法

在“表格”下拉列表中选择“绘制表格”选项，鼠标指针变成铅笔状，同时系统会自动弹出“表格工具”→“设计”/“布局”选项卡，此时用铅笔状鼠标指针可在文档中的任意位置绘制表格，并且还可利用展开的“表格工具”→“设计”/“布局”选项卡中的相应按钮设置表格边框线或擦除绘制错误的表格线等。

4）组合符号法

将光标定位在需要插入表格的位置，输入一个“+”号(代表列分隔线)，然后输入若干个“-”号(“-”号越多代表列越宽)，再输入一个“+”号和若干个“-”号，以此类推，然后再输入一个“+”号，如图 3-91 所示，最后按 Enter 键，则一个一行多列的表格插入文档中，如图 3-92 所示。再将光标定位到行尾连续按 Enter 键，这样一个多行多列的表格就创建完成了。

图 3-91 “组合符号”法　　图 3-92 一行多列表格

5）将文本转换成表格

在 Word 中可以将一个具有一定行、列宽度的格式文本转换成多行多列的表格。

【例 3.6】 进入“例 3.6”文件夹，打开“文本转换成 Word 表格(素材).docx”文档，将文档中后 5 行文字转换成表格，如图 3-93 所示。

其操作步骤如下。

(1) 选中文档中后 5 行文字。

2005年6月14日人民币汇率表

货币名称	现汇买入价	现钞买入价	卖出价	基准价
美元	826.41	821.44	828.89	827.65
日元	7.5420	7.4853	7.5798	7.6486
欧元	1001.24	992.71	1004.24	1000.80
港币	106.28	105.64	106.60	106.37

图 3-93　需要转换成表格的文本

（2）在"插入"选项卡的"表格"组中单击"表格"按钮，在弹出的下拉列表中选择"文本转换成表格"选项。

（3）打开"将文本转换成表格"对话框，选择一种文字分隔符，如图 3-94 所示。

（4）单击"确定"按钮关闭对话框，转换后的表格如图 3-95 所示。

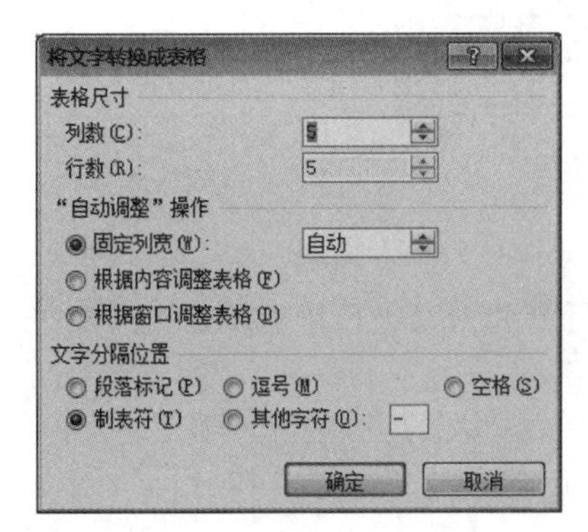

图 3-94　"将文字转换成表格"对话框

2005年6月14日人民币汇率表

货币名称	现汇买入价	现钞买入价	卖出价	基准价
美元	826.41	821.44	828.89	827.65
日元	7.5420	7.4853	7.5798	7.6486
欧元	1001.24	992.71	1004.24	1000.80
港币	106.28	105.64	106.60	106.37

图 3-95　转换后的表格

3.5.2　编辑表格

在 Word 中对表格的编辑操作包括调整表格的行高与列宽、添加或删除行与列、对表格的单元格进行拆分和合并等。

1. 选定表格的编辑区

如果要对表格进行编辑操作，需要先选定表格后操作。

选定表格编辑区的方法如下。

- 选中一个单元格：用鼠标指向单元格的左侧，当鼠标指针变成实心斜向上的箭头时单击。
- 选中整行：用鼠标指向行左侧，当鼠标指针变成空心斜向上的箭头时单击。
- 选中整列：用鼠标指向列上边界，当鼠标指针变成实心垂直向下的箭头时单击。
- 选中连续多个单元格：用鼠标从左上角单元格拖动到右下角单元格，或按住 Shift 键选定。
- 选中不连续多个单元格：按住 Ctrl 键用鼠标分别选定每个单元格。
- 选中整个表格：将鼠标定位在单元格中，单击表格左上角出现的移动控制点。

2. 调整行高和列宽

1）用鼠标在表格线上拖动

（1）移动鼠标指针到要改变行高或列宽的行表格线或列表格线上。

(2) 当鼠标指针变成左右双箭头形状时按住鼠标左键拖动行表格线或列表格线,当行高或列宽合适后释放鼠标左键。

2) 用鼠标在标尺的行列标记上拖动

(1) 先选中表格或单击表格中任意单元格。

(2) 分别沿水平或垂直方向拖动“标尺”的列或行标记用于调整列宽和行高,如图 3-96 所示。

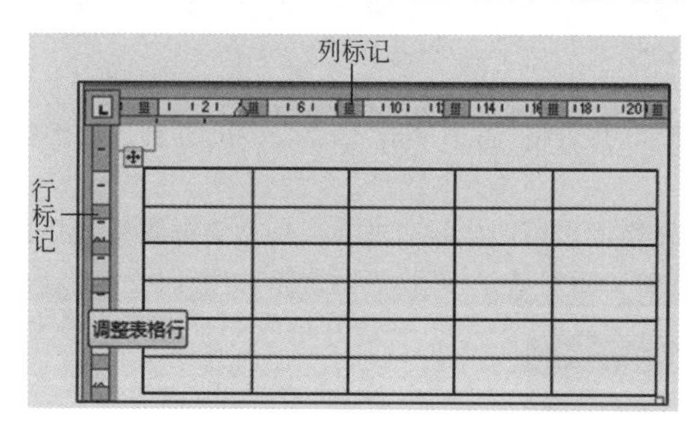

图 3-96　拖动列或行“标记”调整列宽或行高

3) 用“表格属性”对话框

用“表格属性”对话框可以对选定区域或整个表格的行高和列宽进行精确设置。其操作步骤如下。

(1) 选中需要设置行高或列宽的区域。

(2) 在“表格工具”→“布局”选项卡的“表”组中单击“属性”按钮,打开“表格属性”对话框,切换到“行”或“列”选项卡,对“指定高度”或“指定宽度”的行高或列宽进行精确设置,如图 3-97 和图 3-98 所示。

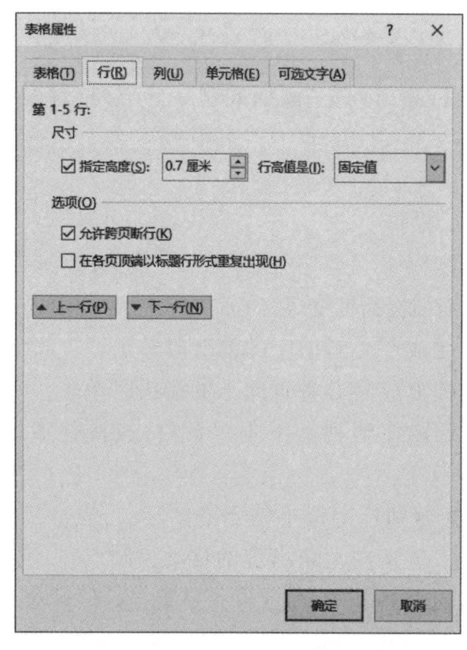

图 3-97　设置行高

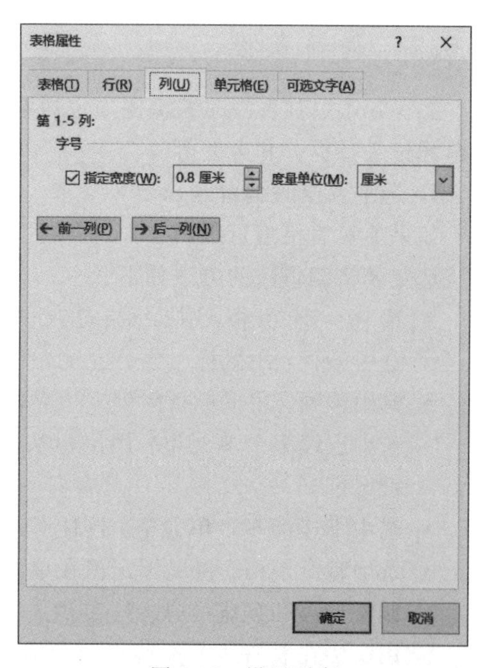

图 3-98　设置列宽

(3) 单击“确定”按钮。

3. 删除行或列

1) 使用功能按钮

选中需要删除的行或列,在“表格工具”→“布局”选项卡的“行和列”组中单击“删除”按钮,在弹出下拉列表选择“删除行”或“删除列”选项,即可删除选定的行或列,如图 3-99 所示。在该下拉列表中还包括“删除单元格”和“删除表格”选项。

2) 使用快捷菜单

(1) 右击表格中需要删除的行或列,在弹出的快捷菜单中选择“删除单元格”命令。

(2) 打开“删除单元格”对话框,选中“删除整行”或“删除整列”单选按钮,即可删除选中的行或列,如图 3-100 所示。

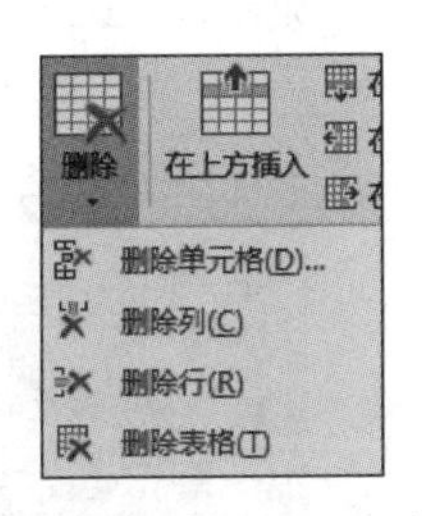

图 3-99 “删除”按钮的下拉列表

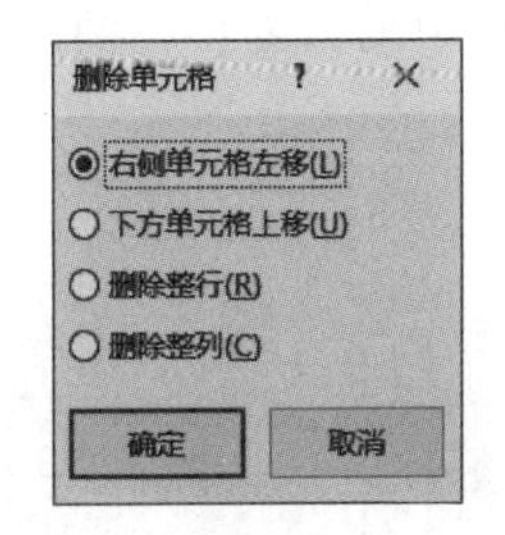

图 3-100 “删除单元格”对话框

4. 插入行或列

1) 使用功能按钮

(1) 选中表格中的一行(或多行)一列(或多列),激活“表格工具”→“布局”选项卡。

(2) 在“行和列”组中选择在“在上方插入行”或“在下方插入行”“在左侧插入列”或“在右侧插入列”,如图 3-101 所示;如果选中的是多行多列,则插入的也是同样数目的多行多列。

2) 使用快捷菜单

(1) 右击表格中的一行(或多行)一列(或多列)。

(2) 在弹出的快捷菜单中选择“插入”命令,然后在打开的级联菜单中选择相应的命令,便可在指定位置插入一行(或多行)一列(或多列),如图 3-102 所示。

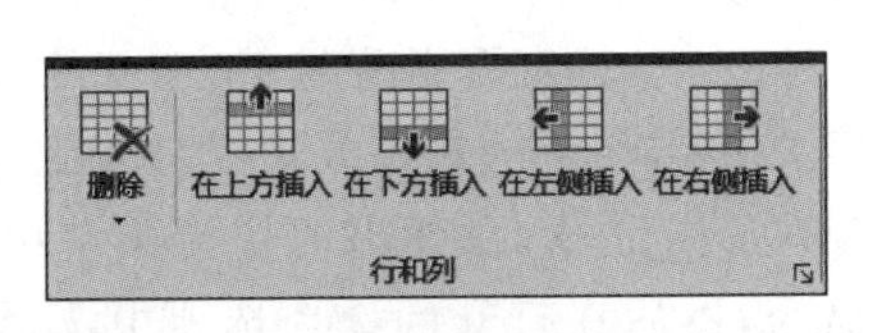

图 3-101 用功能按钮插入行和列

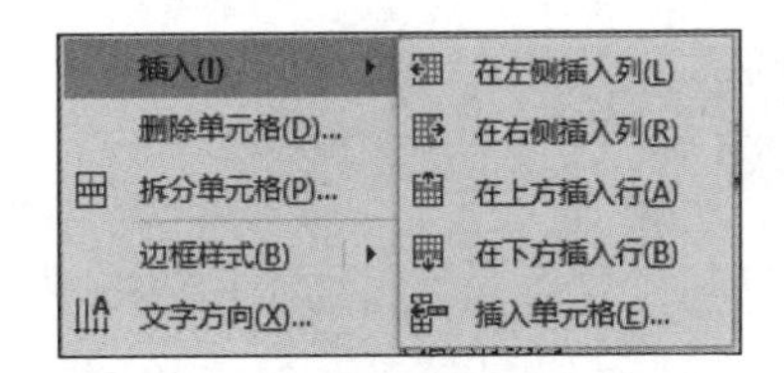

图 3-102 用快捷菜单插入行或列

3) 在表格底部添加空白行

在表格底部添加空白行,可以使用下面两种更简单的方法。

- 将插入点移到表格右下角的单元格中,然后按 Tab 键。
- 将插入点移到表格最后一行右侧的行结束处,然后按 Enter 键。

5. 合并和拆分单元格

使用合并和拆分单元格功能可以将表格变成不规则的复杂表格。

1) 合并单元格

(1) 选定需要合并的多个单元格,激活“表格工具”→“布局”选项卡。

(2) 在“合并”组中单击“合并单元格”按钮,或右击选中的单元格,在弹出的快捷菜单中选择“合并单元格”命令,选定的多个单元格将被合并成为一个单元格,如图 3-103 所示。

2) 拆分单元格

(1) 选定需要拆分的单元格。

(2) 在“表格工具”→“布局”选项卡的“合并”组中单击“拆分单元格”按钮;或右击选中的单元格,在弹出的快捷菜单中选择“拆分单元格”命令,打开“拆分单元格”对话框,如图 3-104 所示,在该对话框中输入要拆分的行数和列数,然后单击“确定”按钮,拆分效果如图 3-105 所示。

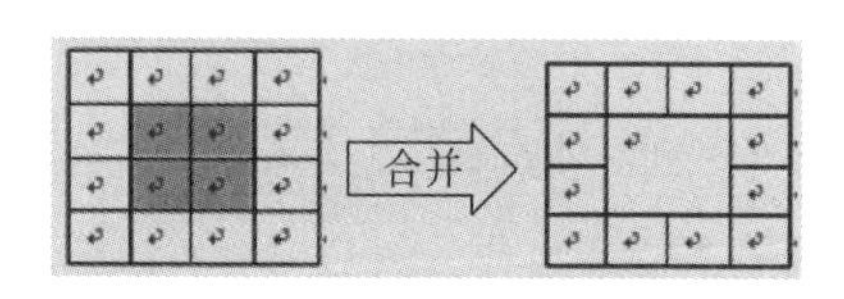

图 3-103　合并单元格

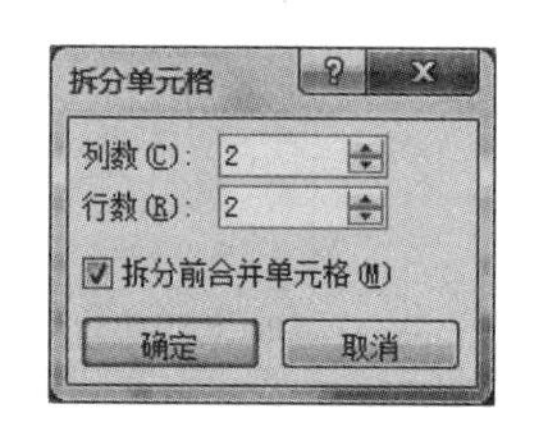

图 3-104　“拆分单元格”对话框

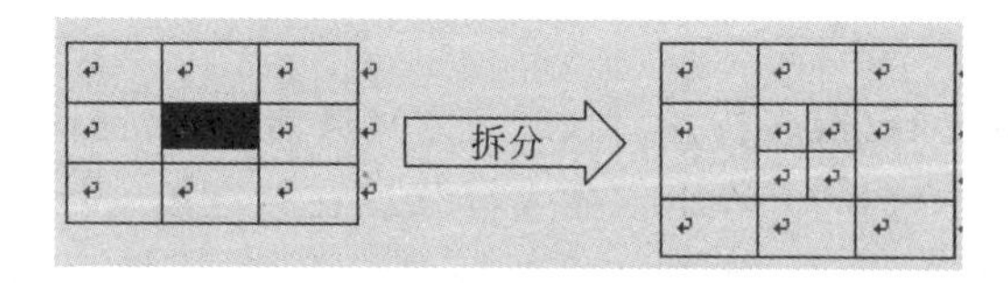

图 3-105　拆分单元格效果

3.5.3　设置表格格式

在创建一个表格后,就要对表格进行格式化了。在进行表格格式化操作时,仍需利用“表格工具”→“设计”或“表格工具”→“布局”选项卡中的相应功能按钮完成。

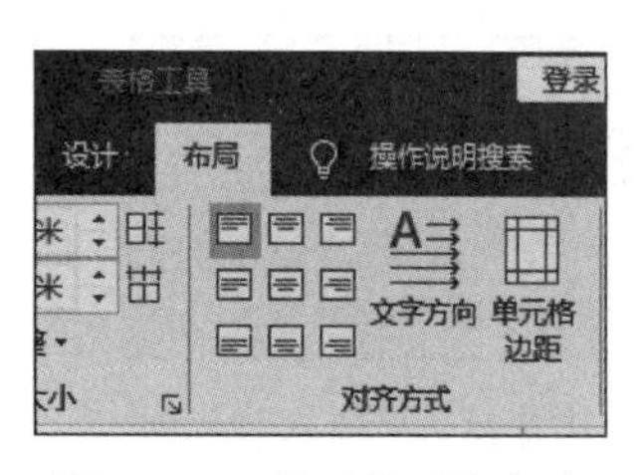

图 3-106　单元格对齐方式

1. 设置单元格对齐方式

单元格对齐方式有 9 种。选定需要设置对齐方式的单元格区域,在“对齐方式”组中单击相应的对齐方式按钮,如图 3-106 所示,或右击选中的单元格区域,在弹出的快捷菜单中选择“单元格对齐方式”命令,然后在打开的 9 个选项中选择一种对齐方式。

2. 设置边框和底纹

1) 设置表格边框

(1) 选定需要设置边框的单元格区域或整个表格。

(2) 在“表格工具”→“设计”选项卡的“边框”组中选择“边框样式”、边框线粗细和笔颜色(即边框线颜色),如图 3-107 所示。

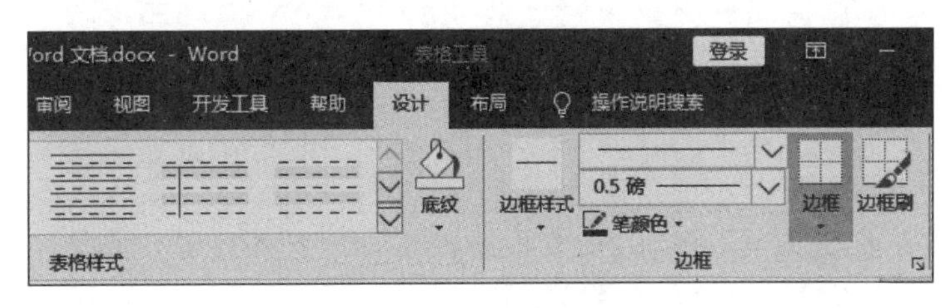

图 3-107　设置表格边框

(3) 在“表格工具”→“设计”选项卡的“边框”组中单击“边框”的下三角按钮,在打开的下拉列表中选择相应的表格边框线,如图 3-108 所示。

2) 设置表格底纹

(1) 选定需要设置底纹的单元格区域或整个表格。

(2) 在“表格工具”→“设计”选项卡的“表格样式”组中单击“底纹”按钮,从打开的下拉列表中选择一种颜色,如图 3-109 所示。

图 3-108　“边框”下拉列表

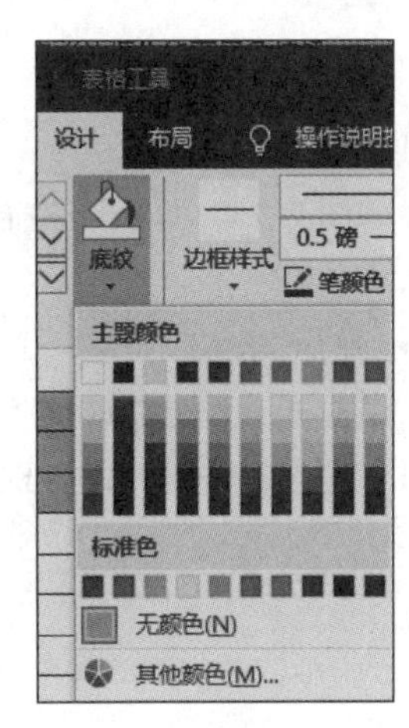

图 3-109　“底纹”下拉列表

3. 设置表格样式

在“表格工具”→“设计”选项卡的“表格样式”组中单击“其他”按钮,在弹出的下拉列表中列出了 105 种表格样式,如图 3-110 所示,选择其中任何一种,可将表格设置为指定的表格样式。

4. 设置文字排列方向

单元格中文字的排列方向分为横向和纵向两种,其设置方法是在“表格工具”→“布局”选项卡的“对齐方式”组中单击“文字方向”按钮。

5. 设置斜线表头

首先选中需要设置斜线表头的单元格,然后在“边框”的下拉列表中选择“斜下框线”或“斜上框线”选项。

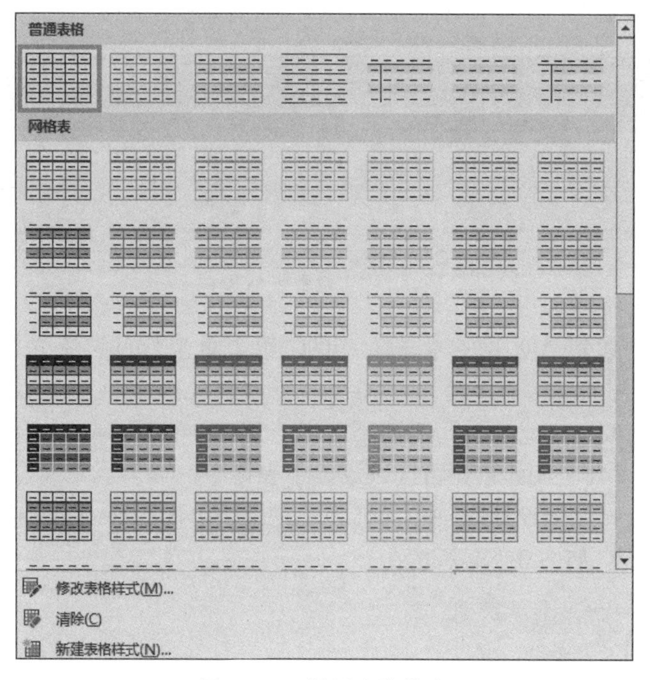

图 3-110　设置表格样式

6. 将表格转换成文本

【例 3.7】 将如图 3-111 所示表格转换成文本。

其操作步骤如下。

(1) 选中表格,弹出“表格工具”→“布局”选项卡。

(2) 在“数据”组中单击“转换成文本”按钮。

(3) 弹出“表格转换成文本”对话框,选择一种文字分隔符,如图 3-112 所示,单击“确定”按钮即可将表格转换成文本。

职工登记表

职工号	姓名	单位	职称	工资
HG001	孙亮	化工	教授	720
JS001	王大明	计算机	教授	680
DZ003	张卫	电子	副教授	600
HG002	陆新	化工	副教授	580

图 3-111　需要转换成文本的表格

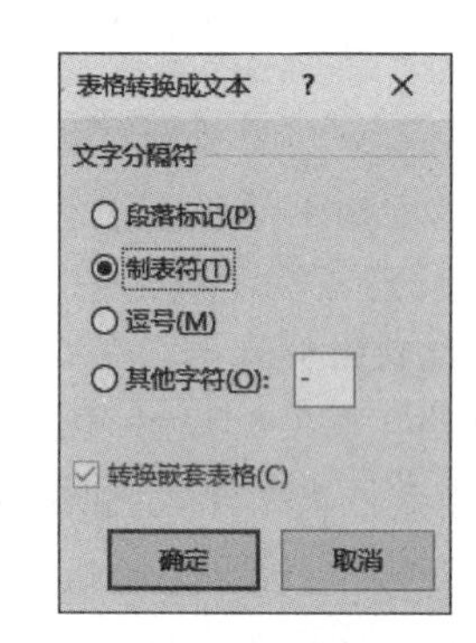

图 3-112　“表格转换成文本”对话框

3.5.4　表格中的数据统计和排序

1. 表格中的数据统计

Word 提供了在表格中快速进行数值的加、减、乘、除及求平均值等计算功能,还提供了常用的统计函数供用户调用，包括求和(SUM)、求平均值(AVERAGE)、求最大值(MAX)、求最小值(MIN)和条件函数(IF)等。同 Excel 一样，表格中的行号依次用数字 1、2、3 等表示，列号依次用字母 A、B、C 等表示，单元格号为行列交叉号，即交叉的列号加上行号，例如 H5 表示第 H 列第 5 行的单元格。如果要表示表格中的单元格区域，可采用“左上角单元格号：右下角单元格号”。

在“表格工具”→“布局”选项卡的“数据”组中，“公式”和“排序”按钮分别用于表格中数据的计算和排序，如图 3-113 所示。

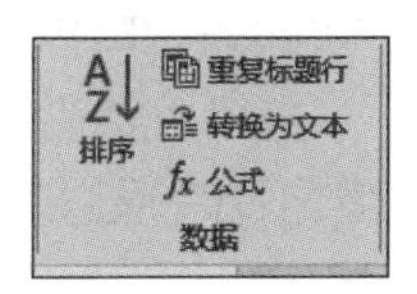

图 3-113 “数据”组

【例 3.8】 如图 3-114 所示，要求计算学号为“12051”学生的计算机、英语、数学、物理、电路 5 个科目的总成绩，结果置于 G2 单元格。

其操作步骤如下。

(1) 选中 G2 单元格，单击“公式”按钮，弹出“公式”对话框，如图 3-114 所示。

成绩 学号	计算机	英语	数学	物理	电路	求和
12051	72	82	91	55	62	
12052	85					
12053	76					
12054	67					
平均值						

公式 ? ×
公式(F):
=SUM(b2:f2)
编号格式(N):
粘贴函数(U): 粘贴书签(B):
确定 取消

图 3-114 求和

(2) 在“公式”对话框中从“粘贴函数”下拉列表中选择 SUM 函数，将其置入“公式”文本框中，并输入函数参数 b2:f2。

(3) 单击“确定”按钮关闭“公式”对话框。同理，用以上方法可计算出其他学号学生的 5 科总成绩。

如图 3-115 所示，如要计算“计算机”单科成绩的平均分，首先选中 B6 单元格，在“公式”对话框中选择粘贴的函数为 AVERAGE，输入函数参数为 b2:b5，单击“确定”按钮。然后用同样方法计算出其他单科成绩的平均分。

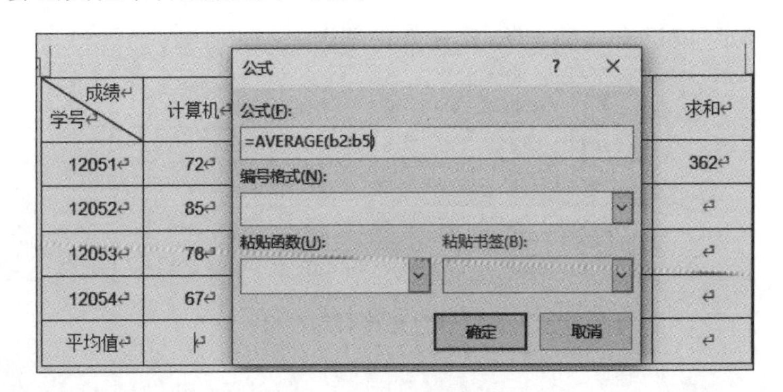

图 3-115 求单科平均分

2. 表格中的数据排序

【例 3.9】 在如图 3-116 所示的表格中,要求按"物理"成绩"降序"排序,如果"物理"成绩相同,则按"电路"成绩"升序"排序。

其操作步骤如下。

(1) 选中表格中的任意单元格,在"表格工具"→"布局"选项卡的"数据"组中单击"排序"按钮,打开"排序"对话框,如图 3-117 所示。

(2) "主要关键字"选择"物理",并选中"降序"单选按钮;"次要关键字"选择"电路",并选中"升序"单选按钮。"类型"均选择"数字"。

学号	计算机	英语	数学	物理	电路	求和
12051	72	82	91	55	62	362
12052	85	90	54	70	94	393
12053	76	87	92	65	90	410
12054	67	74	58	65	86	350

图 3-116　需要排序的数据表格

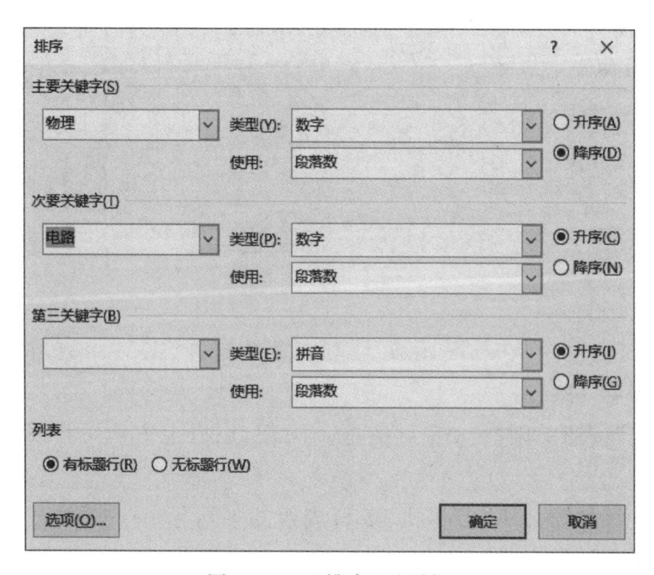

图 3-117　"排序"对话框

(3) 单击"确定"按钮关闭对话框,排序效果如图 3-118 所示。

学号	计算机	英语	数学	物理	电路	求和
12052	85	90	54	70	94	393
12054	67	74	58	65	86	350
12053	76	87	92	65	90	410
12051	72	82	91	55	62	362

图 3-118　经过排序后的数据表格

3.6 Word 2016 图文混排

Word 2016 具有强大的图形处理功能，它不仅提供了大量图形及多种形式的艺术字，而且支持多种绘图软件创建的图形，从而帮助用户轻而易举地实现图片和文字的混排。

3.6.1 绘制图形

1. 用绘图工具手工绘制图形

Word 2016 中包含一套手工绘制图形的工具，主要包括直线、箭头、各种形状、流程图、星与旗帜等，称为自选图形或形状。

例如插入一个"笑脸"形状的图形，在"插入"选项卡的"插图"组中单击"形状"下拉按钮，弹出下拉列表，如图 3-119 所示。

在"基本形状"栏中单击选中"笑脸"图形，然后用鼠标在文档中画出一个图形，如图 3-120 所示。选中图形后右击，在弹出的快捷菜单中选择"添加文字"命令，可在图形中添加文字。

用鼠标单击图形上方的绿色按钮，可任意旋转图形；用鼠标拖动"笑脸"图形中的黄色按钮向上移动，可把"笑脸"变为"哭脸"，如图 3-121 所示。

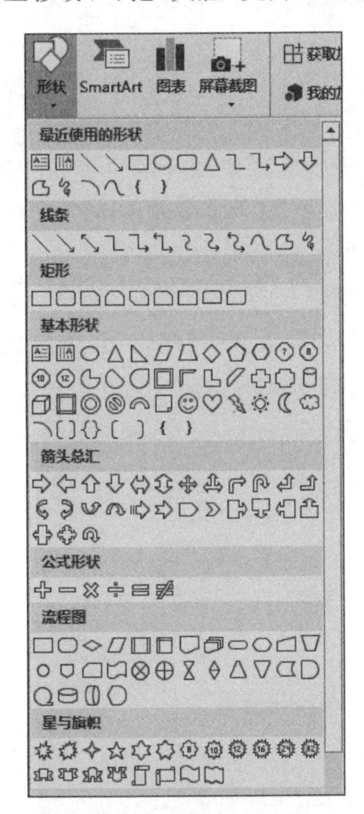

图 3-119 "形状"下拉列表

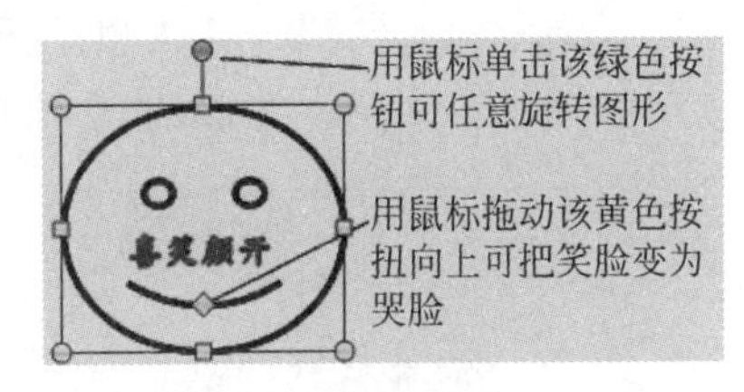

图 3-120 新建自选图形"笑脸"

图 3-121 "哭脸"图形

2. 设置图形格式

选中图形，会弹出"绘图工具"→"格式"选项卡，该选项卡包括"插入形状""形状样式"

“艺术字样式”“文本”“排列”和“大小”6个组的选项卡,如图3-122所示,根据需要选择相应功能组中的命令按钮进行图形格式设置。

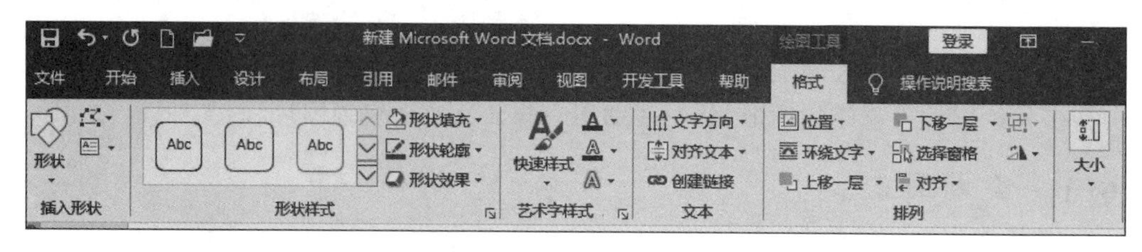

图 3-122 “绘图工具”→“格式”选项卡

3.6.2 插入图片

用户可以在Word中绘制图形,也可以在Word中插入图片、编辑图片和对图片进行格式设置。

1. 插入图片

向文档中插入的图片可以是“联机图片”,也可以是利用其他图形处理软件制作的图片或者从网上下载的图片,这些图片以文件的形式保存在“此电脑”中的某个文件夹中。

图 3-123 “图片”按钮的下拉列表

1) 插入“联机图片”

计算机必须处于联网状态才能插入联机图片,其操作步骤如下。

(1) 定位插入点到需要插入联机图片的位置,在“插入”选项卡的“插图”组中,单击“图片”按钮,在弹出的下拉列表中选择“联机图片”选项,如图3-123所示。

(2) 打开“插入图片”对话框,在“必应图像搜索”文本框中输入想要插入的图片名字,如输入文字“蝴蝶”并单击文本框右侧的“必应搜索”按钮,如图3-124所示。

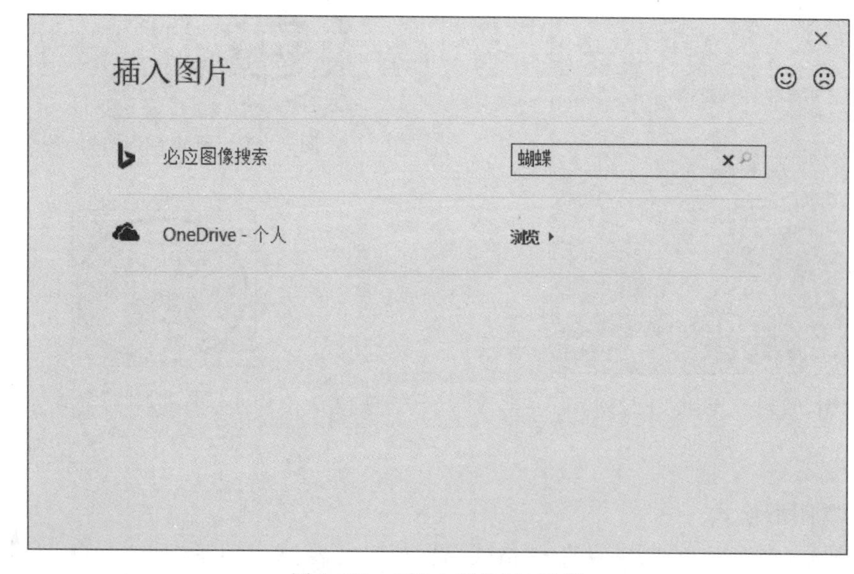

图 3-124 “插入图片”对话框

(3) 打开“bing 蝴蝶”对话框，选择某个图片单击“插入”按钮，关闭对话框。即可在文档指定位置插入联机图片，如图 3-125 所示。

图 3-125 “bing 蝴蝶”对话框

2) 插入“剪贴画”

插入剪贴画的操作只需在“搜索必应”文本框中输入“剪贴画-剪贴画名”，如“剪贴画-蝴蝶”，然后单击“搜索必应”按钮，其他操作与插入“联机图片”的操作完全相同。

3) 插入图片

插入图片的操作，需要在“插入”选项卡的“插图”组中单击“图片”按钮，在弹出的下拉列表中选择“此设备”选项，打开“插入图片”对话框，如图 3-126 所示，根据图片存放位置查找并选择所需图片，单击“插入”按钮即可。

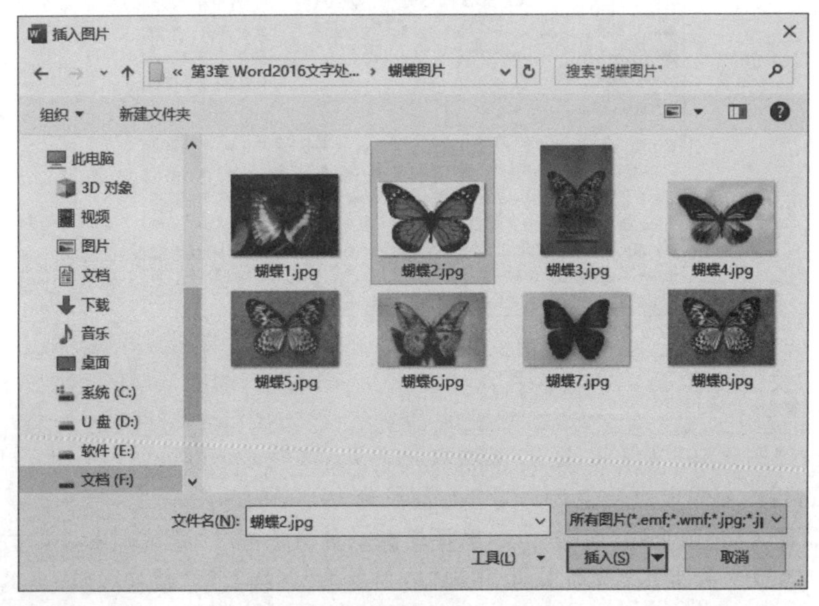

图 3-126 “插入图片”对话框

2. 图片的编辑和格式化

对 Word 文档中插入的图片,可以进行编辑和格式化,包括以下几种操作。

(1) 缩放、裁剪、复制、移动、旋转等编辑操作。

(2) 组合与取消组合、叠放次序、文字环绕方式等图文混排操作。

(3) 图片样式、填充、边框线、颜色、对比度、水印等格式化操作。

设置图片格式的方法是对选中的图片单击,打开包括"调整""图片样式""排列"和"大小"4 个组的选项卡,如图 3-127 所示,根据需要选择相应功能组的命令按钮进行设置。

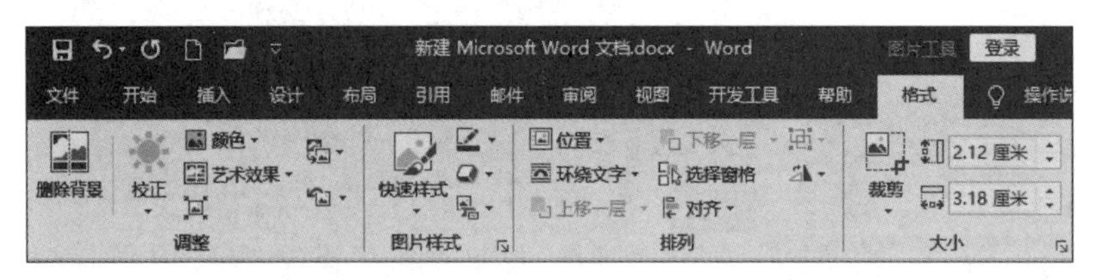

图 3-127 "图片工具"→"格式"选项卡

【例 3.10】 某中学需要制作一份科普知识简报,其中一篇是关于"蝴蝶效应"的文章,输入下列文字并在文档中插入一张蝴蝶图片,并对文字进行排版、对图片进行编辑和格式化,最终的效果如图 3-128 所示,也可以进入"第三章 素材库\例题 3"下的"例 3.10"文件夹打开"蝴蝶效应_排版结果.docx"文档查看。文字素材和图片素材均保存在"例 3.10"文件夹中。

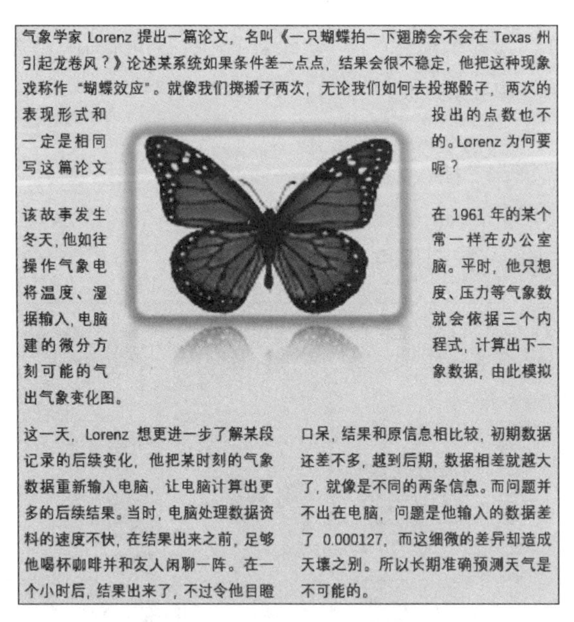

气象学家 Lorenz 提出一篇论文,名叫《一只蝴蝶拍一下翅膀会不会在 Texas 州引起龙卷风?》论述某系统如果条件差一点点,结果会很不稳定,他把这种现象戏称作"蝴蝶效应"。就像我们掷骰子两次,无论我们如何去投掷骰子,两次的表现形式和投出的点数也不一定是相同的。Lorenz 为何要写这篇论文呢?

该故事发生在 1961 年的某个冬天,他如往常一样在办公室操作气象电脑。平时,他只想将温度、湿度、压力等气象数据输入,电脑就会依据三个内建的微分方程式,计算出下一刻可能的气象数据,由此模拟出气象变化图。

这一天,Lorenz 想更进一步了解某段记录的后续变化,他把某时刻的气象数据重新输入电脑,让电脑计算出更多的后续结果。当时,电脑处理数据资料的速度不快,在结果出来之前,足够他喝杯咖啡并和友人闲聊一阵。在一个小时后,结果出来了,不过令他目瞪口呆,结果和原信息相比较,初期数据还差不多,越到后期,数据相差就越大了,就像是不同的两条信息。而问题并不出在电脑,问题是他输入的数据差了 0.000127,而这细微的差异却造成天壤之别。所以长期准确预测天气是不可能的。

图 3-128 文档排版效果

操作步骤如下。

(1) 进入"例 3.10"文件夹,打开"蝴蝶效应.docx"文档。字号设置为小四,段前、段后间距均为 1 行,行距为固定值—20 磅。第 3 自然段分为等宽的两栏。

(2) 在"插入"选项卡的"插图"组中选择任意一种方法插入"蝴蝶"图片。选中图片,在弹出的"图片工具"→"格式"选项卡的"排列"组中单击"环绕文字"按钮,在弹出的下拉列表中选择“四周型”选项，如图 3-129 所示。将图片拖移至第 2 自然段中间合适位置。

(3) 选中图片，在“图片工具”→“格式”选项卡的“大小”组中，将其“高度”值调整为“5 厘米”，“宽度”值调整为“7.5 厘米”，如图 3-130 所示。

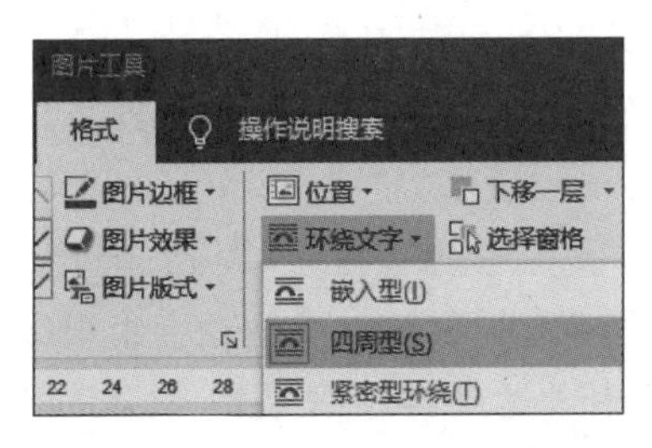

图 3-129 “环绕文字”按钮下拉列表

图 3-130 设置图片大小

(4) 确认图片被选中，在“图片工具”→“格式”选项卡的“图片样式”组中单击“其他”按钮，在弹出的下拉列表中选择“映像圆角矩形”选项，如图 3-131 所示。

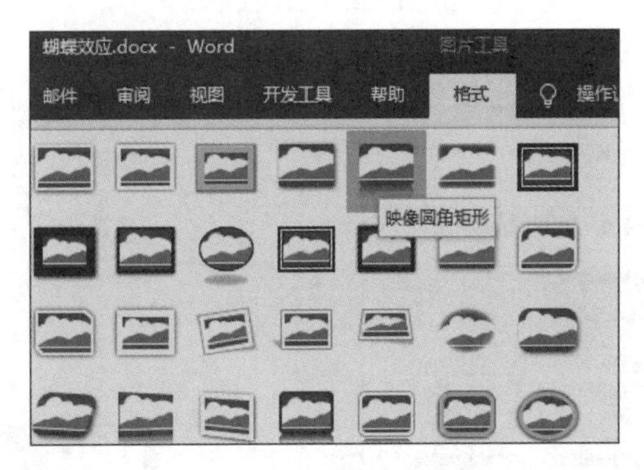

图 3-131 设置图片样式

(5) 在右侧打开的“设置图片格式”选项框中选择“发光”选项，并单击“预设”按钮，在弹出的下拉列表中选择“发光变体”中的“发光：11 磅；橙色，主题色 2”选项，如图 3-132 所示。

(6) 选择“柔化边缘”选项，并单击“预设”按钮，在弹出的下拉列表中选择“柔化边缘变体”中的“2.5 磅”选项，如图 3-133 所示。

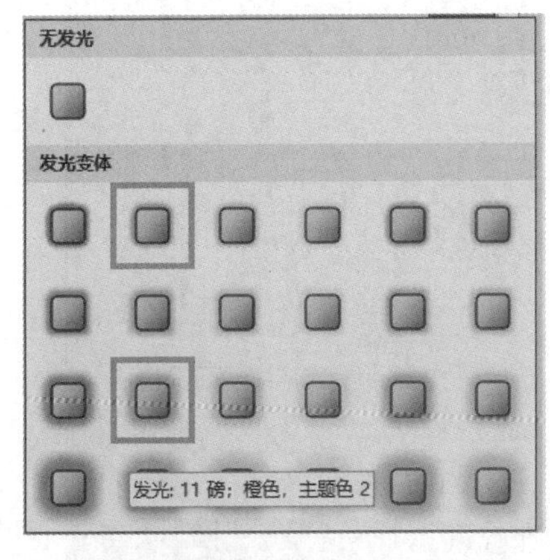

图 3-132 图片的“发光”设置

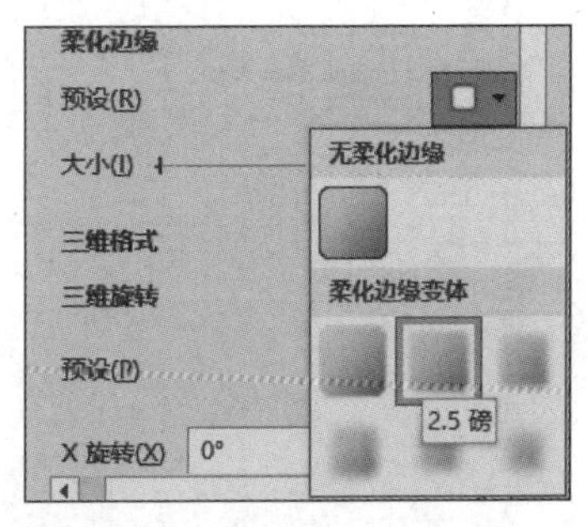

图 3-133 图片的“柔化边缘”设置

(7) 最后,以"蝴蝶效应_排版结果.docx"为文件名保存到例3.10文件夹中。

3.6.3 插入SmartArt图形

SmartArt图形是用一些特定的图形效果样式来显示文本信息。SmartArt图形具有多种样式,如列表、流程、循环、层次结构、关系、矩阵和棱锥图等。不同的样式可以表达不同的意思,用户可以根据需要选择适合自己的SmartArt图形。

【例3.11】 南坪中学需要举办一场运动会,欲将运动会组织结构图上传到学校网站,以便学校各个班级对运动会后勤服务组织有一个清晰的了解。该运动会组织结构图样例如图3-134所示,要求按样例设计制作,并以"南坪中学运动会组织结构图.docx"为文件名保存到"第3章素材库\例题3"下的"例3.11"文件夹中。

操作步骤如下。

(1) 启动Word 2016,创建新文档,按照样例,输入文本"南坪中学运动会组织结构图"设置为"华文行楷""小一""紫色",按Enter键,另起一段。

(2) 插入SmartArt图形。在"插入"选项卡的"插图"组中单击SmartArt按钮,如图3-135所示,在弹出的下拉列表中选择"层次结构"选项,在右侧的列表中选择第2行第1列的"层次结构"样式,如图3-136所示。

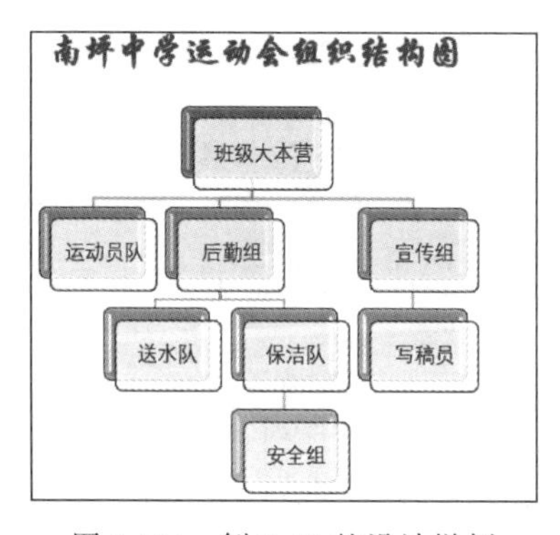

图3-134 例3.11的设计样例

图3-135 "插入"选项卡的"插图"组

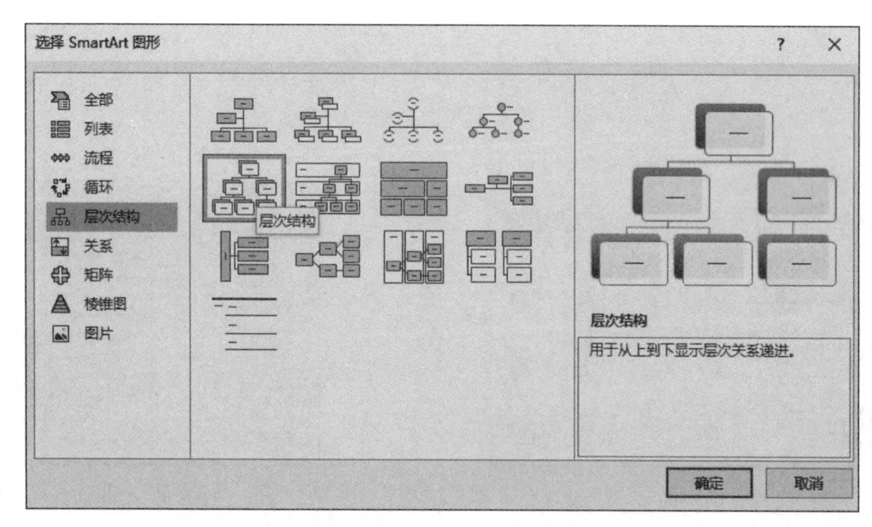

图3-136 "选择SmartArt图形"对话框

(3) 添加/删除形状。通常，插入的 SmartArt 图形形状都不能完全符合要求，当形状不够时需要添加，当形状多余时需要删除。

- 形状的添加：单击要向其添加外框的 SmartArt 图形，再单击靠近要添加新框的现有框；在“SmartArt 工具”→“设计”选项卡下的“创建图形”组中单击“添加形状”的下三角形按钮，在出现的下拉列表中选择其中之一，实现在后面、在前面、在上方或在下方添加形状。如图 3-137 所示。
- 形状的删除：若要删除形状，单击要删除形状的边框，然后按 Delete 键。

按照样例，添加形状并在其中输入对应的文本，字号大小设置为 14 磅。

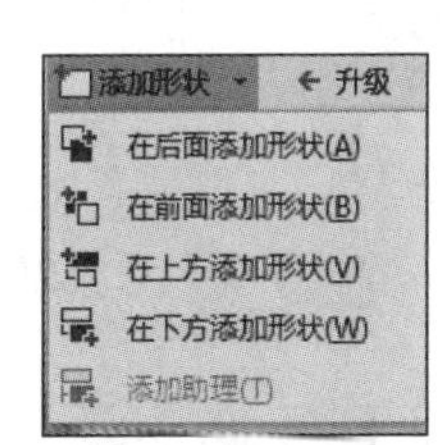

图 3-137 添加形状

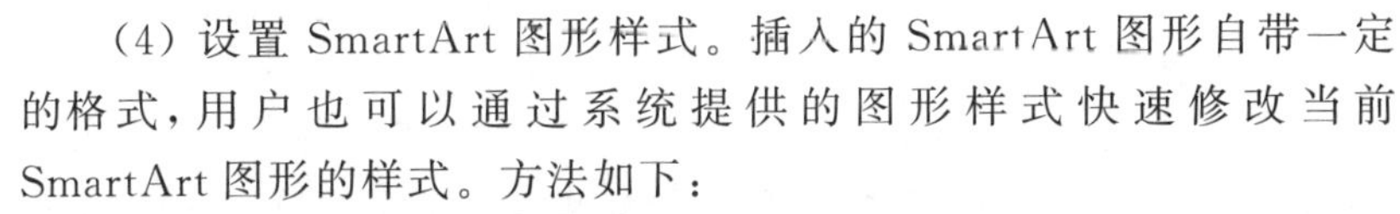

(4) 设置 SmartArt 图形样式。插入的 SmartArt 图形自带一定的格式，用户也可以通过系统提供的图形样式快速修改当前 SmartArt 图形的样式。方法如下：

① 选中 SmartArt 图形，按照样例，在“SmartArt 工具”→“设计”选项卡下的“SmartArt 样式”组的样式列表框中选择所需的样式，在此选择“卡通”样式，如图 3-138 所示。

② 选中 SmartArt 图形，按照样例，单击“SmartArt 样式”组中的“更改颜色”按钮，在弹出的下拉列表中选择“彩色-个性色”选项，如图 3-139 所示。

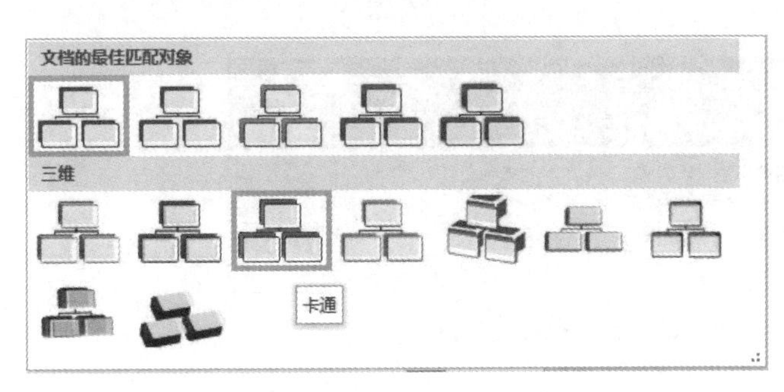

图 3-138 选择“卡通”样式

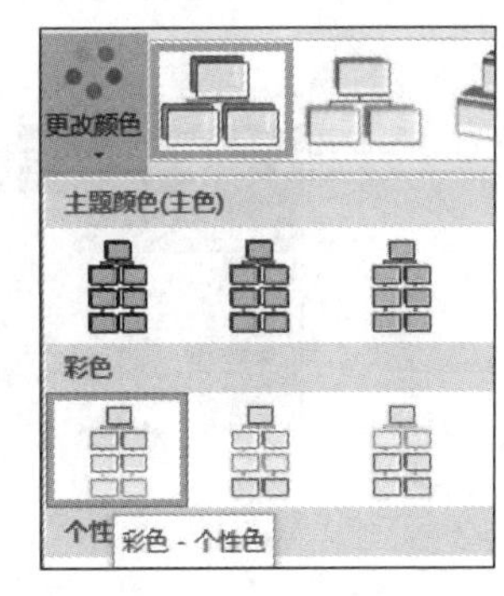

图 3-139 选择“彩色-个性色”颜色方案

(5) 保存。以“南坪中学运动会组织结构图.docx”为文件名保存到“第 3 章素材库\例题 3”下的“例 3.11”文件夹中。

3.6.4 插入艺术字

大家在报刊杂志上经常会看到形式多样的艺术字，这些艺术字可以给文章增添强烈的视觉冲击效果。使用 Word 2016 可以创建出形式多样的艺术字效果，甚至可以把文本扭曲成各种各样的形状或设置为具有三维轮廓的效果。

【例 3.12】 进入“例 3.11”文件夹，打开“南坪中学运动会组织结构图.docx”文档，将标题文字设置为艺术字，其设计效果如图 3-140 所示，还可参见例 3.12 文件夹中的艺术字设计样例。

操作步骤如下。

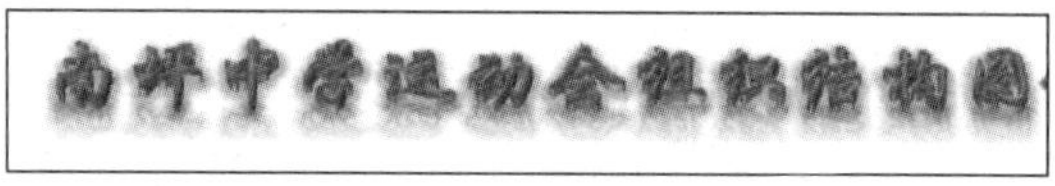

图 3-140　艺术字设计样例

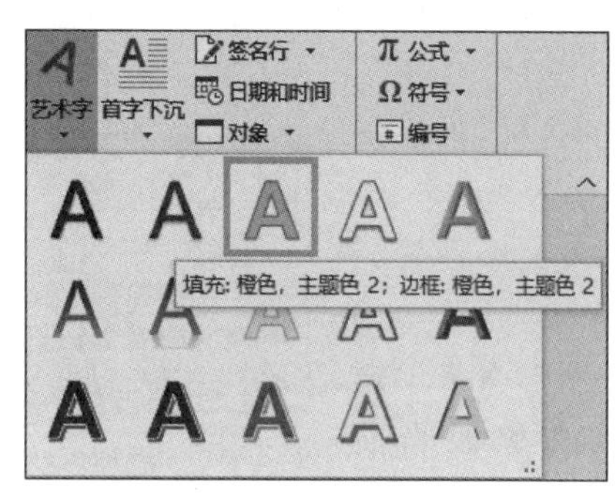

图 3-141　选择艺术字样式

(1) 创建艺术字。建立艺术字的方法通常有两种,一种是先选中文字,再将选中的文字转换为艺术字样式;另一种方法是先选择艺术字样式,再输入文字。

进入例 3.11 文件夹,打开“南坪中学运动会组织结构图.docx”文档,选中标题文字并将其字号修改为“一号”;在“插入”选项卡的“文本”组中单击“艺术字”按钮,在弹出的下拉列表中选择第 1 行第 3 列的“填充:橙色,主题色 2;边框:橙色,主题色 2”样式,如图 3-141 所示。

(2) 对艺术字进行编辑和格式化设置。

选中艺术字,弹出“绘图工具”→“格式”选项卡,其中包括“艺术字样式”“文本”“排列”和“大小”等 6 个组。利用各组中的命令按钮可以对艺术字进行编辑和格式设置,如图 3-142 所示。

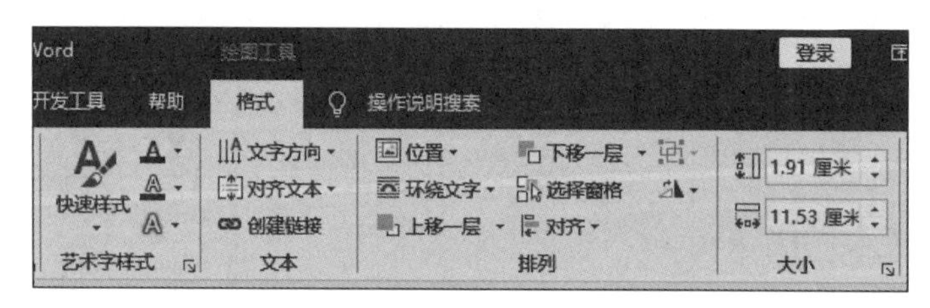

图 3-142　“绘图工具”→“格式”选项卡

按照设计样例,选中艺术字,进行如下设置。

① 在“排列”组中,单击“环绕文字”按钮,在弹出的下拉列表中选择“四周型”选项,如图 3-143 所示。

② 在“大小”组中将艺术字高度值调整为“2 厘米”,宽度值调整为“12 厘米”,如图 3-144 所示。

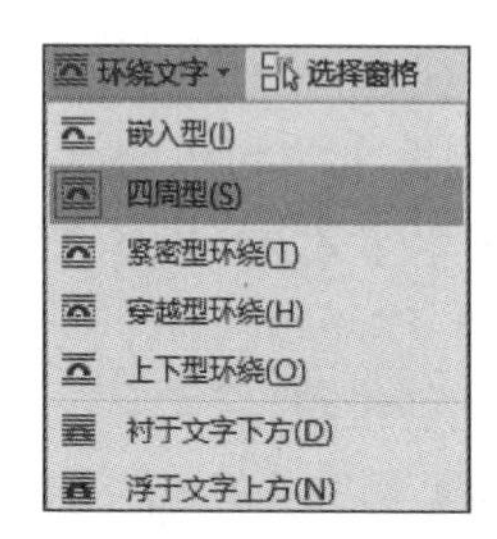

图 3-143　“环绕文字”下拉列表

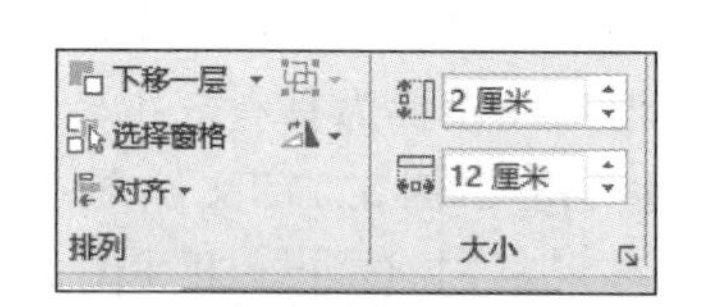

图 3-144　“大小”组

③ 在“艺术字样式”组中单击“文本效果”按钮，在弹出的下拉列表中选择“映像”→“映像变体”中的“半映像：接触”选项，如图 3-145 所示。

④ 在“艺术字样式”组中单击“文本效果”按钮，在弹出的下拉列表中选择“发光”→“发光变体”中的“发光：8 磅；橙色，主题色 2”选项，如图 3-146 所示。

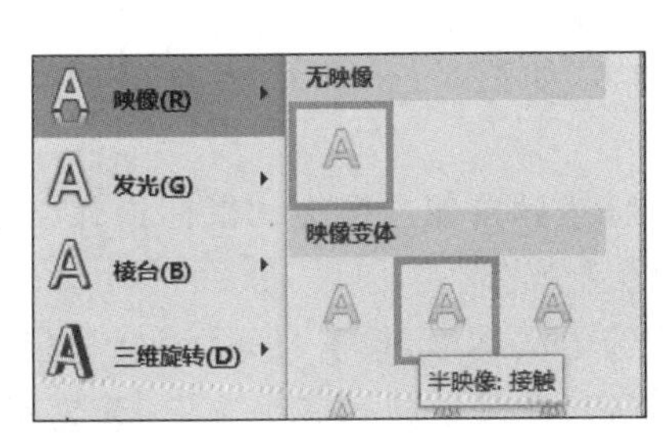

图 3-145　选择“映像”选项

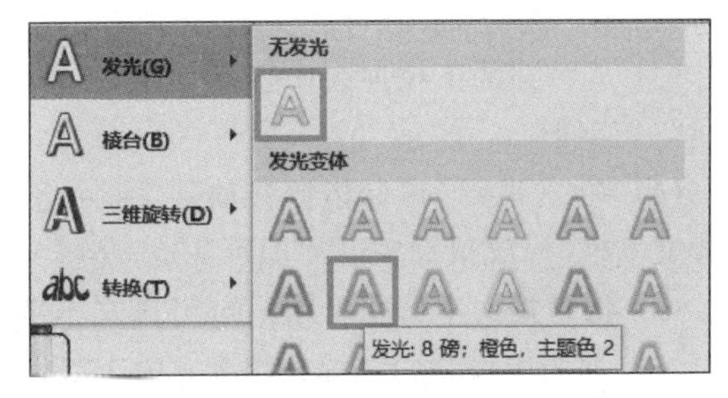

图 3-146　选择“发光”选项

⑤ 在“艺术字样式”组中单击“文本效果”按钮，在弹出的下拉列表中选择“棱台”→“棱台”中的“角度”选项，如图 3-147 所示。

⑥ 在“艺术字样式”组中单击“文本效果”按钮，在弹出的下拉列表中选择“三维旋转”→“角度”中的“透视：适度宽松”选项，如图 3-148 所示。

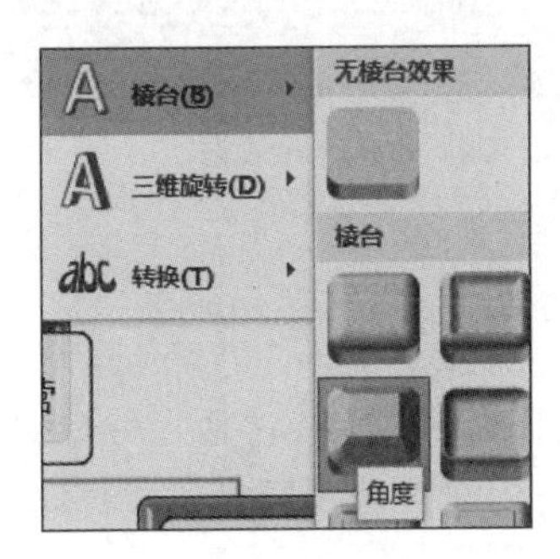

图 3-147　选择“棱台”选项

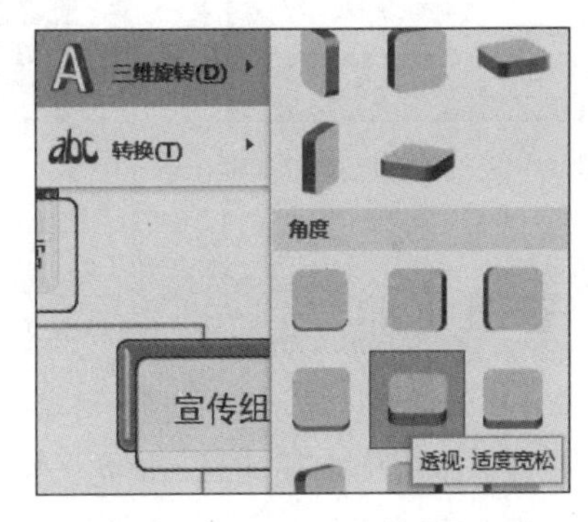

图 3-148　选择“三维旋转”选项

（3）保存文档。全部设计完成后，以“艺术字设计结果.docx”为文件名保存到“例 3.12”文件夹中。

3.6.5　使用文本框

文本框是实现图文混排时非常有用的工具，它如同一个容器，在其中可以插入文字、表格、图形等不同的对象，可置于页面的任何位置，并可随意调整其大小，放到文本框中的对象会随着文本框一起移动。在 Word 中，文本框用来建立特殊的文本，并且可以对其进行一些特殊处理，如设置边框、颜色和版式格式等。

Word 2016 提供了几种内置文本框，如简单文本框、奥斯丁提要栏和运动型引述等。通过插入这些内置文本框可以快速地制作出形式多样的优秀文档。

用户除了可以插入内置的文本框外，还可以根据需要手动绘制横排或竖排文本框，该文本框主要用于插入图片、表格和文本等对象。

【例 3.13】 进入“例 3.13”文件夹打开“竖排文本(素材).docx”文档，将横排文本转换成竖排文本，并设置适当的格式。

其操作步骤如下。

(1) 打开“竖排文本(素材).docx”文档。

(2) 在“插入”选项卡的“文本”组中单击“文本框”按钮。

(3) 从打开的下拉列表中选择“绘制竖排文本框”选项，如图 3-149 所示，此时鼠标指针变成“+”字形。

(4) 将“+”字形鼠标指针移动到文档中合适的位置，然后按住左键拖动鼠标指针绘制竖排文本框，释放鼠标左键后即可完成“竖排文本框”的绘制操作。

(5) 将横排文本剪切后粘贴至竖排文本框中，然后选中文本框，单击“形状填充”按钮，在其下拉列表中设置为浅绿色填充；单击“形状轮廓”按钮，在其下拉列表中选择“无轮廓”选项；适当调整文本框大小；切换至“开始”选项卡的“字体”组和“段落”组中设置字体格式和文本段落格式。最终效果如图 3-150 所示。

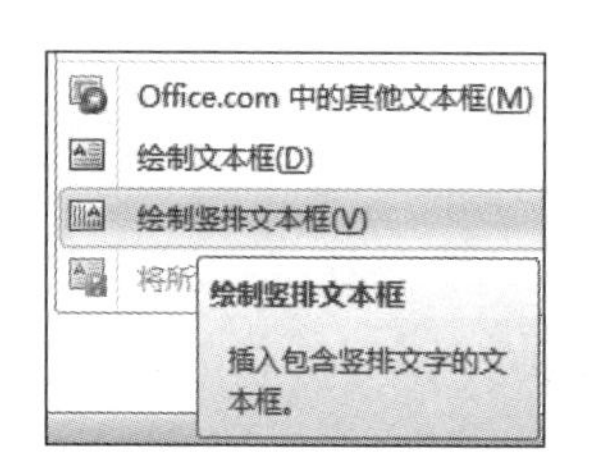

图 3-149 绘制竖排文本框

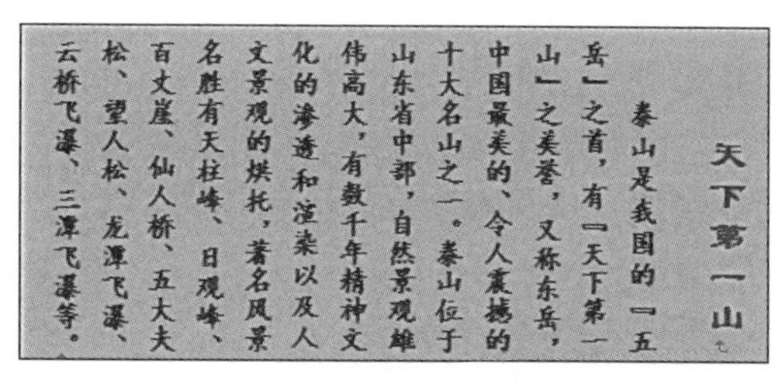

图 3-150 竖排文本设置效果

3.6.6 设置水印

在 Word 中，水印是显示在文档文本后面的半透明图片或文字，它是一种特殊的背景，在文档中使用水印可增加趣味性，水印一般用于标识文档，在页面视图模式或打印出的文档中才可以看到水印。

【例 3.14】 进入“例 3.14”文件夹打开“设置水印(素材).docx”文档，设置文字水印。

其操作步骤如下。

(1) 在“设计”选项卡的“页面背景”组中单击“水印”按钮。

(2) 在弹出的“水印”按钮的下拉列表中选择“自定义水印”选项，如图 3-151 所示。

(3) 在打开的“水印”对话框中，如果制作图片水印，则选中“图片水印”单选按钮，并勾选“冲蚀”复选框，单击“选择图片”按钮，打开“插入图片”对话框，选择一幅图片插入，然后单击“确定”按钮，即插入了图片水印。

(4) 本例要求制作文字水印，所以选中“文字水印”单选按钮，在“文字”下拉列表中输入文字，再设置字体、字号，字体颜色，并勾选“半透明”复选框，选中“斜式”或“水平”单选按钮，然后单击“确定”或“应用”按钮，再单击“关闭”按钮关闭对话框，如图 3-152 所示，即插入了文字水印。设置效果可进入“例 3.14”文件夹打开“设置文字水印(样张).docx”文档查看。

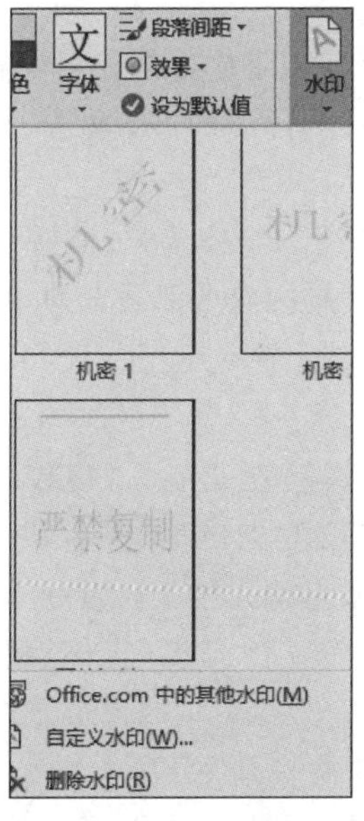

图 3-151 “水印”按钮下拉列表

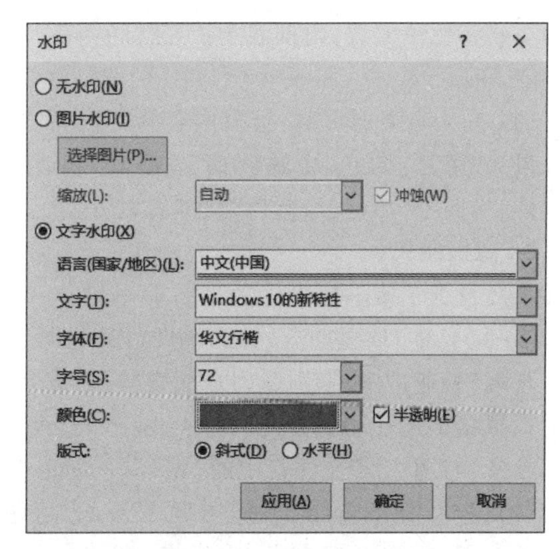

图 3-152 “水印”对话框

习 题 3

1. 文档排版练习

进入“第 3 章 素材库\习题 3\习题 3.1”文件夹，打开 XT3_1. docx 文档，并对文档中的文字进行编辑和排版，最后将文档以“XT3_1 排版. docx”为文件名保存于“习题 3.1”文件夹中，具体要求如下：

(1) 将文中所有错词“电子尚无”替换为“电子商务”；自定义页面纸张大小为 19.5 厘米(宽) ×27 厘米(高度)；设置页面左、右边距为 3 厘米；为页面添加 1 磅、深红色(标准色)、“方框”型边框；设置页面颜色为“水绿色，个性色 5，淡色 80%”；

(2) 将标题段(1. 国内企业申请的专利部分)设置为四号深蓝色楷体、加粗、居中，绿色边框、边框宽度为 3 磅、黄色底纹。

(3) 正文(根据我国企业申请的……围绕了认证、安全、支付来研究的。)字体设置为宋体(中文正)、五号，首行缩进 2 字符，行距设置为 18 磅。

(4) 正文第一段(根据我国企业申请的……覆盖的领域包括：)分两栏，中间加分隔线；最后一段(如果和电子商务知识产权……围绕了认证、安全、支付来研究的。)设置为首字下沉两行、隶书、距正文 0.4 厘米。

(5) 为第一段(根据我国企业申请的……覆盖的领域包括：)和最后一段(如果和电子商务知识产权……围绕了认证、安全、支付来研究的。)间的 8 行设置项目符号。

(6) 为倒数第 9 行(表 4-2 国内企业申请的专利分类统计)插入脚注，脚注内容为“资料来源：中华人民共和国知识产权局”，脚注字体为小五号宋体(中文正)。将该行文本效果设置为“填充：紫色，主题色 4；软棱台”。

(7) 将最后面的 8 行文字转换为一个 8 行 3 列的表格。设置表格居中。

(8) 分别将表格第1列的第4、5行单元格、第3列的第4、5行单元格、第1列的第2、3行单元格和第3列的第2、3行单元格进行合并;表格中所有文字中部居中;设置表格外框线为3磅蓝色单实线,内框线为1磅黑色单实线;为表格第1行添加“水绿色,个性色5,淡色40%”的底纹。

(9) 插入页眉、页脚。页眉内容为“我国的电子商务专利”,字体为楷体、三号,居中,文本效果为“填充:红色,主题色2;边框:红色,主题色2”;页脚内容为系统日期和时间,字体为楷体、小四号、加粗、深蓝色,文本右对齐。

2. 海报制作

某高校为了使学生更好地进行职场定位和职业准备、提高就业能力,该校学工处将于2013年4月29日(星期五)19:30—21:30在校国际会议中心举办题为“领慧讲堂—大学生人生规划”就业讲座,特别邀请资深媒体人、著名艺术评论家赵蕈先生担任演讲嘉宾。

请根据上述活动的描述,利用Microsoft Word制作一份宣传海报(宣传海报的参考样式请参考“习题3.2”文件夹中的“Word—海报参考样式.docx”文件),要求如下。

(1) 进入“第3章 素材库\习题3”下的“习题3.2”文件夹打开XT3_2.docx文档,对文档中的文字进行编辑和排版,最后将文档以“XT3_2排版.docx”为文件名保存到“习题3.2”文件夹中。

(2) 调整文档版面,要求页面高度35厘米,页面宽度27厘米,页边距(上、下)为5厘米,页边距(左、右)为3厘米,并将“习题3.2”文件夹中的图片“Word—海报背景图片.jpg”设置为海报背景。

(3) 在“报告人:”位置后面输入报告人姓名(赵蕈)。

(4) 根据“Word—海报参考样式.docx”文件,将标题“领慧讲堂就业讲座”字体、字号和颜色分别设置为“华文琥珀”“初号”和“红色”,并居中显示;将正文部分“报告题目:大学生人生规划……报告地点:校国际会议中心”的字体设置为“宋体”“二号”,字体颜色为“深蓝”和“白色,背景1”(参见样式);将“欢迎大家踊跃参加”设置为“华文行楷”“初号”“白色,背景1”并居中显示(参见样式)。

(5) 根据版面布局需要,将“报告题目:大学生人生规划……报告地点:校国际会议中心”5段文字的段落格式设置为“行距”为“单倍行距”,“段前”和“段后”间距为0行,“首行缩进”为“3.5字符”;将“主办:校学工处”的字体设置为“宋体”“二号”,字体颜色为“深蓝”和“白色,背景1”并右对齐(参见样式)。

(6) 在“主办:校学工处”位置后另起一页,并设置第2页的页面纸张大小为A4篇幅,将纸张方向设置为“横向”,页边距上、下、左、右均为2.5厘米,并选择“普通”。第2页文本的字符格式和段落格式请参照样例设置。

(7) 在新页面的“日程安排”段落下面复制本次活动的日程安排表(请参考“Word—活动日程安排.xlsx”文件),要求表格内容引用Excel文件中的内容,如若Excel文件中的内容发生变化,Word文档中的日程安排信息将随之发生变化。

(8) 在新页面的“报名流程”段落下面利用SmartArt制作本次活动的报名流程(学工处报名、确认座席、领取资料、领取门票)。

(9) 设置“报告人介绍”段落下面的文字排版布局为参考示例文件中所示的样式。

(10) 更换报告人照片为“习题3.2”文件夹下的“Pic 2.jpg”照片,将该照片调整到适当位置，并不要遮挡文档中的文字内容，然后设置“柔化”为 50%，“亮度和对比度”为“－20%和＋40%”。

3. 邀请函制作

进入“第 3 章 素材库\习题 3”下的“习题 3.3”文件夹，打开文档 XT3_3.docx，按以下具体要求进行编辑、排版，最后以“XT3_3 排版.docx”为文件名保存到“习题 3.3”文件夹中。

问题的提出：为召开云计算技术交流大会，小王需制作一批邀请函，要邀请的人员名单见“Word 人员名单.xlsx”，邀请函的样式参见“邀请函参考样式.docx”，大会定于 2013 年 10 月 19 日至 20 日在武汉举行。

请根据上述活动的描述，利用 Microsoft Word 制作一批邀请函，要求如下。

(1) 修改标题“邀请函”文字的字体为宋体、字号为小四，并设置为加粗、字体颜色为红色、黄色阴影、居中。

(2) 设置正文各段落为 1.25 倍行距，段后间距为 0.5 倍行距；设置正文首行缩进两个字符。

(3) 落款和日期位置为右对齐，右侧缩进 3 个字符。

(4) 将文档中“XXX 大会”替换为“云计算技术交流大会”。

(5) 设置页面高度 27 厘米，页面宽度 27 厘米，上、下页边距为 3 厘米，左、右页边距为 3 厘米。

(6) 将电子表格“Word 人员名单.xlsx”中的姓名信息自动填写到“邀请函”中“尊敬的”3 个字后面，并根据性别信息在姓名后添加“先生”(性别为男)或“女士”(性别为女)。

(7) 设置页面边框为红“★”。

(8) 在正文第 2 段的第一句话“……进行深入而广泛的交流”后插入脚注“参见 http://www.cloudcomputing.cn 网站”。

(9) 将设计的主文档以文件名“XT3_3 排版.docx”保存，并生成最终文档，以“邀请函.docx”为文件名保存到“习题 3.3”文件夹中。

第 4 章 Excel 2016 电子表格处理

Excel 2016 是微软公司 Office 2016 系列办公软件中的重要组成部分，是一款集数据表格、数据库、图表等于一身的优秀电子表格软件。其功能强大，技术先进，使用方便，不仅具有 Word 表格的数据编排功能，而且提供了丰富的函数和强大的数据分析工具，可以简单、快捷地对各种数据进行处理、统计和分析，可以通过各种统计图表的形式把数据形象地表示出来。由于 Excel 2016 可以使用户轻松愉快地组织、计算和分析各种类型的数据，因此被广泛应用于财务、行政、金融、统计和审计等众多领域。

学习目标：

- 理解 Excel 2016 电子表格的基本概念。
- 掌握 Excel 2016 的基本操作以及编辑、格式化工作表的方法。
- 掌握公式、函数和图表的使用方法。
- 掌握常用的数据管理与分析方法。
- 熟悉 Excel 2016 的数据综合管理与决策分析功能应用方法。

4.1 Excel 2016 概述

Excel 2016 是一款非常出色的电子表格软件，它具有界面友好、操作简便、易学易用等特点，在人们的工作、学习和生活中起着越来越重要的作用。

4.1.1 Excel 2016 的基本功能

Excel 2016 到底能够解决我们日常工作中的哪些问题呢？下面简要介绍其 4 个方面的实际应用。

1. 表格制作

制作或者填写一个表格是用户经常遇到的工作内容，手工制作表格不仅效率低，而且格式单调，难以制作出一个好的表格。但是，利用 Excel 2016 提供的丰富功能可以轻松、方便地制作出具有较高专业水准的电子表格，以满足用户的各种需要。

2. 数据运算

在 Excel 2016 中，用户不仅可以使用自己定义的公式，而且可以使用系统提供的九大类函数，以完成各种复杂的数据运算。

3. 数据处理

在日常生活中有许多数据都需要处理，Excel 2016 具有强大的数据库管理功能，利用它所提供的有关数据库操作的命令和函数可以十分方便地完成排序、筛选、分类汇总、查询及数据透视表等操作，Excel 2016 的应用也因此更加广泛。

4. 建立图表

Excel 2016 提供了 14 大类图表，每一大类又有若干子类。用户只需使用系统提供的图表向导功能和选择表格中的数据就可方便、快捷地建立一个既实用又具有多种风格的图表。使用图表可以直观地表达工作表中的数据，增加了数据的可读性。

4.1.2 Excel 2016 的窗口和文档格式

在 Office 2016 中，Excel 文档的新建、保存、打开和关闭与 Word 文档的操作类似，在此不再赘述。下面主要介绍 Excel 2016 窗口和 Excel 文档格式。

1. Excel 2016 的窗口

启动 Excel 2016 程序后，即打开 Excel 2016 窗口，如图 4-1 所示。

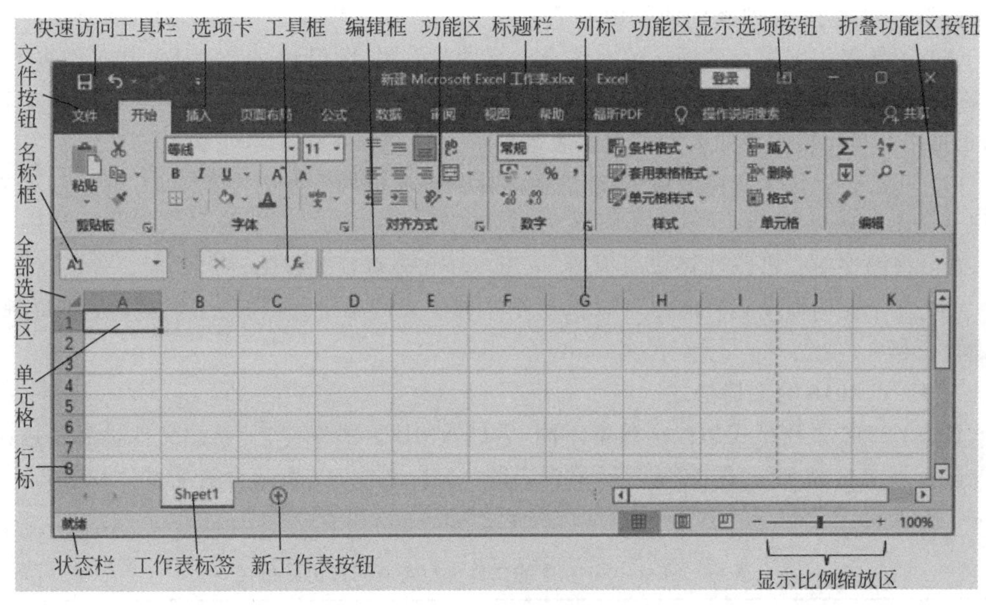

图 4-1 Excel 2016 窗口

Excel 2016 工作界面与 Word 2016 有相似之处，但也有自己的特色。Excel 2016 窗口由标题栏、选项卡、功能区、数据编辑区、工作表、工作表标签和状态栏等组成。

(1) 标题栏。位于窗口的最上端，其中从左至右显示的是快速访问工具栏、当前正打开的 Excel 文件名称、功能区显示选项按钮、最小化按钮、最大化/向下还原按钮和关闭按钮。

(2) "文件"按钮和选项卡。单击"文件"按钮，可打开 Backstage 视图，该视图用于完成文档的相关操作，如新建、打开、关闭和保存文档等。

在"文件"按钮右侧排列着"开始""插入""页面布局""公式""数据""审阅"和"视图"选项卡，单击不同的选项卡，可以打开相应的命令，这些命令按钮按功能显示在不同的功能区中。

(3) 功能区。同一类操作命令会放在同一个功能区中。例如，"开始"选项卡主要包括剪贴板、字体、对齐方式、数字、样式、单元格和编辑等功能组。在功能组右下角有带↘标记的按钮，单击此按钮将弹出对应此功能组的设置对话框。

(4) 数据编辑区。可以对工作表中的数据进行编辑。它由名称框、工具框和编辑框3部分组成。

① 名称框：由列标和行标组成，用来显示编辑的位置，如名称框中的A1，表示当前选中的是第A列第1行的单元格，称为A1单元格。

② 工具框：单击"√(输入)"按钮可以确认输入内容；单击"×(取消)"按钮可以取消已输入的内容；单击"f_x(插入函数)"按钮可以在打开的"插入函数"对话框中选择要插入的函数。

③ 编辑框：其中显示的是单元格中已输入或编辑的内容，也可以在此直接输入或编辑内容。例如，在A1单元格对应的编辑框内，可以输入数值、文本或者插入公式和函数等操作。

(5) 行号列标。行号在工作表的左侧，以数字形式显示；列标在工作表的上方，以大写英文字母形式显示，起到坐标的作用。

(6) 工作表。工作表是操作的主体，Excel中的表格、图形和图表就是放在工作表中，它由若干单元格组成。单元格是组成工作表的基本单位。用户可以在单元格中编辑数字和文本，也可以在单元格区域插入和编辑图表等。

(7) 状态栏。位于窗口的最下端，左侧显示当前光标插入点的位置等，右侧是显示视图按钮和显示比例尺等。

(8) 视图按钮。可以选择普通视图、页面布局和分页预览视图。

(9) 显示比例拖动条。用户可以拖动此控制条来调整工作表显示的缩放大小，右侧显示缩放比例。

2. Excel 2016 的文档格式

Excel 2016 文档格式与以前版本不同，它以XML格式保存，其新的文件扩展名是在以前文件扩展名后添加x或m，x表示不含宏的XML文件，m表示含有宏的XML文件，如表4-1所示。

表4-1　Excel 2016 中的文件类型与其对应的扩展名

文件类型	扩展名
Excel 2016 工作簿	.xlsx
Excel 2016 启用宏的工作簿	.xlsm
Excel 2016 模板	.xltx
Excel 2016 启用宏的模板	.xltm

4.1.3　Excel 电子表格的结构

1. 工作簿

工作簿是计算和存储数据的Excel文件，是Excel 2016文档中一个或多个工作表的集合，其扩展名为.xlsx。每一个工作簿可由一张或多张工作表组成，新建一个Excel文件时默认包含一张工作表(Sheet1)，用户可根据需要插入或删除工作表。一个工作簿中最多可包含255张工作表，最少1张，Sheet1默认为当前活动工作表。如果把一个Excel工作簿看成一个账本，那么一页就相当于账本中的每一张工作表。

2. 工作表

工作表由行标，列标和网格线组成，即由单元格构成，也称为电子表格。一个 Excel 工作表最多有 1 048 576 行、16 348 列组成，即最多可以有 1 048 576×16 348 个单元格。行标用数字 1～1 048 576 表示，列标用字母 A～Z，AA～AZ，BA～BZ，…，XFD 表示。

3. 活动工作表

Excel 的工作簿中可以有多个工作表，但一般来说，只有一个工作表位于最前面，这个处于正在操作状态的电子表格称为活动工作表，例如，单击工作表标签中的 Sheet2 标签，就可以将其设置为活动工作表。

4. 单元格

单元格是组成工作表的基本元素，工作表中行列的交叉位置就是一个单元格。单元格内输入和保存的数据，既可以包含文字、数字或公式，也可以包含图片和声音等。除此之外，对于每一个单元格中的内容，用户还可以设置格式，如字体、字号、对齐方式等。所以，一个单元格由数据内容、格式等部分组成。

在 Excel 中，所有对工作表的操作都是建立在对单元格操作的基础上，因此对单元格的选中与数据输入及编辑是最基本的操作。

5. 单元格的地址

单元格的地址由列标＋行标组成，如第 C 列第 5 行交叉处的单元格，其地址是 C5。单元格的地址可以作为变量名用在表达式中，如 A2＋B3 表示将 A2 和 B3 这两个单元格的数值相加。单击某个单元格，该单元格就成为当前单元格，在该单元格右下角有一个小方块，这个小方块称为填充柄或复制柄，用来进行单元格内容的填充或复制。当前单元格和其他单元格的区别是呈突出显示状态。

6. 单元格区域

在利用公式或函数进行运算时，若参与运算的是由若干相邻单元格组成的连续区域，可以使用区域的表示方法进行简化。只写出区域开始和结尾的两个单元格的地址，两个地址之间用冒号“:”隔开，即可表示包括这两个单元格在内的它们之间所有的单元格。如表示 A1～A8 这 8 个单元格的连续区域可表示为 A1:A8。

区域表示法有以下 3 种情况。

- 同一行的连续单元格。如 A1:F1 表示第一行中的第 A 列到第 F 列的 6 个单元格，所有单元格都在同一行。
- 同一列的连续单元格。如 A1: A10 表示第 A 列中的第 1 行到第 10 行的 10 个单元格，所有单元格都在同一列。
- 矩形区域中的连续单元格。如 A1:C4 则表示以 A1 和 C4 作为对角线两端的矩形区域，共 3 列 4 行 12 个单元格。如果要对这 12 个单元格的数值求平均值，就可以使用求平均值函数 AVERAGE(A1:C4)来实现。

4.2 Excel 2016 的基本操作

对工作簿的操作，也就是对 Excel 文档的操作，与 Word 基本相似。下面主要介绍工作表的基本操作、输入数据、编辑工作表、格式化工作表和打印工作表。

4.2.1 工作表的基本操作

新建立的工作簿中只包含 1 张工作表,用户还可以根据需要添加工作表,如前所述,最多可以增加到 255 张。对工作表的操作是指对工作表进行选择、插入、删除、移动、复制和重命名等操作,所有这些操作都可以在 Excel 窗口的工作表标签上进行。

1. 选择工作表

选择工作表操作可以分为选择单张工作表和选择多张工作表。

1) 选择单张工作表

选择单张工作表时只需单击某个工作表的标签即可,该工作表的内容将显示在工作簿窗口中,同时对应的标签变为白色。

2) 选择多张工作表

(1) 选择连续的多张工作表可先单击第一张工作表的标签,然后按住 Shift 键单击最后一张工作表的标签。

(2) 选择不连续的多张工作表可按住 Ctrl 键后分别单击要选择的每张工作表的标签。

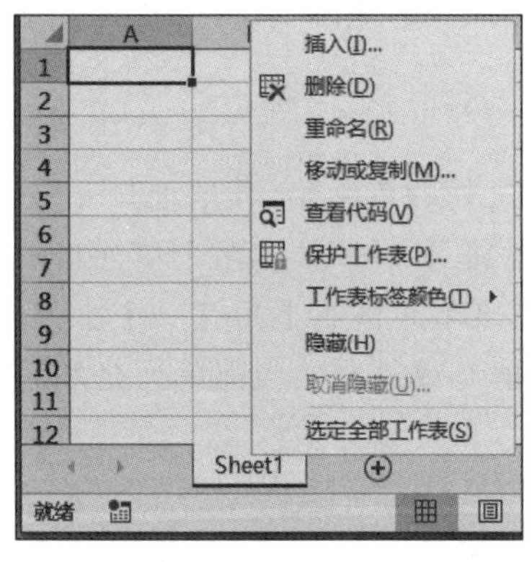

图 4-2 工作表标签的快捷菜单

对于选定的工作表,用户可以进行复制、删除、移动和重命名等操作。最快捷的方法是右击选定工作表的工作表标签,然后在弹出的快捷菜单中选择相应的操作命令。快捷菜单如图 4-2 所示。用户还可利用快捷菜单选定全部工作表。

2. 插入工作表

如果要在某个工作表前面插入一张新工作表,操作步骤如下:

(1) 右击工作表标签,弹出其快捷菜单,如图 4-2 所示,选择“插入”命令,弹出“插入”对话框,如图 4-3 所示。

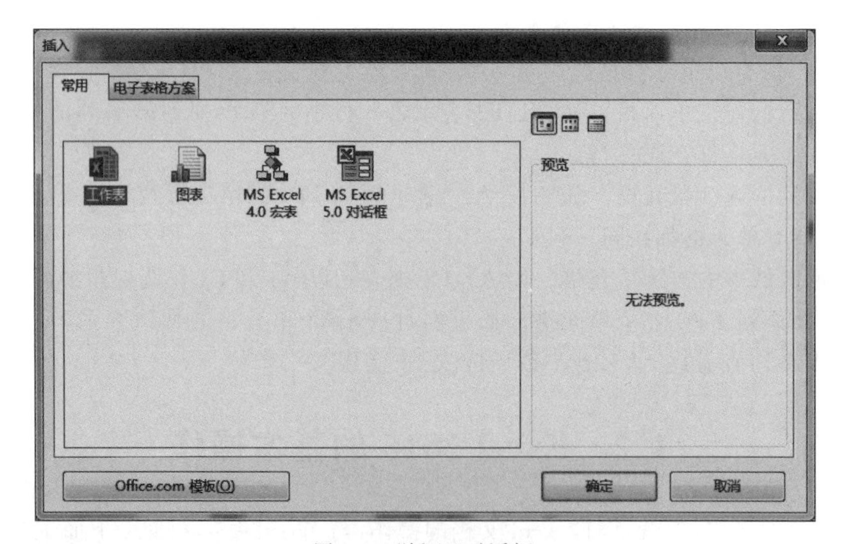

图 4-3 “插入”对话框

（2）切换到“常用”选项卡选择“工作表”，或者切换到“电子表格方案”选项卡选择某个固定格式表格，然后单击“确定”按钮关闭对话框。

插入的新工作表会成为当前工作表。其实，插入新工作表最快捷的方法还是单击工作表标签右侧的“新工作表”按钮。

3. 删除工作表

删除工作表的方法是首先选定要删除的的工作表，然后右击工作表标签，在弹出快捷菜单中选择“删除”命令。

如果工作表中含有数据，则会弹出确认删除对话框，如图 4-4 所示，单击“删除”按钮，则该工作表即被删除，该工作表对应的标签也会消失。被删除的工作表无法用“撤销”命令来恢复。

如果要删除的工作表中没有数据，则不会弹出确认删除对话框，工作表将被直接删除。

4. 移动和复制工作表

图 4-4　确认删除对话框

工作表在工作簿中的顺序并不是固定不变的，用户可以通过移动重新安排它们的排列次序。移动或复制工作表的方法如下：

- 选定要移动的工作表，在标签上按住鼠标左键拖动，在拖动的同时可以看到鼠标指针上多了一个文档标记，同时在工作表标签上有一个黑色箭头指示位置，拖到目标位置处释放左键，即可改变工作表的位置，如图 4-5 所示。按住 Ctrl 键拖动实现的是复制操作。
- 右击工作表标签，选择快捷菜单中的“移动或复制”命令，弹出“移动或复制工作表”对话框，如图 4-6 所示，选择要移动到的位置。如果选中“建立副本”复选框，则实现的是复制操作。

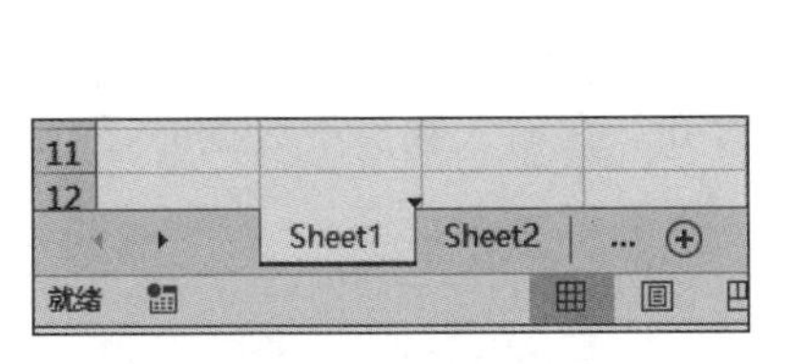

图 4-5　拖动工作表标签

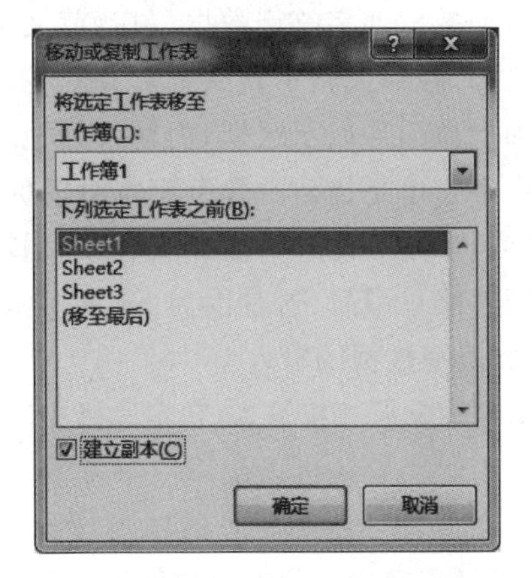

图 4-6　移动或复制工作表对话框

5. 重命名工作表

Excel 2016 在建立一个新的工作簿时只有一个工作表且以 Sheet1 命名。但在实际工作中，这种命名不便于记忆，也不利于进行有效管理，用户可以为工作表重新命名。重命名工作表常采用如下两种方法：

• 双击工作表标签。

• 右击工作表标签,选择快捷菜单中的"重命名"命令。

【说明】 上述两种方法均会使工作表标签变成黑底白字,输入新的工作表名后单击工作表中其他任意位置或按 Enter 键即可确认重命名。

4.2.2 输入数据

1. 输入数据的基本方法

输入数据的一般操作步骤如下:

(1) 单击某个工作表标签,选择要输入数据的工作表。

(2) 单击要输入数据的单元格,使之成为当前单元格,此时名称框中显示该单元格的名称。

(3) 向该单元格直接输入数据,也可以在编辑框输入数据,输入的数据会同时显示在该单元格和编辑框中。

(4) 如果输入的数据有错,可单击工具框中的"×"按钮或按 Esc 键取消输入,然后重新输入。如果正确,可单击工具框中的"√"按钮或按 Enter 键确认。

(5) 继续向其他单元格输入数据。选择其他单元格可用如下方法:

• 按方向键→、←、↓、↑。

• 按 Enter 键。

• 直接单击其他单元格。

2. 各种类型数据的输入

在每个单元格中可以输入不同类型的数据,如数值、文本、日期和时间等。输入不同类型的数据时必须使用不同的格式,只有这样 Excel 才能识别输入数据的类型。

1) 文本型数据的输入

文本型数据即字符型数据,包括英文字母、汉字、数字以及其他字符。显然,文本型数据就是字符串,在单元格中默认左对齐。在输入文本时,如果输入的是数字字符,则应在数字文本前加上单引号以示区别,而输入其他文本时可直接输入。

数字字符串是指全由数字字符组成的字符串,如学生学号、身份证号和邮政编码等。这种数字字符串是不能参与诸如求和、求平均值等运算的。所以在此特别强调,输入数字字符串时不能省略单引号,这是因为 Excel 无法判断输入的是数值还是字符串。

2) 数值型数据的输入

数值型数据可直接输入,在单元格中默认的是右对齐。在输入数值型数据时,除了 0~9、正负号和小数点外还可以使用以下符号。

• E 和 e 用于指数符号的输入,例如 5.28E+3。

• 以"$"或"¥"开始的数值表示货币格式。

• 圆括号表示输入的是负数,例如,(735)表示-735。

• 逗号","表示分节符,例如 1,234,567。

• 以符号"%"结尾表示输入的是百分数,例如 50%。

如果输入的数值长度超过单元格的宽度,将会自动转换成科学计数法,即指数法表示。例如,如果输入的数据为 123456789,则会在单元格中显示 1.234567E+8。

3）日期型数据的输入

日期型数据的输入格式比较多，例如要输入日期 2011 年 1 月 25 日。

(1) 如果要求按年月日顺序，常使用以下 3 种格式输入。

- 11/1/25。
- 2011/1/25。
- 2011-1-25。

上述 3 种格式输入确认后，单元格中均显示相同格式，即 2011-1-25。在此要说明的是，第 1 种输入格式中年份只用了两位，即 11 表示 2011 年。但如果要输入 1909，则年份就必须按 4 位格式输入。

(2) 如果要求按日月年顺序，常使用以下两种格式输入，输入结果均显示为第 1 种格式。

- 25-Jan-11。
- 25/Jan/11。

如果只输入两个数字，则系统默认为输入的是月和日。例如，如果在单元格中输入 2/3，则表示输入的是 2 月 3 日，年份默认为系统年份。如果要输入当天的日期，可按 Ctrl＋；组合键。

输入的日期型数据在单元格中默认右对齐。

4）时间型数据的输入

在输入时间时，时和分之间、分和秒之间均用冒号(:)隔开，也可以在时间后面加上 A 或 AM、P 或 PM 等分别表示上、下午，即使用格式 hh:min:ss[a/am/p/pm]，其中秒 ss 和字母之间应该留有空格，例如 7:30 AM。

另外，也可以将日期和时间组合输入，输入时日期和时间之间要留有空格，例如 2009-1-5 10:30。

若要输入当前系统时间，可以按 Ctrl＋Shift＋；组合键。

输入的时间型数据和输入的日期型数据一样，在单元格中默认右对齐。

5）分数的输入

由于分数线、除号和日期分隔符均使用同一个符号"/"，所以为了使系统区分输入的是日期还是分数，规定在输入分数时要在分数前面加上 0 和空格。例如，输入分数 1/3，则应先在单元格输入 0 和空格，再输入 1/3，即 0 1/3，这时编辑框显示的是 0.333333333333333，而单元格仍显示 1/3。如果要输入 5/3，应向单元格输入 0 5/3 或输入 1 2/3。

6）逻辑值的输入

在单元格中对数据进行比较运算时可得到 True(真)或 False(假)两种比较结果，逻辑值在单元格中的对齐方式默认为居中。

3. 自动填充有规律性的数据

如果要在连续的单元格中输入相同的数据或具有某种规律的数据，如数字序列中的等差序列、等比序列和有序文字(即文字序列)等，使用 Excel 的自动填充功能可以方便、快捷地完成输入操作。

1）自动填充相同的数据

在单元格的右下角有一个黑色的小方块，称为填充柄或复制柄，当鼠标指针移至填充柄处时鼠标指针的形状变成"+"字形。选定一个已输入数据的单元格后拖动填充柄向相邻的单元格移动,可填充相同的数据,如图 4-7 所示。

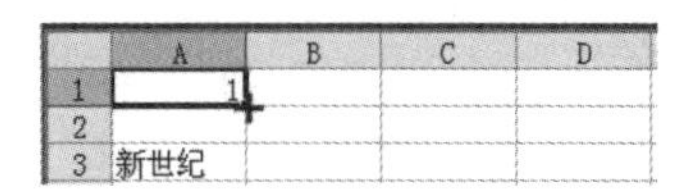

	A	B	C	D
1	1			
2				
3	新世纪			

	A	B	C	D
1	1	1	1	1
2				
3	新世纪	新世纪	新世纪	新世纪

图 4-7　自动填充相同数据

2) 自动填充数字序列

如果要输入的数字型数据具有某种特定规律,如等差序列或等比序列(又称为数字序列),也可使用自动填充功能。

【例 4.1】 在 A1:G1 单元格中分别输入数字 1、3、5、7、9、11、13,如图 4-8 所示。

填充数字序列与文字序列.xls

	A	B	C	D	E	F	G
1	1	3	5	7	9	11	13
2							
3	1	2	4	8	16	32	64
4							
5	星期一	星期二	星期三	星期四	星期五	星期六	星期日

图 4-8　使用填充柄填充数字序列和文字序列

本例要输入的是一个等差序列,操作步骤如下:

(1) 在 A1 和 B1 单元格中分别输入两个数字 1 和 3。

(2) 选中 A1、B1 两个单元格,此时这两个单元格被黑框包围。

(3) 将鼠标指针移动到 B1 单元格右下角的填充柄处,指针变为细十字形状"+"。

(4) 按住鼠标左键拖动"+"形状控制柄到 G1 单元格后释放,这时 C1 到 G1 单元格即会分别填充数字 5、7、9、11 和 13。

【说明】 用鼠标拖动填充柄填充的数字序列默认为填充等差序列,如果要填充等比序列,则要在"开始"选项卡的"编辑"组中单击"填充"按钮。

【例 4.2】 在 A3:G3 单元格区域的单元格中分别输入数字 1、2、4、8、16、32、64。如图 4-8 所示。

本例要输入的是一个等比序列,操作步骤如下:

(1) 在 A3 单元格输入第一个数字 1。

(2) 选中 A3:G3 单元格区域。

(3) 在"开始"选项卡的"编辑"组中单击"填充"按钮右侧的下拉按钮,在打开的下拉列表中选择"系列"选项,打开"序列"对话框,如图 4-9 所示。

(4) 在"序列产生在"选项组中选中"行"单选按钮;在"类型"选项组中选中"等比序列"单选按钮;在"步长值"文本框中输入数字 2;由于在此之前已经选中 A3:G3 单元格区域,因此"终止值"文本框中就不需要输入任何值。

(5) 单击"确定"按钮关闭对话框。这时 A3:G3 单元格区域的单元格中即分别填充了数字 1、2、4、8、16、32、64。从对话框可以看出,使用填充命令还可以进行日期的填充。

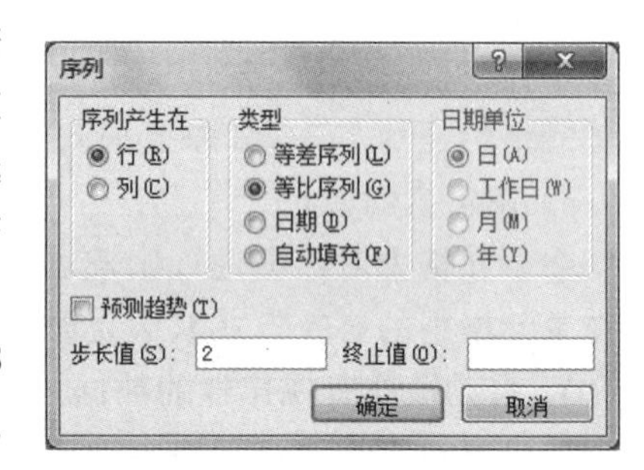

图 4-9　"序列"对话框

3) 自动填充文字序列

用上述方法不仅可以输入数字序列,而且还可以输入文字序列。

【例 4.3】 利用填充法在 A5:G5 单元格区域的单元格中分别输入星期一至星期日。如图 4-8 所示。

本例要输入的是一个文字序列，操作步骤如下：

(1) 在 A5 单元格输入文字"星期一"。

(2) 单击选中 A5 单元格，并将鼠标指针移动到该单元格右下角的填充柄处，此时指针变成十字形状"+"。

(3) 拖动填充柄到 G5 单元格后释放鼠标，这时 A5:G5 单元格区域的单元格中即分别填充了所要求的文字。

【注意】 本例中的"星期一""星期二"……"星期日"等文字是 Excel 预先定义好的文字序列，所以，在 A5 单元格输入了"星期一"后，拖动填充柄时，Excel 就会按该序列的内容依次填充"星期二"…"星期日"等。如果序列的数据用完了，会再使用该序列的开始数据继续填充。

Excel 在系统中已经定义了以下常用文字序列：

- 日、一、二、三、四、五、六。
- Sunday、Monday、Tuesday、Wednesday、Thursday、Friday、Saturday。
- Sun、Mon、Tue、Wed、Thur、Fri、Sat。
- 一月、二月…。
- January、Februay…。
- Jan、Feb…。

4.2.3 编辑工作表

编辑工作表的操作主要包括修改内容、复制内容、移动内容、删除内容、增删行/列等，在进行编辑之前首先要选择对象。

1. 选择操作对象

选择操作对象主要包括选择单个单元格、选择连续区域、选择不连续多个单元格或区域以及选择特殊区域。

(1) 选择单个单元格。选择单个单元格可以使某个单元格成为活动单元格。单击某个单元格，该单元格以黑色方框显示，即表示被选中。

(2) 连续区域的选择。选择连续区域的方法有以下 3 种(以选择 A1:F5 为例)。

- 单击区域左上角的单元格 A1，然后按住鼠标左键拖动到该区域的右下角单元格 F5。
- 单击区域左上角的单元格 A1，然后按住 Shift 键后单击该区域右下角的单元格 F5。
- 在名称框中输入 A1:F5，然后按 Enter 键。

(3) 不连续多个单元格或区域的选择。按住 Ctrl 键分别选择各个单元格或单元格区域。

(4) 特殊区域的选择。特殊区域的选择主要是指以下不同区域的选择：

- 选择某个整行：直接单击该行的行号。
- 选择连续多行：在行标区按住鼠标左键从首行拖动到末行。
- 选择某个整列：直接单击该列的列号。

- 选择连续多列：在列标区按住鼠标左键从首列拖动到末列。
- 选择整个工作表：单击工作表的左上角(即行标与列标相交处)的“全部选定区”按钮或按 Ctrl+A 组合键。

2. 修改单元格内容

修改单元格内容的方法有以下两种：

- 双击单元格或选中单元格后按 F2 键，使光标变成闪烁的方式，便可直接对单元格的内容进行修改。
- 选中单元格，在编辑框中进行修改。

3. 移动单元格内容

若要将某个单元格或某个区域的内容移动到其他位置上，可以使用鼠标拖动法或剪贴板法。

1) 鼠标拖动法

首先将鼠标指针移动到所选区域的边框上，然后按住鼠标左键拖动到目标位置即可。在拖动过程中，边框显示为虚框。

2) 剪贴板法

操作步骤如下：

(1) 选定要移动内容的单元格或单元格区域。

(2) 在“开始”选项卡的“剪贴板”组中单击“剪切”按钮。

(3) 单击目标单元格或目标单元格区域左上角的单元格。

(4) 在“剪贴板”组中单击“粘贴”按钮。

4. 复制单元格内容

若要将某个单元格或某个单元格区域的内容复制到其他位置，同样也可以使用鼠标拖动法或剪贴板的方法。

1) 鼠标拖动法

首先将鼠标指针移动到所选单元格或单元格区域的边框，然后同时按住 Ctrl 键和鼠标左键拖动鼠标到目标位置即可。在拖动过程中边框显示为虚框。同时鼠标指针的右上角有一个小的十字符号“+”。

2) 剪贴板法

使用剪贴板复制的过程与移动的过程是一样的，只是要单击“剪贴板”组中的“复制”按钮。

5. 清除单元格

清除单元格或某个单元格区域不会删除单元格本身，而只是删除单元格或单元格区域中的内容、格式等之一或全部清除。

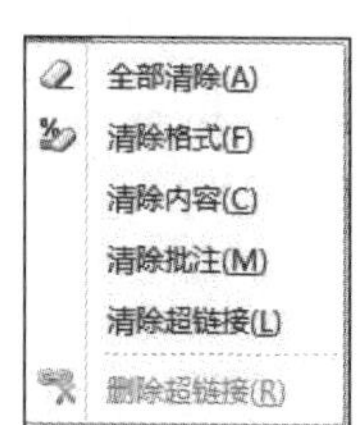

图 4-10 “清除”选项

操作步骤如下：

(1) 选中要清除的单元格或单元格区域。

(2) 在“开始”选项卡的“编辑”组中单击“清除”按钮，在其下拉列表中选择“全部清除”“清除格式”“清除内容”等选项之一，即可实现相应项目的清除操作，如图 4-10 所示。

【注意】 选中某个单元格或某个单元格区域后按 Delete 键，只能清除该单元格或单元格区域的内容。

6. 行、列、单元格的插入与删除

1）插入行、列

在“开始”选项卡的“单元格”组中单击“插入”按钮，在打开的下拉列表中选择“插入工作表行”或“插入工作表列”选项即可插入行或列。插入的行或列分别显示在当前行或当前列的上端或左端。

2）删除行、列

选中要删除的行或列或该行或该列所在的一个单元格，然后单击“单元格”组中的“删除”按钮，在下拉列表中选择“删除工作表行”或“删除工作表列”选项，可将该行或列删除。

3）插入单元格

选中要插入单元格的位置，单击“单元格”组中的“插入”按钮，在打开的下拉列表中选择“插入单元格”选项打开“插入”对话框，如图4-11所示，选中“活动单元格右移”或“活动单元格下移”单选按钮后单击“确定”按钮即可插入新的单元格。插入后原活动单元格会右移或下移。

4）删除单元格

选中要删除的单元格，单击“单元格”组中的“删除”按钮，在打开的下拉列表中选择“删除单元格”选项打开“删除”对话框，如图4-12所示，选中“右侧单元格左移”或“下方单元格上移”单选钮按钮后单击“确定”按钮，该单元格即被删除。如果选中“整行”或“整列”单选按钮，则该单元格所在行或列会被删除。

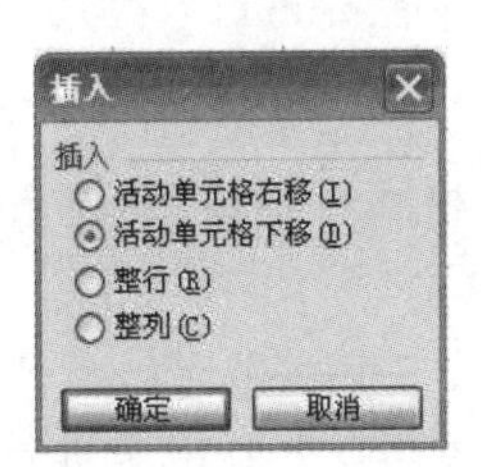

图4-11 “插入”对话框

图4-12 “删除”对话框

4.2.4 格式化工作表

工作表由单元格组成，因此格式化工作表就是对单元格或单元格区域进行格式化。格式化工作表包括调整行高和列宽、设置单元格格式以及设置条件格式。

1. 调整行高和列宽

工作表中的行高和列宽是Excel默认设定的，行高自动以本行中最高的字符为准，列宽默认为8个字符宽度。用户可以根据自己的实际需要调整行高和列宽。操作方法有以下几种。

1）使用鼠标拖动法

将鼠标指针指向行标或列标的分界线上，当鼠标指针变成双向箭头时按下左键拖动鼠标即可调整行高或列宽。这时鼠标上方会自动显示行高或列宽的数值，如图4-13所示。

2）使用功能按钮精确设置

选定需要设置行高或列宽的单元格或单元格区域，然后在“单元格”组中单击“格式”按钮，在下拉列表中选择“行高”或“列宽”选项，如图 4-14 所示，打开“行高”对话框或“列宽”对话框，输入数值后单击“确定”按钮关闭对话框，即可精确设置行高和列宽。如果选择“自动调整行高”或“自动调整列宽”选项，系统将自动调整到最佳行高或列宽。

图 4-13　显示列宽

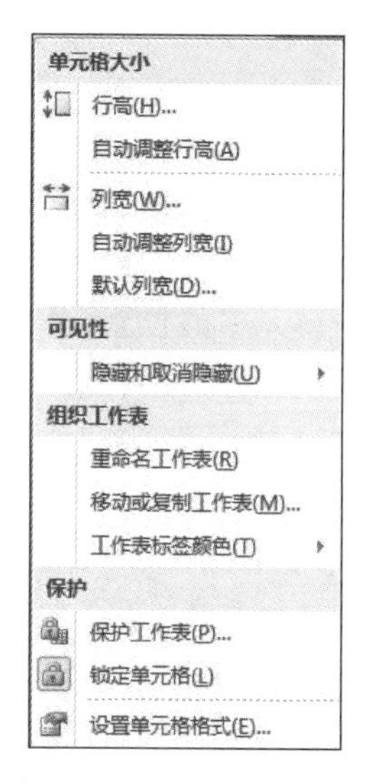

图 4-14　“格式”下拉列表

2. 设置单元格格式

在一个单元格中输入了数据内容后可以对单元格格式进行设置，设置单元格格式可以使用“开始”选项卡中的功能按钮，如图 4-15 所示。

开始选项卡中包括“字体”“对齐方式”“数字”“样式”“单元格”组，主要用于单元格或单元格区域的格式设置；另外还有“剪贴板”和“编辑”两个组，主要用于进行 Excel 文档的编辑输入、单元格数据的计算等。

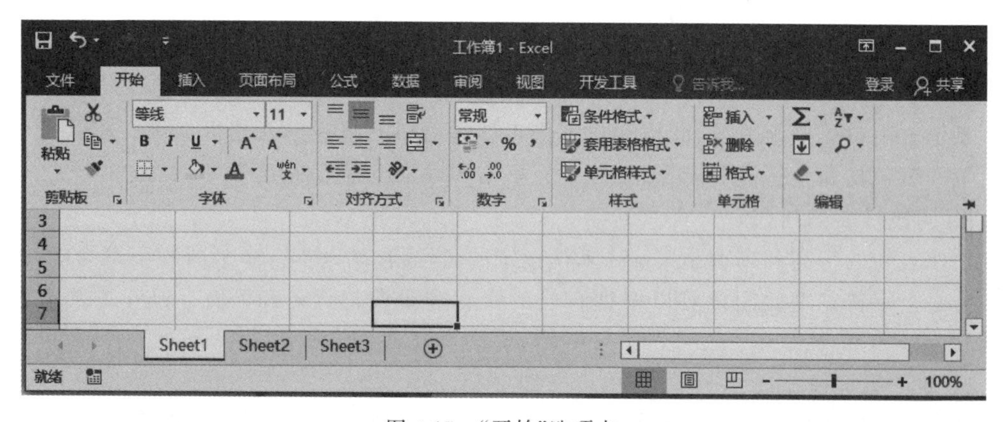

图 4-15　“开始”选项卡

单击“单元格”组中的“格式”按钮，在其下拉列表中选择“设置单元格格式”选项；或者单击“字体”组、“对齐方式”组和“数字”组的“设置单元格格式”按钮，均可打开“设置单元格格式”对话框，如图 4-16 所示，用户可以在该对话框中设置“数字”“对齐”“字体”“边框”“填充”和“保护”6 项格式。

1）设置数字格式

Excel 2016 提供了多种数字格式，在对数字格式化时可以通过设置小数位数、百分号、货币符号等来表示单元格中的数据。在“设置单元格格式”对话框中切换至“数字”选项卡，在“分类”列表框中选择一种分类格式，在对话框的右侧窗格进一步设置小数位数、货币符号等即可，如图 4-16 所示。

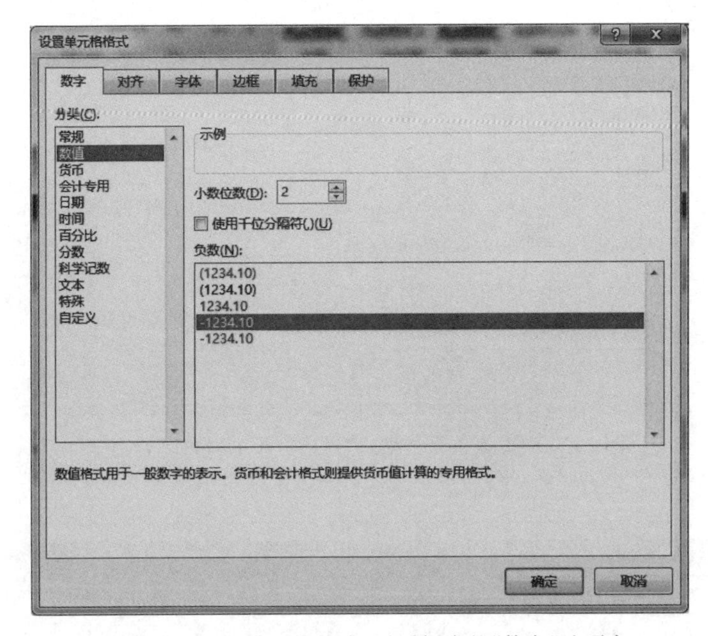

图 4-16　“设置单元格格式”对话框中的“数字”选项卡

2）设置字体格式

在“设置单元格格式”对话框中切换至“字体”选项卡，如图 4-17 所示，可对字体、字形、字号、颜色、下画线及特殊效果等进行设置。

3）设置对齐方式

在“设置单元格格式”对话框中切换至“对齐”选项卡，如图 4-18 所示，可实现水平对齐、垂直对齐、改变文本方向、自动换行及合并单元格等的设置。

【例 4.4】 设置“学生成绩表”标题行居中。

设置标题行居中的操作方法有两种，具体操作步骤如下。

(1) 合并及居中：选中要合并的单元格区域 A1:D1，如图 4-19 所示，然后单击“对齐方式”组中的“合并后居中”按钮，则所选的单元格区域合并为一个单元格 A1，并且标题文字居中放置，如图 4-20 所示。

(2) 跨列居中：选定要跨列的单元格区域 A1:D1，然后打开“设置单元格格式”对话框并切换至“对齐”选项卡，在“水平对齐”下拉列表框中选择“跨列居中”选项，在“垂直对齐”下拉列表中选择“居中”，然后单击“确定”按钮，此时标题居中放置了，但是单元格并没有合并。

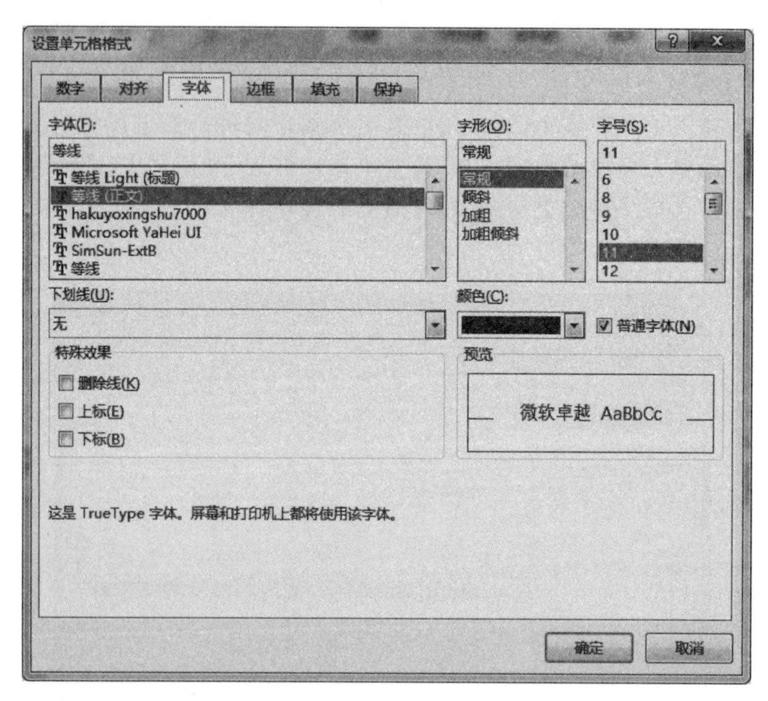

图 4-17 “设置单元格格式”对话框中的“字体”选项卡

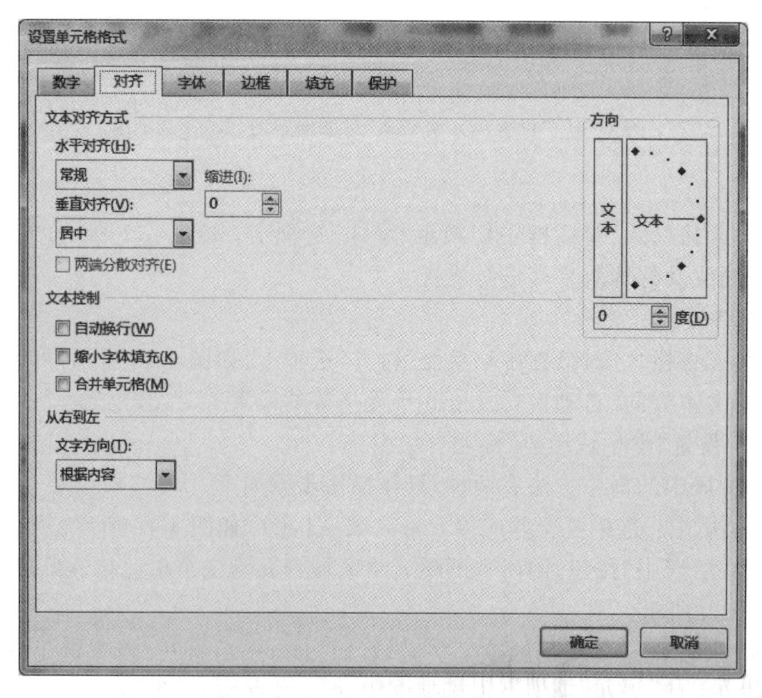

图 4-18 “设置单元格格式”对话框中的“对齐”选项卡

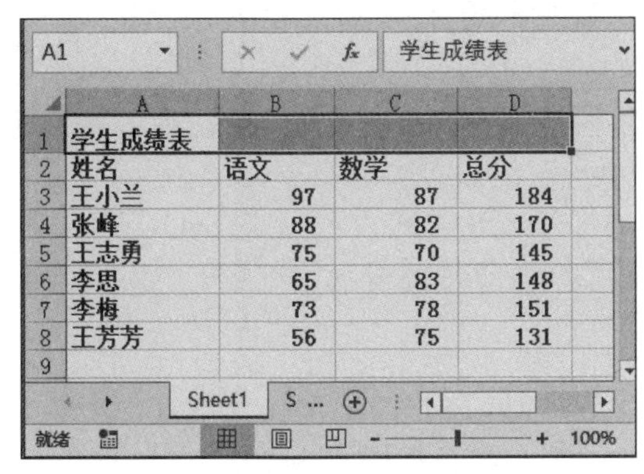

	A	B	C	D
1	学生成绩表			
2	姓名	语文	数学	总分
3	王小兰	97	87	184
4	张峰	88	82	170
5	王志勇	75	70	145
6	李思	65	83	148
7	李梅	73	78	151
8	王芳芳	56	75	131
9				

图 4-19　选中要合并的单元格区域

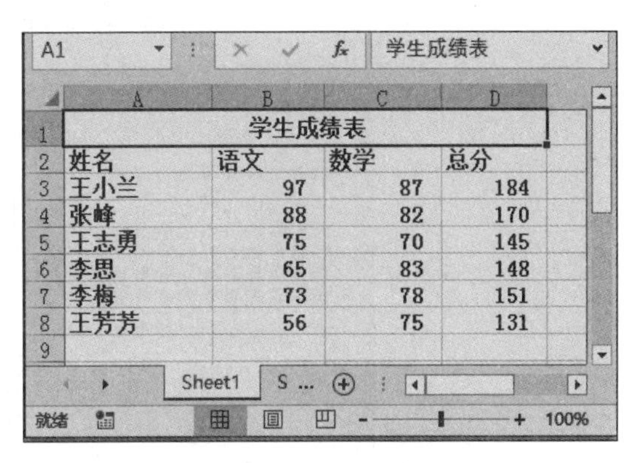

	A	B	C	D
1	学生成绩表			
2	姓名	语文	数学	总分
3	王小兰	97	87	184
4	张峰	88	82	170
5	王志勇	75	70	145
6	李思	65	83	148
7	李梅	73	78	151
8	王芳芳	56	75	131
9				

图 4-20　合并后居中效果

4）设置边框和底纹

在 Excel 工作表中可以看到灰色的网格线，但如果不进行设置，这些网格线是打印不出来的，为了突出工作表或某些单元格的内容，可以为其添加边框和底纹。首先选定要设置边框和底纹的单元格区域，然后在“设置单元格格式”对话框的“边框”或“填充”选项卡中进行设置即可，如图 4-21 和图 4-22 所示。

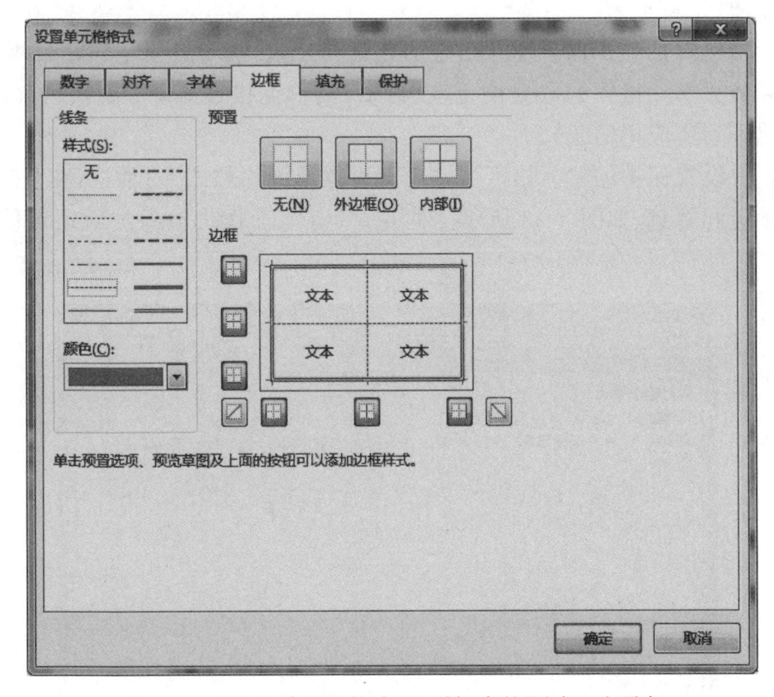

图 4-21　“设置单元格格式”对话框中的“边框”选项卡

- 设置边框：在“边框”选修卡中，首先选择线条“样式”和“颜色”，然后在“预置”组中选择“内部”或“外边框”选项，分别设置内外线条。
- 设置填充：在“填充”选项卡中设置单元格底纹的“颜色”或“图案”，可以设置选定区域的底纹与填充色。

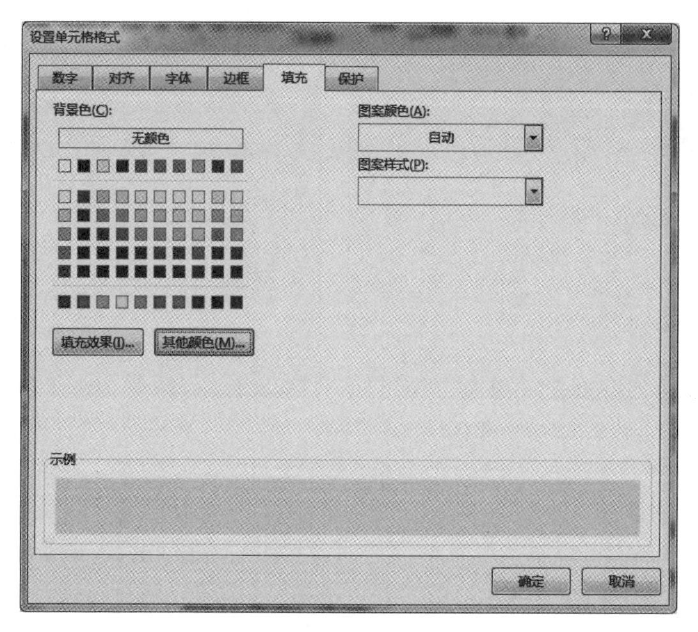

图 4-22 “设置单元格格式”对话框中的“填充”选项卡

5）设置保护

设置单元格保护是为了保护单元格中的数据和公式,其中有锁定和隐藏两个选项。

锁定可以防止单元格中的数据被更改、移动,或单元格被删除;隐藏可以隐藏公式,使得编辑栏中看不到所应用的公式。

首先选定要设置保护的单元格区域,打开“设置单元格格式”对话框,在“保护”选项卡中即可设置其锁定和隐藏,如图 4-23 所示。但是,只有在工作表被保护后锁定单元格或隐藏公式才生效。

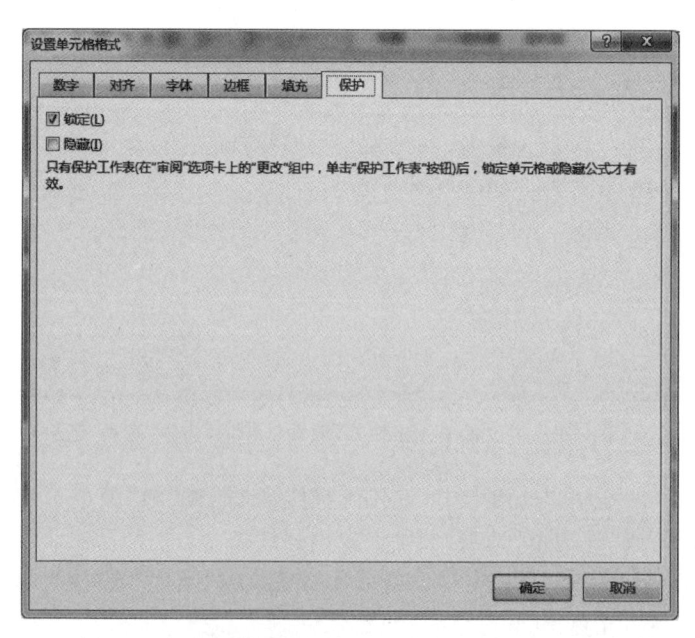

图 4-23 “设置单元格格式”对话框中的“保护”选项卡

【例 4.5】 工作表格式化。对“学生成绩表”的标题行设置跨列居中,将字体设置为楷体、20 磅、加粗、红色,添加浅绿色底纹；表格中其余数据水平和垂直居中,设置保留两位小数；为工作表中的 A2:D8 数据区域添加虚线内框线、实线外框线。

操作步骤如下：

(1) 选中 A1:D1 单元格区域。

(2) 打开“设置单元格格式”对话框,切换至“对齐”选项卡,在“水平对齐”下拉列表中选择“跨列居中”选项,在“垂直对齐”下拉列表中选择“居中”选项；切换至“字体”选项卡,从“字体”列表框中选择“楷体”选项,在“字形”列表框中选择“加粗”选项,在“字号”列表框中选择 20 选项,设置颜色为“红色”；切换至“填充”选项卡,在“背景栏”选项组中设置颜色为“浅绿色”,然后单击“确定”按钮关闭对话框。

(3) 选中 A2:D8 单元格区域。

(4) 打开“设置单元格格式”对话框,切换至“对齐”选项卡,在“水平对齐”和“垂直对齐”两个下拉列表中均选择“居中”选项；切换至“数字”选项卡,在“分类”列表框中选择“数值”选项,在“小数位数”数值框中输入 2 或调整为 2；切换至“边框”选项卡,在“线条样式”列表框中选择“实线”选项,在“预置”选项组中选择“外边框”选项,再从“线条样式”列表框中选择“虚线”选项,然后在“预置”选项组中选择“内部”选项。单击“确定”按钮关闭对话框。

格式化后的工作表效果如图 4-24 所示。

	A	B	C	D
1	学生成绩表			
2	姓名	语文	数学	总分
3	王小兰	97.00	87.00	184.00
4	张峰	88.00	82.00	170.00
5	王志勇	75.00	70.00	145.00
6	李思	65.00	83.00	148.00
7	李梦	73.00	78.00	151.00
8	王芳芳	56.00	75.00	131.00

图 4-24 格式化工作表示例效果

3. 设置条件格式

利用 Excel 2016 提供的条件格式化功能可以根据指定的条件设置单元格的格式,如改变字形、颜色、边框和底纹等,以便在大量数据中快速查阅到所需要的数据。

【例 4.6】 在 C 班学生成绩表中,利用条件格式化功能,指定当成绩大于 90 分时字形格式为“加粗”,字体颜色为“蓝色”,并添加黄色底纹。

操作步骤如下：

(1) 选定要进行条件格式化的区域。

(2) 在“开始”选项卡的“样式”组中单击“条件格式”→“突出显示单元格规则”→“大于”选项,打开“大于”对话框,如图 4-25 所示,在“为大于以下值的单元格设置格式”文本框中输入 90,在其右边的“设置为”下拉列表框中选择“自定义格式”选项,打开“设置单元格格式”对话框,如图 4-26 所示。

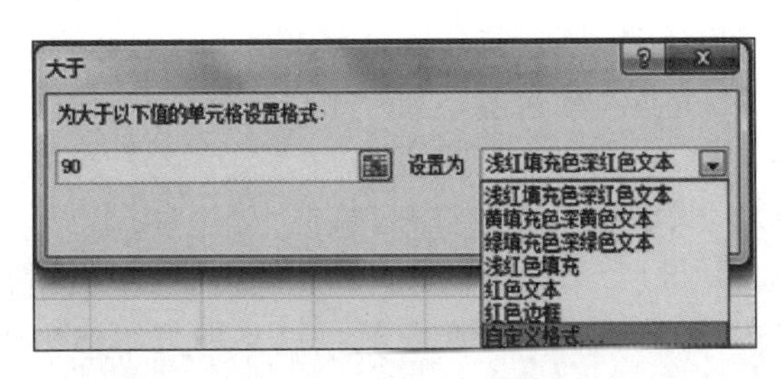

图 4-25 “大于”对话框

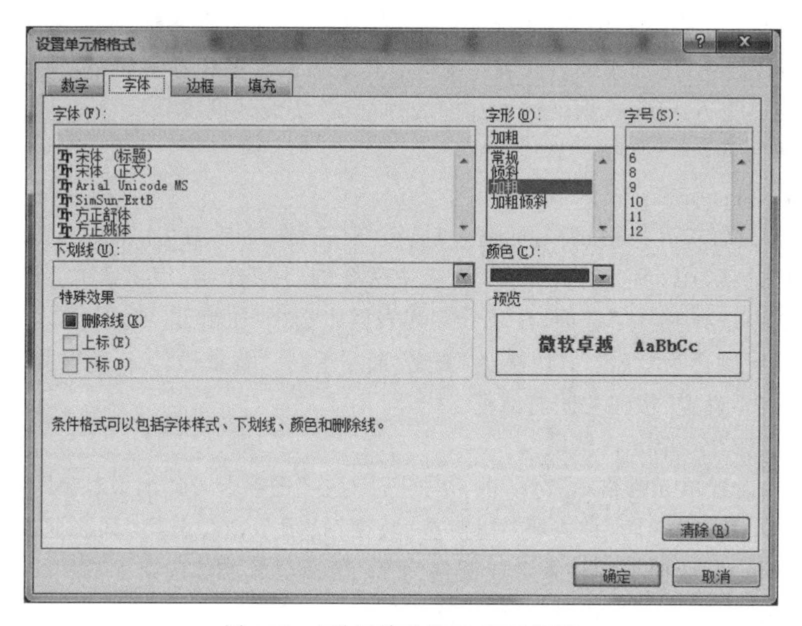

图 4-26 “设置单元格格式”对话框

C班学生成绩表					
学号	姓名	性别	语文	数学	英语
2010001	张 山	男	90	83	68
2010002	罗明丽	女	63	92	83
2010003	李 丽	女	88	82	86
2010004	岳晓华	女	78	58	76
2010005	王克明	男	68	63	89
2010006	苏 嫱	女	85	66	90
2010007	李 军	男	95	75	58
2010009	张 虎	男	53	76	92

图 4-27 设置效果图

(3) 在“设置单元格格式”对话框中切换至“字体”选项卡,将字形设置为“加粗”,字体颜色设置为“蓝色”;切换至“填充”选项卡,将底纹颜色设置为“黄色”,然后单击“确定”按钮返回“大于”对话框,再单击“确定”按钮关闭对话框,设置效果如图 4-27 所示。

(4) 如果还需要设置其他条件,按照上面的方法步骤继续操作即可。

4.2.5 打印工作表

对工作表的数据输入、编辑和格式化工作完成后,为了提交阅读方便和以备用户存档,常常需要将它们打印出来。在打印之前,可以对打印的内容先进行预览或进行一些必要的设置。所以,打印工作表一般可分为两个步骤:打印预览和打印输出。另外,还可以对工作表进行页面设置,以便使工作表有更好的打印输出效果。

Excel 2016 提供了打印预览功能,打印预览可以在屏幕上显示工作表的实际打印效果,如页面设置,纸张、页边距、分页符效果等。如果用户不满意可及时调整,以避免打印后不符合要求而造成不必要的浪费。

要对工作表打印预览,只需将工作表打开,单击“文件”按钮,在打开的 Backstage 视图中选择“打印”命令,如图 4-28 所示,这时在窗口的右侧将显示工作表的预览效果。

如果用户对工作表的预览结果十分满意就可以立即打印输出了。在打印之前,可在 Backstage 视图的中间区域对各项打印属性进行设置,包括打印的份数、页边距、纸型、纸张方向、打印的页码范围等。全部设置完成后,只需单击“打印”按钮,即可打印出用户所需的工作表。

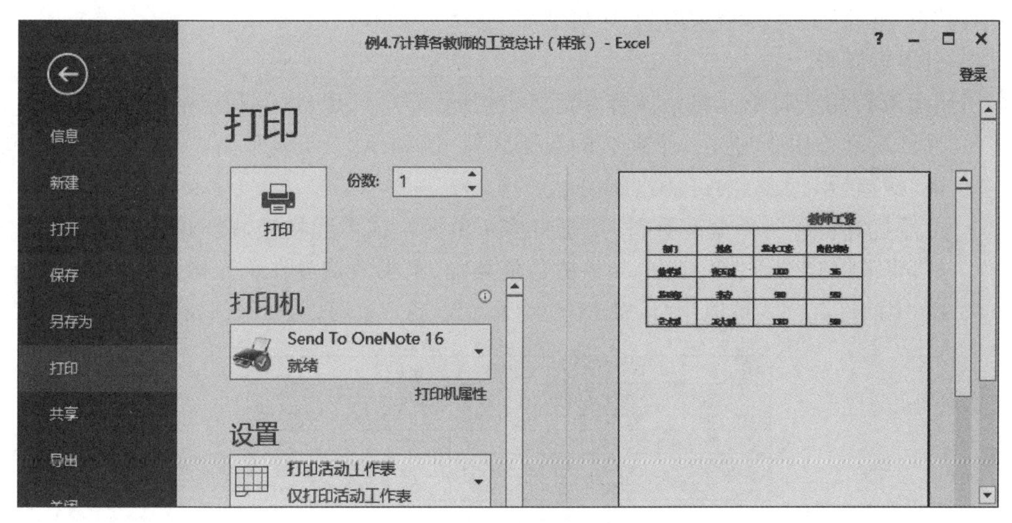

图 4-28　工作表的打印预览效果

4.3　Excel 2016 的数据计算

Excel 电子表格系统除了能进行一般的表格处理外，最主要的是它的数据计算功能。在 Excel 中，用户可以在单元格中输入公式或使用 Excel 提供的函数完成对工作表中的数据计算，并且当工作表中的数据发生变化时计算的结果也会自动更新，可以帮助用户快速、准确地完成数据计算。

4.3.1　使用公式

Excel 中的公式由等号、运算符和运算数 3 个部分构成，运算数包括常量、单元格引用值、名称和工作表函数等元素。使用公式是实现电子表格数据处理的重要手段，它可以对数据进行加、减、乘、除及比较等多种运算。

1. 运算符

用户可以使用的运算符有算术运算符、比较运算符、文本运算符和引用运算符 4 种。

1）算术运算符

算术运算符包括加（＋）、减（－）、乘（*）、除（/）、百分数（%）及乘方（^）等。当一个公式中包含多种运算时要注意运算符之间的优先级。算术运算符运算的结果为数值型。

2）比较运算符

比较运算符包括等于（＝）、大于（＞）、小于（＜）、大于或等于（＞＝）、小于或等于（＜＝）及不等于（＜＞）。比较运算符运算的结果为逻辑值 True 或 False。例如，在 A1 单元格中输入数字 8，在 B1 单元格输入“＝A1＞5”，由于 A1 单元格中的数值 8＞5，因此为真，B1 单元格中会显示 True，且居中显示；如果在 A1 单元格输入数字 3，则 B1 单元格中会居中显示 False。

3）文本运算符

文本运算符也就是文本连接符（&），用于将两个或多个文本连接为一个组合文本。例如“中国”&“北京”的运算结果即为“中国北京”。

4) 引用运算符

引用运算符用于将单元格区域合并运算,包括冒号(:)、逗号(,)和空格( )。

- 冒号运算符用于定义一个连续的数据区域,例如 A2:B4 表示 A2 到 B4 的 6 个单元格,即包括 A2、A3、A4、B2、B3、B4。
- 逗号运算符称为并集运算符,用于将多个单元格或单元格区域合并成一个引用。例如,要求将 C2、D2、F2、G2 单元格的数值相加,结果数值放在单元格 E2 中。则单元格 E2 中的计算公式可以用“=SUM(C2,D2,F2,G2)”表示,结果示例如图 4-29 所示。

E2 =SUM(C2,D2,F2,G2)

	A	B	C	D	E	F	G
1	部门	姓名	基本工资	岗位津贴	总计	绩效工资	福利工资
2	数学系	张玉霞	1100	356	3862	2356	50
3	基础部	李青	980	550		2340	100
4	艺术系	王大鹏	1380	500		1500	100

图 4-29 并集运算求和

- 空格运算符称为交集运算符,表示只处理区域中互相重叠的部分。例如公式“SUM(A1:B2 B1:C2)”表示求 A1:B2 区域与 B1:C2 区域相交部分,也就是单元格 B1、B2 的和。

【说明】 运算符的优先级由高到低依次为冒号(:)、逗号(,)、空格( )、负号(-)、百分号(%)、乘方(^)、乘(*)和除(/)、加(+)和减(-)、文本连接符(&)、比较运算符。

2. 输入公式

在指定的单元格内可以输入自定义的公式,其格式为“=公式”。

操作步骤如下:

(1) 选定要输入公式的单元格。

(2) 输入等号“=”作为公式的开始。

(3) 输入相应的运算符,选取包含参与计算的单元格的引用。

(4) 按 Enter 键或者单击工具框上的“输入”按钮确认。

【说明】 在输入公式时,等号和运算符号必须采用半角英文符号。

3. 复制公式

如果有多个单元格用的是同一种运算公式,可使用复制公式的方法简化操作。选中被复制的公式,先“复制”然后“粘贴”即可;或者使用公式单元格右下角的复制柄拖动复制,也可以直接双击填充柄实现快速公式自动复制。

【例 4.7】 在如图 4-30 所示的表格中计算出各教师的工资。

A1 教师工资

	A	B	C	D	E	F	G
1	教师工资						
2	部门	姓名	基本工资	岗位津贴	总计	绩效工资	福利工资
3	数学系	张玉霞	1100	356		2356	50
4	基础部	李青	980	550		2340	100
5	艺术系	王大鹏	1380	500		1500	100

图 4-30 计算教师工资

操作步骤如下：

(1) 选定要输入公式的单元格 E3。

(2) 输入等号和公式"＝C3＋D3＋F3＋G3"，这里的单元格引用可直接单击单元格，也可以输入相应单元格地址。

(3) 按 Enter 键，或单击工具框中的"输入"按钮，计算结果即出现在 E3 单元格。

(4) 按住鼠标左键拖动 E3 单元格右下角的复制柄至 E5 单元格，完成公式复制，结果如图 4-31 所示。

E5 | =C5+D5+F5+G5

	A	B	C	D	E	F	G
1	教师工资						
2	部门	姓名	基本工资	岗位津贴	总计	绩效工资	福利工资
3	数学系	张玉霞	1100	356	3862	2356	50
4	基础部	李青	980	550	3970	2340	100
5	艺术系	王大鹏	1380	500	3480	1500	100

图 4-31　教师工资计算结果

【例 4.8】 在如图 4-32 所示的表格中计算出各商品的销售额。

	A	B	C	D	E	F	G
2	某商场销售详情日期：2022-2-15						
3	员工编号	部门	商品名称	单位	单价	销售量	销售额
4	1002	食品	糖果	千克	45.8	10.5	
5	2001	服装	西装	套	478	2	
6	1001	食品	糖果	千克	25.2	20.5	
7	5003	电器	电视机	台	4888	5	
8	1002	食品	水果	千克	5.8	2.85	
9	2001	服装	皮鞋	双	176	1	
10	5002	电器	电视机	台	12000	1	
11	5003	电器	冰箱	台	2999	1	
12	2001	服装	毛衣	件	99	1	
13	1002	食品	腊肉	千克	55.8	18.5	
14	1001	食品	腊肉	千克	55.8	56.8	
15	1002	食品	牛奶	盒	2.5	60	

图 4-32　某商场商品销售明细

操作步骤如下：

(1) 在 G4 单元格输入公式"＝E4 * F4"，按 Enter 键。

(2) 拖动 G4 单元格右下角的复制柄到 G15 单元格，完成公式复制。计算结果如图 4-33 所示。

4.3.2　使用函数

使用公式计算虽然很方便，但只能完成简单的数据计算，对于复杂的运算需要使用函数来完成。函数是预先设置好的公式，Excel 提供了几百个内置函数，可以对特定区域的数据实施一系列操作。利用函数进行复杂的运算比利用等效的公式计算更快、更灵活，效率更高。

	A	B	C	D	E	F	G
2	某商场销售详情日期：2022-2-15						
3	员工编号	部门	商品名称	单位	单价	销售量	销售额
4	1002	食品	糖果	千克	45.8	10.5	480.9
5	2001	服装	西装	套	478	2	956
6	1001	食品	糖果	千克	25.2	20.5	516.6
7	5003	电器	电视机	台	4888	5	24440
8	1002	食品	水果	千克	5.8	2.85	16.53
9	2001	服装	皮鞋	双	176	1	176
10	5002	电器	电视机	台	12000	1	12000
11	5003	电器	冰箱	台	2999	1	2999
12	2001	服装	毛衣	件	99	1	99
13	1002	食品	腊肉	千克	55.8	18.5	1032.3
14	1001	食品	腊肉	千克	55.8	56.8	3169.44
15	1002	食品	牛奶	盒	2.5	60	150

图 4-33　某商场商品销售额计算结果

1. 函数的组成

函数是公式的特殊形式,其格式为函数名(参数 1,参数 2,参数 3,…)

其中,函数名是系统保留的名称,圆括号中可以有一个或多个参数,参数之间用逗号隔开,也可以没有参数,当没有参数时,函数名后的圆括号是不能省略的。参数是用来执行操作或计算的数据,可以是数值或含有数值的单元格引用。

例如,函数“SUM(A1,B1,D2)”即表示对 A1、B1、D2 三个单元格的数值求和,其中 SUM 是函数名; A1、B1、D2 为 3 个单元格引用,它们是函数的参数。

又例如函数“SUM(A1,B1:B3,C4)”中有 3 个参数,分别是单元格 A1、区域 B1:B3 和单元格 C4。

而函数 PI( )则没有参数,它的作用是返回圆周率 π 的值。

2. 函数的使用方法

下面通过例题说明函数的使用方法。

1) 利用“插入函数”按钮

包括函数库和工具框中的插入函数按钮。

【例 4.9】 在成绩表中计算出每个学生的平均成绩,如图 4-34 所示。

	A	B	C	D	E	F
1	A班四门课成绩表					
2	姓名	语文	数学	物理	化学	平均成绩
3	韩凤	86	87	89	97	
4	田艳	57	83	79	46	
5	彭华	66	68	98	70	

图 4-34　A 班学生四门课程成绩表

操作步骤如下:

(1) 选定要存放结果的单元格 F3。

(2) 在“公式”选项卡的“函数库”组中单击“插入函数”按钮或单击工具框左侧的 f_x 按钮,弹出“插入函数”对话框,如图 4-35 所示。

(3) 在“或选择类别”下拉列表框中选择“常用函数”选项,在“选择函数”列表框中选择

AVERAGE 选项,然后单击“确定”按钮,弹出“函数参数”对话框,如图 4-36 所示。

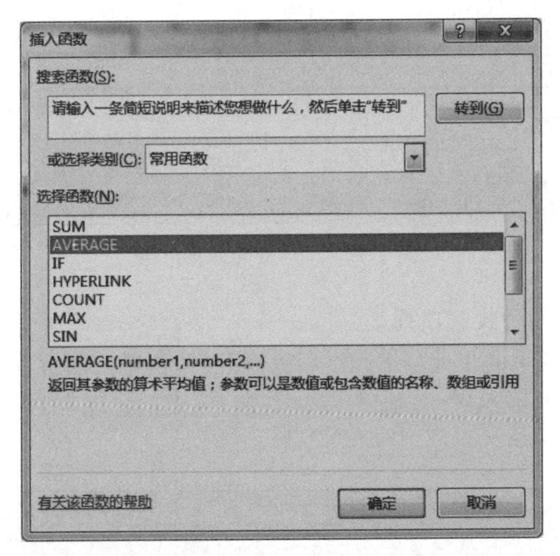

图 4-35 “插入函数”对话框

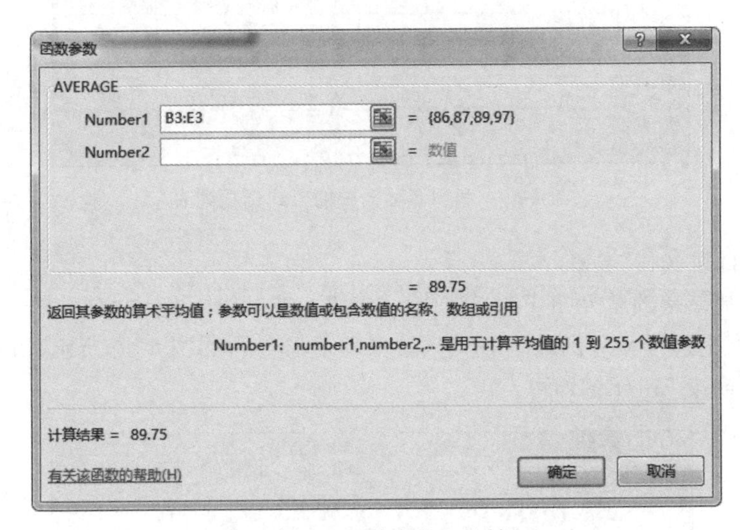

图 4-36 “函数参数”对话框

(4) 在 Number1 编辑框中输入函数的正确参数,如 B3:E3,或者单击参数 Number1 编辑框后面的数据拾取按钮,当函数参数对话框缩小成一个横条,如图 4-37 所示,然后用鼠标拖动选取数据区域,然后按 Enter 键或再次单击拾取按钮,返回“函数参数”对话框,最后单击“确定”按钮。

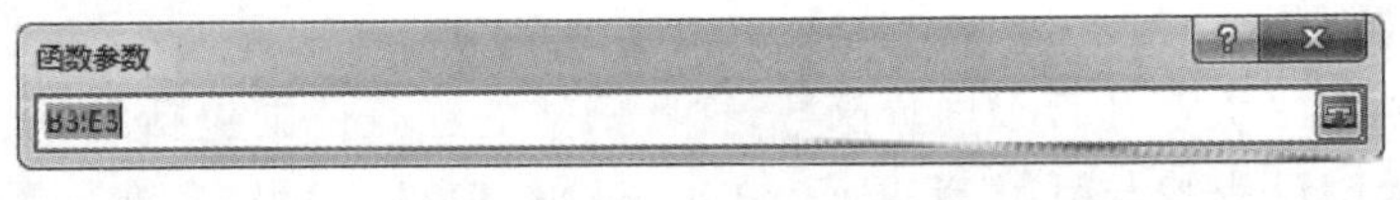

图 4-37 函数参数的拾取

(5) 拖曳 F3 单元格右下角的复制柄到 F5 单元格。这时在 F3~F5 单元格分别计算出了 3 个学生的平均成绩。计算结果如图 4-38 所示。

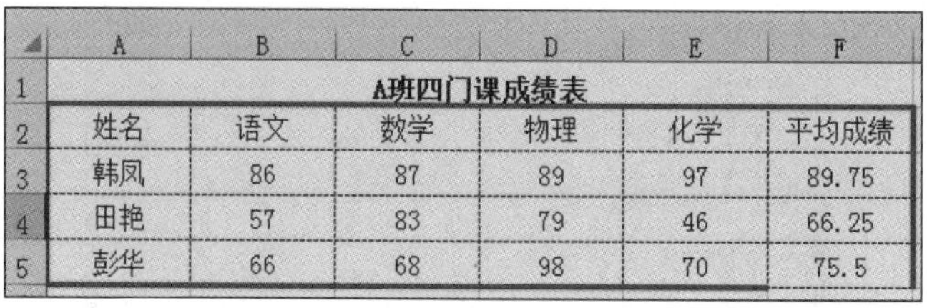

A班四门课成绩表					
姓名	语文	数学	物理	化学	平均成绩
韩凤	86	87	89	97	89.75
田艳	57	83	79	46	66.25
彭华	66	68	98	70	75.5

图 4-38　平均成绩计算结果

2）利用名称框中的公式选项列表

首先选定要存放结果的单元格 F3,然后输入“=”,再单击名称框右边的下三角按钮,在下拉列表中选择相应的函数选项,如图 4-39 所示,后面的操作和利用功能按钮插入函数的方式完全相同。

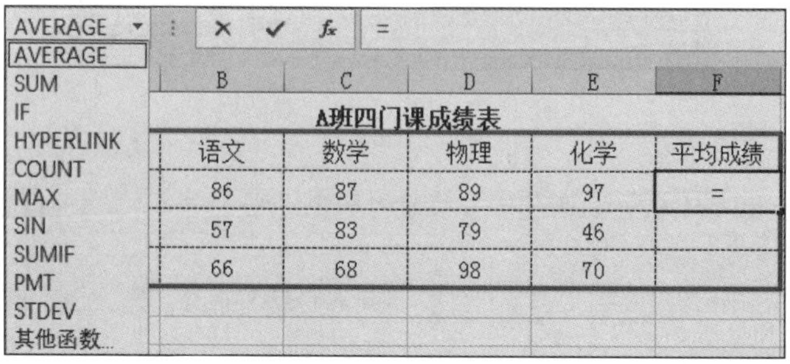

图 4-39　利用名称框中的公式选项列表

3）使用“自动求和”按钮

选定要存放结果的单元格 F3,单击“函数库”中或“编辑”组中“自动求和”的下三角按钮,在下拉列表中选择相应函数,本例选择“平均值”选项,如图 4-40 所示,再单击工具框中的“输入”按钮或按 Enter 键即可。

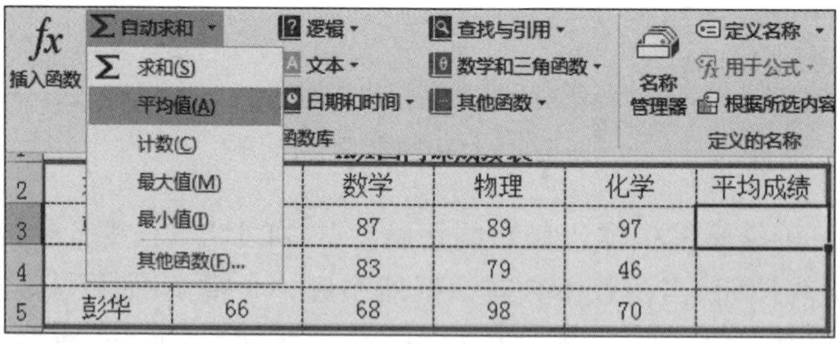

图 4-40　使用自动求和按钮

3. 常用函数介绍

Excel 提供了 12 大类几百个内置函数,这些函数的涵盖范围包括财务、日期与时间、数学与三角函数、统计、查找与引用、数据库、文本、逻辑、信息、工程、多维数据集和兼容性等。下面仅就常用函数作以简单介绍。

1）求和函数 SUM

函数格式为：

SUM(number1,[number2],…)

该函数用于将指定的参数 number1、number2……相加求和。

参数说明：至少需要包含一个参数 number1，每个参数都可以是区域、单元格引用、数组、常量、公式或另一个函数的结果。

2）平均值函数 AVERAGE

函数格式为：

AVERAGE(number1,[number2],…)

该函数用于求指定参数 number1、number2……的算术平均值。

参数说明：至少需要包含一个参数 number1，且必须是数值，最多可包含 255 个。

3）最大值函数 MAX

函数格式为：

MAX(number1,[number2],…)

该函数用于求指定参数 number1、number2……的最大值。

参数说明：至少需要包含一个参数 number1，且必须是数值，最多可包含 255 个。

4）最小值函数 MIN

函数格式为：

MIN (number1,[number2],…)

该函数用于求指定参数 number1、number2、……的最小值。

参数说明：至少需要包含一个参数 number1，且必须是数值，最多可包含 255 个。

5）计数函数 COUNT

函数格式为：

COUNT(value1,[value2],…)

该函数用于统计指定区域中包含数值的个数，只对包含数字的单元格进行计数。

参数说明：至少需要包含一个参数 value1，最多可包含 255 个。

6）逻辑判断函数 IF(或称条件函数)

函数格式为：

IF(logical_test,[value_if_true],[value_if_false])

该函数实现的功能：如果 logical_test 逻辑表达式的计算结果为 TRUE，IF 函数将返回某个值，否则返回另一个值。

参数说明如下：

- logical_test：必须的参数，作为判断条件的任意值或表达式。在该参数中可使用比较运算符。
- value_if_true：可选的参数，logical_test 参数的计算结果为 TRUE 时所要返回的值。
- value_if_false：可选的参数，logical_test 参数的计算结果为 FALSE 时所要返回的值。

例如，IF(5>4,"A","B")的结果为 A。

IF 函数可以嵌套使用,最多可以嵌套 7 层。

【例 4.10】 在图 4-41 所示的工作表中按英语成绩所在的不同分数段计算对应的等级。

等级标准的划分原则:90～100 为优,80～89 为良,70～79 为中,60～69 为及格,60 分以下为不及格。

【分析】很显然,这一问题需要使用逻辑判断函数即条件函数完成计算。

操作步骤如下:

(1) 选中 D3 单元格,向该单元格中输入公式"=IF(C3>=90,"优",IF(C3>=80,"良",IF(C3>=70,"中",IF(C3>=60,"及格","不及格"))))"。

该公式中使用的 IF 函数嵌套了 4 层。

(2) 单击工具框中的"输入"按钮或按 Enter 键,D3 单元格中显示的结果为"中"。

(3) 将鼠标指针移到 D3 单元格右下角的黑色方块,当指针变成"+"形状时按住左键拖动鼠标到 D7 单元格,在 D4:D7 单元格区域进行公式复制。

计算后的结果如图 4-42 所示。

	A	B	C	D
1	A班英语成绩统计表			
2	学号	姓名	英语	等级
3	201001	陈卫东	75	
4	201002	黎明	86	
5	201003	汪洋	54	
6	201004	李一兵	65	
7	201005	肖前卫	94	

图 4-41 英语成绩

	A	B	C	D
1	A班英语成绩统计表			
2	学号	姓名	英语	等级
3	201001	陈卫东	75	中
4	201002	黎明	86	良
5	201003	汪洋	54	不及格
6	201004	李一兵	65	及格
7	201005	肖前卫	94	优

图 4-42 计算后的结果

7) 条件计数函数 COUNTIF

函数格式为:

COUNTIF(range,criteria)

该函数用于计算指定区域中满足给定条件的单元格个数。

参数说明如下:

- range:必须的参数,计数的单元格区域。
- criteria:必须的参数,计数的条件,条件的形式可以为数字、表达式、单元格地址或文本。

【例 4.11】 利用条件计数函数 COUNTIF 计算 F 班学生成绩表中成绩等级为中等的学生人数,将其置于 D12 单元格中,如图 4-43 所示。

操作步骤如下:

(1) 选中 D12 单元格。

(2) 在工具框单击 f_x 按钮,在打开的"插入函数"对话框中选择"统计"类的 COUNTIF 函数,如图 4-44 所示。

(3) 单击"确定"按钮,在打开的"函数参数"对话框中,在 Range 框输入 D3:D11,或用拾取按钮选择 D3:D11,在 Criteria 框输入"中等"或选择 D5 单元格,如图 4-45 所示。

(4) 单击"确定"按钮。计算结果如图 4-46 所示。

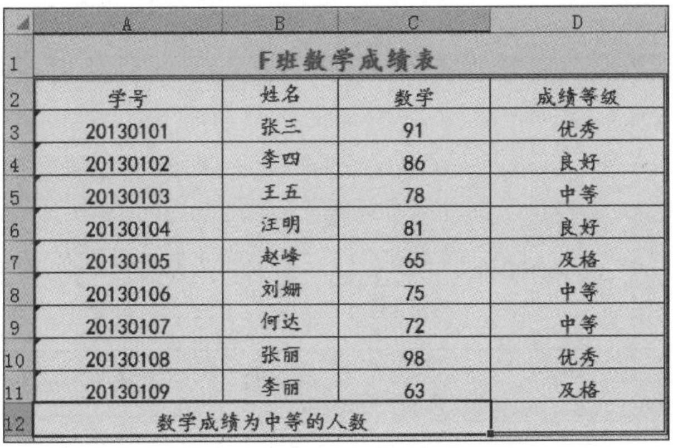

	A	B	C	D
1	F班数学成绩表			
2	学号	姓名	数学	成绩等级
3	20130101	张三	91	优秀
4	20130102	李四	86	良好
5	20130103	王五	78	中等
6	20130104	汪明	81	良好
7	20130105	赵峰	65	及格
8	20130106	刘姗	75	中等
9	20130107	何达	72	中等
10	20130108	张丽	98	优秀
11	20130109	李丽	63	及格
12	数学成绩为中等的人数			

图 4-43　计算学生成绩等级为中等的人数

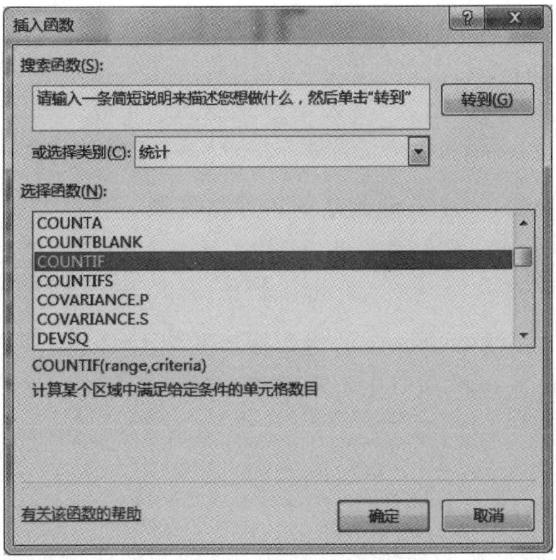

插入函数
搜索函数(S):
请输入一条简短说明来描述您想做什么，然后单击"转到"　转到(G)
或选择类别(C): 统计
选择函数(N):
COUNTA
COUNTBLANK
COUNTIF
COUNTIFS
COVARIANCE.P
COVARIANCE.S
DEVSQ
COUNTIF(range,criteria)
计算某个区域中满足给定条件的单元格数目
有关该函数的帮助　确定　取消

图 4-44　插入函数对话框

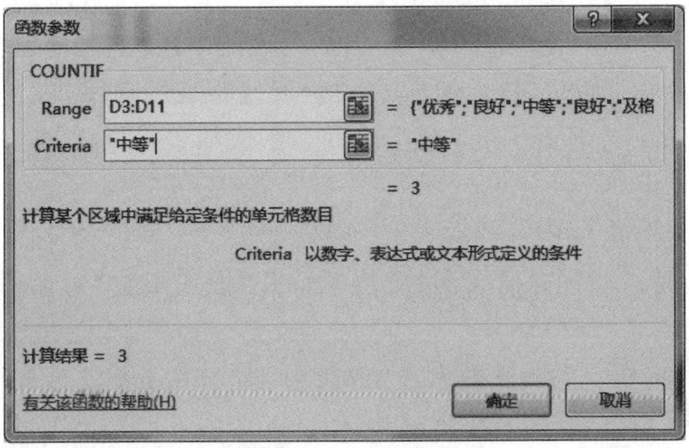

函数参数
COUNTIF
Range　D3:D11　= {"优秀";"良好";"中等";"良好";"及格
Criteria　"中等"　= "中等"
= 3
计算某个区域中满足给定条件的单元格数目
Criteria　以数字、表达式或文本形式定义的条件
计算结果 = 3
有关该函数的帮助(H)　确定　取消

图 4-45　函数参数对话框

	A	B	C	D
1	F班数学成绩表			
2	学号	姓名	数学	成绩等级
3	20130101	张三	91	优秀
4	20130102	李四	86	良好
5	20130103	王五	78	中等
6	20130104	汪明	81	良好
7	20130105	赵峰	65	及格
8	20130106	刘姗	75	中等
9	20130107	何达	72	中等
10	20130108	张丽	98	优秀
11	20130109	李丽	63	及格
12	数学成绩为中等的人数			3

图 4-46　计算学生成绩为中等的人数统计结果

8) 条件求和函数 SUMIF

函数格式为:

SUMIF(range,criteria,sum_range)

该函数用于对指定单元格区域中符合指定条件的值求和。

参数说明如下:

- range:必须的参数,用于条件判断的单元格区域。
- criteria:必须的参数,求和的条件,其形式可以为数字、表达式、单元格引用、文本或函数。
- sum_range:可选参数区域,要求和的实际单元格区域,如果 sum_range 参数被省略,Excel 会对在 Range 参数中指定的单元格求和。

9) 排位函数 RANK

函数格式为:

RANK(number,ref,order)

该函数用于返回某数字在一列数字中相对于其他数值的大小排位。

参数说明如下:

- number:必须的参数,为指定的排位数字。
- ref:必须的参数,为一组数或对一个数据列表的引用(绝对地址引用)。
- order:可选参数,为指定排位的方式,0 值或忽略表示降序,非 0 值表示升序。

【例 4.12】 如图 4-47 所示,对 F 班学生的数学成绩进行排位,结果置于 D3:D11 单元格中。

操作步骤如下:

(1) 选中 D3 单元格,单击“插入函数”按钮打开“插入函数”对话框,选择函数 RANK,如图 4-48 所示。

(2) 单击“确定”按钮,打开“函数参数”对话框,在 Number 参数框输入 C3 或选择单元格 C3(单元格相对引用),在 Ref 参数框输入“$C$3:$C$11”(单元格绝对引用),在 Order 参数框输入 0 或为空,如图 4-49 所示。

	A	B	C	D
1	F班数学成绩表			
2	学号	姓名	数学	名次
3	20130101	张三	91	
4	20130102	李四	86	
5	20130103	王五	78	
6	20130104	汪明	81	
7	20130105	赵峰	65	
8	20130106	刘姗	75	
9	20130107	何达	72	
10	20130108	张丽	98	
11	20130109	李丽	63	

图 4-47　对 F 班学生的数学成绩进行排位

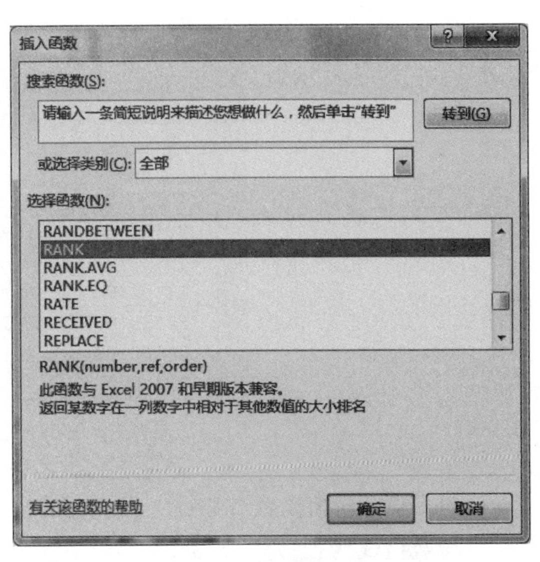

图 4-48　插入函数对话框

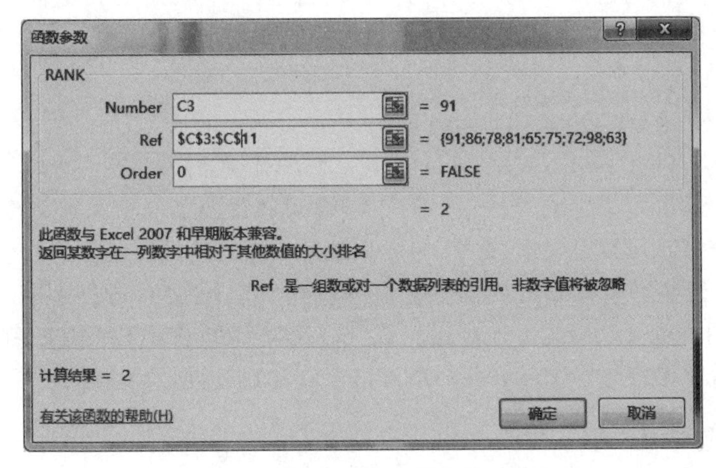

图 4-49　排位函数的函数参数对话框

(3) 单击"确定"按钮。拖动 D3 单元格右下角的复制柄到 D11 单元格，完成公式复制，排位结果如图 4-50 所示。

10) 截取字符串函数 MID

函数格式为：

MID(text,start_num,num_chars)

该函数用于从文本字符串中的指定位置开始返回特定个数的字符。

参数说明如下：

- text：必须的参数，包含要截取字符的文本字符串。
- start_num：必须的参数，文本中要截取字符的第 1 个字符的位置。文本中第 1 个字符的位置为 1，依次类推。
- num_chars：必须的参数，指定希望从文本串中截取的字符个数。

	A	B	C	D
1	F班数学成绩表			
2	学号	姓名	数学	名次
3	20130101	张三	91	2
4	20130102	李四	86	3
5	20130103	王五	78	5
6	20130104	汪明	81	4
7	20130105	赵峰	65	8
8	20130106	刘姗	75	6
9	20130107	何达	72	7
10	20130108	张丽	98	1
11	20130109	李丽	63	9

图 4-50　F 班学生数学成绩排位结果

11）取年份值函数 YEAR

函数格式为：

YEAR(serial_number)

该函数用于返回指定日期对应的年份值。返回值为 1900 到 9999 之间的值。

参数说明：serial_number 为必须的参数，是一个日期值，其中必须要包含查找的年份值。

12）文本合并函数 CONCATENATE

函数格式为 CONCATENATE(text1,[text2],…)

该函数用于将几个文本项合并为一个文本项，可将最多 255 个文本字符串连接成一个文本字符串。连接项可以是文本、数字、单元格地址或这些项目的组合。

参数说明：至少必须有一个文本项，最多可以有 255 个，文本项之间用逗号分隔。

【提示】 用户也可以用文本连接运算符“&”代替 CONCATENATE 函数来连接文本项。例如，“=A1&B1”与“=CONCATENATE(A1,B1)”返回的值相同。

4.3.3　单元格引用

在例 4.9 中进行公式复制时，Excel 并不是简单地将公式复制下来，而是会根据公式的原来位置和目标位置计算出单元格地址的变化。

例如，原来在 F3 单元格中插入的函数是“=AVERAGE(B3:E3)”，当复制到 F4 单元格时，由于目标单元格的行标发生了变化，这样复制的函数中引用的单元格的行标也会相应发生变化，函数变成了“=AVERAGE(B4:E4)”。这实际上是 Excel 中单元格的一种引用方式，称为相对引用。除此之外，还有绝对引用和混合引用。

1. 相对引用

Excel 2016 默认的单元格引用为相对引用。相对引用是指在公式或者函数复制、移动时公式或函数中单元格的行标、列标会根据目标单元格所在的行标、列标的变化自动进行调整。

相对引用的表示方法是直接使用单元格的地址，即表示为“列标行标”，如单元格 A6、单元格区域 B5:E8 等，这些写法都是相对引用。

2. 绝对引用

绝对引用是指在公式或者函数复制、移动时不论目标单元格在什么位置，公式中单元格的行标和列标均保持不变。

绝对引用的表示方法是在列标和行标前面加上符号“$”，即表示为“$列标$行标”，如单元格$A$6、单元格区域$B$5:$E$8都是绝对引用的写法。下面举例说明单元格的绝对引用。

【例 4.13】 在如图 4-51 所示的工作表中计算出各种书籍的销售比例。

操作步骤如下：

(1) 计算各种书籍销售合计并置于 B7 单元格。

(2) 选中单元格 C3，向 C3 单元格输入公式“=B3/$B$7”，然后按 Enter 键。

(3) 选中单元格 C3，设置其百分数格式。在“开始”选项卡的“数字”组中直接单击“百分比”按钮，再单击“增加小数位数”或“减少小数位数”按钮以调整小数位数，如图 4-52 所示；或者打开“设置单元格格式”对话框，切换到“数字”选项卡，在“分类”列表框中选择“百分比”选项，并调整小数位数，然后单击“确定”按钮关闭对话框。

	A	B	C
1	各种书籍的销售情况		
2	书名	销售数量	所占百分比
3	计算机基础	526	
4	微机原理	158	
5	汇编语言	261	
6	计算机网络	328	
7	合计		

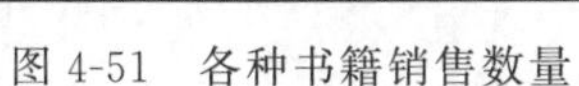

图 4-51 各种书籍销售数量

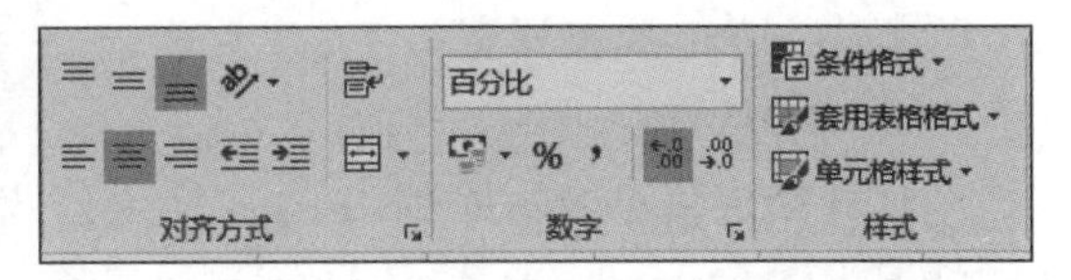

图 4-52 “开始”选项卡的“数字”组

(4) 再次选中单元格 C3，拖动其右下角的复制柄到 C6 单元格后释放。这样 C3 到 C6 单元格中就存放了各种书籍的销售比例。

【分析】 百分比为每一种书的销售量除以销售总计，由于在格式复制时，每一种书的销售量在单元格区域 B3:B6 中是相对可变的，因此分子部分的单元格引用应为相对引用；而在公式复制时，销售总计的值是固定不变的且存放在 B7 单元格，因此公式中的分母部分的单元格引用应为绝对引用。由于得到的结果是小数，然后通过第(3)步将小数转换成百分数，第(4)步则是完成公式的复制。计算的结果如图 4-53 所示。

	A	B	C
1	各种书籍的销售情况		
2	书名	销售数量	所占百分比
3	计算机基础	526	41.32%
4	微机原理	158	12.41%
5	汇编语言	261	20.50%
6	计算机网络	328	25.77%
7	合计	1273	

图 4-53 各种书的销售比例

3. 混合引用

如果在公式复制、移动时公式中单元格的行标或列标只有一个要进行自动调整,而另一个保持不变,这种引用方式称为混合引用。

混合引用的表示方法是在行标或列标中的一个前面加上符号"$",即"列标$行标"或"$列标行标",如A$1、B$5:E$8、$A1、$B5:$E8等都是混合引用的方法。

在例4.13的公式复制中,由于目标单元格C3、C4、C5的行标有变化而列标不变,因此在C3单元格输入的公式中,分母部分也可以使用混合引用的方法,即输入"=B3/B$6"。

这样,一个单元格的地址引用时就有3种方式4种表示方法,这4种表示方法在输入时可以互相转换,在公式中用鼠标选定引用单元格的部分,反复按F4键,便可在这4种表示方法之间进行循环转换。

如公式中对B3单元的引用,反复按F4键时引用方法按下列顺序变化:

B3→$B$3→B$3→$B3

4.3.4 常见出错信息及解决方法

在使用Excel公式进行计算时有时不能正确地计算出结果,并且在单元格内会显示出各种错误信息,下面介绍几种常见的错误信息及处理方法。

1. ####

这种错误信息常见于列宽不够。

解决方法:调整列宽。

2. #DIV/0!

这种错误信息表示除数为0,常见于公式中除数为0或在公式中除数使用了空单元格的情况下。

解决方法:修改单元格引用,用非零数字填充。如果必须使用0或引用空单元格,也可以用IF函数使该错误信息不再显示。例如,该单元格中的公式原本是"=A5/B5",若B5可能为零或空单元格,那么可将该公式修改为"=IF(B5=0,"",A5/B5)",这样当B5单元格为零或为空时就不显示任何内容,否则显示A5/B5的结果。

3. #N/A

这种错误信息通常出现在数值或公式不可用时。例如,想在F2单元格中使用函数"=RANK(E2,$E$2:$E$96)"求E2单元格数据在E2:E96单元格区域中的名次,但E2单元格中却没有输入数据时,则会出现此类错误信息。

解决方法:在单元格E2中输入新的数值。

4. #REF!

这种错误信息的出现是因为移动或删除单元格导致了无效的单元格引用,或者是函数返回了引用错误信息。例如Sheet2工作表的C列单元格引用了Sheet1工作表的C列单元格数据,后来删除了Sheet1工作表中的C列,就会出现此类错误。

解决方法:重新修改公式,恢复被引用的单元格范围或重新设定引用范围。

5. #!

这种错误信息常出现在公式使用的参数错误的情况下。例如,要使用公式"=A7+A8"计算A7与A8两个单元格的数字之和,但是A7或A8单元格中存放的数据是姓名不是数字,这时就会出现此类错误。

解决方法：确认所用公式参数没有错误，并且公式引用的单元格中包含有效的数据。

6. #NUM!

这种错误出现在当公式或函数中使用无效的参数时，即公式计算的结果过大或过小，超出了 Excel 的范围（正负 10 的 307 次方之间）时。例如，在单元格中输入公式“=10^300 * 100^50”，按 Enter 键后即会出现此错误。

解决方法：确认函数中使用的参数正确。

7. #NULL!

这种错误信息出现在试图为两个并不相交的区域指定交叉点时。例如，使用 SUM 函数对 A1:A5 和 B1:B5 两个区域求和，使用公式“=SUM(A1:A5 B1:B5)”（注意：A5 与 B1 之间有空格），便会因为对并不相交的两个区域使用交叉运算符（空格）而出现此错误。

解决方法：取消两个范围之间的空格，用逗号来分隔不相交的区域。

8. #NAME?

这种错误信息出现在 Excel 不能识别公式中的文本时。例如函数拼写错误、公式中引用某区域时没有使用冒号、公式中的文本没有用双引号等。

解决方法：尽量使用 Excel 所提供的各种向导完成函数输入。例如使用插入函数的方法来插入各种函数、用鼠标拖动的方法来完成各种数据区域的输入等。

另外，在某些情况下不可避免地会产生错误。如果希望打印时不打印错误信息，可以单击“文件”按钮，在打开的 Backstage 视图中单击“打印”命令，再单击“页面设置”命令打开“页面设置”对话框，切换至“工作表”选项卡，在“错误单元格打印为”下拉列表中选择“空白”选项，确定后将不会打印错误信息，如图 4-54 所示。

图 4-54　页面设置对话框

4.4 Excel 2016 的图表

Excel 可将工作表中的数据以图表的形式展示，这样可使数据更直观、更易于理解，同时也有助于用户分析数据，比较不同数据之间的差异。当数据源发生变化时，图表中对应的数据也会自动更新。Excel 的图表类型有包括二维图表和三维图表在内的十几类，每一类又有若干子类型。

根据图表显示的位置不同可以将图表分为两种，一种是嵌入式图表，它和创建图表使用的数据源放在同一张工作表中；另一种是独立图表，即创建的图表另存为一张工作表。

4.4.1 图表概述

如果要建立 Excel 图表，首先要对需要建立图表的 Excel 工作表进行认真分析，一是要考虑选取工作表中的哪些数据，即创建图表的可用数据；二是要考虑建立什么类型的图表；三是要考虑对组成图表的各种元素如何进行编辑和格式设置。只有这样，才能使创建的图表形象、直观，具有专业化和可视化效果。

创建一个专业化的 Excel 图表一般采用如下步骤。

(1) 选择数据源：从工作表中选择创建图表的可用数据。

(2) 选择合适的图表类型及其子类型，创建初始化图表。“插入”选项卡的“图表”组如图 4-55 所示。“图表”组主要用于创建各种类型的图表，创建方法常用下面两种。

- 如果已经确定需要创建某种类型的“图表”，如饼图或圆环图，则直接在“图表”组单击饼图和圆环图的下三角按钮，在下拉列表中选择一个子类型即可，如图 4-56 所示。

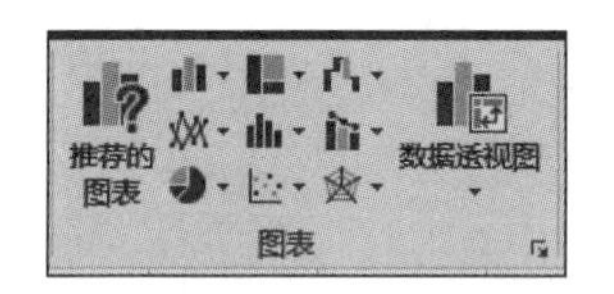

图 4-55 “插入”选项卡的“图表”组

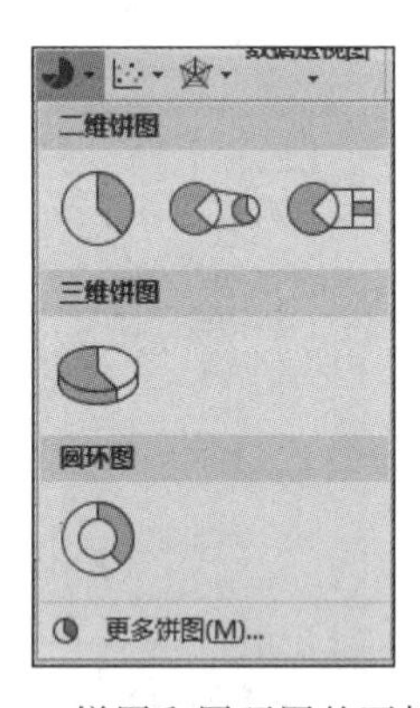

图 4-56 饼图和圆环图的下拉列表

- 如果创建的图表不在“图表”组所列项中，则可单击“查看所有图表”按钮，打开“插入图表”对话框，该对话框包括“推荐的图表”和“所有图表”两个选项，推荐的图表是根据你所选数据源，由系统建议你使用的图表。如果对系统推荐的图表类型不满意，可切换至“所有图表”选项卡，则列出所有图表类型，然后在对话框左侧列表中选择一种类型，右侧可预览效果。例如在左侧选择柱形图，在右侧选择簇状柱形图，如图 4-57 所示。图表类型选择后单击“确定”按钮。

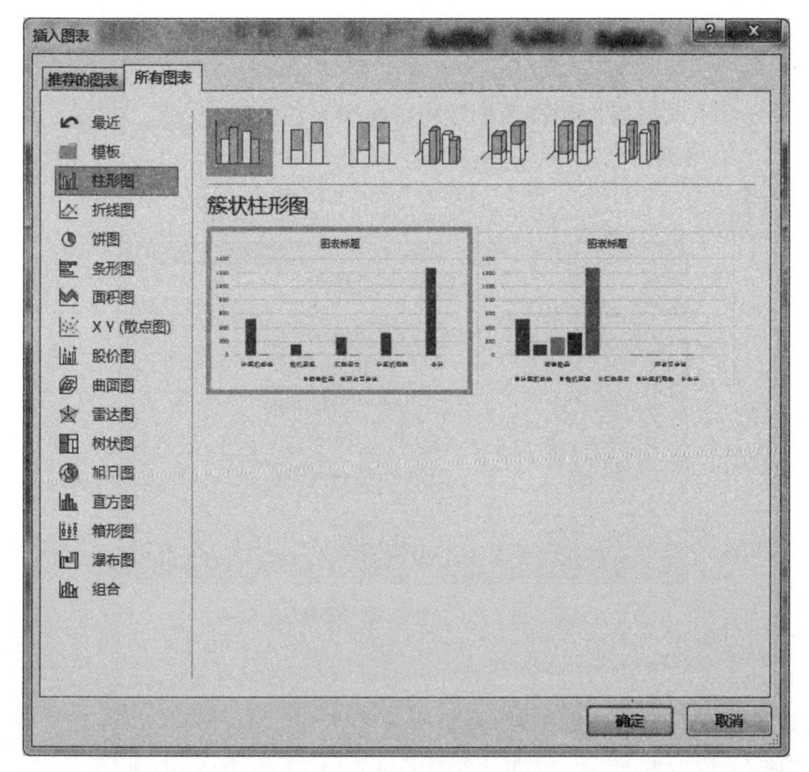

图 4-57 “插入图表”对话框

通过以上 2 种方法创建的图表仅为一个没有经过编辑和格式设置的初始化图表。

(3) 对第(2)步创建的初始化图表进行编辑和格式化设置,以满足自己的需要。

如图 4-57 所示,Excel 2016 中提供了 15 种图表类型,每一种图表类型中又包含了少到几种多到十几种不等的若干子图表类型,在创建图表时需要针对不同的应用场合和不同的使用范围选择不同的图表类型及其子类型。为了便于读者创建不同类型的图表,以满足不同场合的需要,下面对几种常见图表类型及其用途作简要说明。

- 柱形图:用于比较一段时间中两个或多个项目的相对大小。
- 折线图:按类别显示一段时间内数据的变化趋势。
- 饼图:在单组中描述部分与整体的关系。
- 条形图:在水平方向上比较不同类型的数据。
- 面积图:强调一段时间内数值的相对重要性。
- XY(散点图):描述两种相关数据的关系。
- 股价图:综合了柱形图的折线图,专门设计用来跟踪股票价格。
- 曲面图:一个三维图,当第 3 个变量变化时跟踪另外两个变量的变化。
- 圆环图:以一个或多个数据类别来对比部分与整体的关系,在中间有一个更灵活的饼状图。
- 气泡图:突出显示值的聚合,类似于散点图。
- 雷达图:表明数据或数据频率相对于中心点的变化。

4.4.2 创建初始化图表

下面以一个学生成绩表为例说明创建初始化图表的过程。

【例 4.14】 根据图 4-58 所示的 A 班学生成绩表创建每位学生三门科目成绩的简单三维簇状柱形图表。

	A	B	C	D	E
1	A班学生成绩表				
2	姓名	性别	数学	英语	计算机
3	张蒙丽	女	88	81	76
4	王华志	男	75	49	86
5	吴宇	男	68	95	76
6	郑霞	女	96	69	78
7	许芳	女	78	89	92
8	彭树三	男	67	85	65
9	许晓兵	男	85	71	79
10	刘丽丽	女	78	68	90

图 4-58　A 班学生成绩表

操作步骤如下：

(1) 选定要创建图表的数据区域，这里所选区域为 A2:A10 和 C2:E10。

(2) 在“插入”选项卡的“图表”组中单击“柱形图”下三角按钮，如图 4-59 所示，从下拉列表的子类型中选择“三维簇状柱形图”，生成的图表如图 4-60 所示。

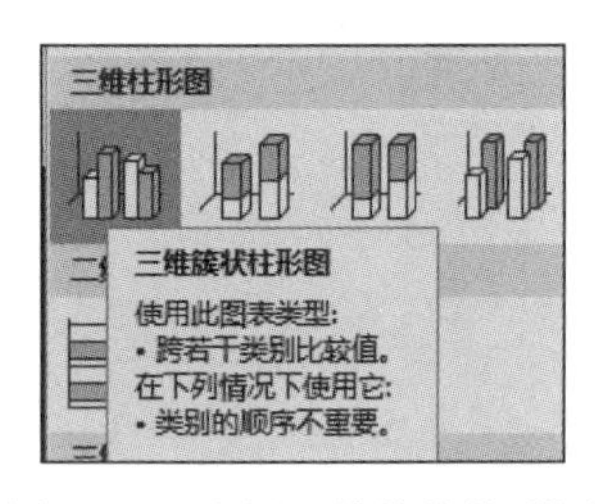

图 4-59　选择三维族状柱形图

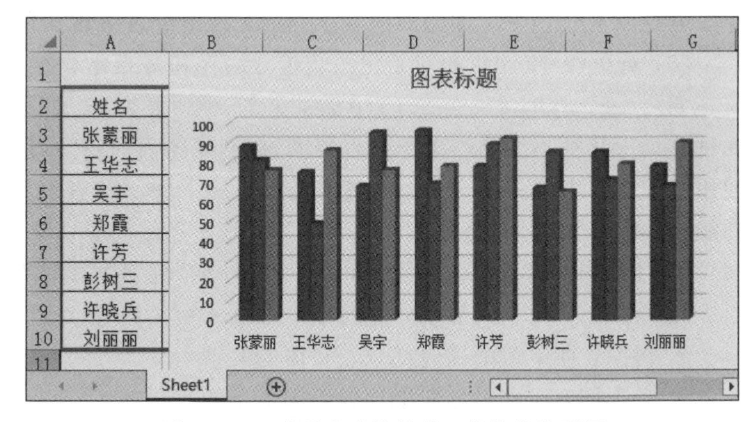

图 4-60　A 班学生成绩简单三维族状柱形图

如图 4-60 所示图表仅为初始化图表或简单图表，对图表中各元素作进一步的编辑和格式化设置后，并为图表中各元素做出标识，如图 4-61 所示。

【说明】 图 4-60 所示图表为嵌入式图表，其图表和工作表位于一张表上，该表的名称为 sheet1，而图 4-61 所示图表为独立式图表，图表名称为“图表”，数据表名称为“数据表”，该名称均可更改。

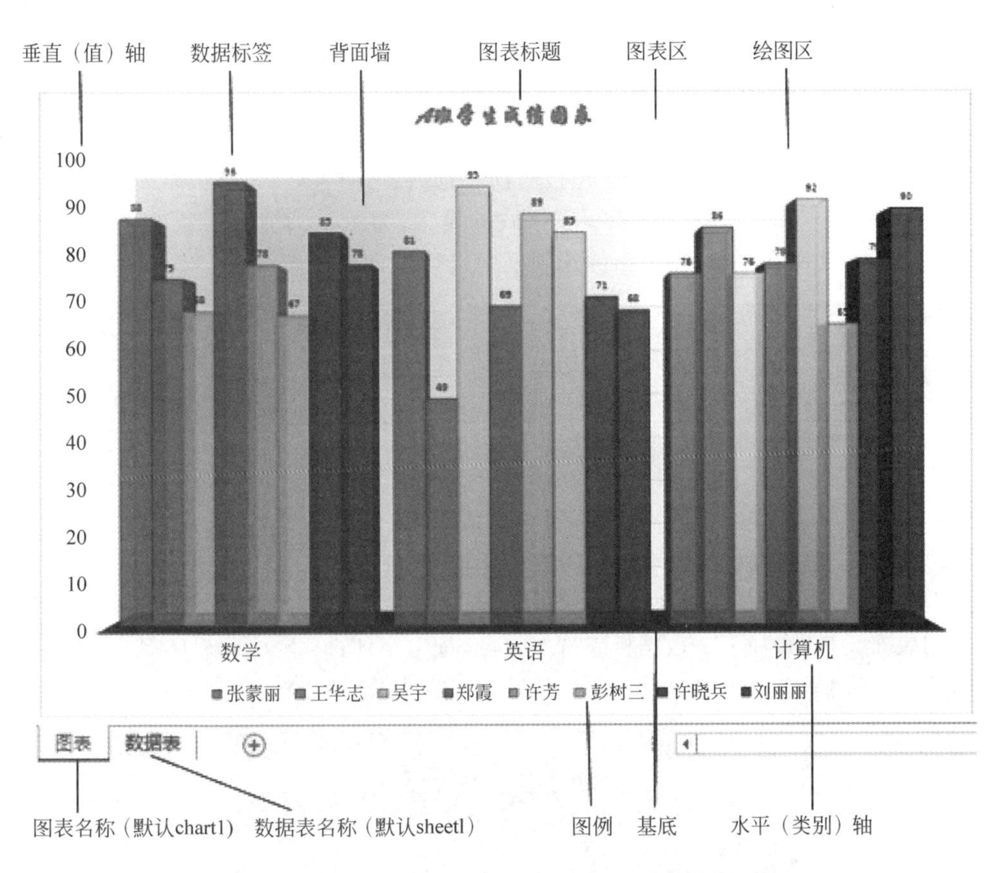

图 4-61　经过编辑和格式化设置并为图表中各元素做出标识

4.4.3　图表的编辑和格式化设置

在初始化图表建立以后，往往需要使用“图表工具”→“设计”/“格式”选项卡中的相应功能按钮，或者双击图表区某元素所在区域，在弹出的设置某元素格式的选项框中选择相应的命令，或者右击图表区任何位置，在弹出的快捷菜单中选择相应的命令，从而实现对初始化图表进行编辑和格式化设置。

单击选中图表或图表区的任何位置，即会弹出“图表工具”→“设计”/“格式”选项卡，如图 4-62 所示。下面先简单介绍这两个选项卡的使用，然后用例题说明如何对初始化图表进行编辑和格式化设置。

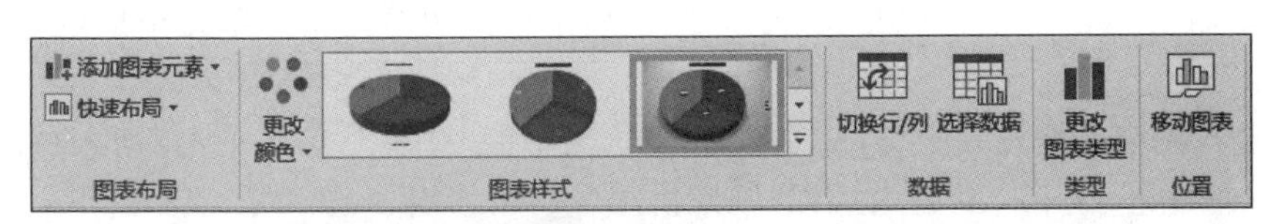

图 4-62　“图表工具”→“设计”选项

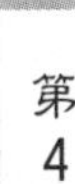

“图表工具”→“设计”选项卡主要包括图表布局、图表样式、数据、类型和位置等 5 个功能组，如图 4-62 所示。图表布局功能组包括添加图表元素和快速布局两个按钮。添加图表

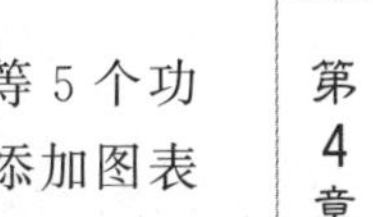

元素按钮主要用于图表标题、数据标签和图例的设置。快速布局按钮用于布局类型的设置。图表样式功能组用于图表样式和颜色的设置。数据功能组包括切换行/列和选择数据两个按钮,主要用于行、列的切换和选择数据源。类型功能组主要用于改变图表类型。位置功能组用于创建嵌入式或独立式图表。

“图表工具”→“格式”选项卡主要包括当前所选内容、插入形状、形状样式、艺术字样式、排列和大小等几个功能组,主要用于图表格式的设置,如图 4-63 所示。图表格式设置还可双击图表中某元素所在区域,在弹出的选项框中进行设置。

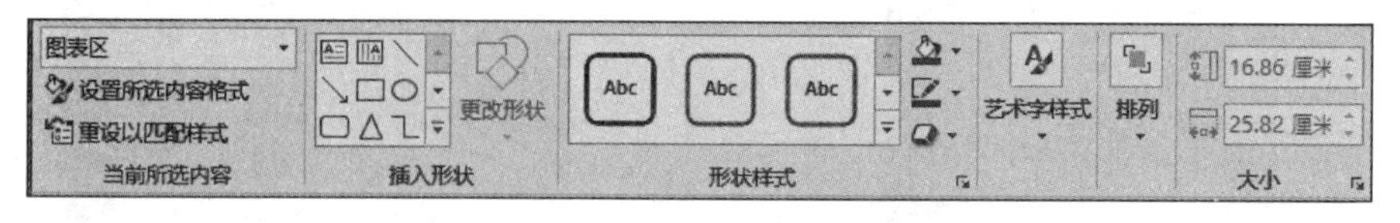

图 4-63 “图表工具”→“格式”选项卡

【例 4.15】 根据图 4-64 所示的 A 班学生成绩表,创建刘丽丽同学三门科目成绩的三维饼图。要求图表独立放置,图表名和图表标题均为“刘丽丽三门课成绩分布图”,图表标题放于图表上方,图表标题字体为“华文行楷 24 磅 加粗”,字体颜色为红色;图表样式选“样式 2”;图表布局选“布局 1”;数据标签选“最佳匹配”,字体选“华文行楷 16 磅”;图例选“底部”,图例字体选“华文行楷 18 磅”。图表绘图区设置为“渐变填充”。

	A	B	C	D	E
1	A班学生成绩表				
2	姓名	性别	数学	英语	计算机
3	张蒙丽	女	88	81	76
4	王华志	男	75	49	86
5	吴宇	男	68	95	76
6	郑霞	女	96	69	78
7	许芳	女	78	89	92
8	彭树三	男	67	85	65
9	许晓兵	男	85	71	79
10	刘丽丽	女	78	68	90
11					

Sheet1 Sheet2 Sheet3

图 4-64 A 班学生成绩表

操作步骤如下:

(1) 选择数据源:按照题目要求只需选择姓名、数学、英语和计算机 4 个字段关于刘丽丽的记录,即选择 A2,A10,C2:E2,C10:E10 这些不连续的单元格和单元格区域,如图 4-64 所示。

(2) 选择图表类型及其子类型:在“插入”选项卡的“图表”组中,单击“插入饼图或圆环图”的下三角按钮,在下拉列表中选择“三维饼图”选项,如图 4-65 所示。

(3) 设置图表位置:按题目要求,应设置为独立式图表。在“图表工具”→“设计”选项卡的“位置”组,单击“移动图表”按钮,在打开的“移动图表”对话框中选择“新工作表”单选按钮,将图表名字“Chart1”更名为“刘丽丽三门课成绩分布图”,单击“确定”按钮关闭对话框,如图 4-66 所示。

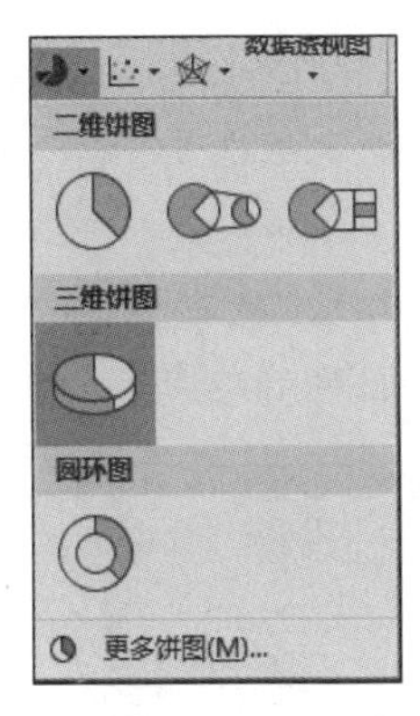

图 4-65 选择三维饼图

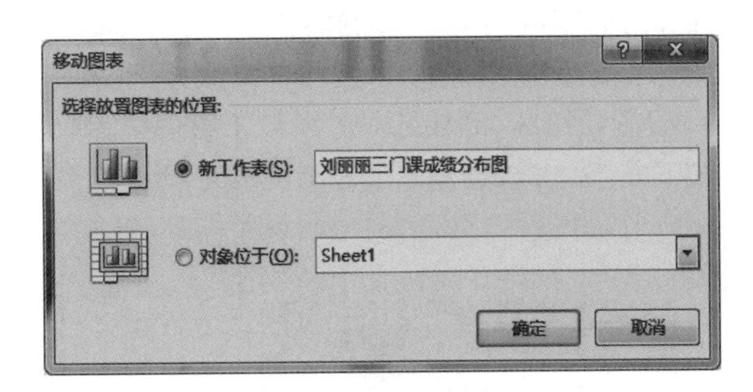

图 4-66 移动图表对话框

(4) 设置图表标题：在"图表工具"→"设计"选项卡的"图表布局"组，单击"添加图表元素"下拉按钮，在弹出的下拉列表中选择"图表标题"→"图表上方"选项，如图 4-67 所示。在图表标题框输入文字：刘丽丽三门课成绩分布图，字体"华文行楷 24 磅"，字体颜色：红色。

(5) 设置图表样式：在"图表工具"→"设计"选项卡的"图表样式"组选择"样式 2"，如图 4-68 所示。

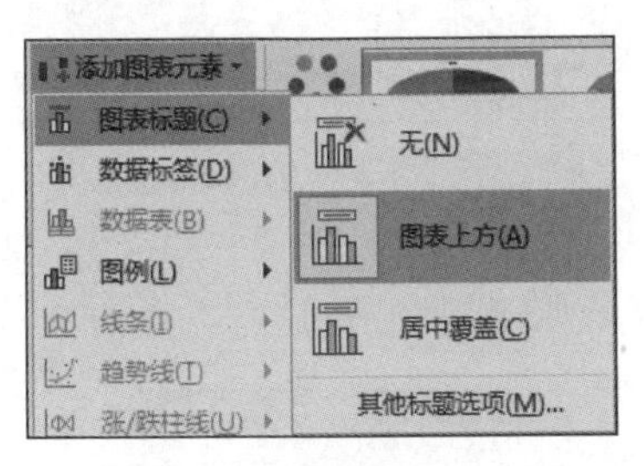

图 4-67 设置图表标题

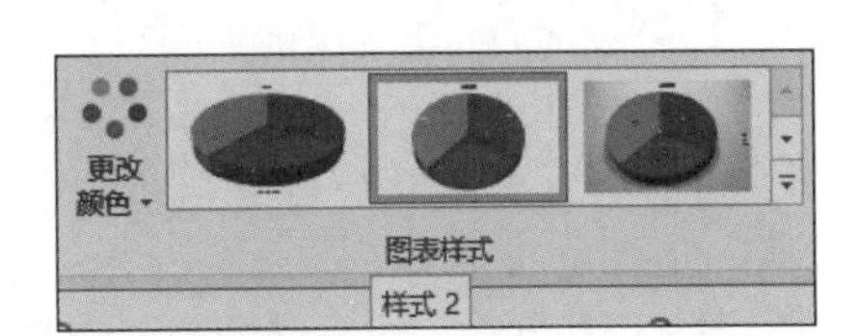

图 4-68 设置图表样式

(6) 图表布局设置：在"图表工具"→"设计"选项卡的"图表布局"组，单击"快速布局"按钮，在弹出的下拉列表中选"布局 1"选项，如图 4-69 所示。

(7) 设置数据标签：在"图表工具"→"设计"选项卡的"图表布局"组，单击"添加图表元素"按钮，在弹出的下拉列表中选"数据标签"→"最佳匹配"选项，如图 4-70 所示。字体为"华文行楷 16 磅"。

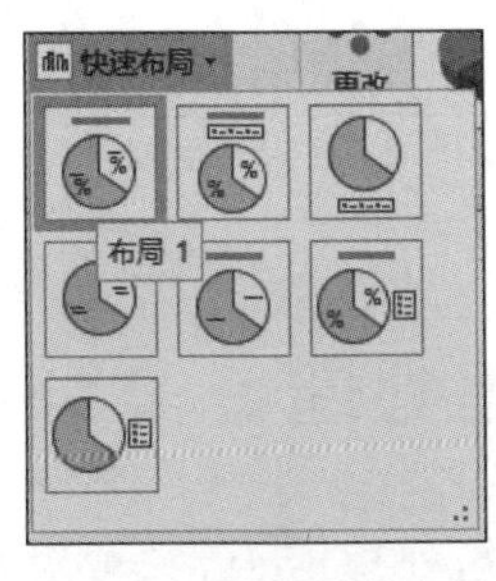

图 4-69 设置图表布局

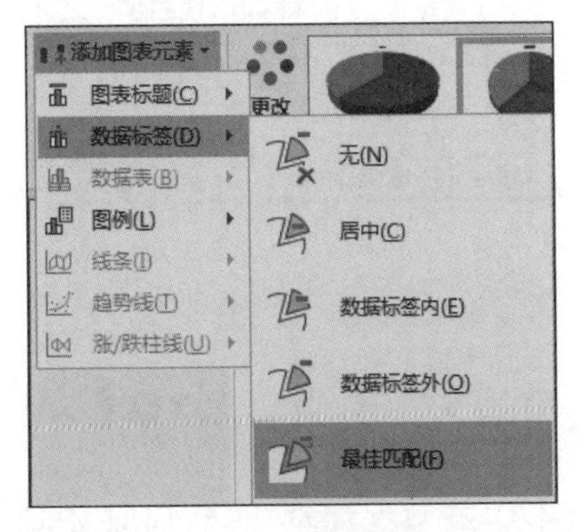

图 4-70 设置数据标签

(8) 设置图例：在“图表工具”→“设计”选项卡的“图表布局”组，单击“添加图表元素”按钮，在弹出的下拉列表中选“图例”→“底部”选项，如图 4-71 所示。字体为“华文行楷 18 磅”。

(9) 设置绘图区为“渐变填充”：双击绘图区，弹出“设置绘图区格式”选项框，在“绘图区选项”下方，选“填充与线条”→“渐变填充”单选按钮，关闭选项框，如图 4-72 所示。

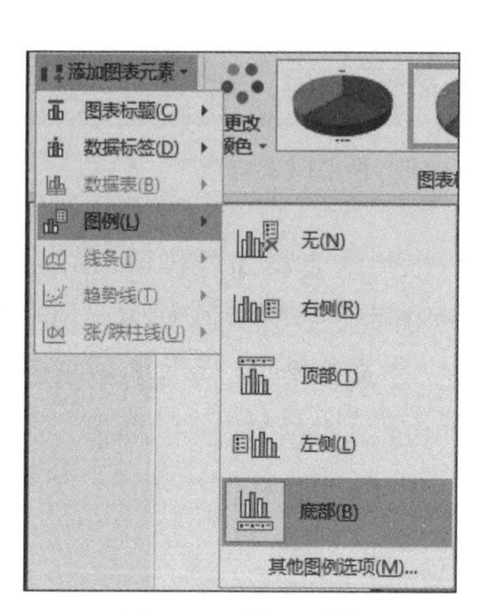

图 4-71 设置图例

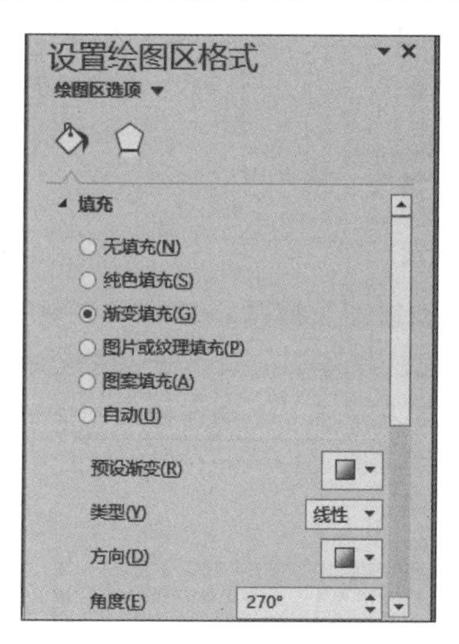

图 4-72 设置绘图区格式

(10) 调整图表大小并放置合适位置。最后设置效果如图 4-73 所示。

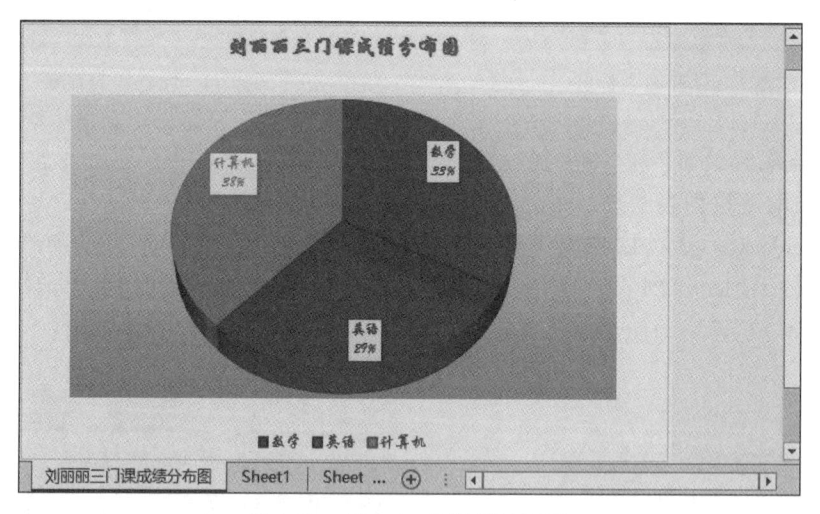

图 4-73 例 4.15 的设置效果图

4.5 Excel 2016 的数据处理

Excel 不仅具有数据计算功能，而且还具有高效的数据处理能力，它可对数据进行排序、筛选、分类汇总和创建数据透视表。其操作方便、直观、高效，比一般数据库更胜一筹，充分地发挥了它在表格处理方面的优势，使 Excel 得到广泛应用。

4.5.1 数据清单

数据清单又称数据列表，是工作表中的单元格构成的矩形区域，即一张二维表，如图 4-74 所示。特点如下。

（1）与数据库相对应，一张二维表被称为一个关系；二维表中的一列为一个“字段”，又称为“属性”；一行为一条“记录”，又称为元组；第一行为表头，又称“字段名”或“属性名”。图 4-74 所示数据表包含 7 个字段 7 个记录。

	A	B	C	D	E	F	G
1	B班学生成绩表						
2	学号	姓名	语文	数学	英语	化学	物理
3	2010011	王兰兰	87	89	85	76	80
4	2010012	张 雨	57	78	79	46	85
5	2010013	夏林虎	92	68	98	70	76
6	2010014	韩 青	80	98	78	67	87
7	2010015	郑 爽	74	78	83	92	92
8	2010016	程雪兰	85	68	95	55	83
9	2010017	王 瑞	95	52	87	87	68
10							

Sheet1

图 4-74 Excel 工作表及表中数据

（2）表中不允许有空行空列，因为如果出现空行空列，会影响 Excel 对数据的检测和选定数据列表。每一列必须是性质相同、类型相同的数据，如字段名是“姓名”，则该列存放的数据必须全部是姓名；同时不能出现完全相同的两个数据行。

数据清单完全可以像一般工作表一样直接建立和编辑。

4.5.2 数据排序

数据排序是指按一定规则对数据进行整理、排列。数据表中的记录按用户输入的先后顺序排列以后往往需要按照某一属性(列)顺序显示。例如，在学生成绩表中统计成绩时常常需要按成绩从高到低或从低到高显示，这就需要对成绩进行排序。用户可对数据清单中一列或多列数据按升序(数字 1→9，字母 A→Z)或降序(数字 9→1，字母 Z→A)排序。数据排序分为简单排序和多重排序。

1. 简单排序

在“数据”选项卡的“排序和筛选”组中单击“升序”或“降序”按钮即可实现简单的排序，如图 4-75 所示。

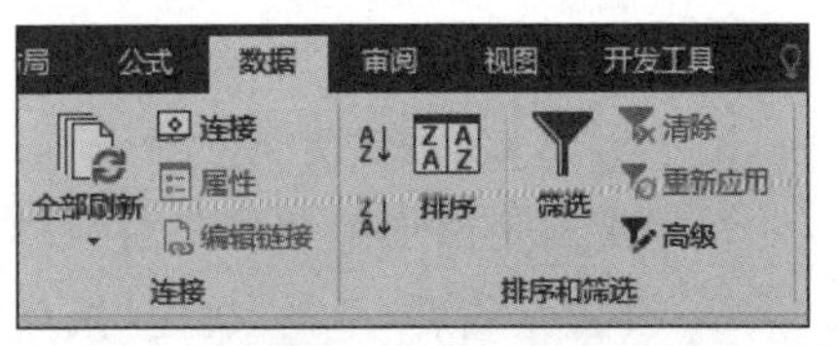

图 4-75 数据选项卡的排序和筛选组

【例 4.16】 在 B 班学生成绩表中要求按英语成绩由高分到低分进行降序排序。

操作步骤如下：

（1）单击 B 班学生成绩表中“英语”所在列的任意一个单元格，如图 4-76 所示。

(2) 切换到“数据”选项卡。

(3) 在“排序和筛选”组中单击降序按钮,排序结果,如图 4-77 所示。

	A	B	C	D	E	F	G
1	B班学生成绩表						
2	学号	姓名	语文	数学	英语	化学	物理
3	2010011	王兰兰	87	89	85	76	80
4	2010012	张　雨	57	78	79	46	85
5	2010013	夏林虎	92	68	98	70	76
6	2010014	韩　青	80	98	78	67	87
7	2010015	郑　爽	74	78	83	92	92
8	2010016	程雪兰	85	68	95	55	83
9	2010017	王　瑞	95	52	87	87	68

图 4-76　简单排序前的数据表

	A	B	C	D	E	F	G
1	B班学生成绩表						
2	学号	姓名	语文	数学	英语	化学	物理
3	2010013	夏林虎	92	68	98	70	76
4	2010016	程雪兰	85	68	95	55	83
5	2010017	王　瑞	95	52	87	87	68
6	2010011	王兰兰	87	89	85	76	80
7	2010015	郑　爽	74	78	83	92	92
8	2010012	张　雨	57	78	79	46	85
9	2010014	韩　青	80	98	78	67	87

图 4-77　经过简单排序后的数据表

2. 多重排序

使用“排序和筛选”组中的“升序”按钮和“降序”按钮只能按一个字段进行简单排序。当排序的字段出现相同数据项时必须按多个字段进行排序,即多重排序,多重排序就一定要使用对话框来完成。Excel 2016 为用户提供了多级排序功能,包括主要关键字、次要关键字……每个关键字就是一个字段,每一个字段均可按“升序”(即递增方式)或“降序”(即递减方式)进行排序。

【例 4.17】 在 B 班学生成绩表中,要求先按数学成绩由低分到高分进行排序,若数学成绩相同,再按学号由小到大进行排序。

操作步骤如下:

(1) 选定 B 班学生成绩表中的任意一个单元格。

(2) 切换到“数据”选项卡。

(3) 在“排序和筛选”组中单击“排序”按钮打开“排序”对话框,如图 4-78 所示。

(4) “主要关键字”选“数学”,“排序依据”选“数值”,“次序”选“升序”。

(5) “次要关键字”选“学号”,“排序依据”选“数值”,“次序”选“升序”。

(6) 设置完成后,单击“确定”按钮关闭对话框。排序结果如图 4-79 所示。用户还可以根据自己的需要,再指定“次要关键字”,本例无须再选择次要关键字。

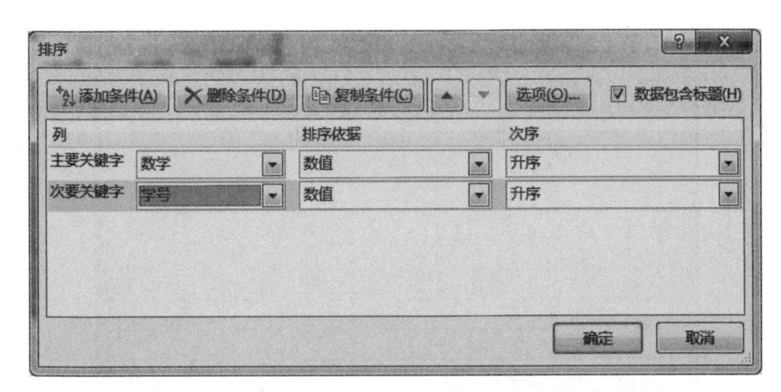

图 4-78 “排序”对话框

	A	B	C	D	E	F	G
1	B班学生成绩表						
2	学号	姓名	语文	数学	英语	化学	物理
3	2010017	王 瑞	95	52	87	87	68
4	2010013	夏林虎	92	68	98	70	76
5	2010016	程雪兰	85	68	95	55	83
6	2010012	张 雨	57	78	79	46	85
7	2010015	郑 爽	74	78	83	92	92
8	2010011	王兰兰	87	89	85	76	80
9	2010014	韩 青	80	98	78	67	87

图 4-79 多重排序结果

4.5.3 数据的分类汇总

数据的分类汇总是指对数据清单某个字段中的数据进行分类，并对各类数据快速进行统计计算。Excel 提供了 11 种汇总类型，包括求和、计数、统计、最大、最小及平均值等，默认的汇总方式为求和。在实际工作中常常需要对一系列数据进行小计和合计，这时可以使用 Excel 提供的分类汇总功能。

需要特别指出的是，在分类汇总之前必须先对需要分类的数据项进行排序，然后再按该字段进行分类，并分别为各类数据的数据项进行统计汇总。

【例 4.18】 对图 4-80 所示的 C 班学生成绩表分别计算男生、女生的语文、数学成绩的平均值。

操作步骤如下：

(1) 对需要分类汇总的字段进行排序：本例中需要对“性别”字段进行排序，选择性别字段任意一个单元格，然后在“数据”选项卡的“排序和筛选”组中单击“升序”或“降序”按钮实现简单排序。

(2) 在“数据”选项卡的“分级显示”组中，如图 4-81 所示，单击“分类汇总”按钮，打开“分类汇总”对话框，如图 4-82 所示。

(3) 在“分类字段”下拉列表中选择“性别”选项。

(4) 在“汇总方式”下拉列表框中有求和、计数、平均值、最大、最小等，这里选择“平均值”选项。

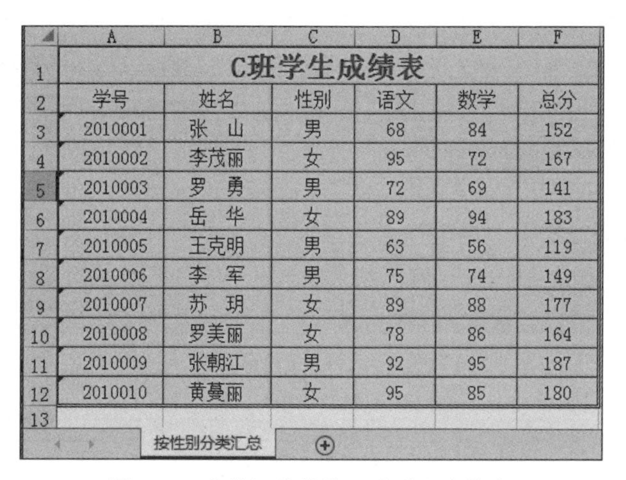

	A	B	C	D	E	F
1	C班学生成绩表					
2	学号	姓名	性别	语文	数学	总分
3	2010001	张　山	男	68	84	152
4	2010002	李茂丽	女	95	72	167
5	2010003	罗　勇	男	72	69	141
6	2010004	岳　华	女	89	94	183
7	2010005	王克明	男	63	56	119
8	2010006	李　军	男	75	74	149
9	2010007	苏　玥	女	89	88	177
10	2010008	罗美丽	女	78	86	164
11	2010009	张朝江	男	92	95	187
12	2010010	黄蔓丽	女	95	85	180
13						

按性别分类汇总

图 4-80　分类汇总前的 C 班学生成绩表

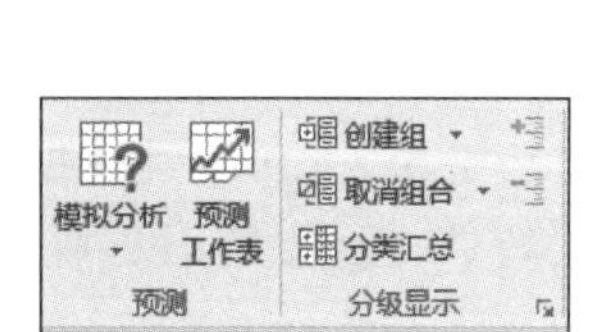

图 4-81　分级显示组

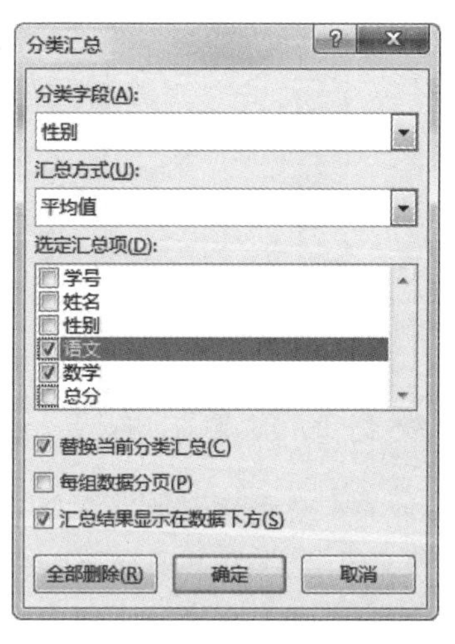

图 4-82　“分类汇总”对话框

(5) 在“选定汇总项”列表框中选中“语文”“数学”复选框，取消其余默认的汇总项，如“总分”。

(6) 单击“确定”按钮关闭对话框，完成分类汇总，结果显示如图 4-83 所示。

分类汇总的结果通常按 3 级显示，可以通过单击分级显示区上方的 3 个按钮 1 、2 、3 进行分级显示控制。

在分级显示区中还有 + 、- 等分级显示符号，其中，单击 + 按钮，可将高一级展开为低一级显示；单击 - 按钮，可将低一级折叠为高一级显示。

如果要取消分类汇总，可以在“分级显示”组中再次单击“分类汇总”按钮，在打开的“分类汇总”对话框中单击“全部删除”按钮即可。

4.5.4　数据的筛选

筛选是指从数据清单中找出符合特定条件的数据记录，也就是把符合条件的记录显示

学号	姓名	性别	语文	数学	总分
C班学生成绩表					
2010001	张　山	男	68	84	152
2010003	罗　勇	男	72	69	141
2010005	王克明	男	63	56	119
2010006	李　军	男	75	74	149
2010009	张朝江	男	92	95	187
		男 平均值	74	75.6	
2010002	李茂丽	女	95	72	167
2010004	岳　华	女	89	94	183
2010007	苏　玥	女	89	88	177
2010008	罗美丽	女	78	86	164
2010010	黄蔓丽	女	95	85	180
		女 平均值	89.2	85	
		总计平均值	81.6	80.3	

按性别分类汇总

图 4-83　按“性别”字段分类汇总的显示结果

出来，而把其他不符合条件的记录暂时隐藏起来。Excel 2016 提供了两种筛选方法，即自动筛选和高级筛选。一般情况下，自动筛选就能够满足大部分的需要。但是，当需要利用复杂的条件来筛选数据时就必须使用高级筛选。

1. 自动筛选

自动筛选给用户提供了快速访问大数据清单的方法。

【例 4.19】　在 D 班学生成绩表中显示“数学”成绩排在前 3 位的记录。

操作步骤如下：

(1) 选定 D 班学生成绩表中的任意一个单元格，如图 4-84 所示。

学号	姓名	性别	语文	数学	英语
D班学生成绩表					
2010001	张山	男	90	83	68
2010002	罗明丽	女	63	92	83
2010003	李丽	女	88	82	86
2010004	岳晓华	女	78	58	76
2010005	王克明	男	68	63	89
2010006	苏姗	女	85	66	90
2010007	李军	男	95	75	58
2010009	张虎	男	53	76	92

数据的自动筛选

图 4-84　D 班学生成绩表(数据清单)

(2) 在“数据”选项卡的“排序和筛选”组中单击“筛选”按钮，此时数据表的每个字段名旁边显示出下三角箭头，此为筛选器箭头，如图 4-85 所示。

(3) 单击“数学”字段名旁边的筛选器箭头，弹出下拉列表，选择“数字筛选”→“前 10 项”选项，打开“自动筛选前 10 个”对话框，如图 4-86 所示。

(4) 在“自动筛选前 10 个”对话框中指定“显示”的条件为“最大”“3”“项”，如图 4-87 所示。

	A	B	C	D	E	F
1	D班学生成绩表					
2	学号	姓名	性别	语文	数学	英语
3	2010001	张山	男	90	83	68
4	2010002	罗明丽	女	63	92	83
5	2010003	李丽	女	88	82	86
6	2010004	岳晓华	女	78	58	76
7	2010005	王克明	男	68	63	89
8	2010006	苏姗	女	85	66	90
9	2010007	李军	男	95	75	58
10	2010009	张虎	男	53	76	92

数据的自动筛选

图 4-85　含有筛选器箭头的数据表

(5) 最后单击"确定"按钮关闭对话框,即会在数据表中显示出数学成绩最高的 3 条记录,其他记录被暂时隐藏起来,被筛选出来的记录行号显示为蓝色,该列的列号右边的筛选器箭头也变成蓝色,如图 4-88 所示。

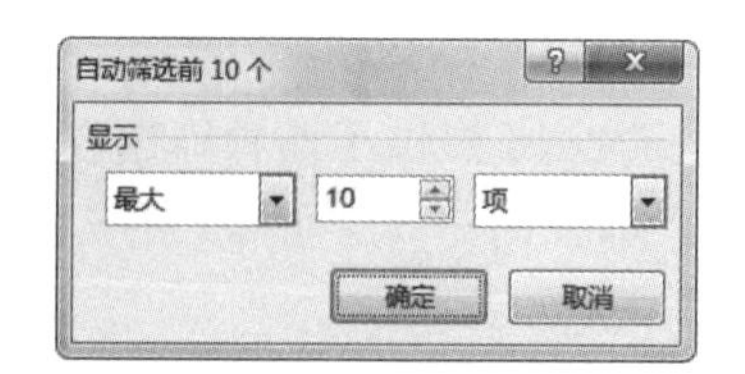

图 4-86　"自动筛选前 10 个"对话框

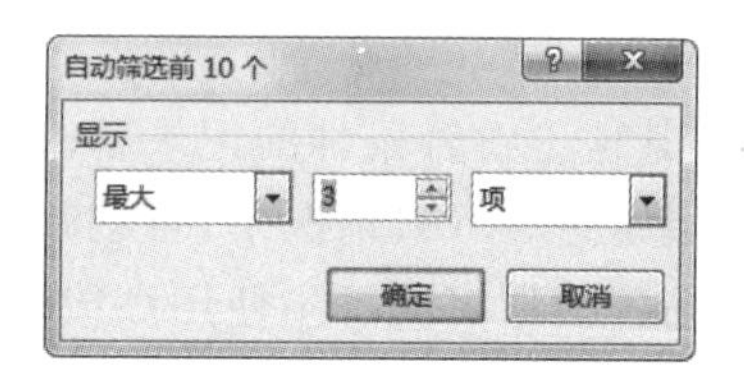

图 4-87　指定显示条件为最大 3 个

	A	B	C	D	E	F
1	D班学生成绩表					
2	学号	姓名	性别	语文	数学	英语
3	2010001	张山	男	90	83	68
4	2010002	罗明丽	女	63	92	83
5	2010003	李丽	女	88	82	86

数据的自动筛选

图 4-88　自动筛选数学成绩排在前三位的数据表

【例 4.20】　在 D 班学生成绩表中筛选出"英语"成绩大于 80 分且小于 90 分的记录。

操作步骤如下:

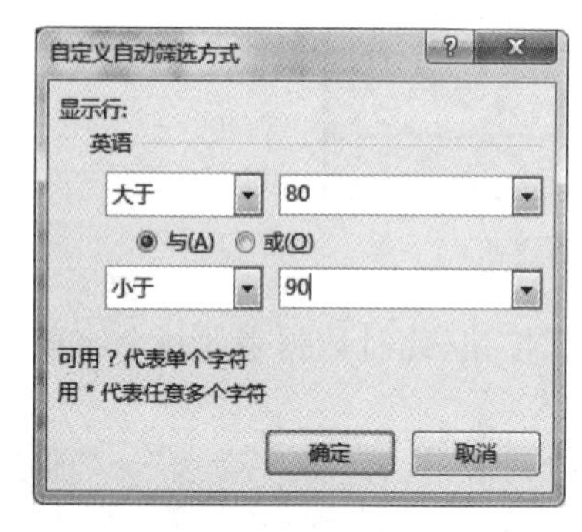

图 4-89　自定义自动筛选方式对话框

(1) 选中 D 班学生成绩表中的任一单元格。

(2) 按例 4.19 第(2)步操作将数据表置于筛选器界面。

(3) 单击"英语"字段名旁边的筛选器箭头,从打开的下拉列表中选择"数字筛选"→"自定义筛选"选项,打开"自定义自动筛选方式"对话框,在其中一个输入条件中选择"大于",右边的文本框中输入 80;另一个条件中选择"小于",右边的文本框中输入 90,两个条件之间的关系选项中选择"与"单选按钮,如图 4-89 所示。

(4) 单击"确定"按钮关闭对话框,即可筛选出英语成绩满足条件的记录，如图 4-90 所示。

	A	B	C	D	E	F
1	D班学生成绩表					
2	学号	姓名	性别	语文	数学	英语
4	2010002	罗明丽	女	63	92	83
5	2010003	李丽	女	88	82	86
7	2010005	王克明	男	68	63	89

自动筛选英语成绩大于80分且小于90分的记录

图 4-90　自动筛选出英语成绩满足条件的记录

【例 4.21】 在 D 班学生成绩表中筛选出女生中“英语”成绩大于 80 分且小于 90 分的记录。

【分析】 这是一个双重筛选的问题，例 4.20 已经通过“英语”字段从 D 班学生成绩表中筛选出“英语”成绩大于 80 分且小于 90 分的记录，所以本例只需在例 4.20 的基础上进行“性别”字段的筛选即可。

操作步骤如下：

(1) 单击“性别”字段名旁边的筛选器箭头，从下拉列表中选择“文本筛选”→“等于”选项，打开“自定义自动筛选方式”对话框，如图 4-91 所示。

(2) 在“等于”编辑框右边的文本框中输入文字“女”。

(3) 单击“确定”按钮关闭对话框，双重筛选后的结果如图 4-92 所示。

图 4-91　文本筛选

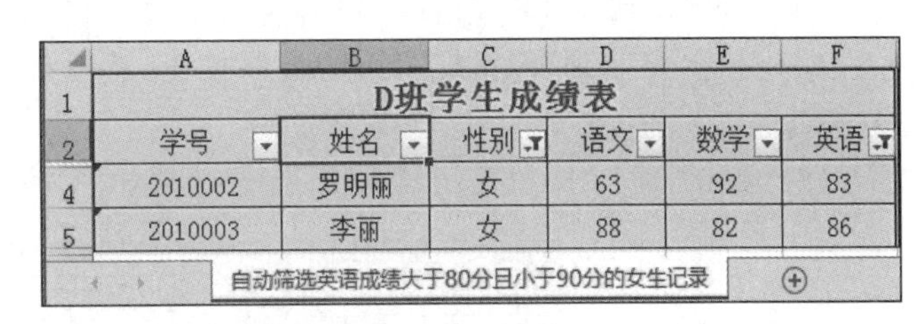

	A	B	C	D	E	F
1	D班学生成绩表					
2	学号	姓名	性别	语文	数学	英语
4	2010002	罗明丽	女	63	92	83
5	2010003	李丽	女	88	82	86

自动筛选英语成绩大于80分且小于90分的女生记录

图 4-92　经过双重筛选后的数据

【说明】 如果要取消自动筛选功能，只需在“数据”选项卡的“排序和筛选”组中再次单击“筛选”按钮，数据表中字段名右边的箭头按钮就会消失，数据表被还原。

2. 高级筛选

下面通过实例来说明问题。

【例 4.22】 在 D 班学生成绩表中筛选出语文成绩大于 80 分的男生的记录。

【分析】 要将符合两个及两个以上不同字段的条件的数据筛选出来，倘若使用自动筛选来完成，需要对“语文”和“性别”两个字段分别进行筛选，即双重筛选，在此不再赘述。

如果使用高级筛选的方法来完成，则必须在工作表的一个区域设置条件，即条件区域。两个条件的逻辑关系有“与”和“或”的关系，在条件区域“与”和“或”的关系表达式是不同的，其表达方式如下。

- “与”条件将两个条件放在同一行,表示的是语文成绩大于 80 分的男生,如图 4-93 所示。
- “或”条件将两个条件放在不同行,表示的是语文成绩大于 80 分或者是男生,图 4-94 所示。

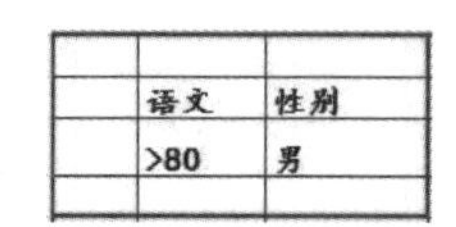

	语文	性别
	>80	男

图 4-93 “与”条件排列图

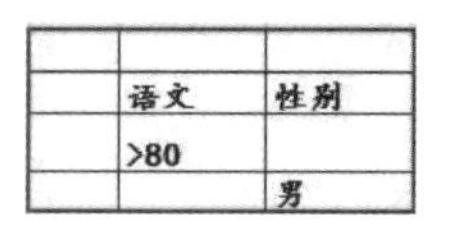

	语文	性别
	>80	
		男

图 4-94 “或”条件排列图

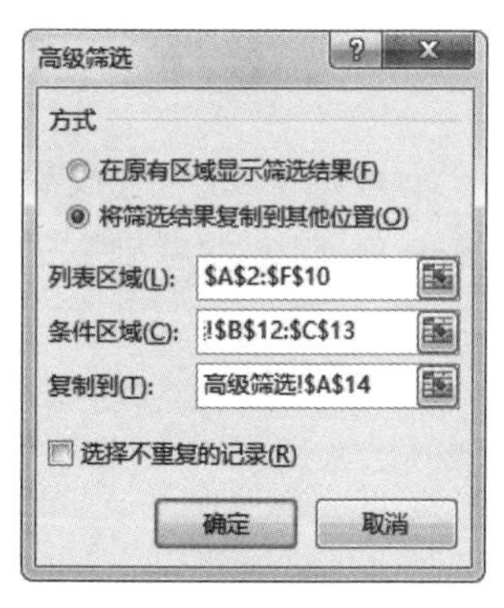

图 4-95 “高级筛选”对话框

操作步骤如下:

(1) 输入条件区域:打开 D 班学生成绩表,在 B12 单元格中输入“语文”,在 C12 单元格中输入“性别”,在 B13 单元格中输入“>80”,在 C13 单元格中输入“男”。

(2) 在工作表中选中 A2:F10 单元格区域或其中的任意一个单元格。

(3) 在“数据”选项卡的“排序和筛选”组中单击“高级”按钮,打开“高级筛选”对话框,如图 4-95 所示。

(4) 在对话框的“方式”选项组中选中“将筛选结果复制到其他位置”单选按钮。

(5) 如果列表区为空白,可单击“列表区域”编辑框右边的拾取按钮,然后用鼠标从列表区域的 A2 单元格拖动到 F10 单元格,输入框中出现 \$A\$2:\$F\$10。

(6) 单击“条件区域”编辑框右边的拾取按钮,然后用鼠标从条件区域的 B12 拖动到 C13,输入框中出现 \$B\$12:\$C\$13。

(7) 单击“复制到”编辑框右边的拾取按钮,然后选择筛选结果显示区域的第一个单元格 A14。

(8) 单击“确定”按钮关闭对话框,筛选结果如图 4-96 所示。

	A	B	C	D	E	F
1	D班学生成绩表					
2	学号	姓名	性别	语文	数学	英语
3	2010001	张山	男	90	83	68
4	2010002	罗明丽	女	63	92	83
5	2010003	李丽	女	88	82	86
6	2010004	岳晓华	女	78	58	76
7	2010005	王克明	男	68	63	89
8	2010006	苏姗	女	85	66	90
9	2010007	李军	男	95	75	58
10	2010009	张虎	男	53	76	92
11						
12		语文	性别			
13		>80	男			
14	学号	姓名	性别	语文	数学	英语
15	2010001	张山	男	90	83	68
16	2010007	李军	男	95	75	58
17						

高级筛选

图 4-96 高级筛选结果

4.5.5 数据透视表

数据透视表是比分类汇总更为灵活的一种数据统计和分析方法。它可以同时灵活地变换多个需要统计的字段，对一组数值进行统计分析，统计可以是求和、计数、最大值、最小值、平均值、数值计数、标准偏差及方差等。利用数据透视表可以从不同方面对数据进行分类汇总。

下面通过实例来说明如何创建数据透视表。

【例 4.23】 对图 4-97 所示的“商品销售表”内的数据建立数据透视表，按行为“商品名”、列为“产地”、数据为“数量”进行求和布局，并置于现有工作表的 H2:M7 单元格区域。

操作步骤如下：

(1) 选定产品销售表 A2:F10 区域中的任意一个单元格。

(2) 在“插入”选项卡的“表格”组中单击“数据透视表”按钮，打开“创建数据透视表”对话框，如图 4-98 所示。

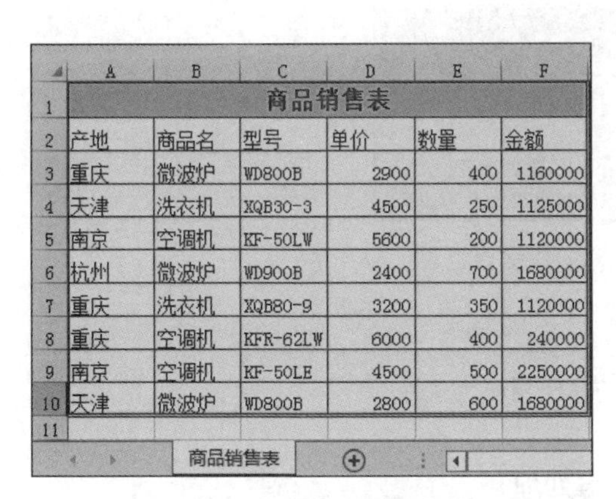

	A	B	C	D	E	F
1	商品销售表					
2	产地	商品名	型号	单价	数量	金额
3	重庆	微波炉	WD800B	2900	400	1160000
4	天津	洗衣机	XQB30-3	4500	250	1125000
5	南京	空调机	KF-50LW	5600	200	1120000
6	杭州	微波炉	WD900B	2400	700	1680000
7	重庆	洗衣机	XQB80-9	3200	350	1120000
8	重庆	空调机	KFR-62LW	6000	400	240000
9	南京	空调机	KF-50LE	4500	500	2250000
10	天津	微波炉	WD800B	2800	600	1680000
11						

图 4-97　商品销售表

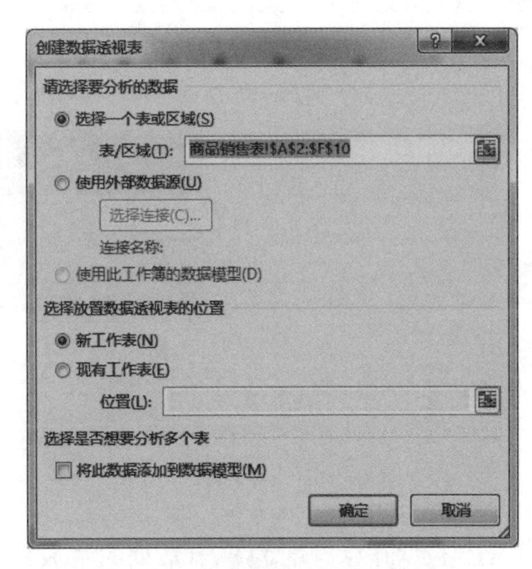

图 4-98　创建数据透视表对话框 1

(3) 在“请选择要分析的数据”选项组中选中“选择一个表或区域”单选按钮，并在“表/区域”框中选中 A2:F10 单元格区域(前面第(1)步已选)；在“选择放置数据透视表的位置”选项组中选中“现有工作表”单选按钮，在“位置”编辑框中选中 H2:M7 单元格区域，如图 4-99 所示。

(4) 单击“确定”按钮关闭对话框，打开“数据透视表字段”任务窗格，拖动“商品名”到“行标签”文本框，拖动“产地”到“列标签”文本框，拖动“数量”到“$\sum$ 值”文本框，如图 4-100 所示。

(5) 单击“数据透视表字段”任务窗格的关闭按钮，数据透视表创建完成。数据透视表设置效果如图 4-101 所示。

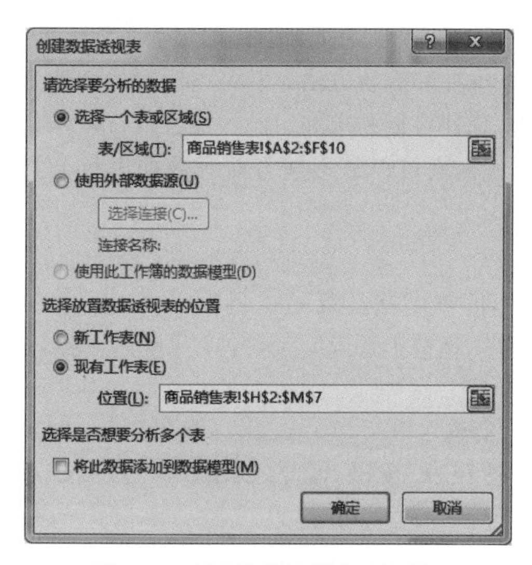

图 4-99 创建数据透视表对话框 2

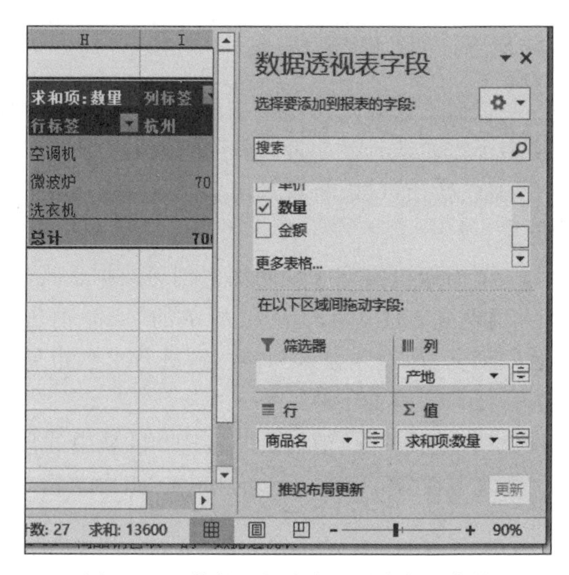

图 4-100 数据透视表字段列表任务窗格

求和项:数量	列标签				
行标签	杭州	南京	天津	重庆	总计
空调机		700		400	1100
微波炉	700		600	400	1700
洗衣机			250	350	600
总计	700	700	850	1150	3400

图 4-101 商品销售的数据透视表

习 题 4

1. 数据计算与建立图表(数据的基本分析与处理)

进入“第 4 章素材库\习题 4”下的“习题 4.1”文件夹,打开 XT4_1 文档,Sheet1 工作表数据如图 4-102 所示,按如下要求进行操作,最后以“XT4_1 计算”为文件名,以“Excel 工作簿”文件类型保存于“习题 4.1”文件夹中。

(1) 将 sheet1 工作表的 A1:D1 单元格合并为一个单元格,内容水平居中,单元格中的字体为华文行楷、16 磅、加粗、红色;计算职工的平均年龄置于 C13 单元格内(数值型,保留小数点后 1 位);计算职称为高工、工程师和助工的人数置于 G5:G7 单元格区域(利用 COUNTIF 函数)。将 A1:D13 单元格区域加蓝色双实线外框线,黑色虚线内框线,填充浅绿色。

(2) 选取“职称”列(F4:F7)和“人数”列(G4:G7)数据区域的内容建立“三维簇状柱形图”,图表标题为“职称情况统计图”并居中放置,清除图例,背面墙设置为“渐变填充”,基底设置为“纹理”中的“纸莎草纸”填充,将图表插入到表的 A15:F30 单元格区域内,将工作表命名为“职称情况统计表”并设置工作表标签颜色为“标准色”中的“紫色”。

	A	B	C	D	E	F	G
1	某单位人员情况表						
2	职工号	性别	年龄	职称			
3	E001	男	34	工程师			
4	E002	男	45	高工		职称	人数
5	E003	女	26	助工		高工	
6	E004	男	29	工程师		工程师	
7	E005	男	31	工程师		助工	
8	E006	女	36	工程师			
9	E007	男	50	高工			
10	E008	男	42	高工			
11	E009	女	34	工程师			
12	E010	女	28	助工			
13		平均年龄					

Sheet1 / Sheet2 / Sheet3

图 4-102　XT4_1 的工作表数据图

2. 建立数据透视表(数据的基本分析与处理)

进入“第 4 章 素材库\习题 4”下的“习题 4.2”文件夹,打开工作簿文件 XT4_2,“图书销售情况表”数据如图 4-103 所示。要求对“图书销售情况表”内数据清单的内容建立数据透视表,按行为“经销部门”,列为“图书类别”,数据为“数量(册)”求和布局,并置于现工作表的 H2:L7 单元格区域,工作表名不变,最后以“XT4_2 统计”为文件名以“Excel 工作簿”文件类型保存于“习题 4.2”文件夹中。

	A	B	C	D	E	F
1	某图书销售公司销售情况表					
2	经销部门	图书类别	季度	数量(册)	销售额(元)	销售量排名
3	第3分部	计算机类	3	124	8680	42
4	第3分部	少儿类	2	321	9630	20
5	第1分部	社科类	2	435	21750	5
6	第2分部	计算机类	2	256	17920	26
7	第2分部	社科类	1	167	8350	40
8	第3分部	计算机类	4	157	10990	41
9	第1分部	计算机类	4	187	13090	38
10	第3分部	社科类	4	213	10650	32
11	第2分部	计算机类	4	196	13720	36
12	第2分部	社科类	4	219	10950	30
13	第2分部	计算机类	3	234	16380	28
14	第2分部	计算机类	1	206	14420	35
15	第2分部	社科类	2	211	10550	34
16	第3分部	社科类	3	189	9450	37
17	第2分部	少儿类	1	221	6630	29
18	第3分部	少儿类	4	432	12960	7
19	第1分部	计算机类	3	323	22610	19

图书销售情况表 / Sheet2 / Sheet3

图 4-103　“XT4_2. xlsx”工作表数据图

3. 数据的综合分析与处理

进入“第 4 章 素材库\习题 4”下的“习题 4.3”文件夹,打开 XT4_3 工作簿文档,按如下要求进行操作。

问题:小李在东方公司担任行政助理,年底小李统计了公司员工档案信息。请你根据东方公司员工档案表(XT4_3 文件)按照如下要求完成统计和分析工作,员工档案表原始数据如图 4-104 所示。

(1) 请对“员工档案表”工作表进行格式调整,将所有工资列设为保留两位小数的数值,并适当加大行高列宽。

(2) 根据身份证号在“员工档案表”工作表的“出生日期”列中使用MID函数提取员工生日,单元格格式类型为“xxxx年xx月xx日”。

(3) 根据入职时间在“员工档案表”工作表的“工龄”列中使用TODAY函数和INT函数计算员工的工龄,工作满一年才计入工龄。

(4) 引用“工龄工资”工作表中的数据计算“员工档案表”工作表员工的工龄工资,在“基础工资”列中计算每个人的基础工资(基础工资=基本工资+工龄工资)。

(5) 根据“员工档案表”工作表中的工资数据统计所有人的基础工资总额,并将其值写在“统计报告”工作表的B2单元格中。

(6) 根据“员工档案表”工作表中的工资数据统计职务为项目经理的基本工资总额,并将其值写在“统计报告”工作表的B3单元格中。

(7) 根据“员工档案表”工作表中的数据统计东方公司本科生平均基本工资,并将其值写在“统计报告”工作表的B4单元格中。

(8) 通过分类汇总功能求出每个职务的平均基本工资。

(9) 创建一个三维饼图,对各类人员的基本工资进行比较,并将该图表放置在“统计报告”工作表中。

(10) 以“XT4_3统计”为工作簿文件名保存于“习题4.3”文件夹下。

	A	B	C	D	E	F	G	H	I	J	K	L	M
1	东方公司员工档案表												
2	员工编号	姓名	性别	部门	职务	身份证号	出生日期	学历	入职时间	工龄	基本工资	工龄工资	基础工资
3	DF007	曾晓军	男	管理	部门经理	410205196412278211		硕士	2001年3月		10000		
4	DF015	李北大	男	管理	人事行政经	420316197409283216		硕士	2006年12月		9500		
5	DF002	郭晶晶	女	行政	文秘	110105198903040128		大专	2012年3月		3500		
6	DF013	苏三强	男	研发	项目经理	370108197202213159		硕士	2003年8月		12000		
7	DF017	曾令煊	男	研发	项目经理	110105196410020109		博士	2001年6月		18000		
8	DF008	齐小小	女	管理	销售经理	110102197305120123		硕士	2001年10月		15000		
9	DF003	侯大文	男	管理	研发经理	310108197712121139		硕士	2003年7月		12000		
10	DF004	宋子文	男	研发	员工	372208197510090512		本科	2003年7月		5600		
11	DF005	王清华	男	人事	员工	110101197209021144		本科	2001年6月		5600		
12	DF006	张国庆	男	人事	员工	110108197812120129		本科	2005年9月		6000		
13	DF009	孙小红	女	行政	员工	551018198607311126		本科	2010年5月		4000		
14	DF010	陈家洛	男	研发	员工	372208197310070512		本科	2006年5月		5500		
15	DF011	李小飞	男	研发	员工	410205197908278231		本科	2011年4月		5000		
16	DF012	杜兰儿	女	销售	员工	110106198504040127		大专	2013年1月		3000		
17	DF014	张乖乖	男	行政	员工	610308198111020379		本科	2009年5月		4700		
18	DF016	徐霞客	男	研发	员工	327018198310123015		本科	2010年2月		5500		

图4-104 员工档案表的原始数据

第5章 PowerPoint 2016 演示文稿

Microsoft Office PowerPoint 2016 是微软公司 Office 2016 办公系列软件之一，是目前主流的一款演示文稿制作软件。它能将文本与图形图像、音频及视频等多媒体信息有机结合，将演说者的思想意图生动、明快地展现出来。PowerPoint 2016 不仅功能强大，而且易学易用、兼容性好、应用面广，是多媒体教学、演说答辩、会议报告、广告宣传及商务洽谈最有力的辅助工具。

学习目标：

- 熟悉 PowerPoint 2016 的窗口组成。
- 掌握制作演示文稿的基本流程和创建、编辑、放映演示文稿的方法。
- 掌握设计动画效果、幻灯片切换效果和设置超链接的方法。
- 学会套用设计模板、使用主题和母版。
- 了解打印和打包演示文稿的方法。

5.1 PowerPoint 2016 概述

本节将主要介绍 PowerPoint 2016 的功能、基本概念、窗口组成和常用视图方式，为学习者更好地理解和学习 PowerPoint 2016 奠定基础。

5.1.1 PowerPoint 2016 的主要功能

1. 多种媒体高度集成

演示文稿支持插入文本、图表、艺术字、公式、音频及视频等多种媒体信息。PowerPoint 2016 新增了墨迹公式、多样化图表和屏幕录制等新功能。有助于工作效率的提升，数据可视化的呈现。

2. 模板和母版自定风格

使用模板和母版能快速生成风格统一、独具特色的演示文稿。模板提供了演示文稿的格式、配色方案、母版样式及产生特效的字体样式等，PowerPoint 提供了多种美观大方的模板，也允许用户创建和使用自己的模板。

3. 内容动态演绎

动画是演示文稿的一个亮点，各幻灯片间的切换可通过切换方式进行设定、幻灯片中各对象的动态展示可通过添加动画效果来实现。PowerPoint 2016 新增了“平滑”的切换方式，可实现连贯变化的效果。

4. 共享方式多样化

演示文稿共享方式有“使用电子邮件发送”“以 PDF/XPS 形式发送”“创建为讲义”“广

播幻灯片”及“打包到 CD”等。PowerPoint 2016 将共享功能和 OneDrive 进行了整合，在“文件”按钮的“共享”界面中，可以直接将文件保存到 OneDrive 中，可实现同时多人协作编辑文档。

5. 各版本间的兼容性

PowerPoint 2016 向下兼容 PowerPoint97-2013 版本的 PPT、PPS、POT 文件，可以打开多种格式的 Office 文档、网页文件等，保存的格式也更加多样。

5.1.2 PowerPoint 2016 窗口

PowerPoint 2016 的启动和退出操作与 Word 2016 基本相同，在此不再赘述。

启动 PowerPoint 2016 程序后即打开 PowerPoint 2016 窗口，如图 5-1 所示。

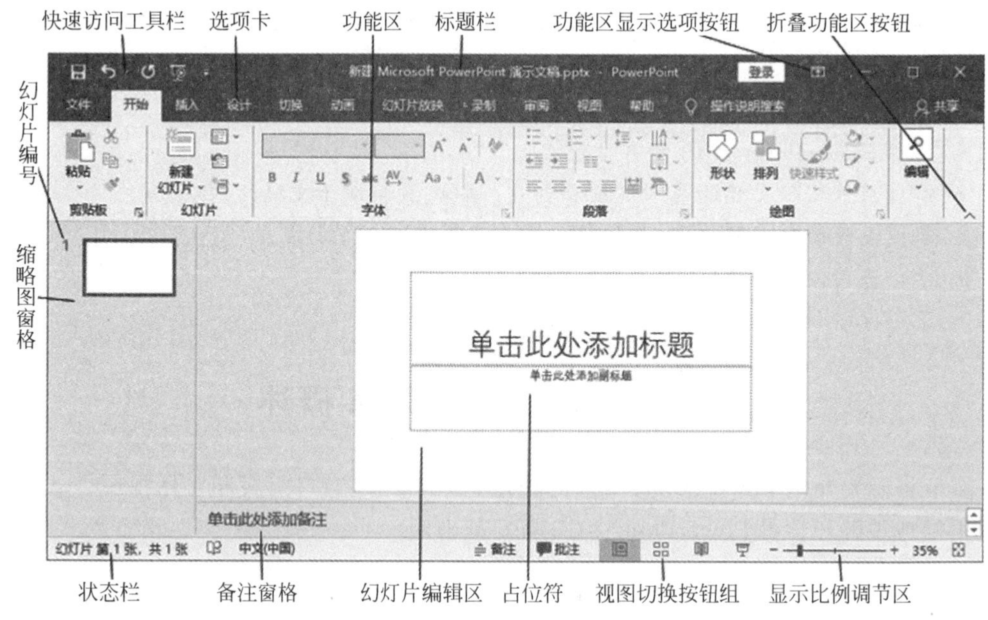

图 5-1　PowerPoint 2016 的窗口组成

PowerPoint 2016 窗口主要由标题栏、选项卡与功能区、幻灯片编辑区、缩略图窗格、状态栏、备注窗格和视图切换按钮等部分组成。下面就 PowerPoint 2016 窗口所特有的部分作简要介绍。

1. 标题栏

标题栏位于工作界面的顶端，其中自左至右显示的是快速访问工具栏、标题栏、登录账号、功能区显示选项按钮，窗口控制按钮。

2. 快速访问工具栏

快速访问工具栏中包含常用操作的快捷按钮，方便用户使用。在默认状态下，只有“保存”“撤销”和“恢复”3 个按钮，单击右侧的下拉按钮可添加其他快捷按钮。

3. 选项卡与功能区

PowerPoint 2016 的选项卡包括文件、开始、插入、设计、切换、动画、幻灯片放映、审阅和视图等，单击某选项卡即打开相应的功能区。

(1) 文件：又称“文件”按钮，包括“新建”“打开”“保存”“另存为”“打印”“关闭”和“选项”等内容，主要用于管理文件和相关数据的创建，保存，打印及个人信息设置等。

(2) 开始：“开始”功能区包括“剪贴板”“幻灯片”“字体”“段落”“绘图”和“编辑”组，主要用于插入幻灯片及幻灯片的版式设计等。

(3) 插入：“插入”功能区包括“表格”“图像”“插图”“链接”“文本”“符号”和“媒体”组，主要用于插入表格、图形、图片、艺术字、音频、视频等多媒体信息以及设置超链接。

(4) 设计：“设计”功能区包括“页面设置”“主题”和“背景”组，主要用于选择幻灯片的主题及背景设计。

(5) 切换：“切换”功能区包括“预览”“切换到此幻灯片”和“计时”组，主要用于设置幻灯片的切换效果。

(6) 动画：“动画”功能区包括“预览”“动画”“高级动画”和“计时”组，主要用于幻灯片中被选中对象的动画及动画效果设置。

(7) 幻灯片放映：“幻灯片放映”功能区包括“开始放映幻灯片”“设置”和“监视器”组，主要用于放映幻灯片及幻灯片放映方式设置。

(8) 审阅：“审阅”功能区包括“校对”“语言”“中文简繁转换”“批注”和“比较”组，主要实现文稿的校对和插入批注等。

(9) 视图：“视图”功能区包括“演示文稿视图”“母版视图”“显示”“显示比例”“颜色/灰度”“窗口”和“宏”等几个组，主要实现演示文稿的视图方式选择。

4. 幻灯片编辑区

幻灯片编辑区又名工作区，是 PowerPoint 的主要工作区域，在此区域可以对幻灯片进行各种操作，例如添加文字、图形、影片、声音，创建超链接，设置幻灯片的切换效果和幻灯片中对象的动画效果等。注意，工作区不能同时显示多张幻灯片的内容。

5. 缩略图窗格

缩略图窗格也称大纲窗格，显示了幻灯片的排列结构，每张幻灯片前会显示对应编号，用户可在此区域编排幻灯片顺序。单击此区域中的不同幻灯片，可以实现工作区内幻灯片的切换。

6. 备注窗格

备注窗格也叫作备注区，可以添加演说者希望与观众共享的信息或者供以后查询的其他信息。若需要向其中加入图形，必须切换到备注页视图模式下操作。

7. 状态栏和视图栏

通过单击视图切换按钮能方便、快捷地实现不同视图方式的切换，从左至右依次是“普通视图”按钮、“幻灯片浏览视图”按钮、“阅读视图”按钮、“幻灯片放映”按钮，需要特别说明的是，单击“幻灯片放映”按钮只能从当前选中的幻灯片开始放映。

5.1.3 文档格式和视图方式

1. PowerPoint 2016 文档格式

演示文稿自 PowerPoint 2007 版本开始之后的版本都是基于新的 PPT 的压缩文件格式，在传统的文件扩展名后面添加了字母 x 或 m，x 表示不含宏的 PPT 文件，m 表示含有宏的 PPT 文件，如表 5-1 所示。

表 5-1　PowerPoint 2016 中的文件类型与其对应的扩展名

文件类型	扩展名
PowerPoint 2016 文档	.pptx
PowerPoint 2016 启用宏的文档	.pptm
PowerPoint 2016 模板	.potx
PowerPoint 2016 启用宏的模板	.potm

2. PowerPoint 2016 视图方式

所谓视图,即幻灯片呈现在用户面前的方式。PowerPoint 2016 提供了五种不同的视图方式,分别为普通视图、幻灯片浏览视图、阅读视图、幻灯片放映视图和备注页视图,图 5-2 所示为 5 种视图模式切换按钮。

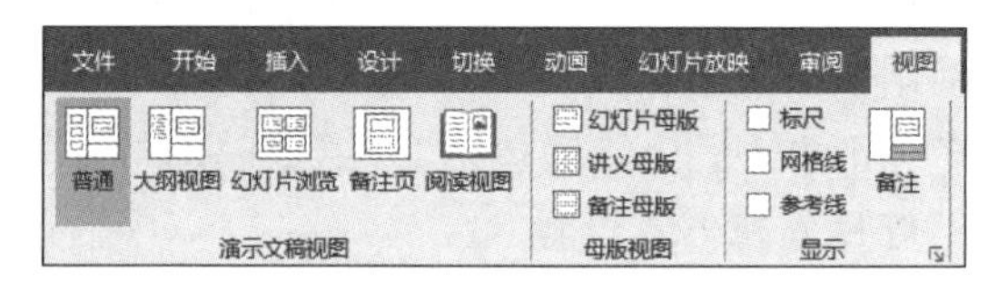

图 5-2　演示文稿视图模式切换按钮

1）普通视图/大纲视图

普通视图是制作演示文稿的默认视图,也是最常用的视图方式,如图 5-3 所示,几乎所有编辑操作都可以在普通视图下进行。普通视图包括幻灯片编辑区、大纲窗格和备注窗格,拖动各窗格间的分隔边框可以调节各窗格的大小。

图 5-3　幻灯片普通视图

2）幻灯片浏览视图

该视图以缩略图的形式显示幻灯片，可同时显示多张幻灯片，如图 5-4 所示。在该视图下对幻灯片进行操作时，是以整张幻灯片为单位，具体的操作有复制、删除、移动、隐藏及幻灯片效果切换等。

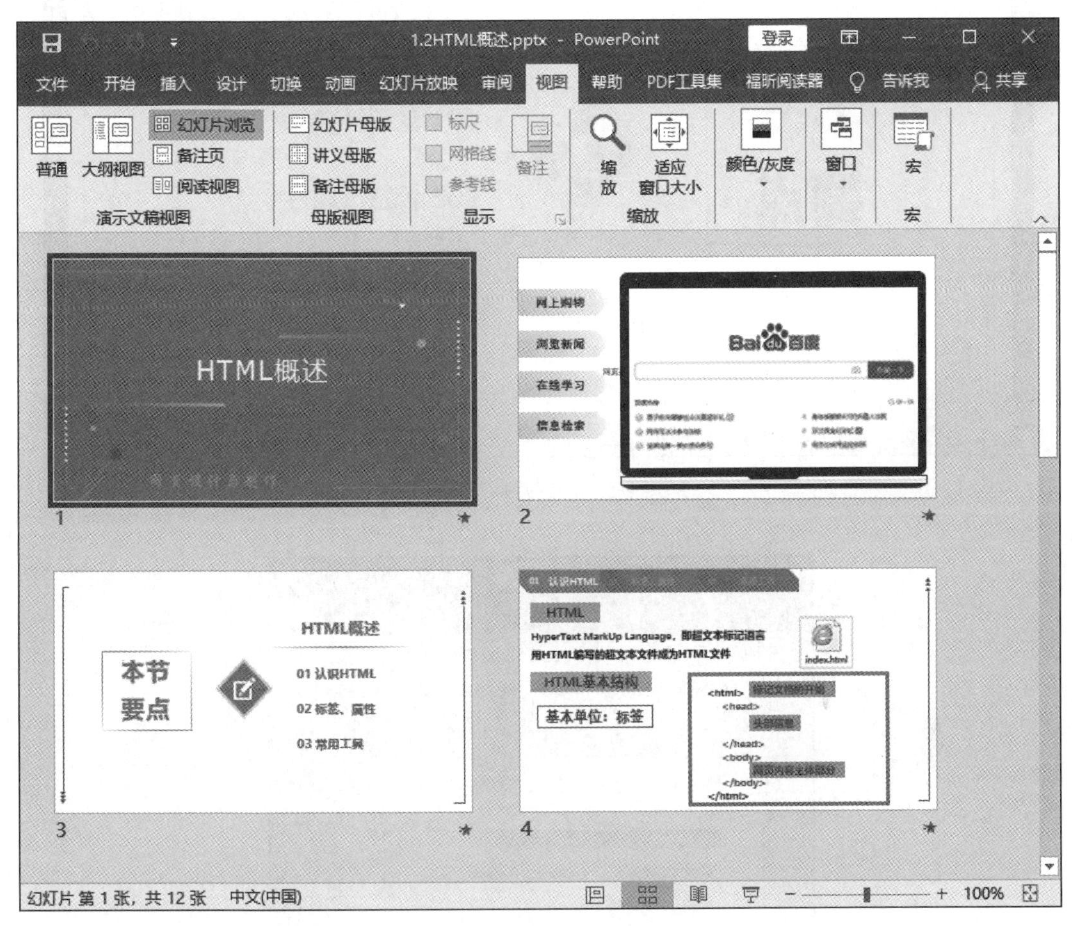

图 5-4 幻灯片浏览视图

3）幻灯片阅读视图

为加强对幻灯片的查看效果，增强用户体验感，在该视图下，幻灯片的编辑工具被隐藏，默认状态下仅保留标题栏和状态栏，若想使体验感更佳，可切换到全屏播放。如图 5-5 所示。

4）幻灯片放映视图

在幻灯片放映视图模式下，幻灯片布满整个计算机屏幕，幻灯片的内容、动画效果等都体现出来，但是不能修改幻灯片的内容。放映过程中按 Esc 键可立刻退出放映视图。

5）备注页视图

备注页视图用于显示和编辑备注页内容，备注页视图如图 5-6 所示，上方显示幻灯片，下方显示该幻灯片的备注信息。

图 5-5　幻灯片阅读视图

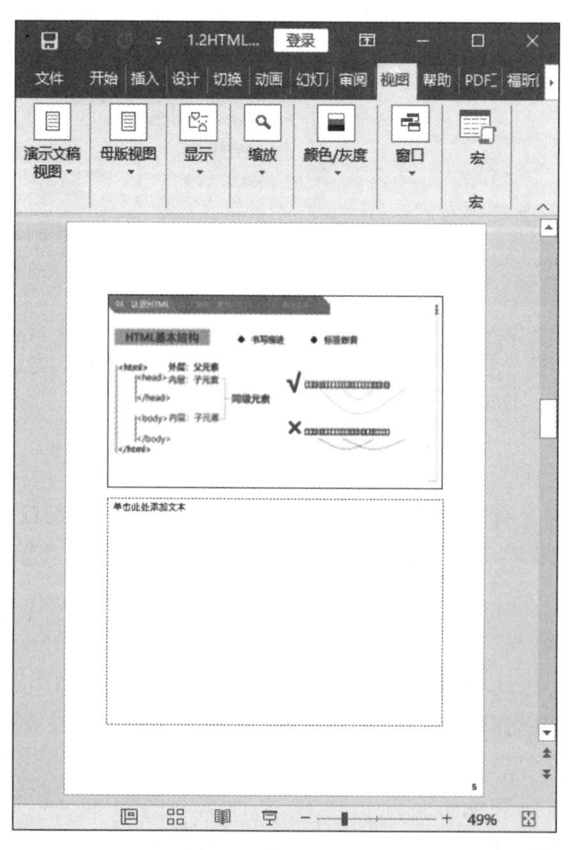

图 5-6　备注页视图

5.2 PowerPoint 2016 演示文稿的制作

采用 PowerPoint 2016 制作的文档叫演示文稿，扩展名为.pptx。一个演示文稿由若干张幻灯片组成。幻灯片是构成演示文稿的基本单位，演示文稿中的各种媒体信息的添加均是以幻灯片为载体。幻灯片的放映也是以幻灯片为单位，按照顺序逐一播放。

如果要制作一个专业化的演示文稿，首先需要了解制作演示文稿的一般流程，制作演示文稿的一般流程如下。

(1) 创建一个新的演示文稿：毫无疑问，这是制作演示文稿的第一步，用户也可以打开已有的演示文稿，加以修改后另存为一个新的演示文稿。

(2) 添加新幻灯片：一个演示文稿往往由若干张幻灯片组成，在制作过程中添加新幻灯片是经常进行的操作。

(3) 编辑幻灯片内容：在幻灯片上输入必要的文本，插入相关图片、表格等媒体信息。

(4) 美化、设计幻灯片：设置文本格式，调整幻灯片上各对象的位置，设计幻灯片的外观。

(5) 放映演示文稿：设置放映时的动画效果，编排放映幻灯片的顺序，录制旁白，选择合适的放映方式，检验演示文稿的放映效果。如果用户对效果不满意，可返回普通视图进行修改。

(6) 保存演示文稿：如果不保存文档则编辑工作将前功尽弃，为防止信息意外丢失，建议在制作过程中随时保存。

(7) 将演示文稿打包：这一步并非必需，需要时才操作。

【建议】 在制作演示文稿前应做好准备工作，例如构思文稿的主题、内容、结构、演说流程，收集好音乐、图片等媒体素材。

5.2.1 演示文稿的新建、保存、打开与关闭

1. 新建演示文稿

启动 PowerPoint 2016 后，即进入到初始页面，单击左侧选项板的“新建”按钮后，右侧窗口显示出两种演示文稿的新建方式，分别为新建空白演示文稿和提供样本模板、主题的演示文稿，如图 5-7 所示。

1) 新建空白演示文稿

空白演示文稿的幻灯片没有任何背景图片和内容，给予用户最大的自由，用户可以根据个人喜好设计独具特色的幻灯片，可以更加精确地控制幻灯片的样式和内容，因此创建空白演示文稿具有更大的灵活性。如图 5-7 所示，单击右侧的“空白演示文稿”选项，即可新建名为“演示文稿 1.pptx”的文件。

2) 套用模板创建演示文稿

PowerPoint 2016 为用户提供了模板功能，可根据已有模板来创建演示文稿，能自动、快速形成每张幻灯片的外观，而且风格统一、色彩搭配合理、美观大方，能大大提高制作效率。在 PowerPoint 2016 中，模板分为 3 种，与 Word 2016 相一致，可根据所需内容，选择相应的主题和模板创建演示文稿。

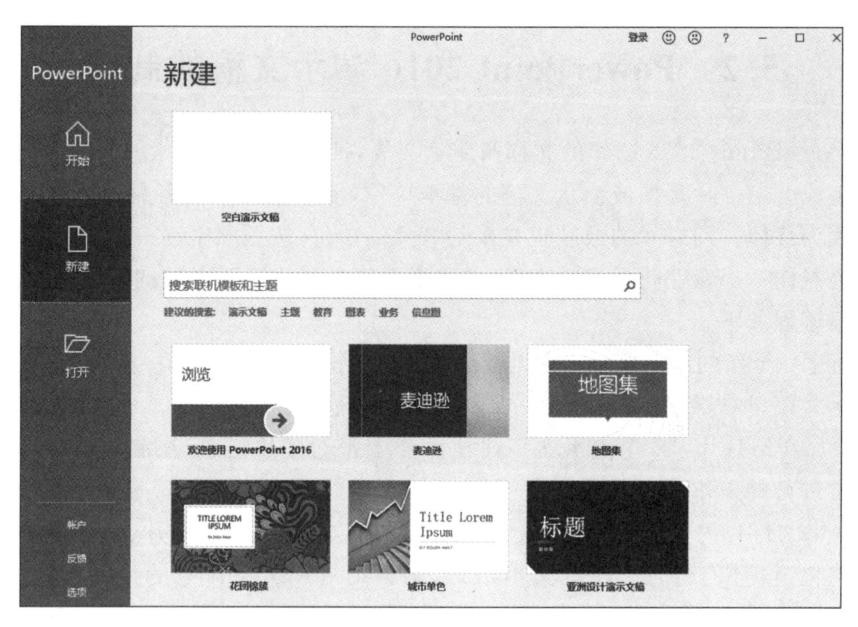

图 5-7　新建演示文稿

2. 保存、打开和关闭演示文稿

PowerPoint 2016 演示文稿的保存、打开和关闭,与 Word 2016 是相同的,在此不再赘述。

【例 5.1】 以"空白演示文稿"方式新建名为"新型冠状病毒肺炎介绍及预防 1. pptx"的演示文稿,将其保存于"第 5 章素材库\例题 5"下的"例 5.1"文件夹。

操作步骤如下。

(1) 创建名为"演示文稿 1. pptx"的演示文稿。启动 PowerPoint 2016,执行"新建"→"空白演示文稿"命令,创建完成。

(2) 保存演示文稿。单击快速访问工具栏上的"保存"按钮打开 Backstage 视图的"另存为"界面,如图 5-8 所示。按文件存放位置双击"例 5.1"文件夹,打开"另存为"对话框,在文件名文本框输入"新型冠状病毒肺炎介绍及预防 1",在"保存类型"下拉列表框中选择

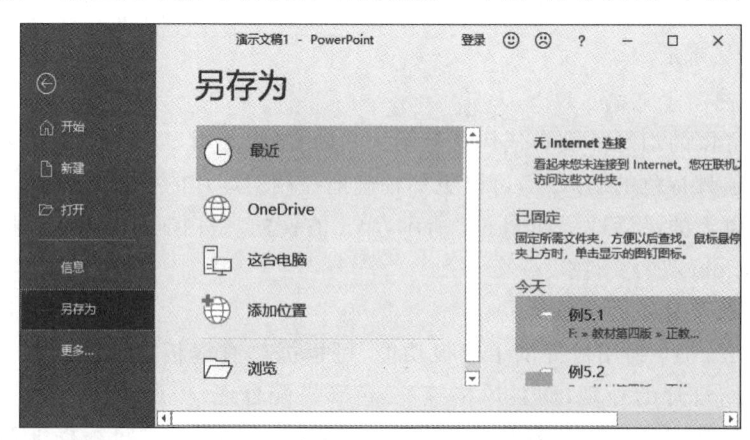

图 5-8　Backstage 视图的"另存为"

"PowerPoint 演示文稿(＊.pptx)"选项,然后单击"保存"按钮,如图 5-9 所示。

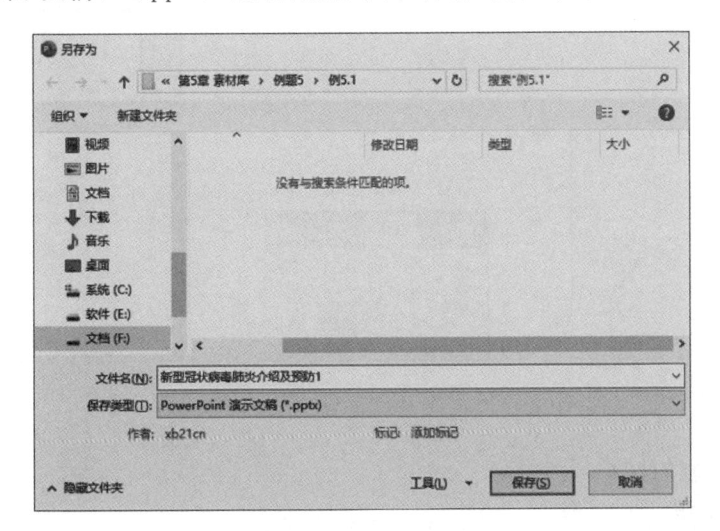

图 5-9 "另存为"对话框

5.2.2 幻灯片的基本操作

1. 选择幻灯片

选择幻灯片是对幻灯片进行各种编辑操作的第一步,该操作可以在普通视图或者幻灯片浏览视图中的窗格中完成。

- 选择一张幻灯片:单击某张幻灯片,该幻灯片就会切换成当前幻灯片。
- 选择多张连续的幻灯片:先选中第一张幻灯片,再按住 Shift 键单击最后一张幻灯片。
- 选择多张不连续的幻灯片:按住 Ctrl 键单击各张待选幻灯片。

2. 插入新幻灯片

新建的空白演示文稿中默认有一张幻灯片,但在制作幻灯片时,一个演示文稿一般需要若干张幻灯片。插入新幻灯片有多种方法,无论哪一种方法,首先都是要确定插入位置,既可以单击缩略图窗格中的某张幻灯片,也可以在缩略图窗格中的两张幻灯片之间的灰色区域单击定位光标,如图 5-10 所示,新幻灯片均在插入位置之后插入。下面介绍 4 种插入新幻灯片的方法,确定插入位置的方法可任选,故不赘述。

方法 1:确定插入位置,在"开始"选项卡下单击"新建幻灯片"命令,如图 5-11 所示。

方法 2:确定插入位置,按 Enter 键。

方法 3:确定插入位置,按 Ctrl+M 组合键。

方法 4:确定插入位置,右击鼠标,在弹出的快捷菜单中选择"新建幻灯片"命令,如图 5-12 所示。

3. 删除幻灯片

删除幻灯片,首先要在左侧的缩略图窗格中选中待删幻灯片,然后在选中的对象上右击,在弹出的快捷菜单中选择"删除幻灯片"命令,也可以选中待删幻灯片后直接按 Delete 键或 Backspace 键。

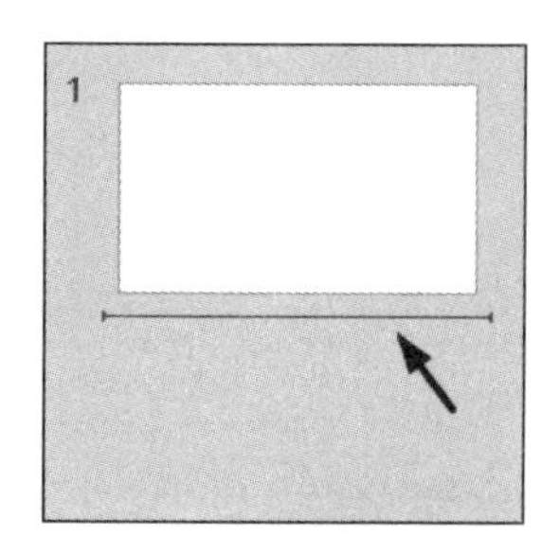
图 5-10　确定光标位置

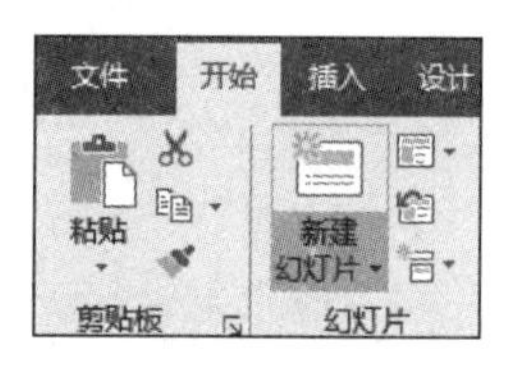

图 5-11　幻灯片组

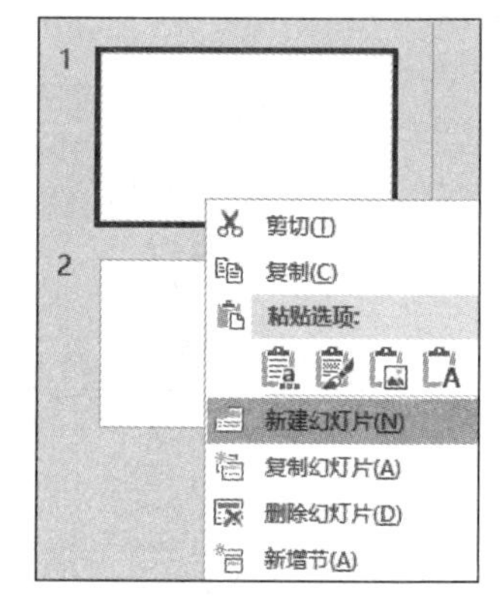

图 5-12　快捷菜单

4. 移动、复制幻灯片

1) 移动幻灯片

移动幻灯片会改变幻灯片的位置,影响放映的先后顺序。移动幻灯片的方法有以下两种。

方法 1：剪贴板法

(1) 在缩略图窗格中选择要移动的幻灯片,可以是一张,也可以是多张。

(2) 选中幻灯片后右击,在弹出快捷菜单中,选择“剪切”命令。

(3) 右击目标位置,在弹出快捷菜单中,选择“粘贴”命令。

方法 2：直接拖动法

在缩略图窗格中选中幻灯片后,直接按住左键将其拖动到目标位置即可。

2) 复制幻灯片

复制幻灯片与移动幻灯片操作类似,只是需要选择快捷菜单中的“复制”命令；或按住 Ctrl 键同时拖动鼠标即可。如果选择快捷菜单中的“复制幻灯片”命令,则在当前选中幻灯片的后面复制一张幻灯片。

5. 设定幻灯片版式

版式是一种既定的排版格式,并通过占位符完成布局,应用幻灯片版式可对插入内容合理布局,常用的版式如图 5-13 和图 5-14 所示。占位符,一种带有虚线或阴影线边缘的框,常出现在幻灯片版式中。占位符分为标题占位符、项目符号列表占位符和内容占位符等。图 5-13 用于添加新幻灯片时设定幻灯片的版式,图 5-14 用于修改已有幻灯片的版式。

【例 5.2】 打开例题 5.1 制作的演示文稿,添加 3 张新幻灯片,其版式分别为“标题和内容”“节标题”“空白”,以“新型冠状病毒肺炎介绍及预防 2. pptx”为文件名保存于“第 5 章素材库\例题 5”下的“例 5.2”文件夹中。

操作步骤如下。

(1) 进入“例 5.1”文件夹打开“新型冠状病毒肺炎介绍及预防 1. pptx”的演示文稿。

(2) 在“开始”选项卡的“幻灯片”组中,单击“新建幻灯片”下三角按钮,弹出其下拉列表,如图 5-13 所示,按题目要求,为添加的第 1 张幻灯片选择“标题和内容”版式。

(3) 按同样的操作方式,设置第二张幻灯片的版式为“节标题”,第三张幻灯片的版式为

"空白"。

(4) 按题目要求保存演示文稿。

6. 修改幻灯片版式

对于已有的幻灯片,如果不满意可以更改其版式。

【例 5.3】 在例 5.2 制作效果的基础上,将第 2 张幻灯片的版式改为"竖排标题与文本"。

在例题 5.2 的演示文稿中继续完成如下操作。

(1) 在左侧的缩略图窗格中,单击选中编号为 2 的幻灯片。

(2) 在"开始"选项卡的"幻灯片"组中单击"版式"下三角按钮,弹出如图 5-14 所示的下拉列表,选择"竖排标题与文本"版式,修改后以"新型冠状肺炎介绍与预防 3"为文件名,将其保存在"第 5 章 素材库\例题 5"下的"例 5.3"文件夹中。

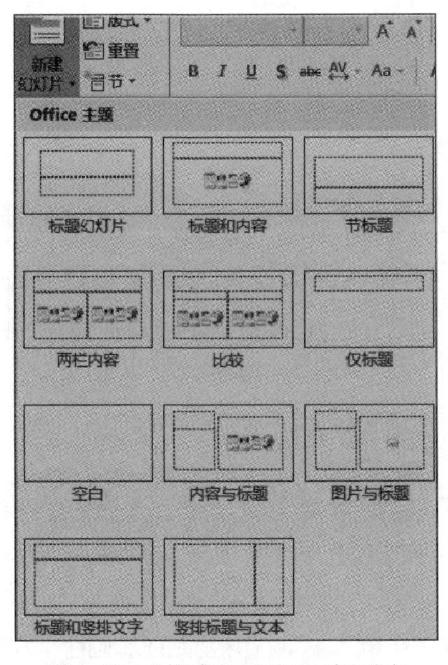

图 5-13 "新建幻灯片"下拉列表

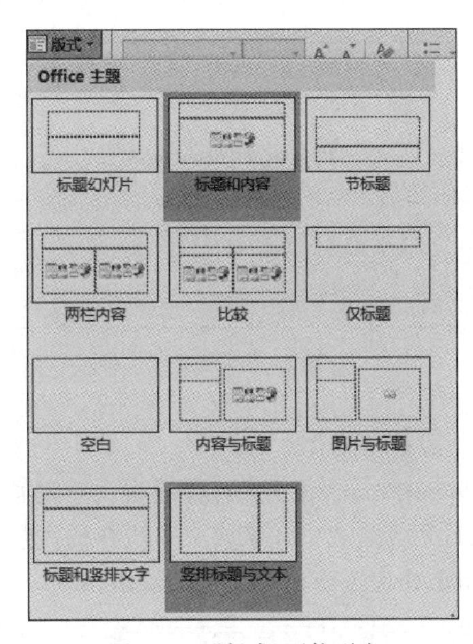

图 5-14 "版式"下拉列表

5.2.3 幻灯片文本的编辑

文本是幻灯片中最基本的信息存在形式,本节将从文本的编辑和格式化两个方面进行介绍。

1. 输入文本

与 Word 不同的是,PowerPoint 不能在幻灯片中的非文本区输入文字,用户可以将鼠标移动到幻灯片的不同区域,观察鼠标指针的形状,当指针呈"I"字形时输入文字才有效,可以采取以下几种方法实现文本输入,此三种方法的具体操作将在下文介绍。

方法 1:在设定了非空白版式的幻灯片中,单击占位符,便可输入文字。

方法 2:在幻灯片中插入"文本框",然后在文本框中输入文字。

方法 3:在幻灯片中添加"形状"图形,然后在其中添加文字。

2. 文本编辑和格式化

1) 文本编辑

对于文本的编辑一般包括选择、复制、剪切、移动、删除和撤销删除等操作,这些操作与Word和Excel章节中介绍的方法相同,请参照前面章节进行操作。但与Word和Excel不同的是,在PowerPoint中,文本可以添加在占位符、文本框等载体中,改变这些载体的位置,文本的位置便跟随载体的位置改变。

以占位符为例,介绍改变文本位置的操作步骤,单击选中占位符,鼠标变为十字箭头形状,此时按住鼠标左键拖动即可,如图5-15所示。

2) 文字格式化

文字格式化主要是指对文字的字体、字号、字体颜色和对齐方式等进行设置。选中文字或文字所在的占位符后,切换到“开始”选项卡,在“字体”组可以直接单击相应按钮设置字体的格式,如图5-16所示。也可在“字体”对话框中设置。

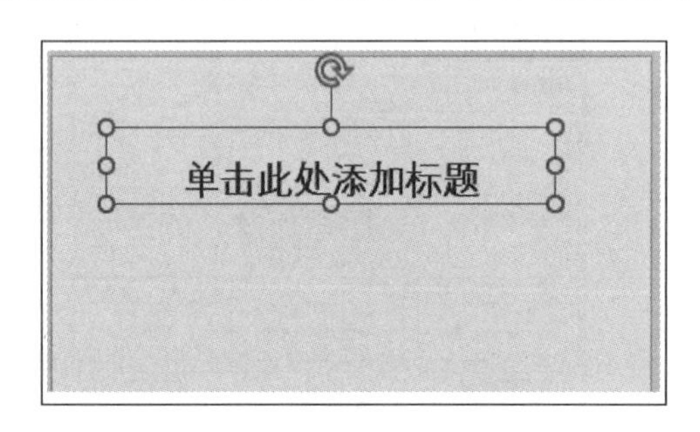

图5-15 选中占位符

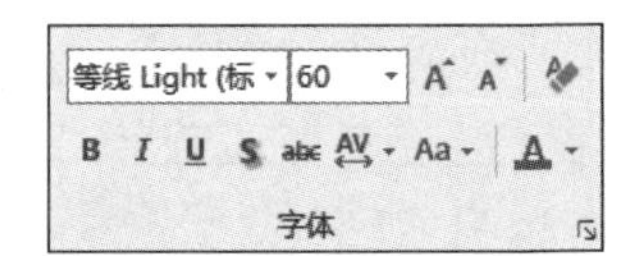

图5-16 “字体”组

3) 段落格式化

PowerPoint 2016也可以设置文字的段落格式,包括对齐方式、文字方向、项目符号和编号、行距等。选中文字或文字所在的占位符后,切换到“开始”选项卡,在“段落”组中可以直接单击相应按钮设置文字的段落格式,如图5-17所示。也可在“段落”对话框中设置。

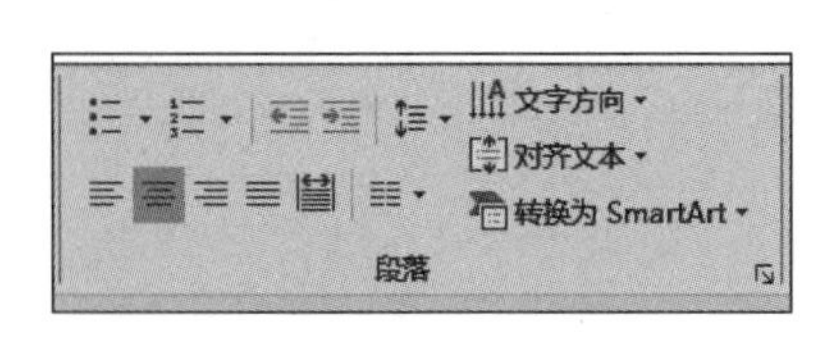

图5-17 “段落”组

【例5.4】 在例5.3制作效果的基础上,为第一张幻灯片添加标题为“新型冠状肺炎介绍及预防”,副标题为“班级:”,“汇报人:”等信息,输入后对文字的字体和段落格式进行适当设置。完成后以“新型冠状肺炎介绍与预防4”为文件名保存在“第5章 素材库\例题5”下的“例5.4”文件夹中。

按题目要求进入“例5.3”文件夹中打开“新型冠状肺炎介绍与预防3”演示文稿做如下操作:

(1) 在缩略图窗格中,选中编号为1的幻灯片,分别单击选中标题占位符和副标题占位符后按题目要求添加文字信息;

(2) 设置标题字体为“华文宋体”,字号40,字体加粗,字体颜色为“主题颜色”中的“蓝色,个性色5,深色50%”;

(3) 设置副标题字体为“华为宋体”,字号28,字体颜色为“主题颜色”中的“蓝色,个性色5,深色50%”;

(4) 选中副标题占位符，向下拖曳到合适的位置即可，以上操作完成后，其效果如图 5-18 所示。

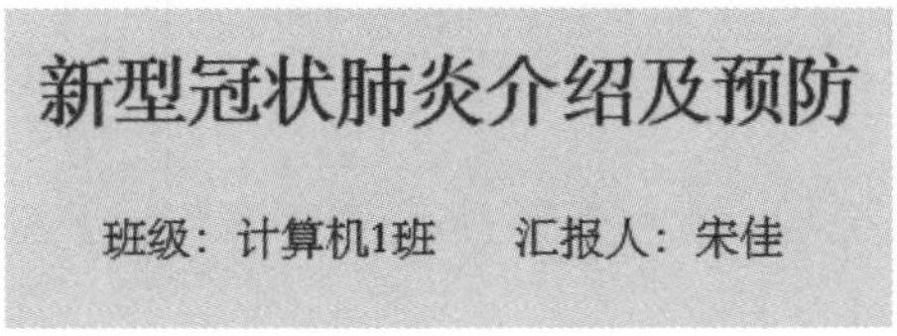

新型冠状肺炎介绍及预防

班级：计算机1班　　汇报人：宋佳

图 5-18　格式化后的第一张幻灯片的文本效果

(5) 完成后以“新型冠状肺炎介绍与预防 4”保存在“第 5 章 素材库\例题 5”下的“例 5.4”文件夹中。

【例 5.5】 在例 5.4 的基础上，在第二张幻灯片中输入文字，第二张幻灯片的版式为“竖排标题与文本”，在标题处添加文字“目录”，在“添加文本”占位符处需要输入的文本内容在“第 5 章 素材库\例题 5”下的“例 5.5”文件夹中的“例 5.5 文本.docx”文件中。修改后以“新型冠状肺炎介绍与预防 5.pptx”为文件名保存在“第 5 章 素材库\例题 5”下的“例 5.5”文件夹中。

打开幻灯片后做如下操作：

(1) 参照例 5.4 第 1、2、3 步操作输入文字信息，效果如图 5-19 所示。

(2) 调整左侧文本的段落属性，文字方向设置为“横排”，项目符号和编号设置为“无”，行距设置为“2 倍行距”，如图 5-20 所示。适当调整标题和文字内容的位置，完成后效果如图 5-21 所示。

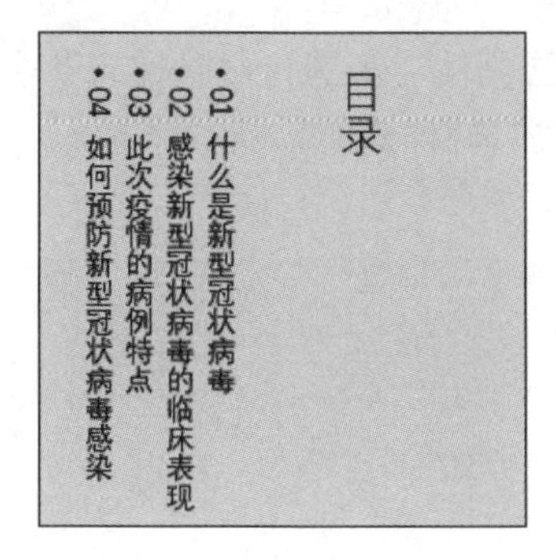

图 5-19　输入文字后的第二张幻灯片

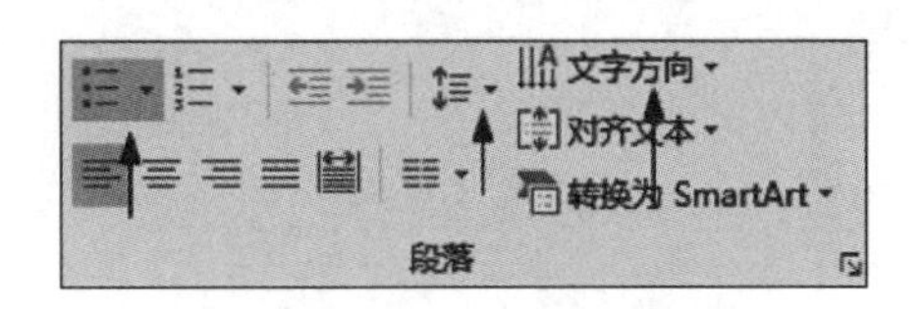

图 5-20　段落组属性

(3) 设置所有字体为“仿宋”，“目录”两个字的字号为 60，且设置“目录”两个字的字符间距为“加宽”，度量值为 10 磅，如图 5-22 所示；最终完成效果如图 5-23 所示。

(4) 修改后以“新型冠状肺炎介绍与预防 5”为文件名保存在“第 5 章 素材库\例题 5”下的“例 5.5”文件夹中。

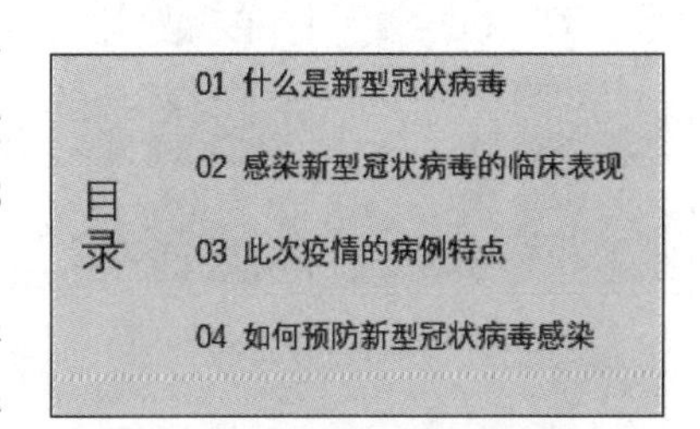

图 5-21　第一次调整后效果

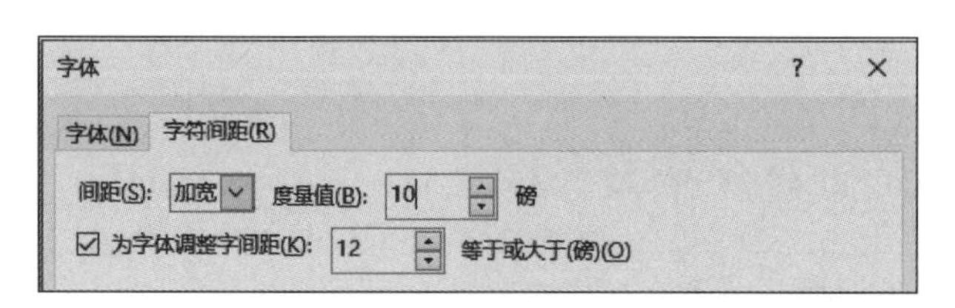

图 5-22　设置字符间距

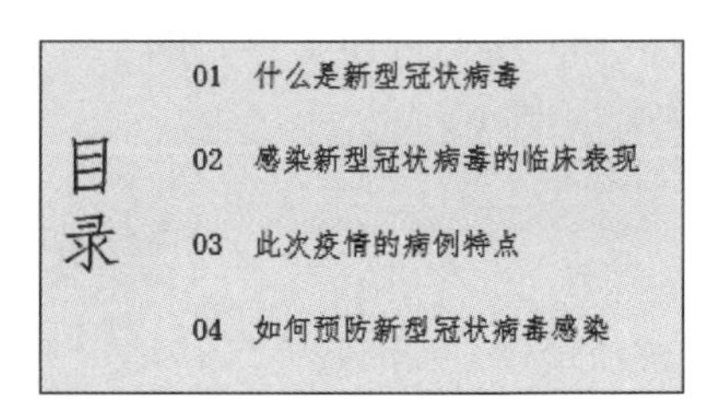

图 5-23　最终完成效果

5.3　PowerPoint 2016 演示文稿的美化

5.3.1　幻灯片主题设置

通过设置幻灯片的主题，可以快速更改整个演示文稿的外观，而不会影响内容，就像QQ空间的“换肤”功能一样。

【例 5.6】 在例 5.5 的基础上使用演示文稿“设计”选项卡中的“丝状”主题来修饰全文，然后以“新型冠状肺炎介绍与预防 6. pptx”为文件名保存到“第 5 章 素材库\例题 5”下的“例 5.6”文件夹中。

(1) 进入例 5.5 文件夹打开“新型冠状肺炎介绍与预防 5. pptx”演示文档。

(2) 在“设计”选项卡的“主题”组中单击“其他”按钮，在弹出的下拉列表中选择“丝状”选项，如图 5-24 所示。

(3) 系统中给定的主题也可以进行个性化的设置，用户可根据需求，在“设计”选项卡的“变体”组中单击“其他”按钮，在弹出的下拉列表中有颜色、字体、效果和背景样式几个选项，如图 5-25 所示。本例“颜色”选“紫罗兰色 Ⅱ”，“背景样式”选“样式 2”。

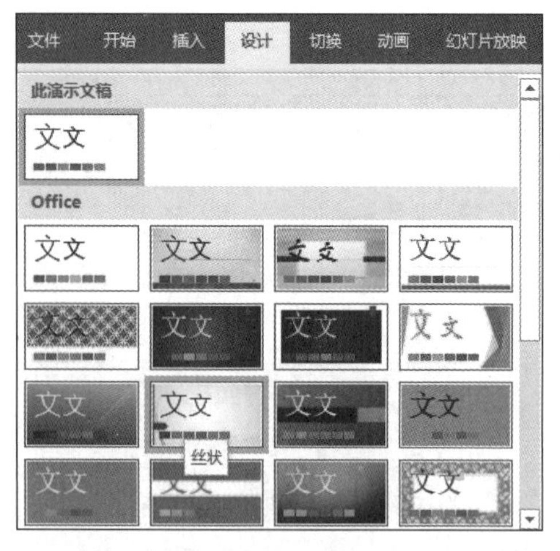

图 5-24　为幻灯片选择“丝状”主题

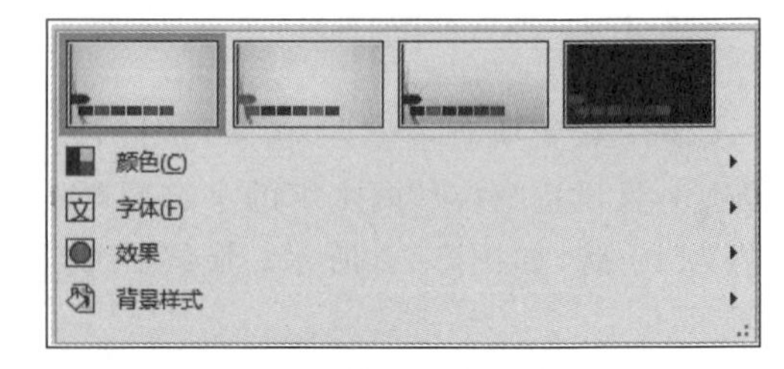

图 5-25　“设计”选项卡的“变体”组

(4) 最终效果如图 5-26 所示，最后以“新型冠状肺炎介绍与预防 6. pptx”为文件名保存在“第 5 章 素材库\例题 5”下的“例 5.6”文件夹中。

图 5-26　添加主题后的效果

5.3.2　幻灯片背景设置

在以“空白演示文稿”方式新建的演示文稿中，所有幻灯片均无背景，用户可以根据需要自行添加或更改背景。

在“设计”选项卡下的“自定义”组中，单击“设置背景格式”按钮，在右侧会弹出“设置背景格式”选项框，填充幻灯片背景的方式有纯色填充、渐变填充、图片或纹理填充和图案填充四种。在该对话框的下方有“应用到全部”和“重置背景”两个按钮，分别单击它们，可应用到全部幻灯片和重新设置背景，如图 5-27 所示。下面通过实例介绍给幻灯片添加背景的操作步骤。

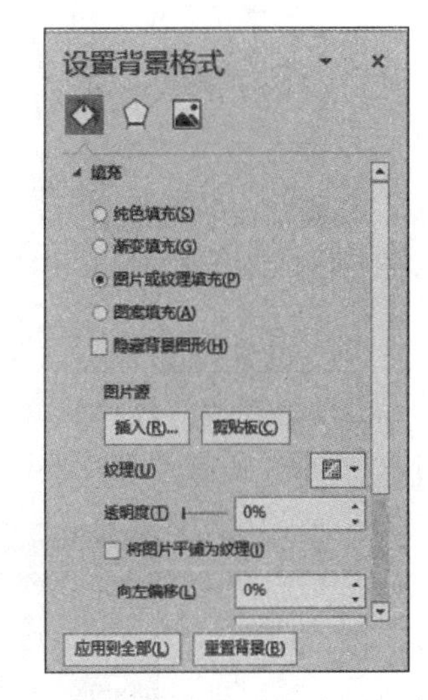

图 5-27　“设置背景格式”选项框

【例 5.7】　为例 5.5 制作的演示文稿中的各张幻灯片添加背景：为第 1、2、3 张幻灯片设置图片背景，背景图片已存放在“第 5 章 素材库\例题 5”下的“例 5.7”文件夹中。其他张幻灯片设置渐变填充，渐变色为“浅色渐变-个性色 5”。修改后以“新型冠状肺炎介绍与预防 7. pptx”为文件名保存在“第 5 章 素材库\例题 5”下的“例 5.7”文件夹中。

其操作步骤如下。

(1) 进入“例 5.5”文件夹打开“新型冠状肺炎介绍与预防 5. pptx”文档，同时选中第 1、2、3 张幻灯片，在“设置背景格式”选项框中选择“图片或纹理填充”单选按钮，在“图片源”栏中单击“插入”按钮。

(2) 弹出一个选择界面，如图 5-28 所示，单击“脱机工作”按钮则打开“插入图片”对话框。

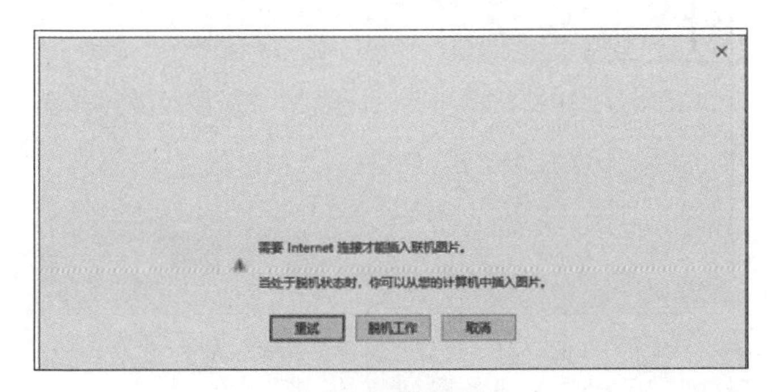

图 5-28　选择界面

(3) 在弹出的“插入图片”对话框中选择图片所在的位置“第5章 素材库\例题5”下的“例5.7”文件夹，单击选中“背景图片.png”文件，单击“插入”按钮，如图5-29所示。

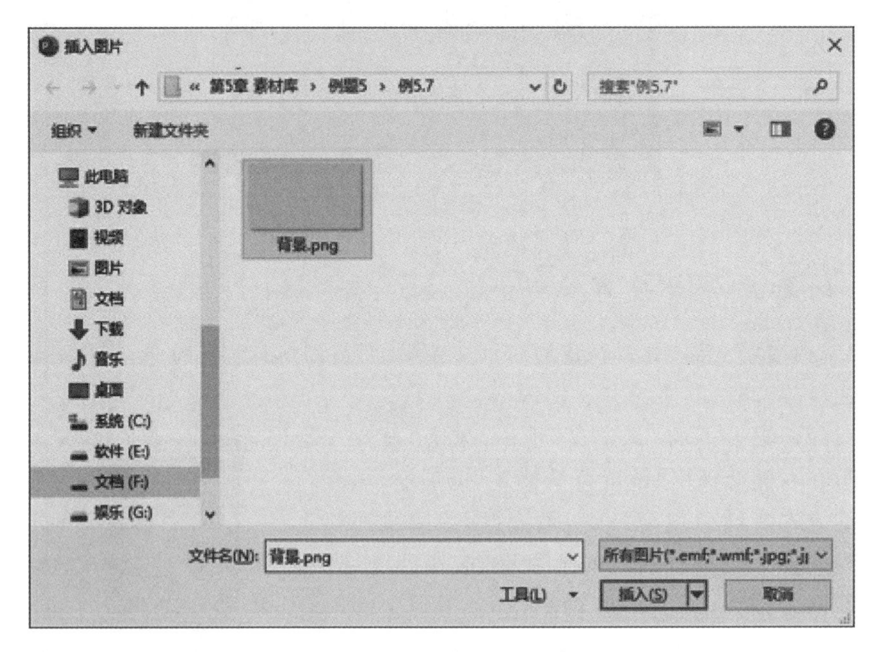

图5-29 “插入图片”对话框

(4) 设置其他幻灯片的填充方式为“渐变填充”,“预设渐变”为“浅色渐变-个性色5”，如图5-30所示。所有幻灯片的设置效果如图5-31所示。

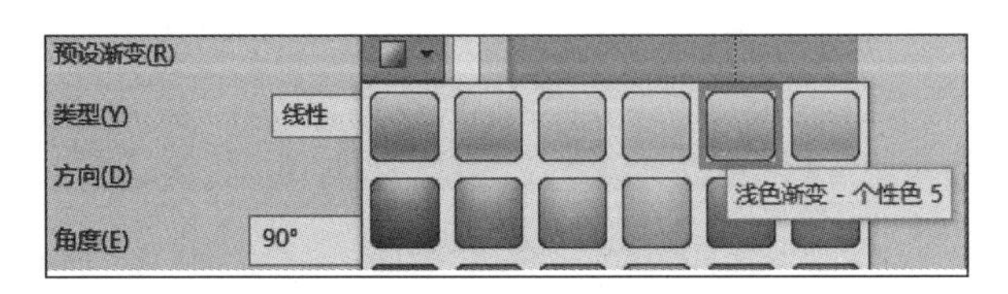

图5-30 设置“渐变填充”

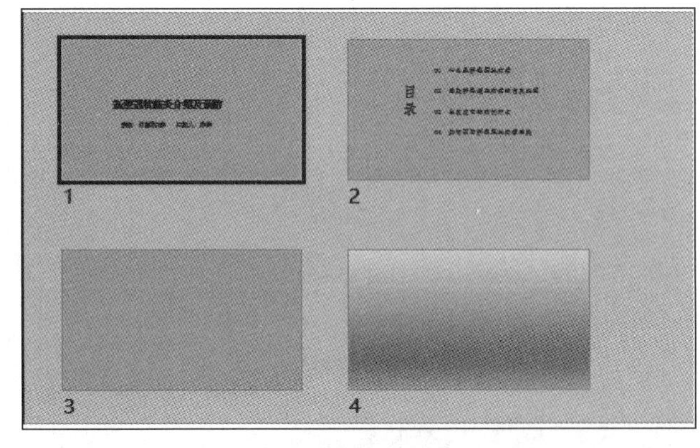

图5-31 幻灯片的背景设置效果

（5）修改后以“新型冠状肺炎介绍与预防 7.pptx”为文件名保存在“第 5 章 素材库\例题 5”下的“例 5.7”文件夹中。

5.3.3 多媒体信息的插入

只有文本内容的幻灯片难免枯燥乏味，适当插入多媒体信息可以使幻灯片更加生动形象。

1. 插入艺术字、图片、形状、文本框

插入艺术字、图片、形状、文本框的方法和在 Word 中的操作类似，在“插入”功能区中可以找到相应的按钮。

【例 5.8】 打开例 5.7 制作的“新型冠状肺炎介绍与预防 7.pptx”演示文稿，将第 1 张幻灯片的标题样式改为艺术字；给第 3 张幻灯片添加一个文本框，并输入文字内容“01 什么是新型冠状病毒”；给第 1、2、3 张幻灯片插入适当的图片；给第 4 张幻灯片插入艺术字“谢谢大家！”并设置一定的格式，设计样例如图 5-32 所示。图片均存放于“第 5 章 素材库\例题 5”下的“例 5.8”文件夹中。

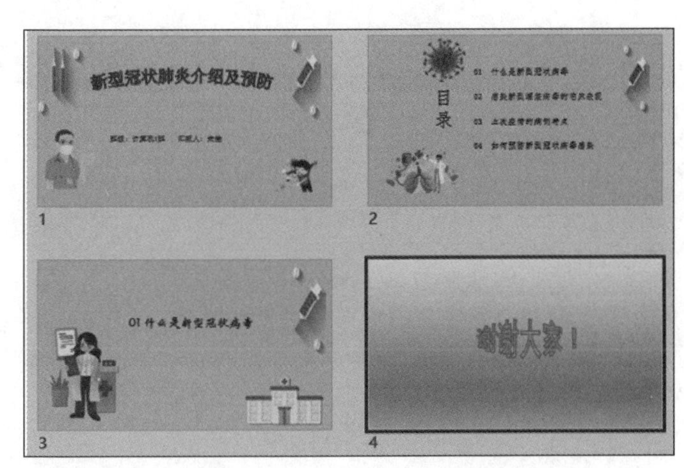

图 5-32　四张幻灯片的设置效果

其操作步骤如下。

（1）添加艺术字：在缩略图窗格中单击编号为 1 的幻灯片，选中标题文本“新型冠状病毒介绍与预防”，在“插入”选项卡的“文本”组中单击“艺术字”按钮，在弹出的下拉列表中选择“渐变填充，灰色”，如图 5-33 所示。

（2）编辑艺术字：艺术字具有多种格式设置，在此仅介绍“文本轮廓”和“文本效果”的设置方法。选中艺术字后，在弹出的“绘图工具”→“格式”选项卡的“艺术字样式”组中，在“文本轮廓”下拉列表中选择“标准色”中的“紫色”选项，如图 5-34 所示；在“文本效果”下拉列表中选择“转换”→“跟随路径”中的“拱形”选项，如图 5-35 所示。

（3）插入图片：在缩略图窗格中单击编号为 1 的幻灯片，使其成为当前幻灯片，执行“插入”→“图片”→“此设备”命令，在打开的“插入图片”对话框中按存放位置找到并选中需要插入的图片，单击“插入”按钮，如图 5-36 所示。使用同样的方法，将其他图片依次插入编号为 2 的幻灯片。

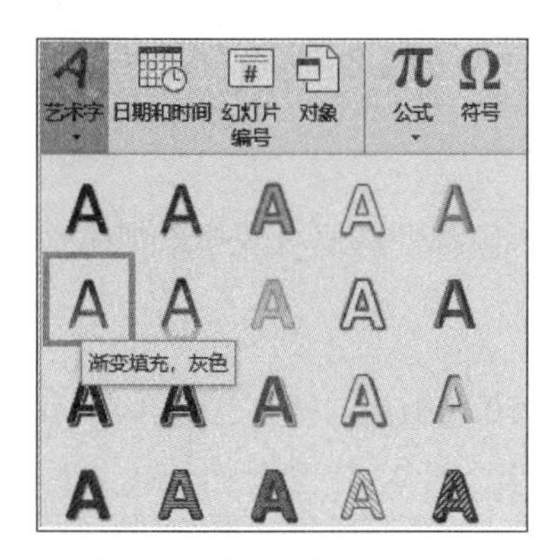

图 5-33 “艺术字”下拉列表

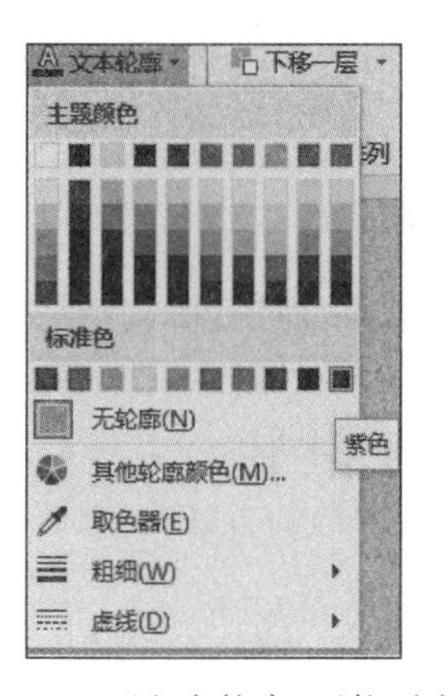

图 5-34 “文本轮廓”下拉列表

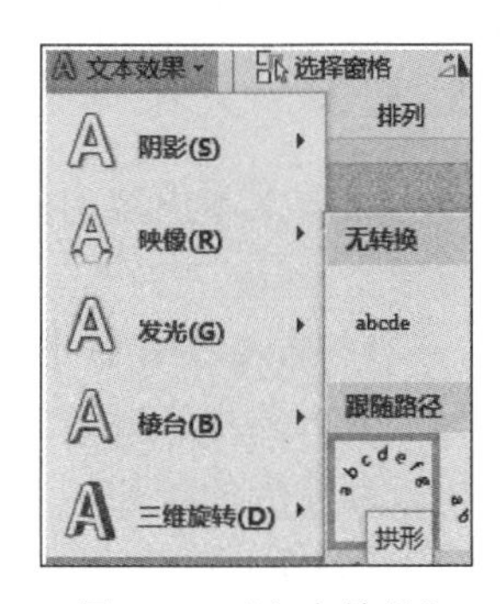

图 5-35 “文本效果”下拉列表

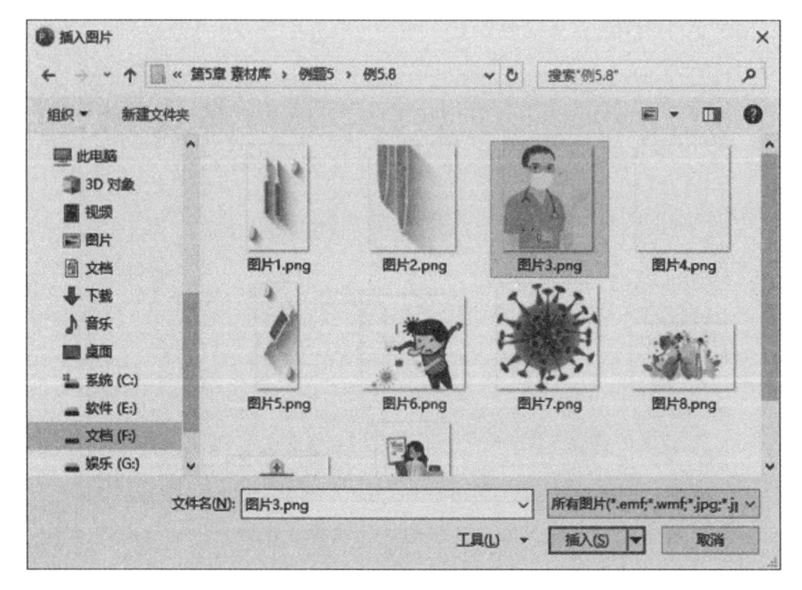

图 5-36 “插入图片”对话框

(4) 在缩略图窗格中单击编号为 3 的幻灯片，使其成为当前幻灯片。在“插入”功能区的“文本”组中单击“文本框”下拉按钮，再选择“横排文本框”命令，在绘制的文本框中输入文字“01 什么是新型冠状病毒”，并设置字体和段落格式，再依次插入图片。

(5) 给第 4 张幻灯片插入艺术字并参照样例设置格式。

(6) 全部设置完成后以“新型冠状病毒介绍与预防 8.pptx”为文件名保存到“第 5 章 素材库\例题 5”下的“例 5.8”文件夹中。

2. 插入表格

在“插入”功能区的“表格”组中单击“表格”按钮，在弹出的下拉列表中选择不同的方式插入表格，方法和在 Word 中一样。

3. 插入声音和影片文件

PowerPoint 2016 支持插入 MP3、WMA、MIDI、WAV 等多种格式的声音文件，这里以

插入文件中的声音为例,操作步骤如下。

(1) 在“插入”功能区的“媒体”组中单击“音频”下拉按钮,在下拉列表中选择音频的来源,例如“文件中的音频”。

(2) 在打开的对话框中找到存放声音文件的位置,选中要插入的声音文件后单击“确定”按钮。

(3) 幻灯片上出现“小喇叭”图标,如图 5-37 所示,单击小喇叭图标会出现插入控制条,可以单击“播放”按钮试听插入的音乐。

(4) 设置播放方式:当“小喇叭”处于选中状态时,功能区上方会弹出一个“音频工具”→“格式”|“播放”选项卡,如图 5-38 所示,在“格式”选项卡下可以设置小喇叭的样子,在“播放”选项卡下可以设置音乐的播放方式。

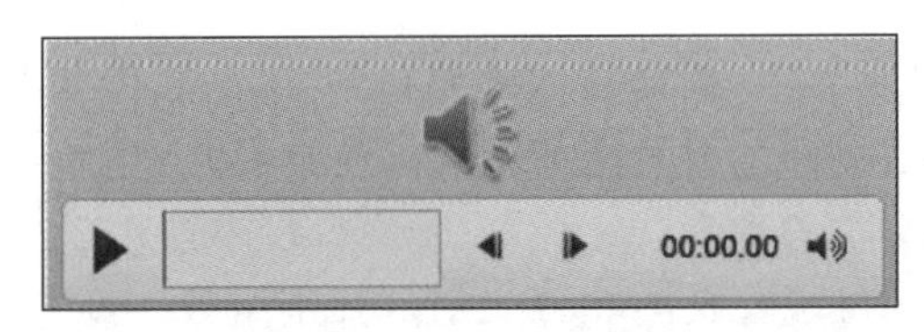

图 5-37 “小喇叭”图标

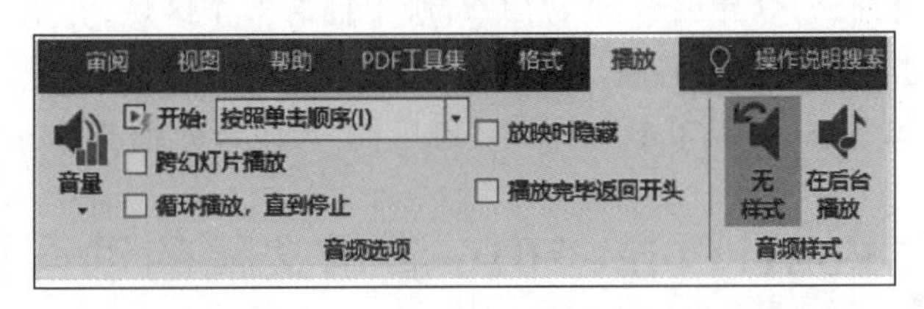

图 5-38 “音频工具”→“播放”选项卡

插入影片和录制屏幕方法与插入声音的方法类似,在此不再赘述。

5.3.4 幻灯片母版设置

母版用于设置演示文稿中幻灯片的默认格式,包括每张幻灯片的标题、正文的字体格式和位置、项目符号的样式、背景设计等。母版有“幻灯片母版”“讲义母版”“备注母版”,本书只介绍常用的“幻灯片母版”。在“视图”功能区的“母版版式”组中单击“幻灯片母版”按钮,即可进入幻灯片母版编辑环境,如图 5-39 所示。母版视图不会显示幻灯片的具体内容,只显示版式及占位符。

幻灯片母版的常用功能如下。

- 预设各级项目符号和字体:按照母版上的提示文本单击标题或正文各级项目所在位置,可以配置字体格式和项目符号,设置的格式将成为本演示文稿每张幻灯片上文本的默认格式。

【注意】 占位符标题和文本只用于设置样式,内容则需要在普通视图下另行输入。

- 调整或插入占位符:单击占位符边框,鼠标移到边框线上,当其变成“十”字形状时按住左键拖动可以改变占位符的位置;在“视图”功能区的“母版版式”组中单击“插入占位符”按钮,如图 5-40 所示,在下拉列表中选择需要的占位符样式(此时鼠标变成细十字形),然后拖动鼠标在母版幻灯片上绘制占位符。

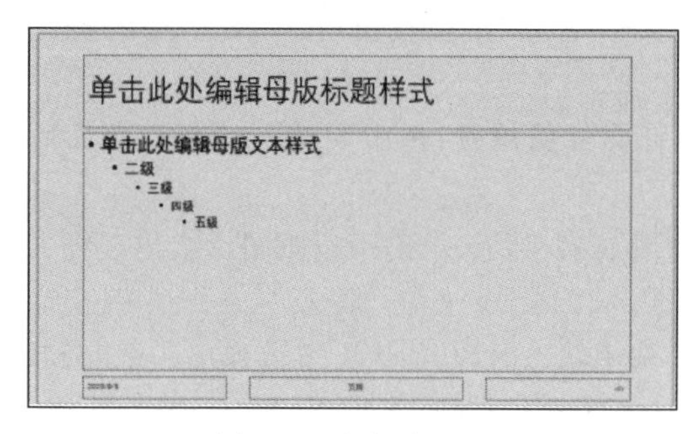

图 5-39　幻灯片母版

图 5-40　插入占位符

- 插入标志性图案或文字(例如插入某公司的 logo):在母版上插入的对象(例如图片、文本框)将会在每张幻灯片上的相同位置显示出来。在普通视图下,这些插入的对象不能删除、移动、修改。
- 设置背景:设置的母版背景会在每张幻灯片上生效。设置方法和普通视图下设置幻灯片背景的方法相同。
- 设置页脚、日期、幻灯片编号:幻灯片母版下面有 3 个区域,分别是日期区、页脚区、数字区,单击它们可以设置对应项的格式,也可以拖动它们改变位置。

要退出母版编辑状态,可以单击“视图”功能区的“关闭母版视图”按钮。

5.4　PowerPoint 2016 演示文稿的动画设置

5.4.1　幻灯片切换效果的设置

幻灯片的切换效果是指放映演示文稿时从上一张幻灯片切换到下一张幻灯片的过渡效果,为幻灯片间的切换加上动画效果会使放映更加生动、自然。

下面通过实例说明设置幻灯片切换效果的方法步骤。

【例 5.9】 进入“例 5.8”文件夹打开“新型冠状病毒介绍和预防 8.pptx”演示文稿,为各幻灯片添加“覆盖”类型的切换效果,既可单击鼠标时切换,也可自动切换。若自动切换,切换时间为 5 秒。然后将其以“新型冠状病毒介绍与预防 9.pptx”为文件名保存到“第 5 章素材库\例题 5”下的“例 5.9”文件夹中。

在添加幻灯片切换效果之前,建议先将演示文稿以默认的演讲者放映方式放映一次,以便体验添加切换效果前后的不同之处。

(1) 选中需要设置切换效果的幻灯片。在此任选一张幻灯片。

(2) 在“切换”选项卡下的“切换到此幻灯片”组中单击“其他”按钮,弹出幻灯片切换效果类型的下拉列表,如图 5-41 所示,选择一种类型,这里选择“覆盖”类型。

【提示】 从“切换”效果的下拉列表中可以看出幻灯片的切换效果类型包括“细微”“华丽”和“动态内容”三大类几十种不同类型。

【注意】 这里设置的切换效果只针对当前选中的幻灯片,而且默认为单击鼠标时切换。

(3) 在“计时”组中设置切换的“持续时间”“声音”等效果。持续时间会影响动画播放速

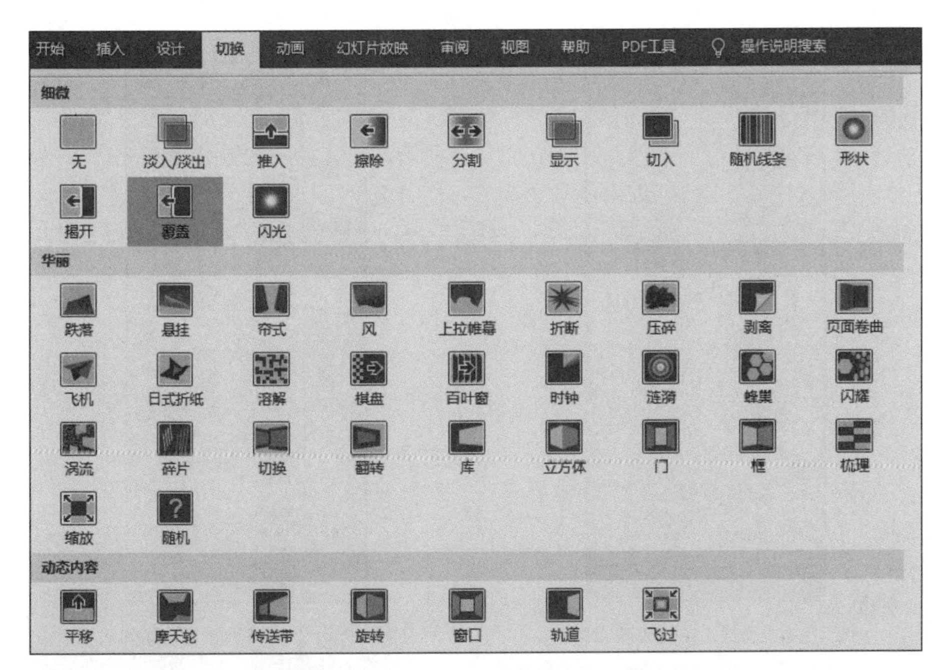

图 5-41　幻灯片切换效果类型的下拉列表

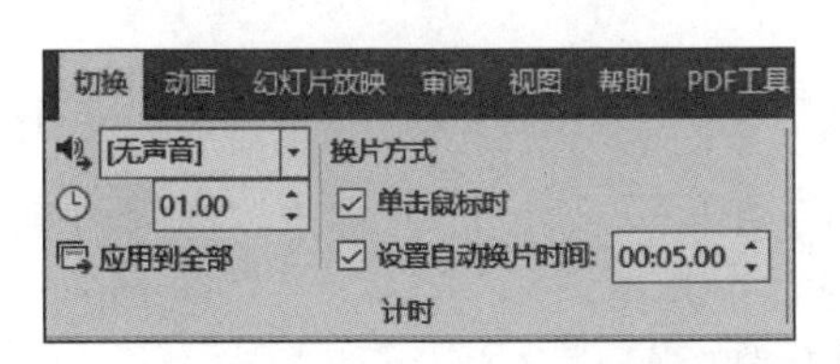

图 5-42　设置幻灯片“换片方式”

度,在“声音”下拉列表中可以选择幻灯片切换时出现的声音。

(4) 在“切换”选项卡下的“计时”组中设置“换片方式”,默认为“单击鼠标时”,即单击鼠标时会切换到下一张幻灯片,这里按题目要求应同时选中“设置自动换片时间”复选框和“单击鼠标时”复选框,然后单击数字框的向上按钮,调整时间为 5 秒,如图 5-42 所示。

(5) 选择应用范围: 按本例要求应单击“应用到全部”按钮,使“自动换片方式”和“单击鼠标时”应用于演示文稿中的所有幻灯片; 若不单击该按钮,则仅应用于当前幻灯片。

(6) 设置完毕后建议读者将演示文稿再放映一次,以便体验幻灯片的切换效果。若要结束放映可按 Esc 键,或右击鼠标在弹出的快捷菜单中选择“结束放映”命令,如图 5-43 所示。

(7) 以“新型冠状病毒介绍与预防 9. pptx”为文件名保存到“第 5 章 素材库\例题 5”“例 5.9”文件夹中。

【提示】 幻灯片的切换效果还可以通过“切换到此幻灯片”组中的“效果选项”下拉列表作进一步的设置,如图 5-44 所示; 若要取消幻灯片的切换效果,只需选中该幻灯片,在“切换”选项卡下的“切换到此幻灯片”组中选择“无”选项即可。

5.4.2　幻灯片动画效果的设置

一张幻灯片中可以包含文本、图片等多个对象,可以为它们添加动画效果,包括进入动画、退出动画、强调动画; 还可以设置动画的动作路径,编排各对象动画的顺序。

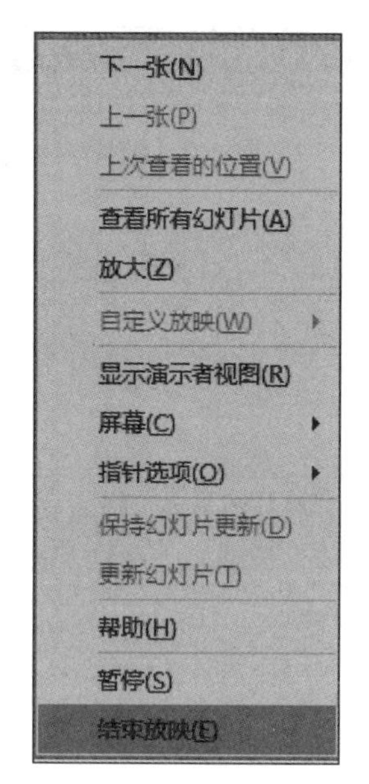

图 5-43　选择“结束放映”命令

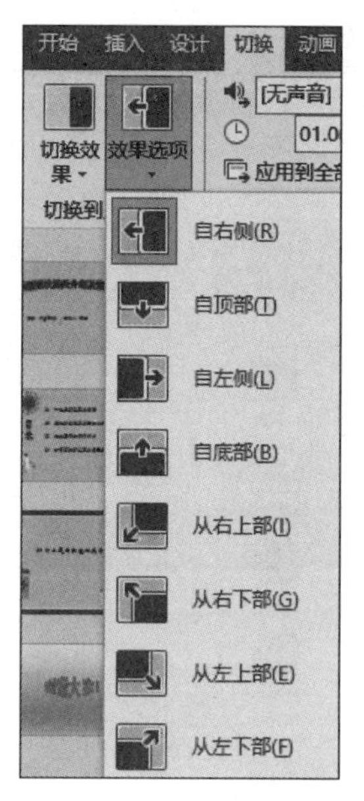

图 5-44　“效果选项”下拉列表

设置动画效果一般在普通视图模式下进行,动画效果只有在幻灯片放映视图或阅读视图模式下才有效。

1. 添加动画效果

要为对象设置动画效果,应首先选择对象,然后在“动画”选项卡下的“动画”“高级动画”和“计时”组中进行各种设置。可以设置的动画效果有如下几类。

- “进入”效果:设置对象以怎样的动画效果出现在屏幕上。
- “强调”效果:对象将在屏幕上展示一次设置的动画效果。
- “退出”效果:对象将以设置的动画效果退出屏幕。
- “动作路径”:放映时对象将按事先设置好的路径运动,路径可以采用系统提供的,也可以自己绘制。

【例 5.10】 打开例 5.9 制作的“新型冠状病毒介绍与预防 9.pptx”演示文稿,按如下要求设置后以文件名“新型冠状病毒介绍与预防 10.pptx”保存到“第 5 章 素材库\例题 5”下的“例 5.10”文件夹中。

(1) 为第一张幻灯片上的两个对象设置动画效果。

① 单击选中艺术字“新型冠状病毒介绍与预防”,在“动画”选项卡的“动画”组中单击“其他”按钮,在弹出的下拉列表中的“进入”栏单击“浮入”选项,如图 5-45 所示;然后单击右侧的“效果选项”按钮,选择动画的方向为“下浮”,如图 5-46 所示。

② 选中副标题,为它设置“强调”动画效果。单击“动画”组的“其他”按钮,可以展开更多的动画效果选项,单击“强调”栏中的“跷跷板”按钮,如图 5-47 所示。

(2) 切换至第 2 张幻灯片,为各对象设置“进入”动画效果。

① 选中标题文本“目录”,单击“动画”组中的“飞入”按钮,并在“效果选项”下拉列表中选择“自左下部”,如图 5-48 所示。

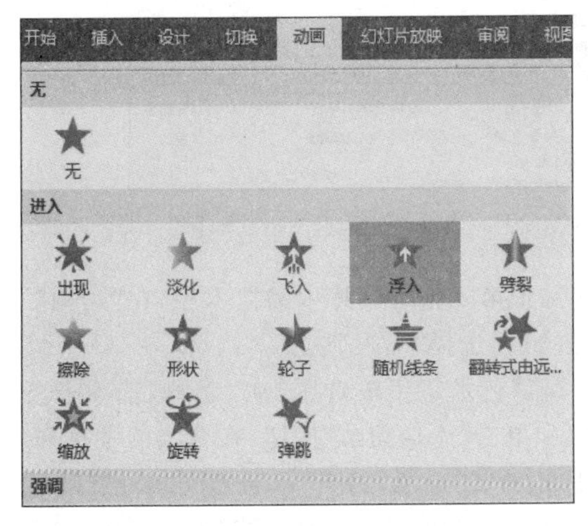

图 5-45 “动画”的“进入”效果设置

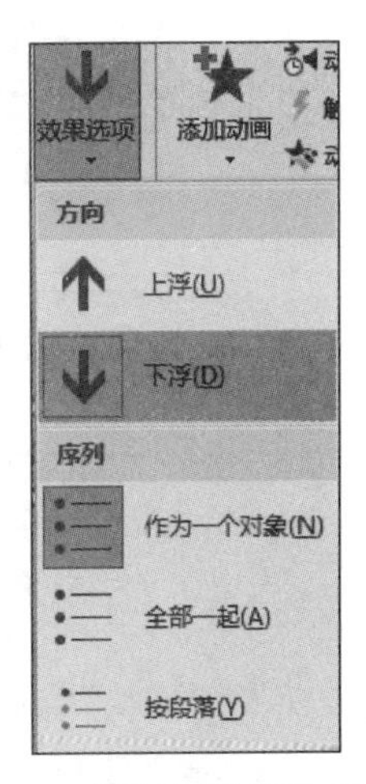

图 5-46 动画的“效果选项”设置

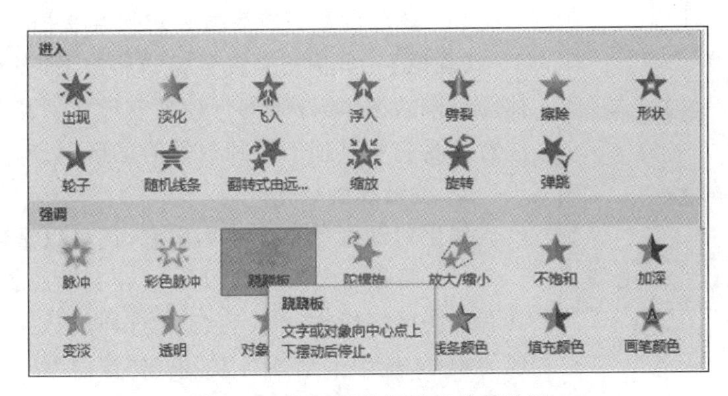

图 5-47 “动画”的“强调”效果设置

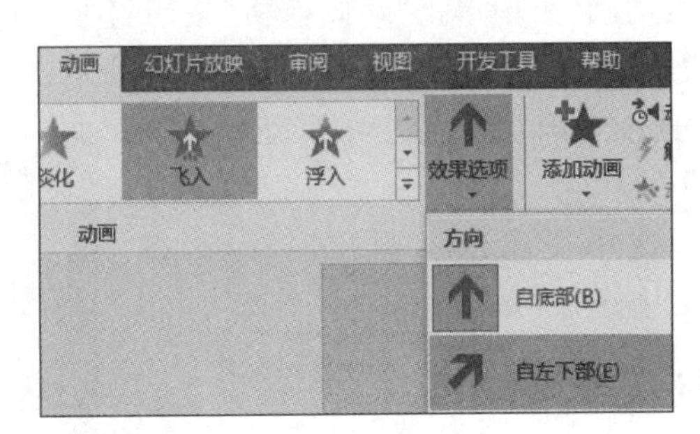

图 5-48 为标题文本“目录”设置动画

② 选中“内容”文本,其动画“进入”效果为“缩放”,并在“计时”组中的“开始”下拉列表中选择“上一动画之后”选项(如果不选择则默认为“单击时”),然后在“延迟”微调框中设置时间为 1 秒,如图 5-49 所示。从第 1 张幻灯片开始放映体验设置效果。

(3) 第 3 张幻灯片不设置动画。

(4) 为第 4 张幻灯片的艺术字“谢谢大家!”设置动画效果:以“飞入”方式“进入”,以“收缩并旋转”方式退出,均为单击鼠标时。

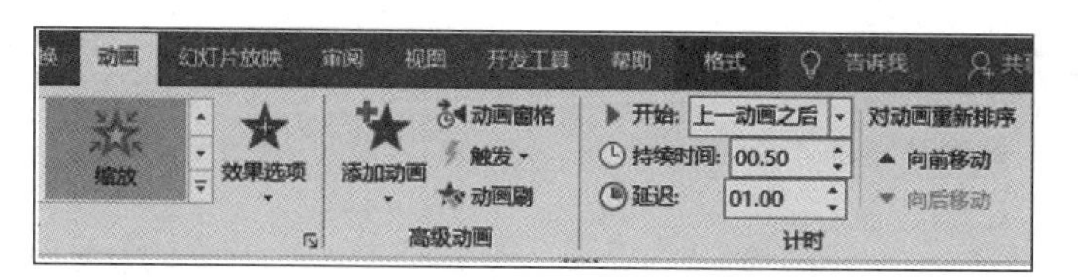

图 5-49　为"内容"文本设置上一动画之后延迟 1 秒自动播放

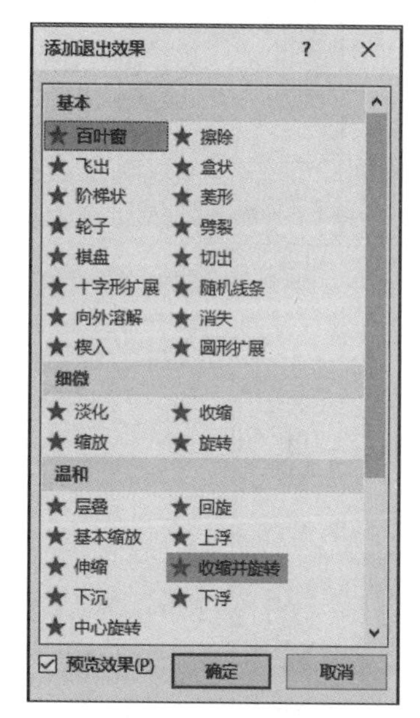

图 5-50　"添加退出效果"对话框

① 选中第 4 张幻灯片中的艺术字,在"动画"下拉列表中的"进入"栏选择"飞入"选项。

② 确认艺术字仍被选中,在"动画"选项卡下的"高级动画"组中单击"添加动画"按钮,在弹出的下拉列表中选择"更多退出效果"选项,打开"添加退出效果"对话框,选择"收缩并旋转"选项,单击"确定"按钮。如图 5-50 所示。

③ 放映第 4 张幻灯片体验设置效果。

(5) 全部设置完成后按要求保存文档。

【注意】 本例动画设置完毕后按 F5 键放映演示文稿,体验动画效果,第 3 张幻灯片没有设置对象的动画效果,请注意感受它与其他幻灯片放映时的区别。

2. 编辑动画效果

如果对动画效果设置不满意,还可以重新编辑。

(1) 调整动画的播放顺序。设有动画效果的对象前面具有动画顺序标志,如 0、1、2、3 这样的数字,表示该动画出现的顺序,选中某动画对象,单击"计时"组中的"向前移动"或"向后移动"按钮,就可以改变动画播放顺序。

另一种方法是在"高级动画"组中单击"动画窗格"按钮打开动画窗格,在其中进行相应设置,还可以单击"全部播放"按钮展示动画效果,如图 5-51 所示。

(2) 更改动画效果。选中动画对象,在"动画"组的列表框中另选一种动画效果即可。

(3) 删除动画效果。选中对象的动画顺序标志,按 Delete 键,或者在动画列表中选择"无"选项。

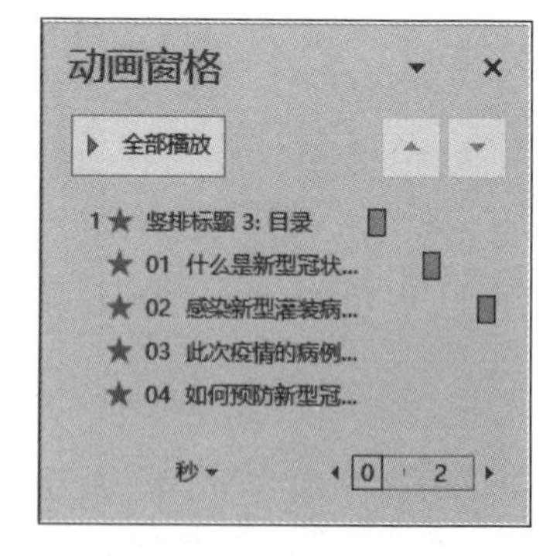

图 5-51　"动画窗格"

5.4.3　幻灯片中超链接的设置

应用超链接可以为两个位置不相邻的对象建立连接关系。超链接必须选定某一对象作为链接点,当该对象满足指定条件时触发超链接,从而引出作为链接目标的另一对象。触发条件一般为鼠标单击或鼠标移过链接点。

适当采用超链接,会使演示文稿的控制流程更具逻辑性和跳跃性,使其功能更加丰富。PowerPoint 可以选定幻灯片上的任意对象做链接点,链接目标可以是本文档中的某张幻灯片,也可以是其他文件,还可以是电子邮箱或者某个网页。

设置了超链接的文本会出现下画线标志,并且变成系统指定的颜色,当然也可以通过一系列设置改变其颜色而不影响超链接效果。

在 PowerPoint 2016 中可以使用“插入”选项卡下的“链接”组中的“链接”和“动作”按钮设置超链接，如图 5-52 所示。

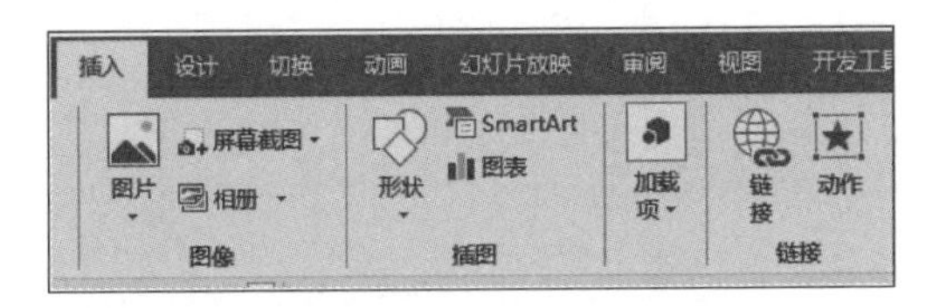

图 5-52 “插入”选项卡下的“链接”组

1. 使用“链接”按钮

【例 5.11】 打开“例 5.10”文件夹中的演示文稿“新型冠状病毒介绍与预防 10. pptx”，按如下要求进行设置。

(1) 在第 3 张幻灯片中插入横排文本框并输入文字内容(文字内容请参见“例 5.11”文件夹下的“肺炎. docx”文档)，设置文本的字体格式和段落格式，并拖移文本框至合适位置；再在第 4 张幻灯片中插入横排文本框，输入文字“单击此处给我发邮件”并设置文本格式。

(2) 设置超链接为：单击第 2 张幻灯片中的文本“01 什么是新型冠状病毒”跳转至第 3 张幻灯片，单击第 3 张幻灯片右下角的图片跳转至第 4 张幻灯片，单击第 4 张幻灯片的文本“单击此处给我发邮件”可以发送邮件至李明的邮箱(liming@163. com)，最后将文件以“新型冠状病毒介绍与预防 11. pptx”为文件名保存到“第 5 章 素材库\例题 5”下的“例 5.11”文件夹中。

操作步骤如下：

① 进入“例 5.10”文件夹打开演示文稿“新型冠状病毒介绍与预防 10. pptx”文档。分别在第 3 张和第 4 张幻灯片中插入文本框并按题目要求输入文字内容和设置文本的字符格式和段落格式。

② 选中第 2 张幻灯片中的文字“01 什么是新型冠状病毒”，单击“插入”选项卡下的“链接”组中的“链接”按钮，打开“插入超链接”对话框，在左侧“链接到”栏选择“本文档中的位置”，在中间的“请选择文档中的位置”框选择“3. 幻灯片 3”选项，在右侧弹出的“幻灯片预览”框可预览到第 3 张幻灯片中的内容，单击“确定”按钮，如图 5-53 所示。

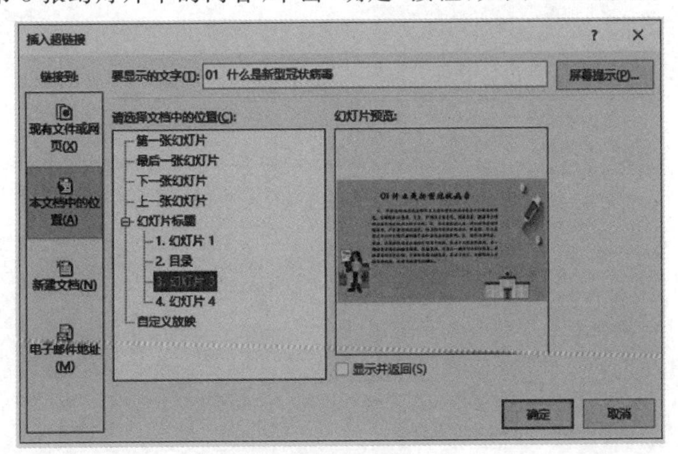

图 5-53 以文本作为链接点设置本文档中幻灯片之间的跳转

【注意】 设置超链接的文本出现下画线且改变了颜色。

③ 选中第3张幻灯片右下角的图片，在“插入”选项卡的“链接”组中单击“链接”按钮，打开“插入超链接”对话框，在左侧“链接到”栏选择“本文档中的位置”，在中间的“请选择文档中的位置”框选择“4.幻灯片4”选项，在右侧弹出的“幻灯片预览”框可预览到第4张幻灯片中的内容，单击“确定”按钮，如图5-54所示。

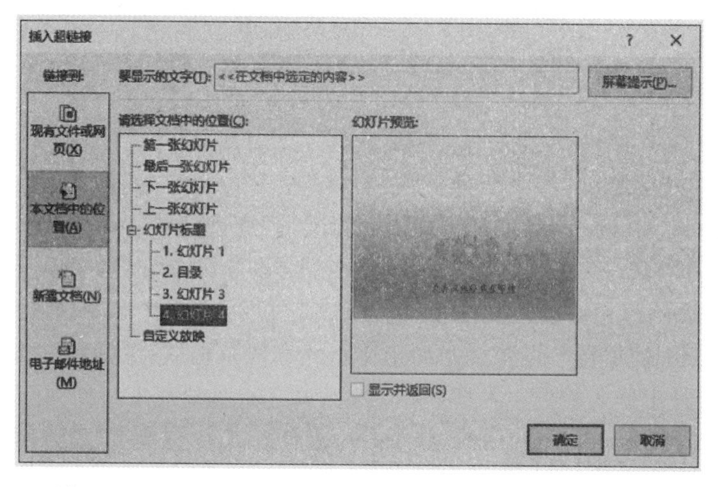

图5-54 以图片作为链接点设置本文档中幻灯片之间的跳转

④ 选中第4张幻灯片中的文本“单击此处给我发邮件”，在“插入”选项卡的“链接”组中单击“链接”按钮，打开“插入超链接”对话框，这里要求链接到邮箱，所以在左侧“链接到”栏选择“电子邮件地址”，在中间的“电子邮件地址”框输入邮箱名liming@163.com，其中mailto:是系统加上的，请勿删除，在“主题”框输入“有问题请教”。单击“屏幕提示”按钮，可以在对话框中输入提示文本“请与我联系”，放映时，当鼠标指针移动到链接点上时将出现这些提示文本。设置完成后单击“确定”按钮关闭对话框，如图5-55所示。可以看到文本“单击此处给我发邮件”下方出现了下画线，而且文本的颜色也发生了改变。

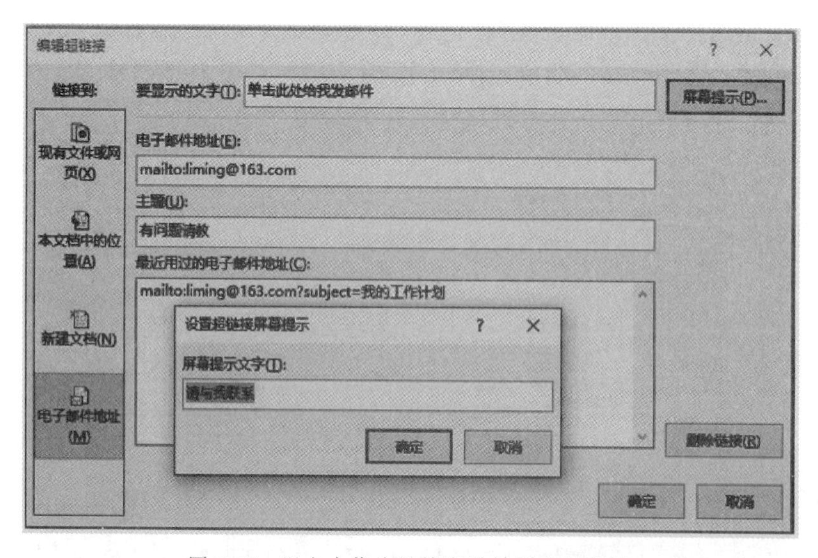

图5-55 以文本作为链接点跳转到电子邮箱

⑤ 选择“文件”→“另存为”命令,然后按要求进行保存。

【注意】 超链接只有在演示文稿放映时才会生效。按 Shift+F5 组合键放映当前幻灯片,可以看到将鼠标指针移至链接点文本“单击此处给我发邮件”上时指针变为“手”状,这是超链接的标志,单击即可触发链接目标,系统会自动启动收发邮件的软件 Microsoft Outlook 2016。

2. 使用“动作”按钮

【例 5.12】 在例 5.11 的基础上为第 4 张幻灯片上插入艺术字“感谢观看”,然后为其添加一个动作,使得鼠标指针移过它时发出“掌声”,然后以“新型冠状病毒介绍与预防 12. pptx”为文件名保存到“第 5 章 素材库\例题 5”下的“例 5.12”文件夹中。

操作步骤如下:

(1) 进入“例 5.11”文件夹打开“新型冠状病毒介绍与预防 11. pptx”演示文稿,在第 4 张幻灯片中插入艺术字“感谢观看”,然后选中该艺术字,切换至“插入”选项卡的“链接”组中单击“动作”按钮。

(2) 打开“操作设置”对话框,切换至“鼠标悬停”选项卡,选中“播放声音”复选框,在“播放声音”下拉列表框中选择“鼓掌”选项,单击“确定”按钮,如图 5-56 所示。此时可以发现,“感谢观看”文字改变了颜色且出现了下画线,这是超链接的标志。

(3) 放映幻灯片体验效果,然后按要求保存演示文稿。

【说明】 除了前面介绍的使用“插入”选项卡下的“链接”组中的“链接”和“动作”按钮设置超链接外;还可以在“插入”选项卡的“插图”组中单击“形状”按钮,在弹出的下拉列表中的“动作按钮”组中选择相应的按钮设置超链接。如图 5-57 所示。

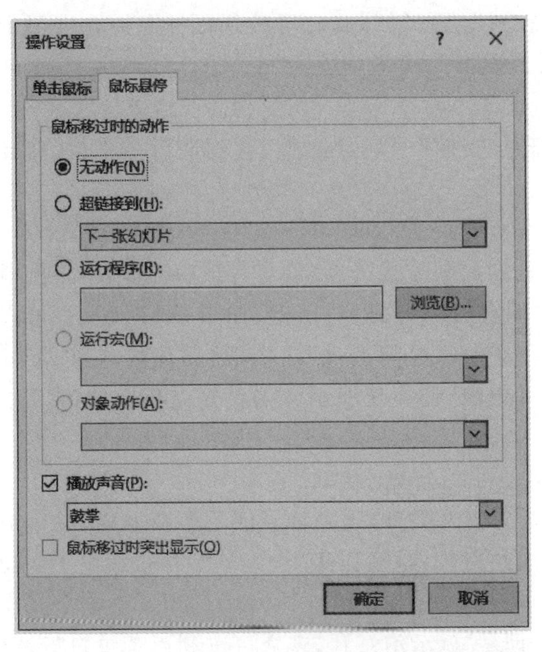

图 5-56 设置“动作”按钮的超链接

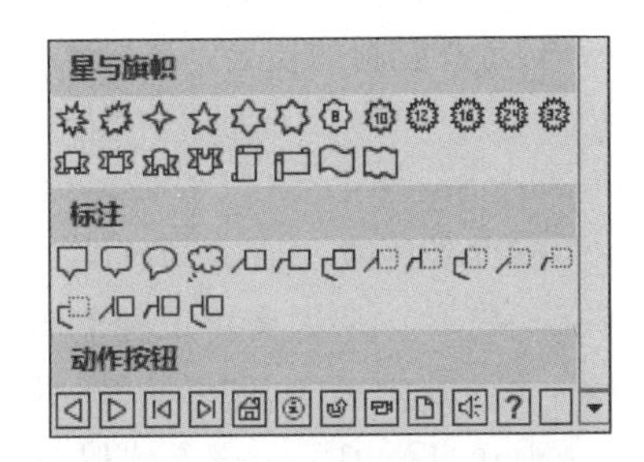

图 5-57 “形状”按钮下拉列表中的“动作按钮”组

5.5 PowerPoint 2016 演示文稿的放映和输出

5.5.1 演示文稿的放映

放映幻灯片是制作幻灯片的最终目标,在幻灯片放映视图下才可以放映幻灯片。

1. 启动放映与结束放映

放映幻灯片的方法有以下几种。

(1) 在“幻灯片放映”选项卡下的“开始放映幻灯片”组中,单击“从头开始”按钮,即可从第1张幻灯片开始放映;单击“从当前幻灯片开始”按钮,即可从当前选中的幻灯片开始放映。

(2) 单击窗口右下方的“幻灯片放映”按钮,即从当前幻灯片开始放映。

(3) 按F5键,从第1张幻灯片开始放映。

(4) 按Shift+F5键,从当前幻灯片开始放映。

放映幻灯片时,幻灯片会占满整个计算机屏幕,在屏幕上右击,在弹出的快捷菜单中有一系列命令可以实现幻灯片翻页、定位、结束放映等功能。为了不影响放映效果,建议演说者使用以下常用功能快捷键。

- 切换到下一张(触发下一对象):单击鼠标,或者按↓键、→键、PageDown键、Enter键、Space键之一,或者鼠标滚轮向后拨。
- 切换到上一张(回到上一步):按↑键、←键、PageUp键或Backspace键均可,或者鼠标滚轮向前拨。
- 鼠标功能转换:按Ctrl+P键转换成“绘画笔”,此时可按住鼠标左键在屏幕上勾画做标记;按Ctrl+A键可还原成普通指针状态。
- 结束放映:按Esc键。

在默认状态下放映演示文稿时,幻灯片将按序号顺序播放,直到最后一张,然后计算机黑屏,退出放映状态。

2. 设置放映方式

用户可以根据不同需要设置演示文稿的放映方式。在“幻灯片放映”选项卡下的“设置”组中单击“设置幻灯片放映”按钮,打开“设置放映方式”对话框,如图5-58所示。可以设置放映类型、需要放映的幻灯片的范围等。其中,“放映选项”组中的“循环放映,按Esc键终止”适合于无人控制的展台、广告等幻灯片放映,能实现演示文稿反复循环播放,直到按Esc键终止。

PowerPoint 2016有以下3种放映类型可以选择。

(1) 演讲者放映。演讲者放映是默认的放映类型,是一种灵活的放映方式,以全屏幕的形式显示幻灯片。演说者可以控制整个放映过程,也可以用“绘画笔”勾画,适用于演说者一边讲解一边放映的场合,例如会议、课堂等。

(2) 观众自行浏览。该方式以窗口的形式显示幻灯片,观众可以利用菜单自行浏览、打印,适用于终端服务设备且同时被少数人使用的场合。

(3) 在展台浏览。该方式以全屏幕的形式显示幻灯片。放映时,键盘和鼠标的功能失效,只保留鼠标指针最基本的指示功能,因而不能现场控制放映过程,需要预先将换片方式

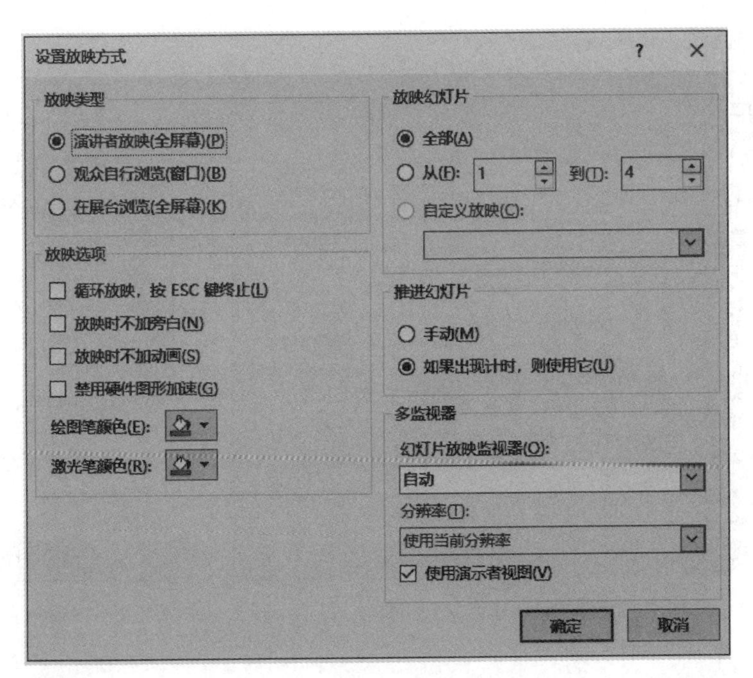

图 5-58 “设置放映方式”对话框

设为自动方式或者通过“幻灯片放映”功能区中的“排练计时”命令来设置时间和次序。该方式适用于无人看守的展台。

5.5.2 演示文稿的输出

1. 将演示文稿创建为讲义

演示文稿可以被创建为讲义，保存为 Word 文档格式，创建方法如下。

(1) 选择“文件”→“导出”命令，在“文件类型”栏中选择“创建讲义”选项，再单击右侧的“创建讲义”按钮，如图 5-59 所示。

(2) 弹出如图 5-60 所示的对话框，选择创建讲义的版式，单击“确定”按钮。

(3)系统自动打开 Word 程序，并将演示文稿内容转换成 Word 文档格式，用户可以直接保存该 Word 文档，或者做适当编辑。

2. 打包演示文稿

如果要在其他计算机上放映制作完成的演示文稿，可以有下面 3 种途径。

(1) PPTX 形式。通常，演示文稿是以.pptx 类型保存的，将它复制到其他计算机上，双击打开后即可人工控制进入放映视图，使用这种方式的好处是可以随时修改演示文稿。

(2) PPSX 形式。将演示文稿另存为 PowerPoint 放映类型(扩展名.ppsx)，再将该 PPSX 文件复制到其他计算机上，双击该文件可立即放映演示文稿。

(3) 打包成 CD 或文件夹。PPTX 形式和 PPSX 形式要求放映演示文稿的计算机安装 Microsoft Office PowerPoint 软件，如果演示文稿中包含指向其他文件(例如声音、影片、图片)的链接，还应该将这些资源文件同时复制到计算机的相应目录下，操作起来比较麻烦。在这种情况下建议将演示文稿打包成 CD。

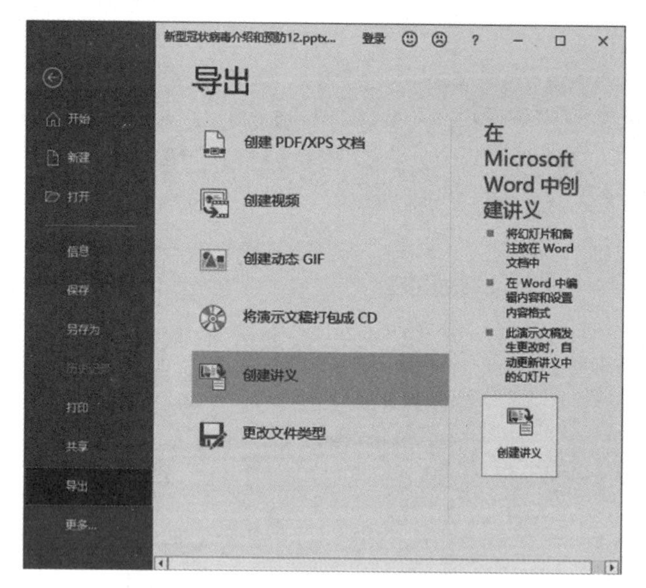

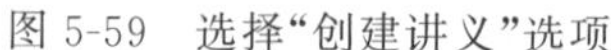
图 5-59　选择“创建讲义”选项

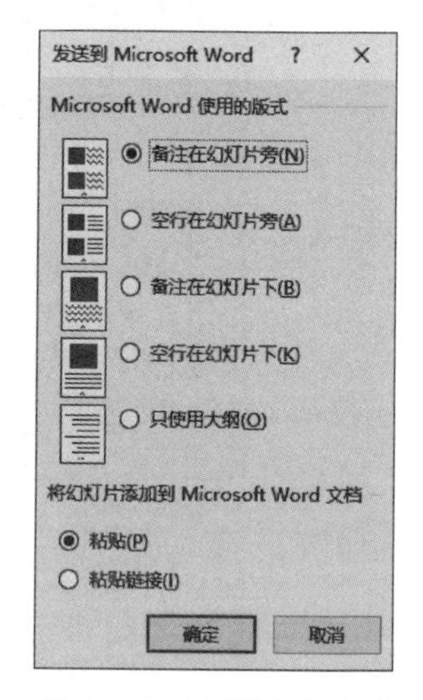

图 5-60　选择讲义的版式

打包成 CD 能更有效地发布演示文稿，可以直接将放映演示文稿所需要的全部资源打包，刻录成 CD 或者打包到文件夹。

从图 5-59 所示的选项面板中可以看出，PowerPoint 2016 还提供了多种共享演示文稿的方式，例如“创建视频”“创建 PDF/XPS 文档”等。

3. 打印输出

将演示文稿打印出来不仅方便演讲者，也可以发给听众以供交流。

选择“文件”→“打印”命令，如图 5-61 所示，在选项面板中设置好打印信息，例如打印份数、打印机、要打印的幻灯片范围以及每页纸打印的幻灯片张数等。

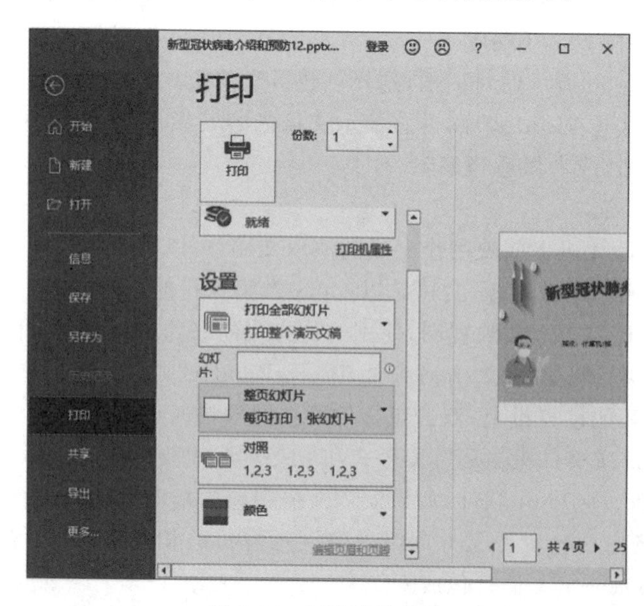

图 5-61　打印演示文稿

4. 录制幻灯片演示

录制幻灯片演示，它可以记录幻灯片的放映效果，包括用户使用鼠标、绘画笔、麦克风的痕迹，录好的幻灯片完全可以脱离演讲者来放映。录制方法如下：

(1) 在"幻灯片放映"选项卡的"设置"组中选中"播放旁白""使用计时""显示媒体控件"复选框，然后单击"录制幻灯片演示"按钮，在弹出的下拉列表中选择"从头开始录制"或者"从当前幻灯片开始录制"选项，如图 5-62 所示。

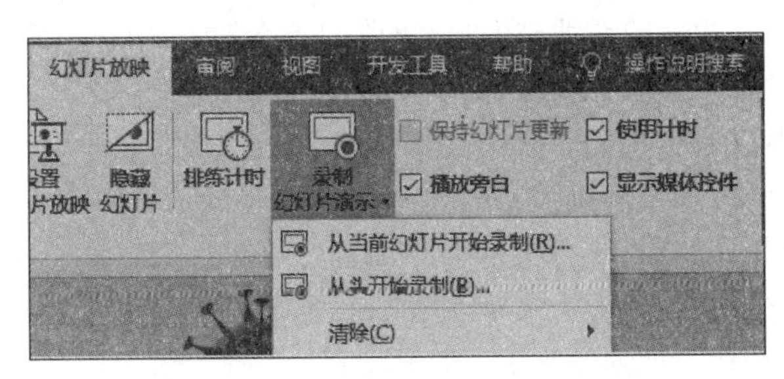

图 5-62 "录制幻灯片演示"下拉列表

(2) 在弹出的"录制幻灯片演示"对话框中单击"开始录制"按钮。

(3) 幻灯片进入放映状态，开始录制。注意：如果要录制旁白，需要提前准备好麦克风。

(4) 如果对录制效果不满意，可以单击"录制幻灯片演示"按钮，选择"清除"计时或旁白重新录制。

(5) 保存为视频文件：选择"文件"→"导出"→"创建视频"命令，在右侧面板中设置视频参数(视频的分辨率、是否使用录制时的旁白)，单击"创建视频"按钮，如图 5-63 所示。最后在弹出的"保存"对话框中输入文件名并选择视频的存放位置。

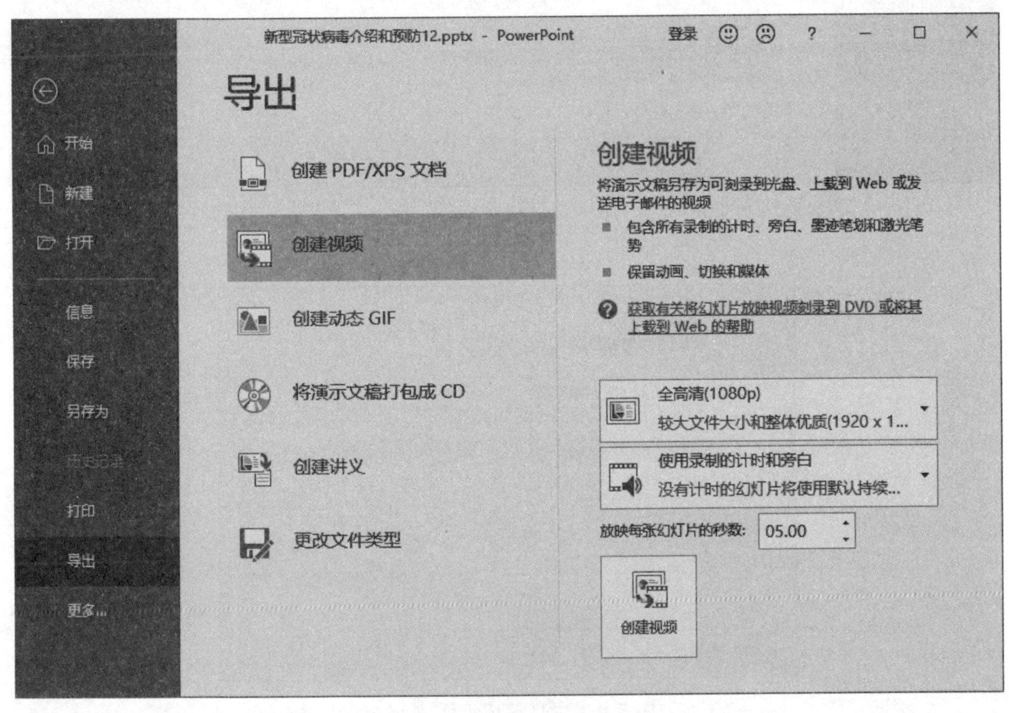

图 5-63 录制幻灯片时的视频参数设置

【例 5.13】 将例 5.12 制作完成的名为“新型冠状病毒介绍与预防 12.pptx”的演示文稿打包到文件夹。

(1) 打开“新型冠状病毒介绍与预防 12.pptx”演示文稿,选择“文件”→“导出”命令,打开“导出”窗口。

(2) 在中间窗格选择“将演示文稿打包成 CD”选项,再单击右侧的“打包成 CD”按钮,如图 5-64 所示。

(3) 弹出如图 5-65 所示的对话框,可以更改 CD 的名字,如果还要将其他演示文稿包含进来,可单击“添加”按钮,本例不用这一步。

(4) 单击“复制到文件夹”按钮,弹出如图 5-66 所示的对话框。如果需要将演示文稿打包到 CD,则单击“复制到 CD”按钮。

(5) 单击“浏览”按钮,选择文件夹的保存位置,在此保存到“第 5 章 素材库\例题 5”下的“例 5.13”文件夹中,如图 5-67 所示。

(6) 单击“确定”按钮关闭对话框完成操作。

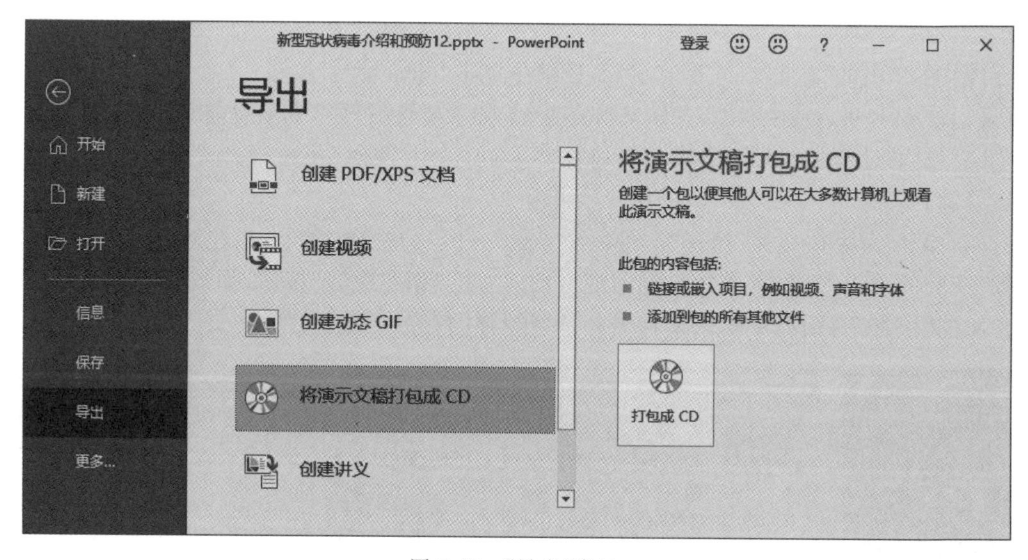

图 5-64 “导出”窗口

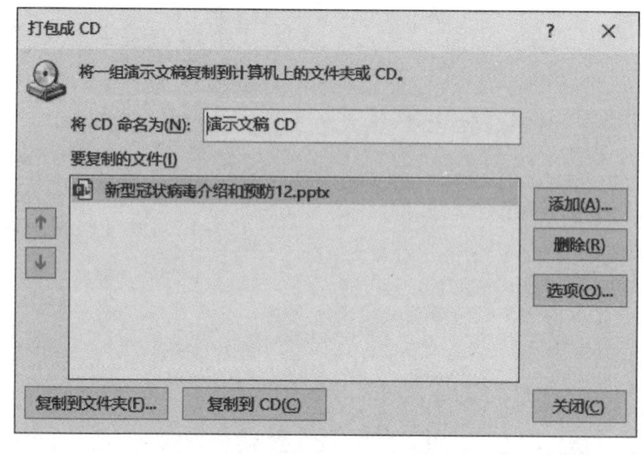

图 5-65 “打包成 CD”对话框

图 5-66 “复制到文件夹”对话框

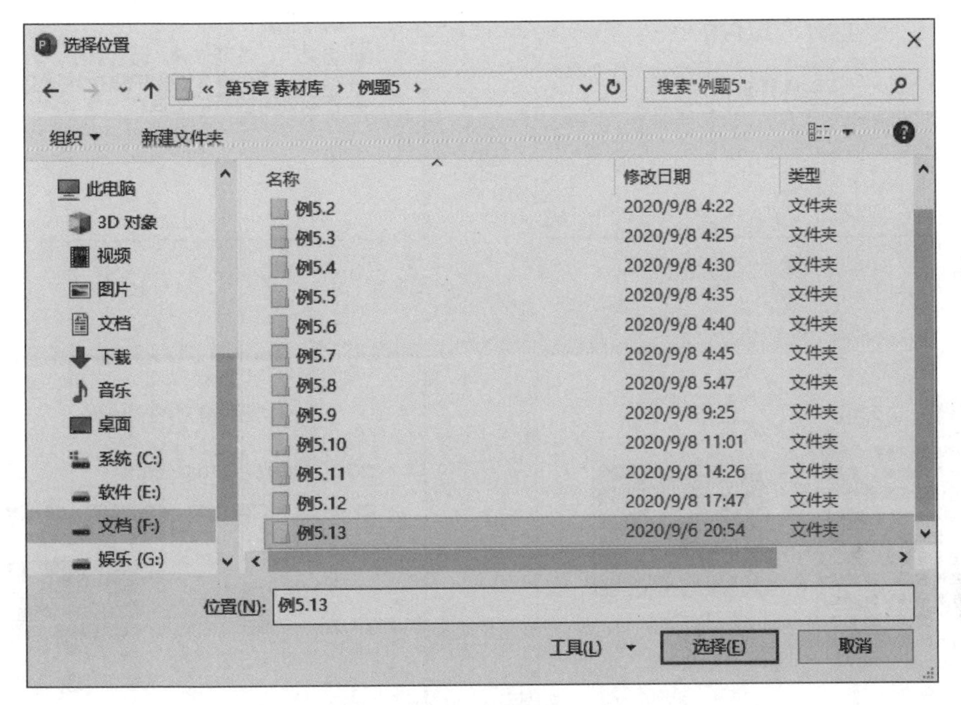

图 5-67 选择文件的保存位置

在打包的文件夹中包含放映演示文稿的所有资源，包括演示文稿、链接文件和 PowerPoint 播放器等，在保存位置找到它，将该文件夹复制到其他计算机上，即使其他计算机没有安装 PowerPoint 软件也仍然可以正常放映。

习 题 5

1. 创建国产动车主题演示文稿

按下列要求创建演示文稿，并以 CRH. pptx 为文件名保存到“习题 5.1”文件夹中，所需文字和图片素材文件均保存在“第 5 章 素材库\习题 5”下的“习题 5.1”文件夹中。

(1) 创建含有 4 张幻灯片的演示文稿，版式和内容如下：

第 1 张幻灯片：版式为“标题幻灯片”；主标题为“国产动车”；副标题为“——科普宣传”，如图 5-68 所示。

第 2 张幻灯片：版式为“标题和内容”；标题和正文内容参考图 5-69。

第 3 张幻灯片：版式为“内容与标题”；标题和正文内容参考图 5-70，在右侧插入一幅来自文件的图片。

第 4 张幻灯片：版式为“标题和内容”；标题和正文内容参考图 5-71，在右下方插入一幅剪贴画。

国产动车

——科普宣传

图 5-68　第 1 张幻灯片

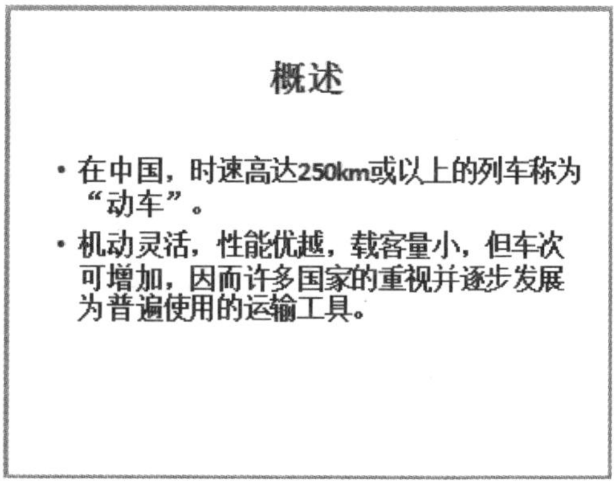

概述

- 在中国，时速高达250km或以上的列车称为“动车”。
- 机动灵活，性能优越，载客量小，但车次可增加，因而许多国家的重视并逐步发展为普遍使用的运输工具。

图 5-69　第 2 张幻灯片

和谐号动车组

时速300公里“和谐号”动车组，是在引进消化吸收国外时速200公里动车组技术平台的基础上，由中国自主研发制造，是目前世界上运营速度最高的动车组列车之一，其国产化率超过70%。

图 5-70　第 3 张幻灯片

中国的动车型号

- CRH1、CRH2、CRH3、CRH5
- CRH380A、CRH380B、CEH380C、CRH380D
- CRH6

图 5-71　第 4 张幻灯片

(2) 使用“环保”主题修饰演示文稿，所有幻灯片采用“推入”切换效果，效果选项为“自右侧”。

(3) 字体、段落格式的设置，具体如下。

第 1 张幻灯片：主标题文字为加粗加阴影的 72 磅幼圆深红色字体，副标题文字为加粗黑色 32 磅仿宋体。

第 2 张幻灯片：所有文字内容加粗，正文各段的段前间距 18 榜，1.5 倍行距。

第 3 张幻灯片：标题文字 36 磅，红色(用自定义选项卡的红色 255、绿色 45、蓝色 45)，正文文字为楷体 26 磅，并加“点虚线”下画线。

第 4 张幻灯片：所有文字内容加粗，正文各段的段前间距为 20 磅。

(4) 背景设置：第 3 张幻灯片的背景设置为“蓝色面巾纸”纹理，并隐藏主题的背景图形。

(5) 版式：更改第 2 张幻灯片的版式为“垂直排列标题与文本”。

(6) 动画设置，具体如下。

第 1 张幻灯片：主标题动画为“飞入”“自左侧”，持续时间 1.5 秒；副标题动画为“形状”、效果选项为“加号”“放大”，自上一动画后延时 0.5 秒自动播放；动画顺序是先主标题后副标题。

第 2 张幻灯片：正文动画为“百叶窗”、效果为“垂直”“按段落”。

(7) 超链接：为第 4 张幻灯片上的文字“CRH2”设置超链接，使得单击它可以链接到第 3 张幻灯片。

(8) 为第 4 张幻灯片上的剪贴画指定位置：水平 15.1 厘米，度量依据为左上角，垂直 10.2 厘米，度量依据为左上角。

(9) 设置幻灯片的放映类型为“观众自行浏览”。

2. 制作北京景点主题演示文稿

进入“第 5 章 素材库\习题 5”下的“习题 5.2”文件夹，按照题目要求完成下面的操作。

为进一步提升北京旅游行业整体队伍素质，打造高水平、懂业务的旅游景区建设与管理队伍，北京旅游局将为工作人员进行一次业务培训，主要围绕“北京主要景点”进行介绍，包括文字、图片、音频等内容。请根据“习题 5.2”文件夹下的素材文档“北京主要景点介绍—文字.docx”，帮助主管人员完成制作任务，具体要求如下。

(1) 新建一份演示文稿，并以“北京主要旅游景点介绍.pptx”为文件名保存到“习题 5.2”文件夹下。

(2) 第一张标题幻灯片中的标题设置为“北京主要旅游景点介绍”，副标题为“历史与现代的完美结合”。

(3) 在第 1 张幻灯片中插入歌曲“北京欢迎你.mp3”，设置为自动播放，并设置声音图标在放映时隐藏。歌曲素材已存放于“习题 5.2”文件夹下。

(4) 第 2 张幻灯片的版式为“标题和内容”，标题为“北京主要景点”，在文本区域中以项目符号列表方式依次添加天安门、故宫博物院、八达岭长城、颐和园、鸟巢。

(5) 自第 3 张幻灯片开始按照天安门、故宫博物院、八达岭长城、颐和园、鸟巢的顺序依次介绍北京各主要景点，相应的文字素材“北京主要景点介绍——文字.docx”以及图片文件均存放在“习题 5.2”文件夹下，要求每个景点介绍占用一张幻灯片。

(6) 最后一张幻灯片的版式设置为“空白”，并插入艺术字“谢谢”。

(7) 将第 2 张幻灯片列表中的内容分别超链接到后面对应的幻灯片，并添加返回到第 2 张幻灯片的动作按钮。

(8) 为演示文稿选择一种设计主题，要求字体和整体布局合理、色调统一，为每张幻灯片设置不同的幻灯片切换效果以及文字和图片的动画效果。

(9) 除标题幻灯片外，其他幻灯片的页脚均包含幻灯片编号、日期和时间。

(10) 设置演示文稿放映方式为“循环放映，按 Esc 键终止”，换片方式为“手动”。

第6章　数据库技术基础

数据库技术是数据管理的最新技术，是计算机科学的重要分支。目前，计算机应用系统和信息系统绝大多数都以数据库为基础和核心。

Access 2016 是微软公司的 Microsoft Office 2016 办公软件中的重要组成部分，是一个中小型的数据库管理系统，具有系统小、功能强和使用方便等优点。利用它可以方便地实现信息数据的保存、维护、查询、统计、打印、交流和发布，而且它可以十分方便地与 Office 2016 其他组件“交流”数据。现在它已经成为世界上最流行的桌面数据库管理系统。

学习目标：

- 理解数据库的基础知识。
- 掌握在 Access 2016 中创建数据库的方法。
- 掌握在 Access 2016 中创建表的方法。
- 学会在 Access 2016 中创建查询的方法。

6.1　数据库概述

6.1.1　数据库的基本概念

1. 数据库

数据库(database,DB)是长期存储在计算机内、有结构的、可共享的大量数据的集合。数据库存放数据是按预先设计的数据模型存放的，它能够构造复杂的数据结构，从而建立数据间内在的联系。例如图 6-1 所示的学生课程数据库，它包含了 3 张基本表，即“学生”表、“课程”表和“选课”表，它以表的形式来存储数据。

学生

学号	姓名	性别	系别	出生日期
20131000001	李力	男	信息	1995/5/6
20132000001	王林	男	计算机	1995/10/24
20132000002	陈静	女	计算机	1996/1/1
20132000003	罗军	男	计算机	1995/6/28

课程

课程号	课程名	学分	开课学期
001	计算机基础	3	1
002	大学英语	4	1
003	C语言	3	2
004	数据库	3	4

选课

学号	课程号	成绩
20131000001	001	80
20131000001	002	90
20132000001	001	86
20132000002	003	75

图 6-1　学生课程数据库

2. 数据库管理系统

若要科学地组织和存储数据，高效地获取和维护数据，就需要一个软件系统——数据库管理系统对数据实行专门的管理。

数据库管理系统(Database Management System,DBMS)是对数据库进行管理的软件,是数据库系统的核心组成部分。数据库的一切操作都是通过 DBMS 实现的,例如查询、更新、插入、删除以及各种控制。

DBMS 是位于用户与操作系统之间的一种系统软件,如图 6-2 所示。

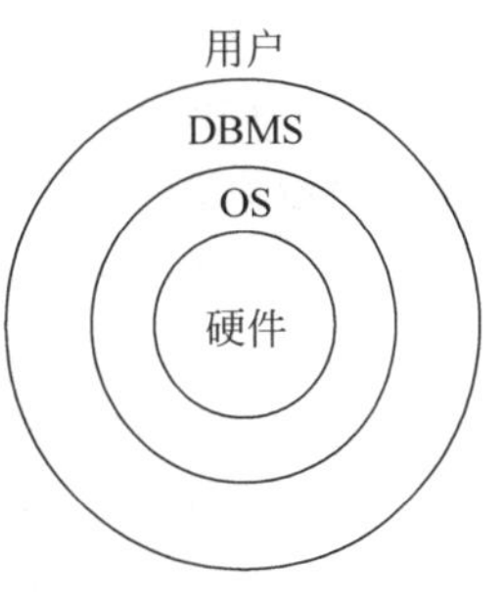

图 6-2 DBMS 的位置

目前,常用的 DBMS 有 Access、Visual FoxPro、Oracle、SQL Server、DB2 及 Sybase 等。

3. 数据库系统的相关人员

数据库系统相关人员是数据库系统的重要组成部分,包括数据库管理员、应用程序开发人员和最终用户 3 类人员。

- 数据库管理员(database administrator,DBA):负责数据库的建立、使用和维护的专门人员。
- 应用程序开发人员:开发数据库应用程序的人员。
- 最终用户:通过应用程序使用数据库的人员,最终用户无须自己编写应用程序。

4. 应用程序

应用程序是指利用各种开发工具开发的、满足特定应用环境的程序。开发应用程序的工具有很多,如 C、C++、Java、NET 及 ASP 等。

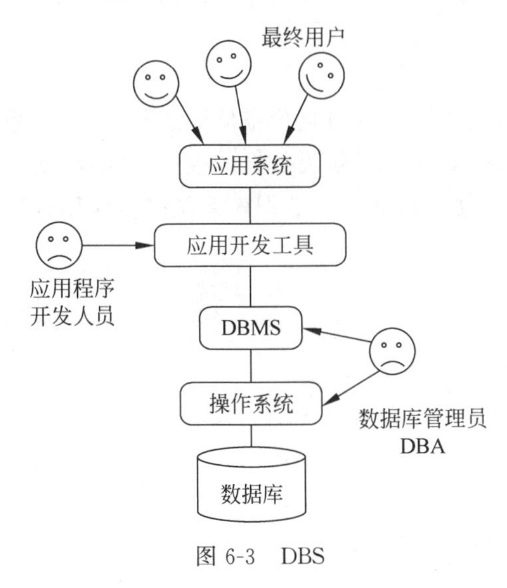

图 6-3 DBS

5. 数据库系统

数据库系统(database system,DBS)是实现有组织地、动态地存储大量关联数据,提供数据处理和信息资源共享的系统。它是采用数据库技术的计算机系统。

数据库系统由硬件系统、数据库、数据库管理系统、应用程序和数据库系统的相关人员 5 部分组成。数据库系统的核心是 DBMS,如图 6-3 所示。

6. 数据库应用系统

数据库应用系统是指系统开发人员利用数据库系统资源开发出来的面向某一类实际应用的应用软件系统。例如,以数据库为基础的学生选课系统、图书管理系统、飞机订票系统、人事管理系统等。从实现技术角度而言,这些都是以数据库为基础和核心的计算机应用系统。

6.1.2 数据管理技术的发展

计算机对数据的管理是指对数据的组织、分类、编码、存储、检索和维护。

计算机在数据管理方面经历了由低级到高级的发展过程。它随着计算机硬件、软件技术的发展而不断发展。数据管理经历了人工管理、文件系统、数据库系统的 3 个发展阶段。

1. 人工管理阶段

人工管理阶段约从 20 世纪 40 年代到 50 年代，此时硬件方面只有卡片、纸带、磁带等，软件方面没有操作系统，没有进行数据管理的软件，计算机主要用于数值计算。在这个阶段程序员将程序和数据编写在一起，每个程序都有属于自己的一组数据，程序之间不能共享，即便是几个程序处理同一批数据，在运行时也必须重复输入，数据冗余很大，如图 6-4 所示。

2. 文件系统阶段

文件系统阶段约从 20 世纪 50 年代到 60 年代，此时有了磁盘等大容量存储设备，有了操作系统。数据以文件形式存储在外存储器上，由文件系统统一管理。用户只需按名存取文件，不必知道数据存放在什么地方以及如何存储。在这一阶段有了文件系统对数据进行管理，使得程序和数据分离，程序和数据之间有了一定的独立性。用户的应用程序和数据可分别存放在外存储器上，不同应用程序可以共享一组数据，实现了数据以文件为单位的共享，如图 6-5 所示。

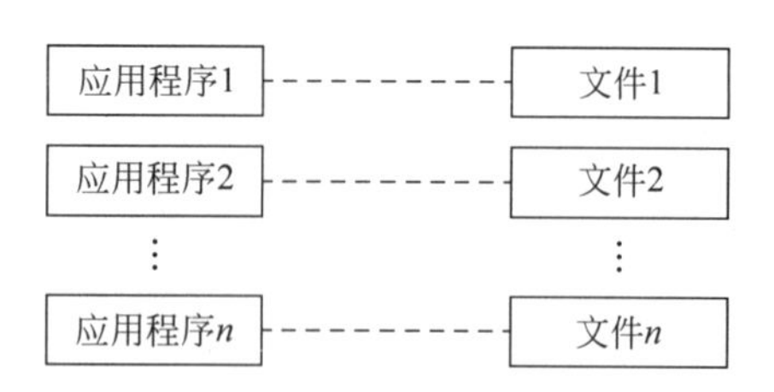

图 6-4　人工管理阶段应用程序与数据的关系

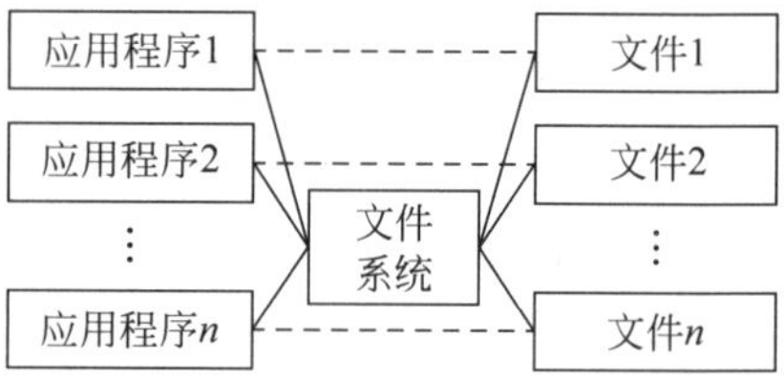

图 6-5　文件系统阶段应用程序与数据的关系

3. 数据库系统阶段

数据库系统阶段约从 20 世纪 60 年代至现在，出现了大容量且价格低廉的磁盘，操作系统已日渐成熟，为数据库技术的发展提供了良好的基础。为了解决数据的独立性问题，实现数据的统一管理，达到数据共享的目的，数据库技术便应运而生。数据库系统阶段应用程序与数据的关系如图 6-6 所示。

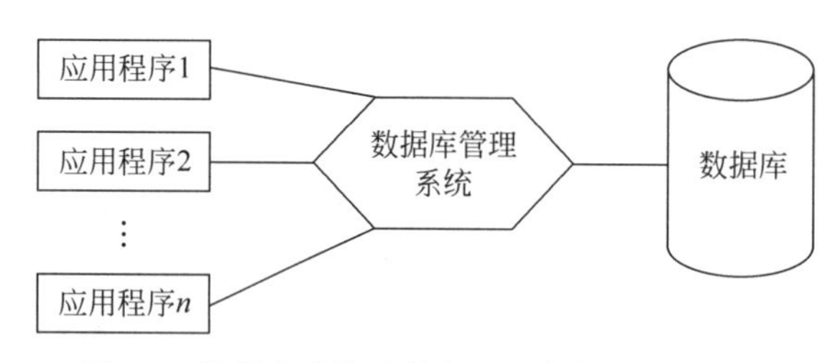

图 6-6　数据库系统阶段应用程序与数据的关系

数据库系统的特点如下。

- 采用一定的数据模型：在数据库中数据按一定的方式存储，即按一定的数据模型组织数据。
- 最低的冗余度：数据冗余是指在数据库中数据的重复存放。数据冗余不仅浪费了大量的存储空间，而且会影响数据的正确性。数据冗余是不可避免的，但是数据库可以最大限度地减少数据的冗余，确保最低的冗余度。
- 较高的数据独立性：在处理数据时，用户所面对的是简单的逻辑结构，而不涉及具体的物理存储结构，数据的存储和使用数据的程序彼此独立，数据存储结构的变化尽量不影响用户程序的使用，用户程序的修改也不要求数据结构做较大改动。

• 安全性：保护数据库，防止不合法使用所造成的数据泄漏、更改和破坏。
• 完整性：系统采用一些完整性规则，以确保数据库中数据的正确性。

6.1.3 数据模型

数据模型是数据库中数据的存储方式。在几十年的数据库发展进程中出现了 3 种重要的数据模型，即层次模型、网状模型和关系模型。

1. 层次模型

层次模型用树形结构来表示实体及实体间的联系，如 1968 年 IBM 公司推出的 IMS (information management system)。在层次模型中，各数据对象之间是一对一或一对多的联系。这种模型层次清楚，可沿层次路径存取和访问各个数据，层次结构犹如一棵倒立的树，因而称为树形结构。

2. 网状模型

网状模型用网状结构来表示实体及实体间的联系。网状模型犹如一个网络，此种结构可用来表示数据间复杂的逻辑关系。在网状模型中，各数据实体之间建立的通常是一种层次不清的一对一、一对多或多对多的联系。

3. 关系模型

关系模型用一组二维表表示实体及实体间的联系，即关系模型用若干行与若干列数据构成的二维表格来描述数据集合以及它们之间的联系，每个这样的表格都被称为关系。关系模型是一种易于理解，并具有较强数据描述能力的数据模型。

在这 3 种数据模型中，层次模型和网状模型现在已经很少见到了，目前应用最广泛的是关系模型。自 20 世纪 80 年代以来，软件开发商提供的数据库管理系统几乎都支持关系模型。

每一种数据库管理系统都是基于某种数据模型的，例如 Access、SQL Server 和 Oracle 都是基于关系模型的数据库管理系统。在建立数据库之前必须先确定选用何种类型的数据库，即确定采用什么类型的数据库管理系统。

6.1.4 关系模型

关系模型将数据组织成二维表的形式，这种二维表在数学上称为关系。图 6-1 中的学生-课程数据库采用的就是关系模型，该数据库由 3 个关系组成，分别为学生关系、课程关系和选课关系。

下面介绍关系模型的相关术语。

• 关系：一个关系对应一个二维表。
• 关系模式：对关系的描述，一般形式如下。

关系名(属性 1，属性 2，…，属性 n)

例如，在学生-课程数据库中，学生关系、课程关系和选课关系的关系模式分别如下。

学生(学号，姓名，性别，系别，年龄)

课程(课程号，课程名，学分，开课学期)

选课(学号,课程号,成绩)

- 记录:表中的一行称为一条记录,记录也被称为元组。
- 属性:表中的一列称为一个属性,属性也被称为字段。每个属性都有一个名称,称为属性名。
- 关键字:表中的某个属性或属性集,它的取值可以唯一地标识一个元组。例如,在学生表中学号可以唯一地标识一个元组,所以学号是关键字。
- 主关键字:一个表中可能有多个关键字,但在实际应用中只能选择一个,被选中的关键字称为主关键字,简称主键。
- 值域:属性的取值范围。例如性别的值域是{男,女},成绩的值域是0到100。

6.2 Access 2016 数据库

Access属于关系数据库管理系统,在创建数据库之前用户应该先对Access数据库的相关知识有所了解。

6.2.1 Access 2016 数据库窗口

1. 启动Access 2016

操作步骤如下:

(1) 在桌面单击"开始"→"Access 2016"命令,打开启动Access 2016的界面,如图6-7所示,若选择"空白桌面数据库"选项,则打开"空白桌面数据库"对话框,如图6-8所示。

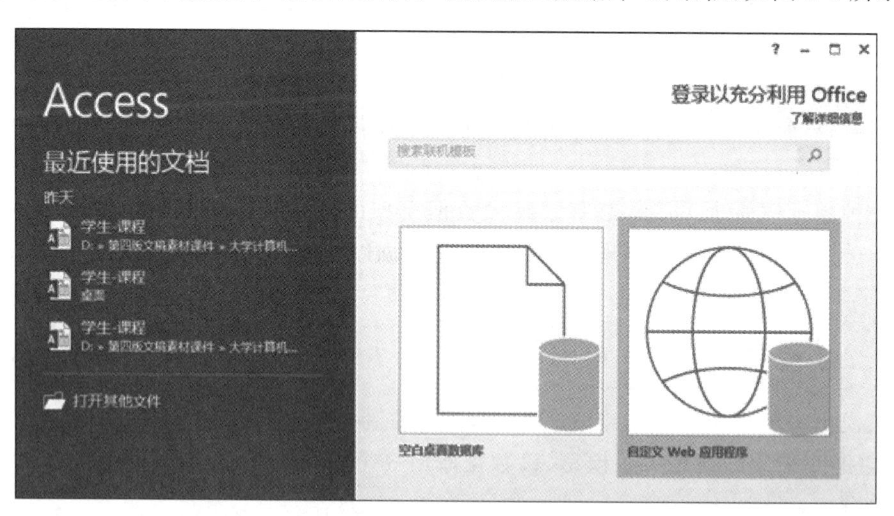

图6-7 启动Access 2016的界面

(2) 在"文件名"文本框中输入数据库名,例如输入"学生-课程",单击文本框右侧的文件夹,寻找数据库的存放位置,例如"第6章 素材库\例题6"下的"例6.1"文件夹,然后单击"创建"按钮,则打开以"学生-课程"为文件名的数据库窗口,如图6-9所示。

2. Access 2016数据库窗口

Access 2016数据库窗口由标题栏、选项卡、功能区、状态栏、导航栏、数据库对象窗格以

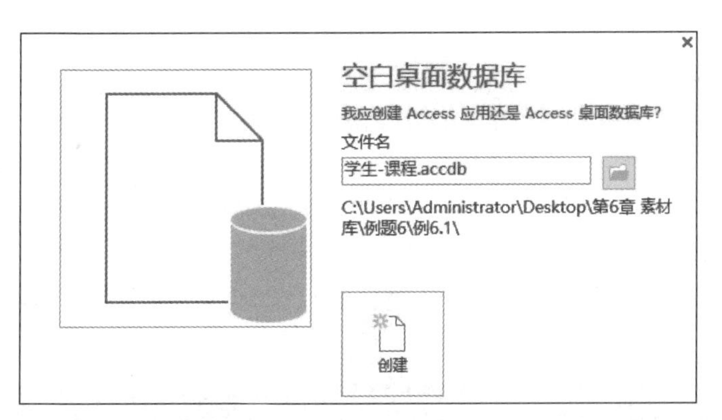

图 6-8　“空白桌面数据库”对话框

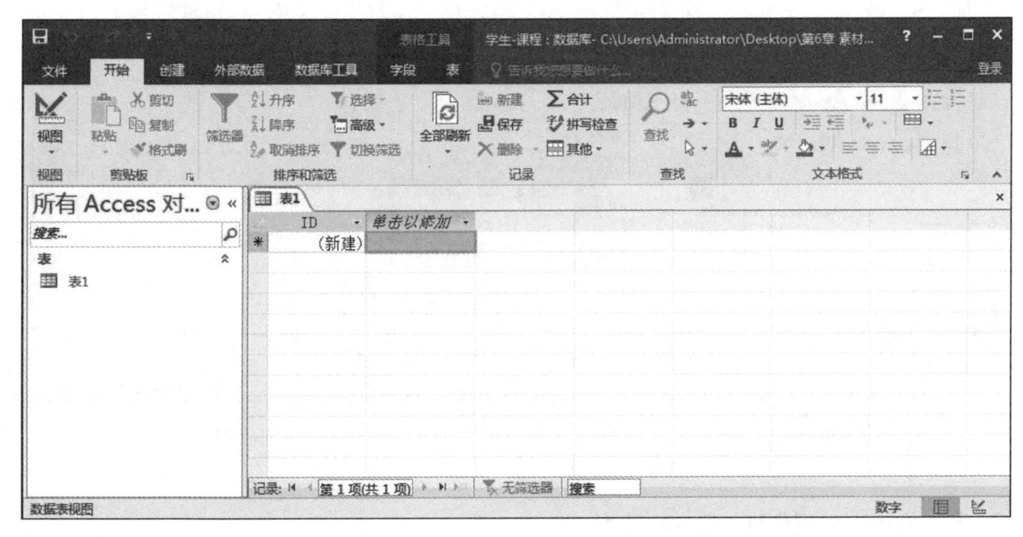

图 6-9　Access 2016 数据库窗口

及“告诉我你想要做什么”按钮等组成，下面就选项卡和数据库对象窗格作简要介绍。

1) 选项卡

Access 2016 窗口的选项卡主要包括“文件”“开始”“创建”“外部数据”和“数据库工具”等，单击某选项卡便可打开其下拉列表或功能区。

(1) 文件。单击“文件”选项卡(又称“文件”按钮)会立刻弹出 Backstage 视图，主要实现对数据库的操作，如新建数据库、关闭数据库、保存数据库等。

(2) 开始。“开始”选项卡中包括“视图”“剪贴板”“排序和筛选”“记录”“查找”和“文本格式”等几个组，主要用于表中数据的排序和筛选，数据的查找，数据记录的新建、保存和删除，以及数据表中的文本格式设置等。

(3) 创建。“创建”选项卡中包括“模板”“表格”“查询”“窗体”“报表”和“宏与代码”等几个组，主要用于创建表、查询、窗体和报表等。

(4) 外部数据。“外部数据”选项卡中包括“导入并链接”和“导出”2 个组，主要实现数据的收集、导入、导出以及与外部数据源的链接等。

(5) 数据库工具。“数据库工具”选项卡中包括“工具”“宏”“关系”“分析”“移动数据”等几个组,主要提供压缩和修复数据库的工具,并实现数据的移动和分析等操作。

2)数据库对象窗格

数据库对象窗格主要用于显示在当前数据库中建立的所有 Access 对象名列表,包括表、查询、窗体和报表等。单击选中某个对象名,该对象即可显示在右边的窗格(即工作区)中。例如在"学生-课程"数据库中创建了"学生"表、"课程"表和"选课"表以及"课程 查询",则在窗口的标题栏显示"学生-课程.accdb(Access 2007—2016 文件格式)",在数据库对象窗格的"表"栏中显示"学生""课程"和"选课"名称,在"查询"栏中显示"课程 查询"名称,如图 6-10 所示。

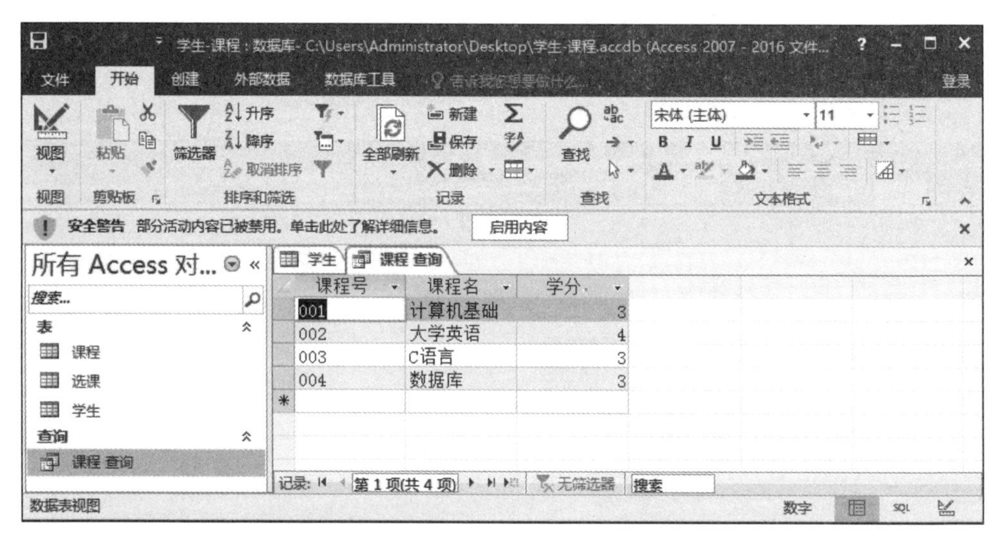

图 6-10 Access 2016 数据库窗口中"所有 Access 对象"列表窗格

6.2.2 Access 2016 数据库的组成

Access 数据库是多个对象的集合,包括表、查询、窗体、报表、宏和模块。每一个对象都是数据库的一个组成部分,其中表是数据库的基础,它记录着数据库中的全部数据内容;而其他对象只是 Access 提供的工具,用于对数据库进行维护和管理,如查找、计算统计、打印、编辑和修改等。这里简单介绍其中常用的几个对象。

1. 表

表是数据库中基本的对象,用来存放数据信息。每个表由若干记录组成,每个记录都对应一个实体,同一表中的每条记录都具有相同的字段定义,每个字段存储着对应于实体的不同属性的数据信息。每个表都有关键字,使表中的记录唯一化。

图 6-11 所示为一张二维表,其中每一行称为一个记录,对应着一个实体;每一列称为一个字段,对应着实体的一个属性。

学生

学号	姓名	性别	系别	出生日期
20131000001	李力	男	信息	1995/5/6
20132000001	王林	男	计算机	1995/10/24
20132000002	陈静	女	计算机	1996/1/1
20132000003	罗军	男	计算机	1995/6/28

图 6-11 学生表

2. 查询

查询就是从一个或多个表(或查询)中查找某些特定的数据,并将查询结果以集合的形式供用户查看。用户可在 Access 中使用多种查询方式查找、插入和删除数据,例如简单查询、参数查询、交叉表查询等。查询得到的数据记录集合称为查询的结果集,结果集以二维表形式显示。查询作为数据库的一个对象保存后就可以作为窗体、报表,甚至可以作为另一个查询的数据源。

3. 窗体

窗体是 Access 提供的可以交互输入数据的对话框,通过创建窗体可以很方便地在多个表中查看、输入和编辑信息,从而对其中的数据进行各种操作。窗体的数据源可以是表,也可以是查询。

4. 报表

Access 中的报表与现实生活中的报表是一样的,是一种按指定的样式格式化的数据,可以浏览和打印。与窗体一样,报表的数据源可以是表,也可以是查询。

6.3 Access 2016 数据库的操作

6.3.1 创建数据库

在 Access 2016 中,数据库为一个扩展名为.accdb 的文件,其中可以包含若干个表、查询、窗体和报表等。这里的一个表即为一个关系。如果要使用 Access 数据库,一般要先建立库,然后在库中建表,再在表中输入数据,最后对表中数据进行各种操作。

数据库的创建方法有两种,如果没有满足需要的模板,或在另一个程序中有要导入 Access 的数据,那么最好的办法是创建空数据库。

同时,为了方便用户创建数据库,Access 2016 还提供了上网“搜索联机模板”以满足用户需要,用户可以从中选择一种模板来创建数据库。

空数据库是没有对象和数据的数据库。用户创建空数据库后可以根据实际需要添加表、窗体、查询、报表、宏和模板等对象。这种方法最灵活,可以创建出所需要的各种数据库。下面以实例的形式介绍如何创建一个空数据库以及如何在数据库中创建表和查询。

【例 6.1】 在“第 6 章 素材库\例题 6”下的“例 6.1”文件夹中创建名为“学生-课程”的空数据库。

其操作步骤可以参阅 6.2.1 节“Access 数据库窗口”的介绍。

6.3.2 创建表

表是 Access 数据库中最基本的对象,所有数据都存放在表中。在数据库中的其他所有对象都是基于表建立的,对任何数据的操作也是针对表进行的。如果要创建基本表,首先必须确定表的结构,即确定表中各字段的字段名、字段类型及字段属性。

本小节先介绍构成表的字段的数据类型和字段属性,然后介绍创建表的操作方法。

1. 表结构

表是由若干行和若干列组成的。

• 字段:表中的列称为字段,它用于描述某种特征。例如学生表中的学号、姓名、性别等分别描述了学生的不同特征。

- 分量：行和列相交处存储的数据称为分量。
- 主键：用于唯一标识每行的一列或一组列，又称为主关键字。每行在主键上的取值不能重复。例如，学生表的主键是学号，不能采用姓名作为主键，因为姓名可能重复。在某些情况下可能需要使用两个或多个字段一起作为表的主键。
- 外键：引用其他表中的主键字段。外键配合主键用于表明表之间的关系。Access 使用主键字段和外键字段将多个表中的数据关联起来，从而将多个表联系在一起。

1）字段的数据类型

在 Access 中数据类型共有 10 种，常用的是表 6-1 中列出的 8 种。

表 6-1　数据类型

数据类型	字段长度	说　明
文本型(Text)	短文本型最多存储 255 个字符	存储文本
备注型(Memo)	不定长，最多可存储 6.4 万个字符	存储较长的文本
数字型(Number)	整型：2 字节 单精度：4 字节 双精度：8 字节	存储数值
日期/时间(Date/Time)	8 字节(系统固定的)	存储日期和时间
货币型(Currency)	8 字节(系统固定的)	存储货币值
自动编号型(AutoNumber)	4 字节(系统固定的)	自动编号
是/否型(Yes/No)	1 位(bit)(系统固定的)	存储逻辑型数据
OLE 对象(OLE Object)	不定长，最多可存储 1GB	存储图像、声音等

在实际应用中，对于不需要计算的数值数据都应设置为文本型，如学生学号、身份证号、电话号码等。另外，在 Access 中文本型数据的单位是字符，不是字节。一个英文字母算一个字符，一个汉字算一个字符，一个标点符号也算一个字符。例如，字符串“大一共有 4800 个学生。”的长度为 12 个字符。

2）字段属性

在确定了字段的数据类型之后还应设定字段属性，这样才能更准确地描述储存的数据。不同的字段类型有着不同的属性，常见的字段属性共有以下 8 种。

- 字段大小：指定文本型和数字型字段的长度。短文本型字段的长度为 1～255 个字符，数字型字段的长度由数据类型决定。
- 格式：指定字段的数据显示格式。
- 小数位数：指定小数的位数(只用于数字型和货币型数据)。
- 标题：用于在窗体和报表中取代字段的名称。
- 默认值：添加新记录时自动加入到字段中的值。
- 有效性规则：用于检查字段中的输入值是否符合要求。
- 有效性文本：当输入数据不符合有效性规则时显示的信息文本。
- 索引：可以用来确定某字段是否作为索引，利用索引可以加快对索引字段的查询、排序和分组等操作。

例如，图 6-12 所示为姓名字段的属性。

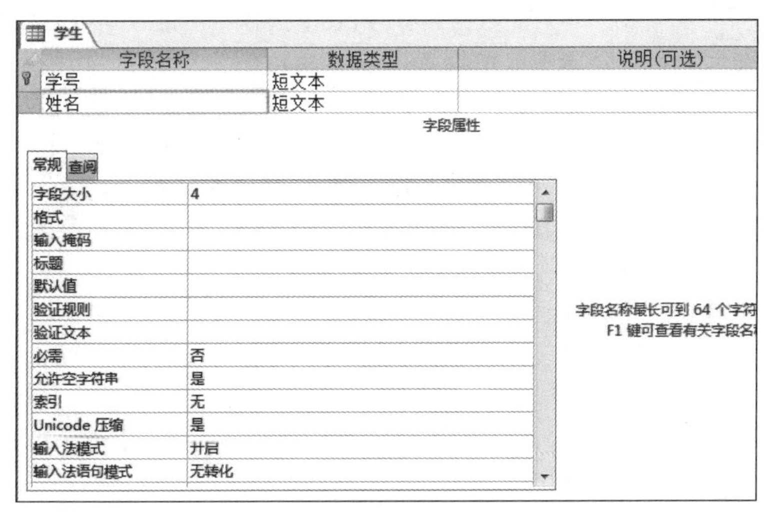

图 6-12 “姓名”字段的属性

2. 创建表

在了解表的基本结构后，接下来的工作就是创建表。创建表包括构造表中的字段、定义字段的数据类型和设置字段的属性等，然后就是向表中添加数据记录。

使用 Access 创建表分为创建新的数据库和在现有的数据库中创建表两种情况。在创建新数据库时系统会自动创建一个新表，在现有的数据库中可以通过以下 3 种方式创建表。

- 使用数据表视图创建表；
- 使用设计视图创建表；
- 从其他数据源（如 Excel 工作簿、Word 文档等）导入或链接到表。

【例 6.2】 在“学生-课程.accdb”数据库中创建“学生”表、“选课”表和“课程”表。

由于篇幅受限，本例仅介绍使用设计视图创建“学生”表的方法和过程。

操作步骤如下。

(1) 确定表结构，如表 6-2 所示。

表 6-2 “学生”表的表结构

字段名称	数据类型	字段大小
学号	短文本型	11 个字符
姓名	短文本型	4 个字符
性别	短文本型	1 个字符
系别	短文本型	20 个字符
出生日期	Date/Time	8 字节(固定)

(2) 将例 6.1 文件夹中的“学生-课程.accdb”文件复制到“例 6.2”文件夹中，并将其打开。

(3) 在“创建”选项卡的“表格”组中单击“表设计”按钮，如图 6-13 所示，这时将创建名为“表 1”的新表，并在设计视图模式下打开。

(4) 在表的设计视图模式下，按照表 6-2 所示的内容在“字段名称”列表中输入字段名

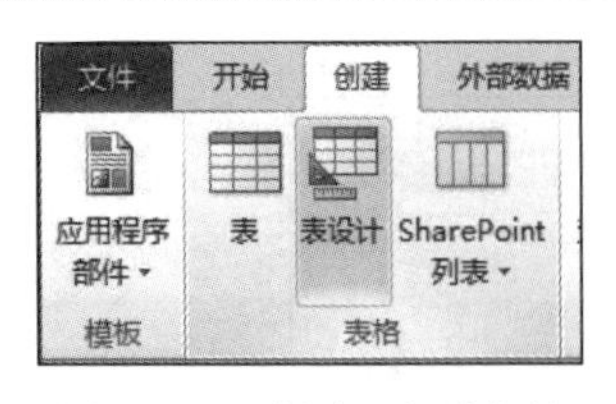

图 6-13 “创建”选项卡的“表格”组

称,在“数据类型”列表中选择相应的数据类型,在“常规”属性选项卡中设置字段大小,“学生”表的“设计视图”如图 6-14 所示。

(5) 选中“学号”字段,在“表格工具”→“设计”选项卡的“工具”组中单击“主键”按钮,如图 6-15 所示,“学号”字段前便出现“钥匙”图标,如图 6-16 所示,说明“学号”字段被定义为主键。

图 6-14 学生表的设计视图

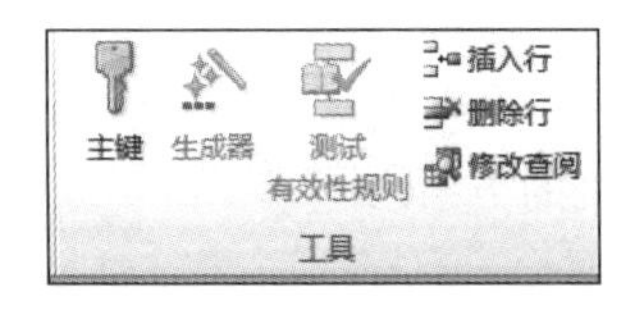

图 6-15 “工具”组

图 6-16 “学号”字段被设置为主键

(6) 在快速访问工具栏中单击“保存”按钮,在打开的“另存为”对话框中输入表的名称“学生”,然后单击“确定”按钮关闭对话框完成保存,如图 6-17 所示。

(7) 打开“学生”表,在表中输入如图 6-18 所示记录完成“学生”表的创建。

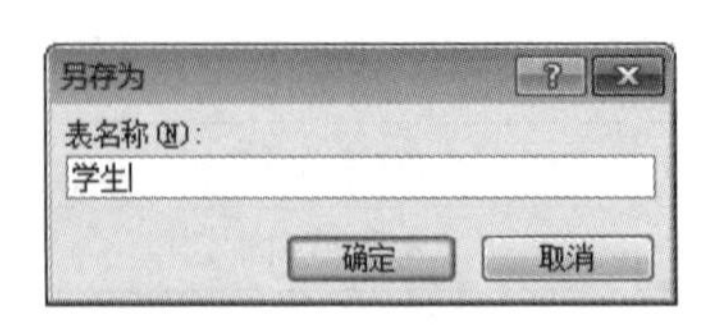

图 6-17 “另存为”对话框

学号	姓名	性别	系别	出生日期
20131000001	李力	男	信息	1995/5/6
20132000001	王林	男	计算机	1995/10/24
20132000002	陈静	女	计算机	1996/1/1
20132000003	罗军	男	计算机	1995/6/28

图 6-18 “学生”表记录

在“学生-课程”数据库中任选一种创建表的方法分别创建“选课”表和“课程”表并录入数据,如图 6-19 和图 6-20 所示。

所有 Access 对象
表
课程
选课
学生

选课

学号	课程号	成绩	单击以添加
20131000001	001	80	
20131000001	002	90	
20132000001	001	86	
20132000002	003	75	

记录: 第 1 项(共 4 项) 无筛选器 搜索
数据表视图

图 6-19 “选课”表

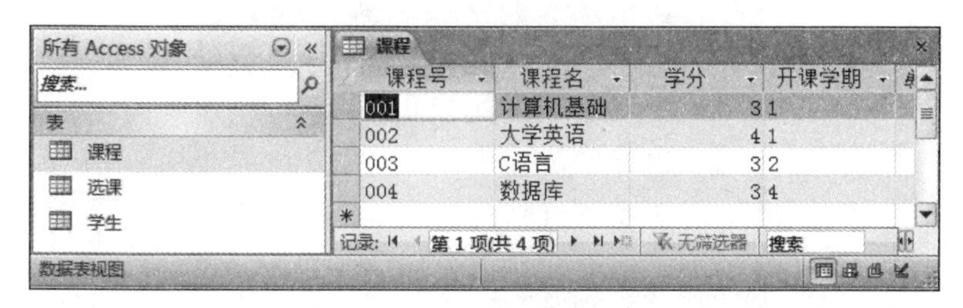

图 6-20 “课程”表

6.3.3 创建查询

查询就是从一个或多个表中搜索用户需要的数据的一种工具。用户可以将查询得到的数据组成一个集合,这一集合称为查询。一旦在 Access 2016 中生成了查询,用户就可以用它来生成窗体、报表或者其他查询。

Access 提供了多种不同类型的查询,用于满足用户的不同需求。根据对数据源操作方式和操作结果的不同,查询可以分为 5 种,分别是选择查询、参数查询、交叉表查询、操作查询和 SQL 查询。在这里只介绍选择查询。

选择查询是最常用的也是最基本的查询类型,它是根据指定的查询条件从一个或多个表中获取数据并显示结果。使用选择查询还可以对记录进行分组,并对记录作计数、求平均值以及其他类型的计算。

Access 提供了两种方法创建选择查询,分别为使用查询向导和在设计视图中创建查询。本节将以举例的形式来介绍这两种创建方法。

1. 用查询向导创建查询

使用查询向导创建查询是一种最简单的方法,它采用直观的图形方式操作,帮助用户逐步完成查询的创建,但该方法不灵活。

【例 6.3】 在“学生-课程”数据库中查询各门课程的课程号、课程名和学分。

操作步骤如下。

(1) 将“例 6.2”文件夹中的“学生-课程”文件复制到“例 6.3”文件夹中并将其打开,在“创建”选项卡的“查询”组中单击“查询向导”按钮,如图 6-21 所示。

(2) 在打开的“新建查询”对话框右侧窗格中选中“简单查询向导”选项,然后单击“确定”按钮,如图 6-22 所示。

(3) 在打开的“简单查询向导”对话框 1 的“请确定查询中使用哪些字段”界面下,在“表/查询”下拉列表框中选中要使用的“表:课程”,在“可用字段”列表框中选择查询所需的

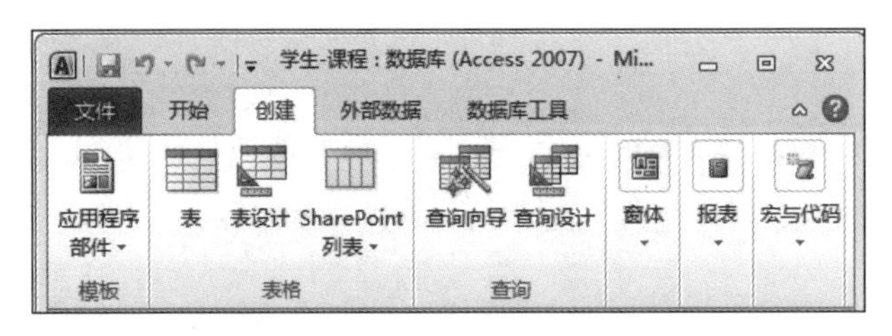

图 6-21 “创建”选项卡的“查询”组

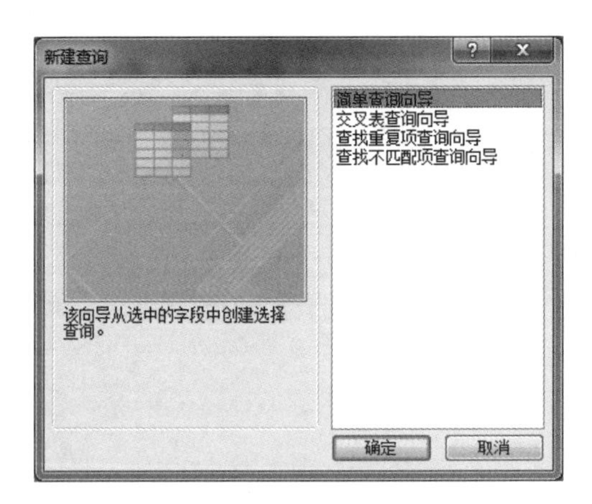

图 6-22 “新建查询”对话框

字段，然后单击“添加”按钮 > ，将其添加到“选定字段”列表框中(这里添加了课程号、课程名和学分)，单击“下一步”按钮，如图 6-23 所示。

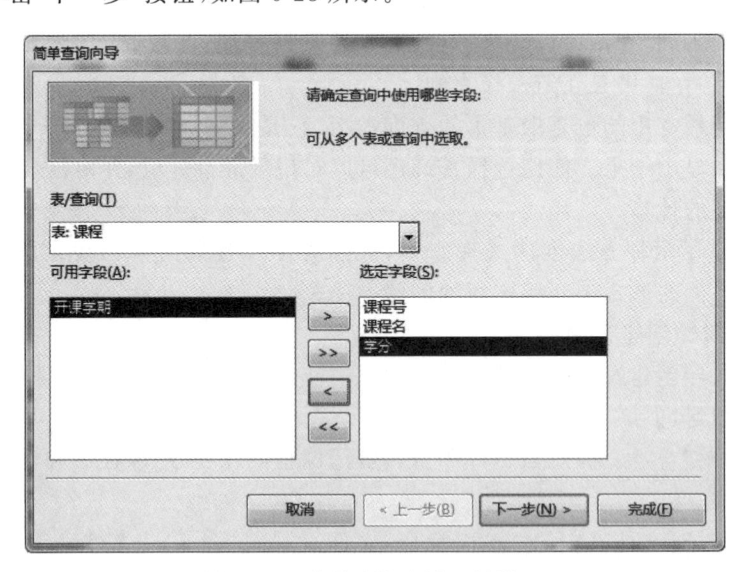

图 6-23 “简单查询向导”对话框 1

(4) 在打开的“简单查询向导”对话框的“请确定采用明细查询还是汇总查询”界面中对查询方式进行选择(这里采用默认的“明细”查询)，单击“下一步”按钮，如图 6-24 所示。

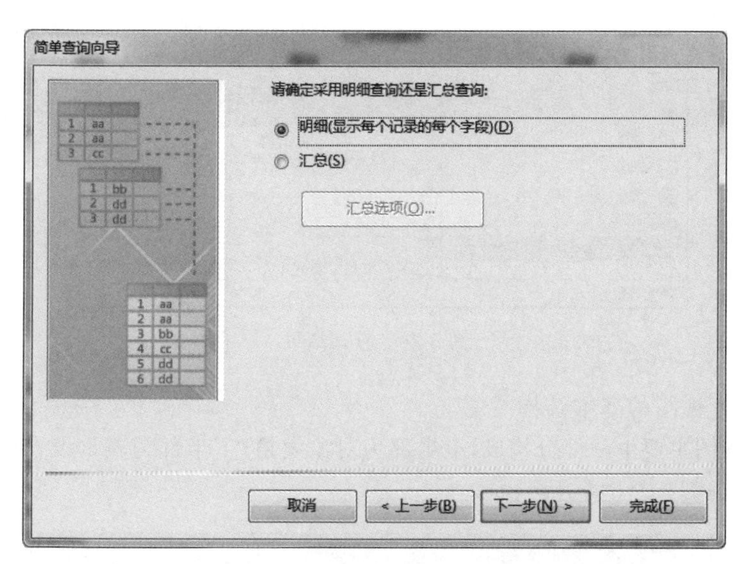

图 6-24 “简单查询向导”对话框 2

(5) 在打开的“简单查询向导”对话框的“请为查询指定标题”界面中输入“课程查询”,另外还可以设置是“打开查询查看信息”还是“修改查询设计”(这里采用默认选择,“打开查询查看信息”),如图 6-25 所示。

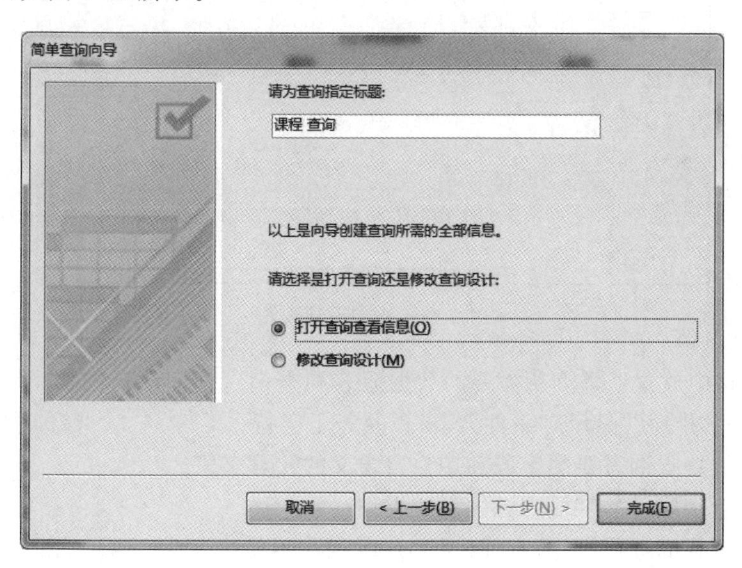

图 6-25 “简单查询向导”对话框 3

(6) 单击“完成”按钮完成查询的创建,查询的结果如图 6-26 所示。

2. 在设计视图中创建查询

查询设计视图是创建、编辑和修改查询的基本工具。使用在设计视图中创建查询这种方法可以灵活地选择数据库中的数据表,灵活地设置查询所需的字段项、条件等。下面举例说明。

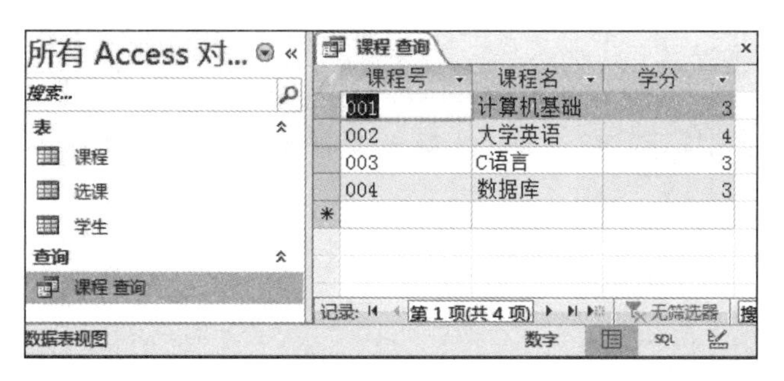

图 6-26　查询结果

1）查询设计视图的基本结构

查询设计视图主要由两部分构成，上半部为对象窗格，下半部为查询设计网格，如图 6-27 所示。

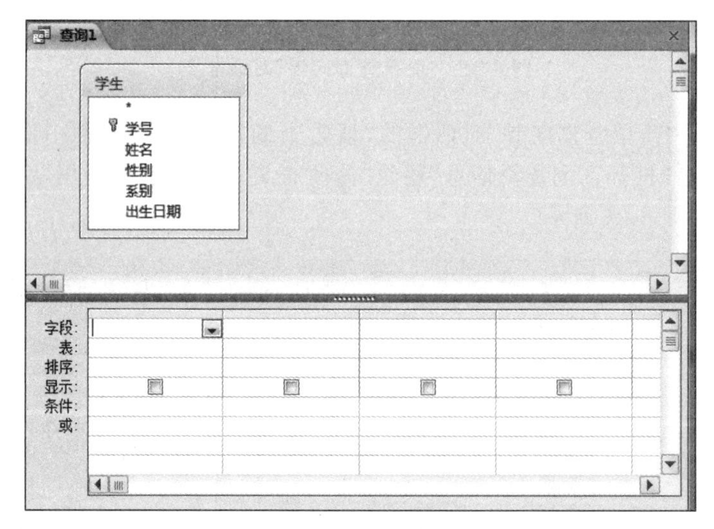

图 6-27　查询设计视图

在对象窗格中放置了查询所需要的数据源表和查询。查询设计网格由若干行组成，其中有“字段”“表”“排序”“显示”“条件”“或”以及若干空行。

- 字段：放置查询需要的字段和用户自定义的计算字段。
- 表：放置字段行的字段来源的表或查询。
- 排序：对查询进行排序，有“降序”“升序”和“不排序”3 种选择。在记录很多的情况下对某一列数据进行排序可方便进行数据的查询。如果不选择排序，则查询运行时按照表中记录的顺序显示。
- 显示：决定字段是否在查询结果中显示。各个列中有已经选中的复选框，默认情况下所有字段都将显示出来。如果不想显示某个字段，则可取消选中复选框。
- 条件：放置所指定的查询条件。
- 或：放置逻辑上存在“或”关系的查询条件。
- 空行：放置更多的查询条件。

【注意】 对于不同类型的查询，查询设计网格所包含的项目会有所不同。

2）使用设计视图创建查询

下面举例介绍如何使用设计视图创建指定条件的查询。

【例 6.4】 在“学生-课程”数据库中查询计算机系的学生，结果要求显示学号、姓名和性别。

操作步骤如下。

(1) 将“例 6.3”文件夹中的“学生-课程”文件复制到“例 6.4”文件夹中并将其打开。

(2) 在“创建”选项卡的“查询”组中单击“查询设计”按钮，如图 6-28 所示，打开“显示表”对话框，如图 6-29 所示。

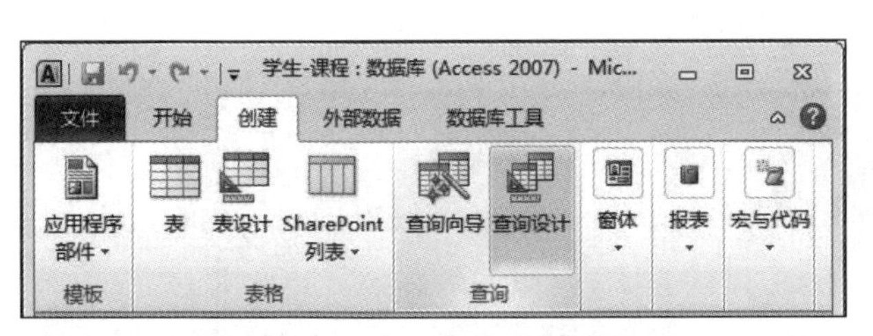

图 6-28 “创建”选项卡的“查询”组

图 6-29 “显示表”对话框

(3) 在“表”选项卡中选中“学生”表，然后单击“添加”按钮，再单击“关闭”按钮，关闭“显示表”对话框，打开查询设计视图窗口，如图 6-30 所示。

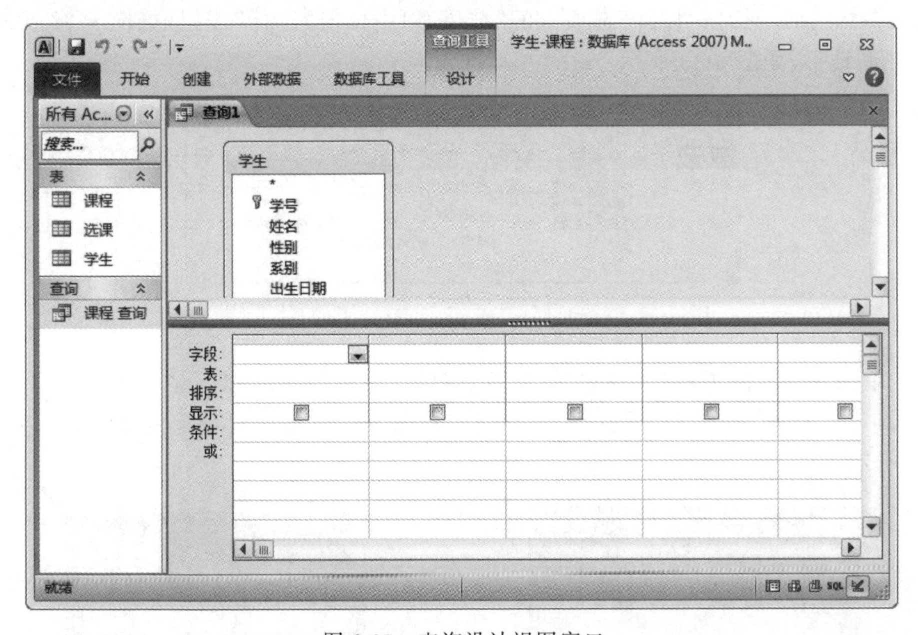

图 6-30 查询设计视图窗口

(4) 由于该查询需要用到前面 4 个字段,所以依次将"学生"表中的"学号""姓名""性别"和"系别"字段选中并拖到设计网格中,或者在"学生"表中分别双击这 4 个字段,这些字段将自动添加到设计网格的"字段"行中。

(5) 由于该查询只需要显示"学号""姓名""性别"3 个字段,所以在"显示"行中取消选中"系别""出生日期"字段。

(6) 由于该题查询的是"计算机"系的情况,所以在"系别"字段的"条件"行中输入"计算机",如图 6-31 所示。

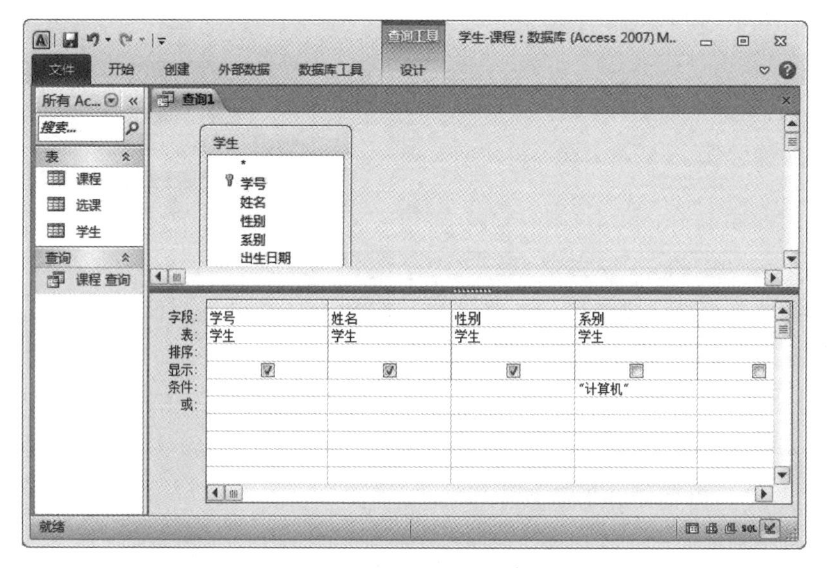

图 6-31 设置显示字段和条件后的查询设计视图

(7) 在"查询工具"→"设计"选项卡的"结果"组中单击"运行"按钮(如图 6-32 所示),即可查看查询结果,如图 6-33 所示。

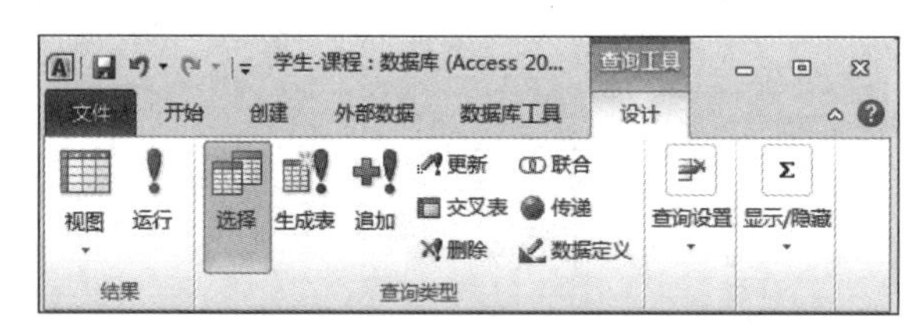

图 6-32 "查询工具"→"设计"选项卡的"结果"组

(8) 单击快速访问工具栏上的"保存"按钮打开"另存为"对话框,输入查询名称(默认名称为"查询 1",在这里取名为"计算机系学生"),单击"确定"按钮对创建的查询进行保存,如图 6-34 所示。

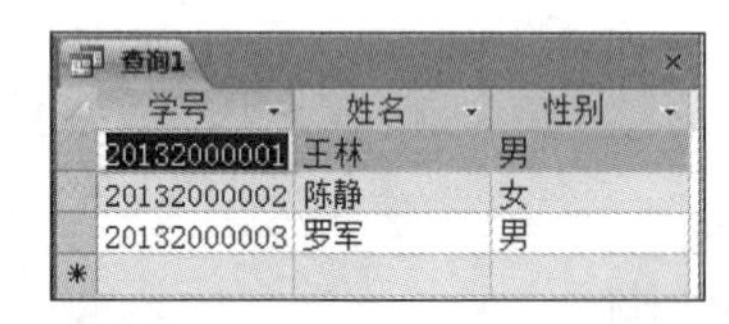

图 6-33 "查询 1"的运行结果

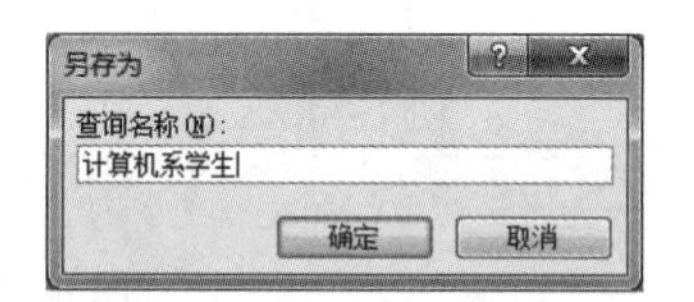

图 6-34 "另存为"对话框

【例 6.5】 在例 6.4 的基础上将查询结果按学号降序排序。

操作步骤如下。

(1) 将“例 6.4”文件夹中的“学生-课程”文件复制到“例 6.5”文件夹中,并将其打开。

(2) 在打开的数据库窗口中的“所有 Access 对象”栏的“查询”类别中右击“计算机系学生”图标,在弹出的快捷菜单中选择“设计视图”命令,如图 6-35 所示,打开该查询的设计视图。

图 6-35 “计算机系学生”的快捷菜单

(3) 在查询设计视图中的“学号”字段的“排序”行中选择“降序”选项,如图 6-36 所示。

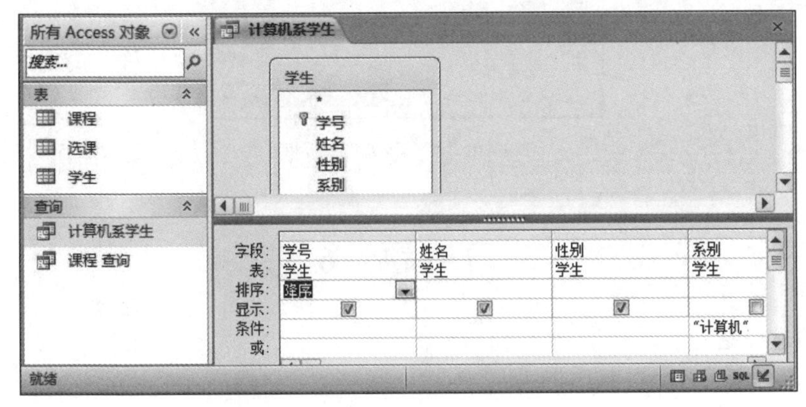

图 6-36 在“排序”行中选择“降序”选项

(4) 在“查询工具”→“设计”选项卡的“结果”组中单击“运行”按钮,即可查看查询结果,如图 6-37 所示。

(5) 单击“文件”按钮,打开 Backstage 视图,选择“另存为”→“对象另存为”命令,在打开的“保存当前数据库对象”栏中单击“另存为”按钮,如图 6-38 所示,然后在打开的“另存为”对话框中输入查询名称,这里取名为“按学号排序计算机系学生”,类型为“查询”,如图 6-39 所示,然后单击“确定”按钮对修改的查询进行保存。

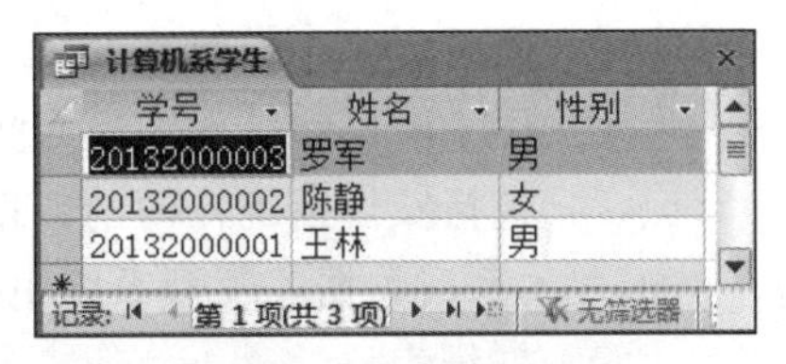

图 6-37 查询结果

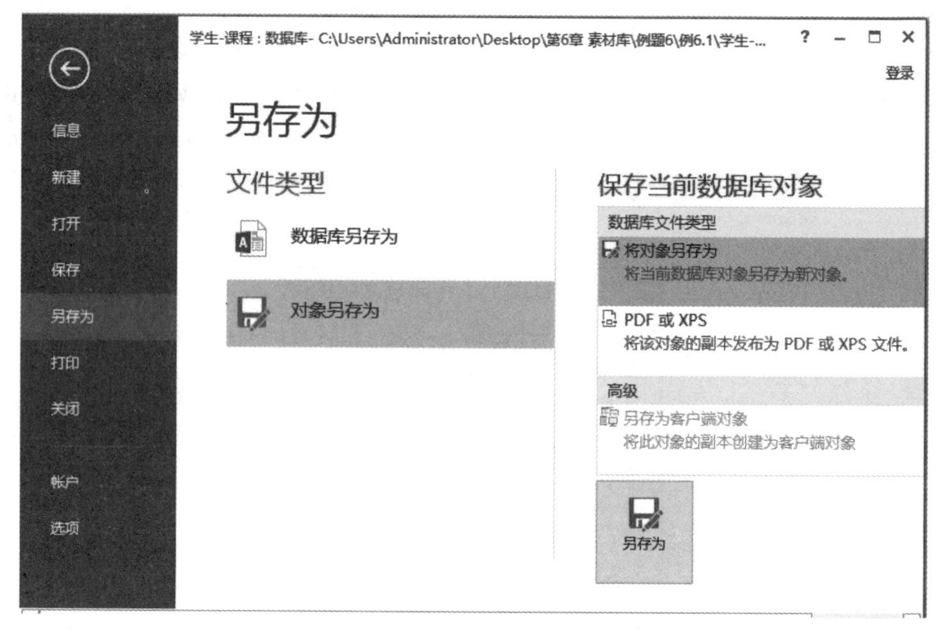

图 6-38　单击"文件"→"另存为"后的 Backstage 视图

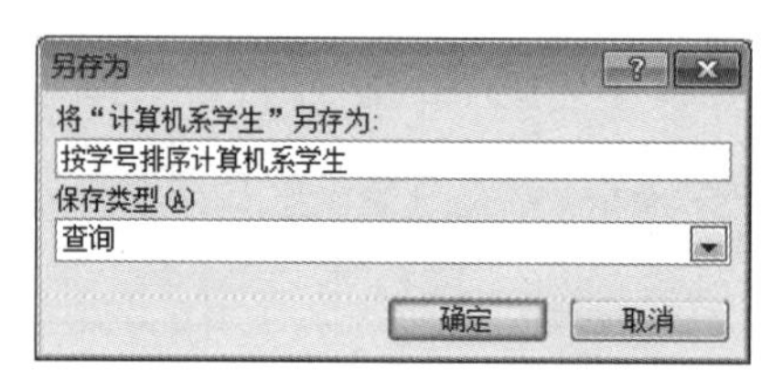

图 6-39　"另存为"对话框

习　题　6

1. 单项选择题

(1) Access 是一个(　　)。

A. 数据库　　B. 数据库管理系统

C. 数据库系统　　D. 硬件

(2) 数据库管理系统是一种(　　)。

A. 采用数据库技术的计算机系统

B. 包括数据库管理员、计算机软硬件以及数据库系统

C. 位于用户和操作系统之间的一种数据管理软件

D. 包括操作系统在内的数据管理软件系统

(3) 在关系型数据库管理系统中,所谓关系是指(　　)。

A. 二维表格

B. 各条数据记录之间存在着的关系

C. 一个数据库与另一个数据库之间存在的关系

D. 上述说法都正确

(4) 数据库系统的核心是(　　)。

A. 数据库　　　　B. 数据库管理系统

C. 数据模型　　　　D. 数据库管理员

(5) Access2010 数据库文件的扩展名是(　　)。

A. DOC　　B. XLSX　　C. ACCDB　　D. MDB

(6) Access2010 数据库属于(　　)数据库系统。

A. 树状　　B. 逻辑型　　C. 层次型　　D. 关系型

(7) 一间宿舍可住多个学生,则实体宿舍和学生之间的联系是(　　)。

A. 一对一　　B. 一对多　　C. 多对一　　D. 多对多

(8) Access2010 中表和数据库的关系是(　　)。

A. 一个数据库可以包含多个表　　B. 一个表只能包含两个数据库

C. 一个表可以包含多个数据库　　D. 一个数据库只能包含一个表

(9) 图 6-40 显示的是查询设计视图的“设计网格”部分,从所显示的内容中可以判断出该查询要查找的是(　　)。

A. 性别为“女”并且 1980 年以前参加工作的记录

B. 性别为“女”并且 1980 年以后参加工作的记录

C. 性别为“女”或者 1980 年以前参加工作的记录

D. 性别为“女”或者 1980 年以后参加工作的记录

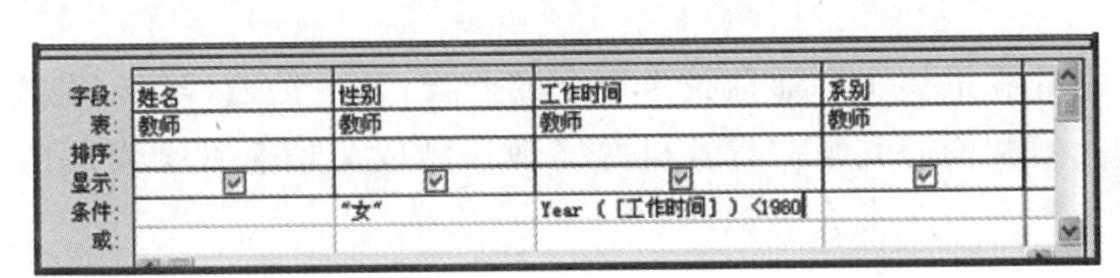

图 6-40

(10) 一个关系数据库的表中有多条记录,记录之间的相互关系是(　　)。

A. 前后顺序不能任意颠倒,一定要按照输入的顺序排列

B. 前后顺序可以任意颠倒,不影响库中的数据关系

C. 前后顺序可以任意颠倒,但排列顺序不同,统计处理结果可能不同

D. 前后顺序不能任意颠倒,一定要按照关键字段值的顺序排列

2. 上机操作题

进入“第 6 章 素材库\习题 6”下的“习题 6.2”文件夹,打开“学生-课程.accdb”数据库,按下列要求进行操作。

(1) 在学生表中修改记录和插入记录。

将王林改为王小宁。

表中增加记录“20132000004 李艳 女 计算机 1996-10-10”。

(2) 新建查询,显示“选课”表中所有成绩大于或等于 80 且小于等于 90 的记录,查询结果按成绩降序排序并以 QUERY 为查询名保存。

第7章 计算机网络基础与应用

21世纪是一个以网络为核心的信息时代,人们日常工作、学习、娱乐、购物、社交等都离不开网络。计算机网络的迅速发展给人们的生活带来空前的变化,拉近了人与人的距离,实现了计算机之间的连通和网络资源共享。

学习目标:

- 理解计算机网络的基本概念和组成。
- 了解OSI参考模型和TCP/IP体系结构。
- 了解局域网的组成。
- 掌握IP地址与域名的使用方法。
- 掌握浏览器和电子邮件的使用方法。

7.1 计算机网络概述

计算机网络是计算机技术和通信技术结合的产物,是一种通信基础设施,用来实现分散的计算机之间的通信和资源共享。计算机网络现在已成为信息社会发展的重要基础,对经济发展和社会进步产生了非常大的影响。

7.1.1 计算机网络的定义

"网络",顾名思义就是一张大网,上面有多个纵横交错、盘根错节的节点组成,各节点间相互连接。"网络"这个名字现在应用非常广泛,除计算机领域外,还应用于其他许多方面,如通常所说的电网、公路网、通信网、电话网和物流网等。

计算机网络是指将地理位置不同的具有独立功能的多台计算机及其外部设备通过通信线路连接起来,在网络操作系统、网络管理软件及网络通信协议的管理和协调下实现资源共享和信息传递的系统。随着计算机网络的高速发展,当今计算机网络所连接的硬件设备并不只限于一般的计算机,包括其他可编程的智能设备,如智能手机和Pad等移动设备。图7-1给出了一个典型的计算机网络示意图。

7.1.2 计算机网络的发展

计算机网络目前主要分为"有线"和"无线"两类。

1. 有线计算机网络的发展

计算机网络从产生到发展至今已有50多年历史,总体来说经历了4个发展阶段。

第1阶段为计算机网络发展萌芽阶段,通常由若干台远程终端计算机经通信线路互连

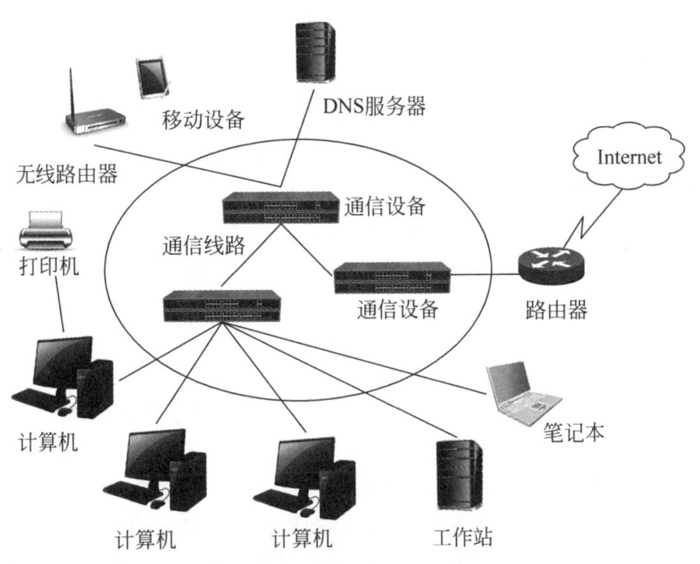

图 7-1　计算机网络示意图

组成网络。其主要特征是：把小型计算机连成实验性的网络，实现了地理位置分散的终端与主机之间的连接，增加了系统的计算能力，实现资源共享。

第 2 阶段为分组交换网的产生。美国国防部高级研究计划署（Advanced Research Projects Agency，ARPA）于 1968 年建成的 ARPANET，将多台主机互连起来，通过分组交换技术实现主机之间的彼此通信，是 Internet 的最早发源地。

第 3 阶段为体系结构标准化的计算机网络。随着 ARPANET 的成功，各大公司纷纷推出自己的网络体系结构，不同网络体系结构使同一个公司的设备容易互连而不同公司的设备却很难相互连通，这对于网络技术的进一步发展极为不利，为此国际标准化组织（ISO）于 1977 年成立机构研究标准体系结构，于 1983 年提出著名的开放系统互连参考模型 OSI/RM（Open Systems Interconnection Reference Model），用于实现各种计算机设备的互连，OSI/RM 成为法律上的国际标准。但由于基于 TCP/IP 的互联网已在此标准制定出来之前成功地在全球运行了，所以目前得到最广泛应用的仍是 TCP/IP 体系结构。

第 4 阶段为网络互连为核心的计算机网络。随着通信技术的发展和人们的需求增加，网络之间通过路由器连接起来，构成一个覆盖范围更大的计算机网络，这样的"网络的网络"称为互连网。目前，Internet 是全球最大的、开放的、由众多网络相互连接而成的特定互连网，它采用 TCP/IP 作为通信的规则。

2. 无线计算机网络的发展

无线局域网络（WLAN）起步于 1997 年。当年的 6 月，第一个无线局域网标准 IEEE802.11 正式颁布实施，为无线局域网技术提供了统一标准，但当时的传输速率只有 1～2Mb/s。随后 IEEE 委员会又开始了新的 WLAN 标准的制定，分别取名为 IEEE802.11a 和 IEE802.11b。这两个标准分别工作在不同的频率段上，IEEE802.11a 工作在商用的 5GHz 段，而 IEEES02.11b 要求工作在免费的 2.4GHz 频段，IEEE802.11b 标准于 1999 年 9 月正式颁布其速率为 11Mb/s（b/s 是 bits per second 的简称，指每秒传输的位数），2001 年年底正式颁布的 IEEE802.11a 标准，它的传输速率可达到 54Mb/s。尽管如此，WLAN 的应用并未真正开始,因为整个 WLAN 应用环境并不成熟。在当时,人们普遍认为 WLAN 主要是应用于商务人士的移动办公,还没有想到会在现在的家庭和企业中得到广泛应用。

WLAN 的真正发展是从 2003 年 3 月 Intel 第一次推出带有 WLAN 无线网卡片芯片模块的迅驰处理器开始的,在其新型节能的迅驰笔记本计算机处理器中集成了一个支持 IEEE802.11b 标准的无线网卡芯片。2003 年 6 月,经过两年多的开发和多次改进,一种兼容原来的 IEEE802.11b 标准,同时可提供 54Mb/s 接入速率的新标准 IEEE802.11g,在 IEEE 委员会的努力下正式发布了,因为该标准工作于免费的 2.4GHz 频段,所以很快被许多无线网络设备厂商采用。

同时,一些技术实力雄厚的无线网络设备厂商对 IEEE802.11a 和 IEEE802.11g 标准进行改进,纷纷推出了其增强版,它们的接入速率可以达到 108Mb/s。

3. 我国计算机网络的发展

计算机网络在我国的发展比较晚。铁道部在 1980 年开始进行计算机联网实验,1989 年 11 月我国第一个公用分组交换网 CNPAC 建成运行。1994 年 4 月 20 日,我国正式连入互联网,5 月,中国科学院高能物理研究所设立了我国第一个万维网服务器。1994 年,中国 Internet 只有一个国际出口和三百多个入网用户,到 2020 年 3 月,我国的 Internet 用户已达 9.04 亿,互联网普及率达 64.5%。我国建立了多个基于互联网技术的全国公用计算机网络,规模最大的有 5 个,它们是 CHINANET(中国电信互联网)、UNINET(中国联通互联网)、CMNET(中国移动互联网)、CSTNET(中国科技网)和 CERNET(中国教育和科研网)。随着社会需求的不断提升和人工智能技术的发展,未来计算机网络将无处不在,计算机网络的发展会进入一个全新时代。

7.1.3 计算机网络的功能

计算机网络之所以得到如此迅速的发展和普及,归根到底是因为它具有非常明显和强大的功能,主要表现在以下 3 个方面。

1. 资源共享

"资源"指的是网络中所有的软件、硬件和数据资源。"共享"指的是网络中的用户都能够部分或全部地享受这些资源。如某些地区或单位的数据库(如火车机票、酒店等)可供全网使用;某些单位设计的软件可供其他单位有偿调用或办理一定手续后调用;一个部门只需共享一台打印机便可供整个部门使用,从而使不具有这些设备的地方也能使用设备。如果不能实现资源共享,各单位地区都需要配备有完整的一套软、硬件及数据资源,这将极大增加全系统的投资费用。

2. 数据通信

数据通信是计算机网络最基本的功能,用来快速传送计算机与终端、计算机与计算机之间的各种信息,包括文本信息、图形图像、影音视频等。利用这一特点,可实现将分散在各个地区的单位或部门用计算机网络连接起来,进行统一的调配、控制和管理。

3. 分布式数据处理

由于计算机价格下降速度较快,这使得在获得数据和需要进行数据处理的地方分别设置计算机变为可能。对于较复杂的综合性问题,可以通过一定的算法,把数据处理的功能交给不同的计算机,达到均衡使用网络资源及分布处理的目的。

7.1.4 计算机网络的分类

计算机网络可按照不同的分类标准进行分类，如作用范围、传输介质、拓扑结构等。

1. 按网络覆盖的范围分类

按网络覆盖的地理范围可将网络划分为广域网、城域网、局域网和个人区域网3种。

(1) 广域网。广域网(Wide Area Network，WAN)又称远程网，是一个在相对广阔的地理区域内进行数据传输的通信网络，由相距较远的局域网或城域网互联而成，可以覆盖若干个城市、整个国家，甚至全球。广域网具有覆盖的地理区域大的优点，连接广域网各结点交换机的链路一般都是高速链路，具有较大的通信容量。

(2) 城域网。城域网(Metropolitan Area Network，MAN)又称为城市地区网络，覆盖范围在几十千米，可以为一个单位所拥有，也可以是将多个局域网进行连接的公用网络，目前很多城域网采用以太网技术。

(3) 局域网。局域网(Local Area Network，LAN)是一种只在局部地区范围内将计算机、外设和通信设备互联在一起的网络，其地理范围比较小，一个学校或一个企业都可以拥有一个局域网，这是最常见、应用最广的一种网络。局域网具有较高的网络传输速率(10Mb/s～10Gb/s)、误码率较低、成本低、组网容易、维护方便和易于扩展等特点。

(4) 个人区域网。个人区域网(Personal Area Network，PAN)是在个人工作或家庭环境内把电子设备(如手机、计算机等)用无线技术连接起来的网络，作用范围小，大约在10m左右。

2. 按传输介质分类

根据网络使用的通信介质，可以把计算机网络分为有线网和无线网。

(1) 有线网络。有线网络是指利用双绞线、同轴电缆、光缆、电话线等作为传输介质组建的网络。在局域网中使用的最多的是双绞线，在主干线上使用光缆作为传输介质。

(2) 无线网络。无线网络是指无须布线就能实现各种通信设备互联的网络。无线网络技术涵盖的范围很广，既包括允许用户建立远距离无线连接的全球语音和数据网络，也包括为近距离无线连接进行优化的红外线及射频技术。主要采用的传输介质是无线电、微波、红外线、激光等。

3. 按拓扑结构分类

计算机网络的拓扑结构就是网络的物理连接形式，这是计算机网络的重要特征。通过节点与通信线路之间的几何关系表示结构，描述网络中计算机与其他设备之间的连接关系。网络拓扑结构对整个网络的设计、功能、可靠性、费用等方面有着重要的影响。选用何种类型的网络拓扑结构，要依据实际需要而定。计算机网络系统的拓扑结构主要有总线型、环状、星状、树状、网状等几种。

(1) 总线型。总线结构的所有节点都连接到一条主干线上，这条主干线缆就称为总线，如图7-2所示。在总线型拓扑结构中，所有节点共享一条总线进行信息传输，任何一个节点发出信息，其他所有节点都能收到，故总线网络也被称为广播式网络。总线型拓扑结构的主要优点是结构简单、布线容易、可靠性较高、易于扩充；主要缺点是所有数据都需经过总线传

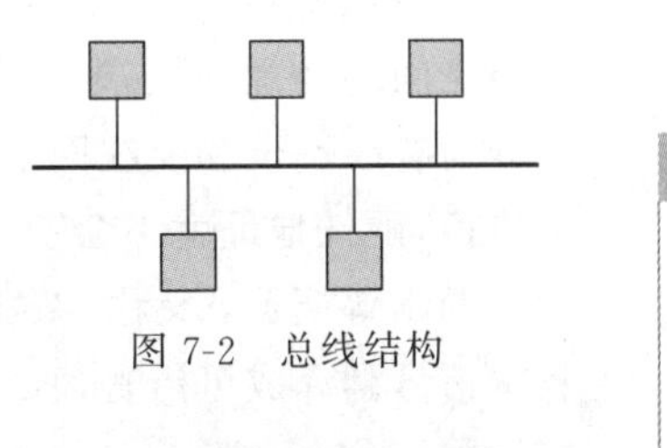
图7-2 总线结构

送,总线成为整个网络的瓶颈,出现故障时诊断较为困难。

(2) 环状。在环形拓扑结构中,入网的计算机通过通信线路连成一个封闭环路,如图 7-3 所示。环形网络中数据沿着一个方向在各节点间传输,当信息流中的地址与环上的某个节点地址相符时信息被该节点复制,然后该信息被送回源发送点,完成一次信息的发送。环形拓扑结构的主要优点是结构简单,实时性强,节点之间发送信息不冲突(单向传输),主要缺点是可靠性差,当环路上任何一个节点发生故障时都将导致整个网络的瘫痪,且节点增删复杂,组网灵活性差。

(3) 星状。由一个中心节点(如集线器)与其他终端主机连接组成的网络称为星型网,如图 7-4 所示。计算机之间不能直接通信,必须由中心节点接收各节点的信息再转发到相应的节点,因此对中心节点的性能要求高。星形拓扑结构网络的主要优点是结构简单,组网容易,线路集中,便于管理和维护。主要缺点是中心节点负荷重,一旦出现故障系统无法工作,容易在中心节点形成系统"瓶颈"。

(4) 树状。树状拓扑结构是星状结构的拓展,其结构图看上去是一棵倒挂的树,如图 7-5 所示。树最上端的节点叫根节点,一个节点发送信息时,根节点接收该信息并向全树广播。树状结构在局域网中使用较多。树状拓扑结构易于扩展与故障隔离,但对根节点依赖太大。该结构采用分层管理方式,各层之间通信较少,最大的缺点在于资源共享性不好。

(5) 网状。网状拓扑结构又称无规则型,在网状拓扑结构中节点之间连接是任意的,没有规律,如图 7-6 所示。目前广域网基本采用网状拓扑结构。网状拓扑结构可靠性高,比较容易扩展,但结构复杂,每个节点都与多个节点进行连接,因此必须采用路由算法和流量控制方法。

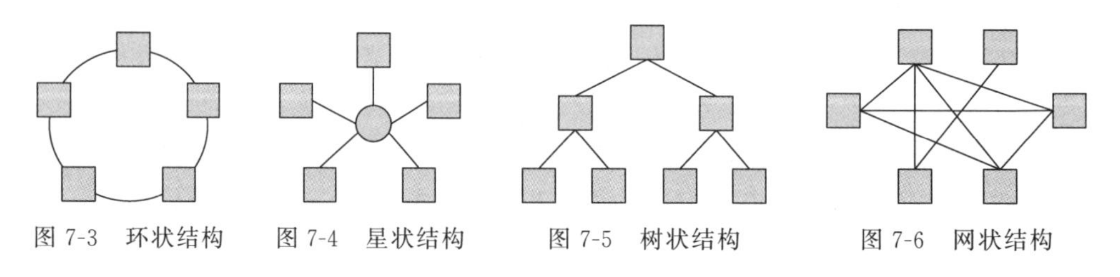

图 7-3　环状结构　　图 7-4　星状结构　　图 7-5　树状结构　　图 7-6　网状结构

7.1.5　计算机网络的组成

与计算机系统类似,计算机网络由网络硬件系统和网络软件系统两部分组成。

1. 网络硬件系统

计算机网络的硬件设备主要有计算机、网络适配器、调制解调器、集线器、交换机、路由器等;用于设备之间连接的传输媒体,包括导引型传输媒体和非导引型传输媒体。

网络适配器:又称网络接口卡(Network Interface Card),简称网卡,用于计算机和传输介质之间的物理连接,通过数据缓存和串并行的转换实现计算机和局域网之间的通信。网卡分为有线网卡和无线网卡。计算机的硬件地址就在适配器的 ROM 中,所以只要适配器不更换,硬件地址就不会变。

调制解调器:又称 Modem,它的功能是实现数字信号和模拟信号的转换,把计算机的数字信号翻译成可沿普通电话线传送的模拟信号,传输到接收端再将其翻译转换成数字信号，完成计算机之间的信号转换。

集线器：又称 Hub，它是连接计算机的最简单的网络设备。集线器的主要功能是对接收到的信号进行再生整形放大，以扩大网络的传输距离，同时把所有节点集中在以它为中心的节点上。Hub 上常有多个端口，有 10Mb/s、100Mb/s 和 10/100Mb/s 自适应 3 种规格，如图 7-7 所示。

交换机：又称交换式 Hub(Switch Hub)，如图 7-8 所示，交换机的每个端口都可以获得同样的带宽，如 100Mb/s 交换机，每个端口都有 100Mb/s 的带宽，而 100Mb/s 的 Hub 则是多个端口共享 100Mb/s 的带宽。利用以太网交换机还可以很方便地实现虚拟局域网。

路由器：是一种连接多个网络或网段的网络设备，外形如图 7-9 所示。它能完成不同网络或网段之间的数据信息转发，从而使不同网络的主机之间相互访问，是常用来连接局域网或广域网的硬件设备。

图 7-7　集线器

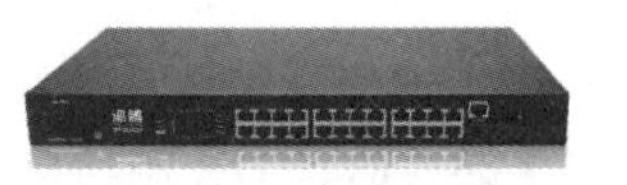

图 7-8 交换机

图 7-9　路由器

传输媒体：传输媒体分为导引型和非导引型两种。导引型传输媒体有双绞线、同轴电缆和光纤，如图 7-10 所示。双绞线是局域网中常用的传输媒体，分为屏蔽双绞线 STP (Shielded Twisted Pair)和无屏蔽双绞线 UTP(Unshielded Twisted Pair)，可传输模拟信号和数字信号，通信距离一般为几十公里。同轴电缆在局域网发展初期使用，目前主要用于有线电视网络。光纤是新型传输媒体，传输损耗小，中继距离长，抗电磁干扰好，保密性好，体积小重量轻，可以提供很高的带宽，现在已广泛地应用在计算机网络的主干线路中。

非导引型指无线传输，无须布线，不受固定位置的限制，可实现三维立体通信和移动通信，如短波通信、微波接力通信、卫星通信、红外线传输等。

(a) 双绞线

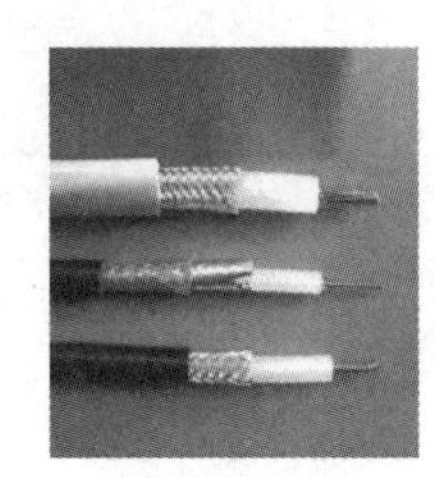

(b) 同轴电缆

(c) 光纤

图 7-10　导引型传输媒体

2. 网络软件系统

网络软件系统主要包括网络通信协议、网络操作系统以及网络应用软件等。下面主要介绍网络通信协议。

1）网络协议概述

什么是网络协议呢？计算机网络中独立的计算机要做到互相通信，即信息交换，通信双方就必须遵守一些事先约定好的规则，即明确规定了所交换数据的格式以及有关的同步问题的规则、标准或约定，这些统称为网络协议。网络协议是计算机网络的核心问题，是通信

双方为了实现通信而设计的规则,由以下 3 部分组成:

(1) 语法:通信时双方交换数据与控制信息的结构或格式。

(2) 语义:需要发出何种控制信息,完成何种动作以及做出何种响应。

(3) 同步:事件实现顺序的详细说明。

计算机网络中的通信协议是如何设计的呢?近代计算机网络采用分层的层次结构,将网络协议功能划分成若干较小的问题,相似的功能划分到同一层来制定协议,这些简单协议的集合称为协议栈,计算机网络的各层及其协议的集合就是计算机网络的体系结构。世界上最著名的网络体系结构有 OSI 参考模型和 TCP/IP 体系结构。

2) OSI/RM 参考模型

国际化标准组织(International Standards Organization,ISO)于 1978 年提出了网络国际标准开放系统互连参考模型(Open System Interconnection Reference Model,OSI/RM)。OSI 开放系统模型自下而上共有 7 个层次,如图 7-11 所示。

假设主机 H1 和主机 H2 通过一个通信网络传送文件,首先由主机 H1 的应用进程把数据交给本主机的应用层,应用层加上必要的首部控制信息交给下一层表示层,表示层再加上本层的控制信息交给下一层,各层依次添加首部信息后最后交给物理层,物理层通过网络传输媒体透明传输比特流。当这一串比特流到达接收端 H2 的物理层时,接收端的物理层交给数据链路层,数据链路层去掉添加的控制信息后交给上一层,依次递交最终交给应用层,H2 的应用进程接收到数据。

OSI 模型作为一个完整的体系结构,具有层次分明、概念清楚的优点,但是过于复杂不实用,因此目前规模最大的、覆盖全球的 Internet 使用 TCP/IP 体系结构作为通信标准。

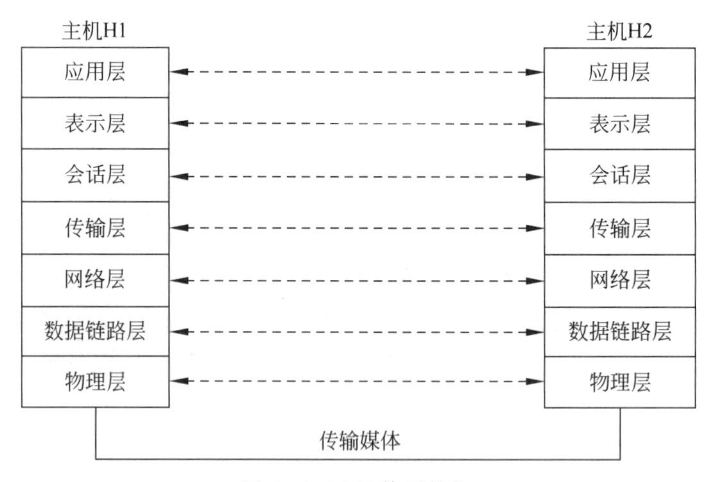

图 7-11　OSI 体系结构

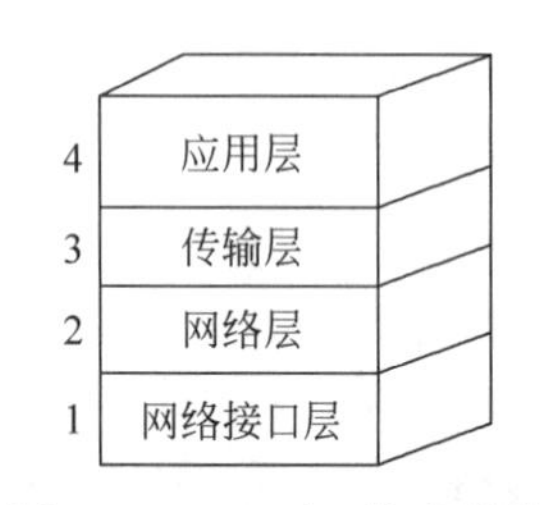

图 7-12　TCP/IP 体系结构

3) TCP/IP 体系结构

TCP/IP 体系结构来源于 Internet,主要目的是实现网络与网络的互连。TCP/IP 体系结构同样采用分层结构,将计算机网络分为应用层、传输层、网络层、网络接口层四个层次,如图 7-12 所示。应用层通过应用进程的交互来完成特定的网络应用;传输层通过数据复用和分用技术实现端到端的逻辑通信；网络层实现 Internet 中主机与主机之间的通信；网络接口层相当于物理层和数据链路层两层的功能，负责接收和发送数据帧，实现两个相邻结点之间的数据传输。随着 Internet 的发展和 TCP/IP 的不断完善，TCP/IP 已成为事实上的互联网国际标准。

7.2 Internet 基础知识

Internet 又称因特网或互联网，是当今世界上最大的计算机网络，是借助于现代通信和计算机技术实现全球信息传递的一种快捷、有效、方便的工具。

7.2.1 Internet 的概述

Internet 前身是 ARPA(美国国防部高级研究计划局)于 1969 年为军事目的而建立的 ARPANET(阿帕网)，最初只连接了 4 台主机，目的是将各地的不同计算机以对等通信的方式连接起来。ARPANET 在发展的过程中提出了 TCP/IP 协议，为 Internet 的发展奠定了基础。Internet 负责把不同的网络通过路由器连接起来，实现全球范围的通信和资源共享。

1. Internet 的概念和组成

Internet 是当今全球最大的、开放的、由众多网络互连而成的特定计算机网络，它采用 TCP/IP 协议族作为通信的规则。Internet 由边缘部分和核心部分组成。边缘部分由所有连接在互联网上的主机组成，这些主机又称为端系统；核心部分起重要作用的是路由器，负责转发网络中的分组，完成网络之间连通的任务。

在网络边缘的端系统中运行的程序之间的通信方式通常可划分为两大类：

(1) 客户服务器方式(C/S)。客户(client)和服务器(server)都是指通信中所涉及的两个应用进程，客户是服务的请求方，服务器是服务的提供方。通信时客户启动客户进程主动发出请求，服务器的服务器进程被动接受客户的请求并返回给客户请求的内容。服务器可同时接受多个客户的请求，因此它必须具有强大的硬件和软件系统。

(2) 对等方式(P2P)。两个主机在通信时并不区分哪一个是服务请求方还是服务提供方，只要两个主机都运行了对等连接软件(P2P 软件)，它们就可以进行平等的、对等连接通信。双方都可以下载对方已经存储在硬盘中的共享文档。

网络核心部分的路由器以分组交换的方式完成分组转发。在发送端，先把较长的报文划分成较短的、固定长度的数据段，每一个数据段前面添加上首部构成分组，以“分组”作为数据传输单元，依次把各分组发送到接收端，接收端收到分组后剥去首部还原成报文。分组交换高效、灵活、迅速、可靠，提高了网络的利用率。

2. Internet 使用的协议

协议指计算机相互通信时使用的标准、规则或约定，Internet 所使用的协议是 TCP/IP 协议族作为通信的规则。TCP 即传输控制协议，实现 Internet 中端到端的可靠传输；IP 即网际协议，负责实现一个网络中的主机和另一个网络中的主机的通信。下面简单介绍 TCP/IP 族的主要协议。

1) 网络层协议

网际协议 IP(Internet Protocol)：IP 协议详细定义了计算机通信应该遵循的规则，其中包括分组数据包的组成以及路由器的寻址等，其作用是实现不同网络的互联和路由选择。

网络控制报文协议(Internet Control Message Protocol,ICMP):主要是为了提高IP数据报交付成功机会而设置的,有差错报告报文和询问报文两种,传送分组发送过程中出错信息和测试主机之间的连通性。

地址解析协议(Address Resolution Protocol,ARP):实现IP地址和物理地址的解析。

2) 传输层协议

传输控制协议(Transmission Control Protocol,TCP):通过"超时重传"等机制确保数据端到端的可靠传输,同时有流量控制和拥塞控制策略。

用户数据报协议(User Datagram Protocol,UDP):提供端到端的用户的不可靠数据传输,可用于实时通信,减少等待时延。

3) 应用层协议

文件传输协议(File Transfer Protocol,FTP):用来实现文件的传输服务。

Telnet(Remote Login):远程登录协议,提供远程登录服务。

超文本传输协议(Hypertext Transfer Protocol,HTTP):用来实现万维网文档的传输服务。

HTTPS(Hyper Text Transfer Protocol over SecureSocket Layer),是以安全为目标的HTTP通道,在HTTP的基础上通过传输加密和身份认证保证了传输过程的安全性。

简单邮件传送协议(Simple Mail Transfer Protocol,SMTP):实现邮件传输服务。

POP3(Post Office Protocol3):邮局协议,实现邮件读取功能。

动态主机配置协议(Dynamic Host Configuration Protocol,DHCP):提供为主机自动分配IP地址服务。

7.2.2 Internet 的地址

连接在互联网上的主机相互通信需要在网络中定位标识,给每台主机分配一个唯一地址(即IP地址),IP地址由Internet网络信息中心INTERNIC进行管理和分配。IP协议主要有IPv4协议和IPv6协议两个版本,前者的IP地址为32位,而后者为128位。目前,因特网广泛使用的是IPv4,正处在由IPv4向IPv6过渡时期。

1. IPv4

IP地址的长度由32位的二进制数组成。为了读写方便,IP地址使用"点分十进制"的记法,每8位构成一组,每组所能表示的十进制数的范围是0~255,组与组之间用"."隔开。例如,202.198.0.10和10.3.45.24都是合法的IP地址。

1) IP地址结构

IP地址由两部分组成:网络号和主机号,如图7-13所示。在Internet网络中,先按IP地址中网络标识号找到相应的网络,然后再在这个网络上利用主机ID号找到相应的主机。

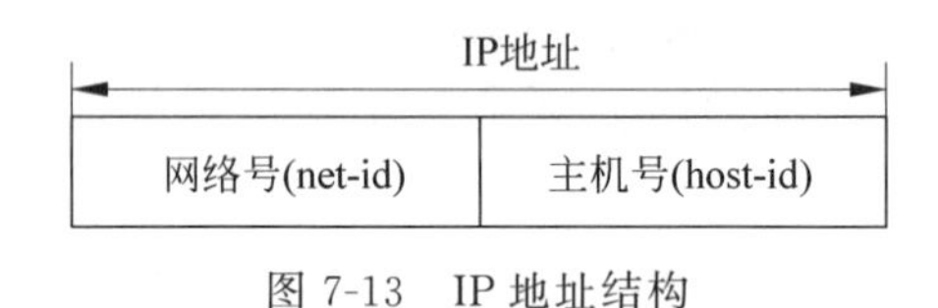

图7-13 IP地址结构

2）IP 地址分类

为了充分利用 IP 地址空间并区分不同类型的网络，Internet 委员会定义了 5 种 IP 地址类型：A、B、C、D、E，见表 7-1。

表 7-1　分类 IP 地址

类型	网络号	主机号	地址范围
A 类	8 位	24 位	0.0.0.0～127.255.255.255
B 类	16 位	16 位	128.0.0.0～191.255.255.255
C 类	24 位	8 位	192.0.0.0～223.255.255.255
D 类	组播地址		224.0.0.0～239.255.255.255
E 类	保留地址		240.0.0.0～247.255.255.255

（1）A 类 IP 地址。A 类 IP 地址用第一个字节来标识网络号，后面 3 个字节用来标识主机号。其中第一个字节的最高位设为 0，用来与其他 IP 地址类型区分。第一个字节剩余的 7 位用来标识网络号，最多可提供 $2^7-2=126$ 个网络标识号。后 3 个字节表示主机号，除去全 0 和全 1 用于特殊用途，每个 A 类网络最多可提供 $2^{24}-2=16\ 777\ 214$ 个主机地址。

A 类 1P 地址支持的主机数量非常大，只有大型网络才需要 A 类地址。由于 Internet 发展的历史原因，A 类地址早已分配完毕。

（2）B 类 IP 地址。B 类地址用前 2 个字节来标识网络号，后 2 个字节标识主机号。其中第 1 个字节的最高两位设为 10，用来与其他 IP 地址区分开，第 1 个字节剩余的 6 位和第 2 个字节用来标识网络号，最多可提供 $2^{14}-2=16\ 382$ 个网络标识号。这类 IP 地址的后两个字节为主机号，每个 B 类网络最多可提供大约 $2^{16}-2=65\ 534$ 台主机地址，B 类网络适合中型网络。

（3）C 类 IP 地址。C 类地址用前 3 个字节来标识网络号，最后一个字节标识主机号。其中第一个字节的最高三位设为 110，用来与其他 IP 地址区分开，第一个字节剩余的 5 位和第二、三个字节用来标识网络号，最多可提供 $2^{21}-2=2\ 097\ 150$ 个网络标识号。最后一个字节用来标识主机号，每个网络最多可提供 $2^8-2=254$ 个主机地址，C 类网络适合小型网络。

（4）D 类 IP 地址。D 类地址是多播地址，支持多目的传输技术。主要是留给 Internet 体系结构委员会使用。

（5）E 类 IP 地址。E 类地址为保留地址，保留以后使用。

3）子网及掩码

划分子网即在分类 IP 的基础上将一个 IP 地址块再划分为若干个子网，每个子网的网络号长度可用子网掩码（32 位二进制数）表示，其中 1 代表网络号和子网号，0 代表主机号。如 B 类 IP 地址 170.10.0.0 的默认子网掩码为 255.255.0.0，网络号为 16 位，主机号为 16 位，如果将主机号的前 8 位作为子网号，子网掩码即为 255.255.255.0，对应的网络号为 170.10.0.0，但前 24 位为网络号，后 8 位为主机号。

2. IPv6

由于近几年 Internet 上的主机数量增长速度太快，IP 地址逐渐匮乏，为了解决 IPv4 协议面临的地址短缺的问题，新的协议和标准 IPv6 诞生了。IPv6 协议的 IP 地址为 128 位，地址空间是 IPv4 的 296 倍,能提供超过 3.4×1038 个地址。在今后的 Internet 发展中,几乎可以不用担心地址短缺的问题。

7.2.3 域名系统

由于 IP 地址难以记忆,Internet 引入了域名(domain name)的概念。用户可以直接使用域名来访问网络上的计算机,每台主机都有一个全球范围内唯一的域名。

1. 域名

域名,简单来说就是由一串用点分隔的名字组成,代表 Internet 上某一台计算机的名称。域名采用层次结构,各层次之间用圆点“.”作为分隔符,它的层次从左到右逐级升高,其一般格式是“…….三级域名.二级域名.顶级域名”。

顶级域名分为国家顶级域名和通用顶级域名两类。几种常见的域名代码如表 7-2、7-3 所示。

表 7-2 常用通用顶级域名

com—商业	edu—教育	gov—政府机构
mil—军事部门	org—民间团体或组织	net—网络服务机构

表 7-3 常用国家顶级域名

国家或地区代码	国家或地区名	国家或地区代码	国家或地区名
au	澳大利亚	cn	中国
jp	日本	fr	法国
Uk	英国	us	美国(US 可省略)

第二级域名是指在顶级域名之下的域名。我国将二级域名划分为“类别域名”和“行政区域名”,共有 40 个,如 GOV(表示国家政府部门)、EDU(表示教育机构)、BJ(北京市)、SH(上海市)等。

2. 域名系统 DNS

域名系统(Domain Name System,DNS)是互联网的命名系统,用来实现域名和 IP 地址的解析。在 Internet 上使用域名访问站点时,域名系统首先将域名“翻译”成对应的 IP 地址,然后访问这个 IP 地址。域名解析由分布式域名服务器完成。

7.2.4 Internet 提供的服务

Internet 是全球最大的互联网络,可提供的服务非常多,并且不断出现新的应用,最主要的服务包括电子邮件(E-mail)服务、WWW(World Wide Web 的简称,国内称为万维网)服务、文件传输协议(File Transfer Protocol,FTP)服务、远程登录等。

1. E-mail

E-mail,又称电子邮箱,是 Internet 上应用最广泛的一项服务。它是一种用电子手段提供信息交换的通信方式。通过电子邮件系统,用户可以用非常低廉的价格(不管发送到哪里,都只需负担网费即可),以非常快速的方式(几秒钟之内可以发送到世界上任何指定的目的地),与世界上任何一个角落的网络用户联系,电子邮件的内容可以是文字、图像、声音等各种形式。同时,用户可以得到大量免费的新闻、专题邮件。

2. WWW 服务

WWW 是基于超文本标记语言(HyperText Markup Language,HTML)的联机式的信息服务系统,根据用户的查询需求,从一个主机链接到另一个主机找到相关信息,它的表现形式主要为网页。WWW 服务使用 HTTP 协议(HyperText Transfer Protocol)实现客户和万维网服务器的通信,浏览器是万维网的客户。WWW 的出现极大地推动了 Internet 的发展。

3. FTP 服务

FTP(File Transfer Protocol)服务允许 Internet 上的用户将一台计算机上的文件传送到另一台计算机上。通常,用户需要在 FTP 服务器中进行注册,即建立用户账号,在拥有合法的用户名(可以是 anonymous 匿名的)和密码(可以不用)后,登录服务器后可以上传和下载文件。Internet 上的一些免费软件、共享软件、资料等大多通过这个渠道发布。目前在浏览器中也可以采用 FTP 服务,访问的格式为"ftp://ftp 服务器地址",例如 ftp://ftp.microsoft.com,其中 ftp 代表使用 FTP 协议。

4. 远程登录服务

远程登录(Telnet)是指在网络通信协议 Telnet 的支持下,用户计算机暂时成为远程某一台主机的仿真终端。只要知道远程计算机的域名或 IP 地址、账号和口令,用户就可以通过 Telnet 服务实现远程登录。登录成功后,用户可以使用远程计算机对外开放的功能和资源。

5. 社交网站

社交网站(Social Networking Site,SNS)是近几年发展迅速的互联网应用,其作用是聚集相同爱好或背景的人,依靠电子邮件、即时传信、博客等通信工具实现交流与互动。Facebook 是美国最流行的大型社交网站,据统计月度活跃用户可达 11.5 亿人之多。我国目前流行的社交网站如微信,用户通过手机 APP 可以收发信息、分享照片视频信息、进行实时语音和视频聊天,还提供支付功能,在日常生活中应用非常广泛。

除了上述常用的 Internet 服务,还有网上聊天、网络新闻、电子公告板(BBS)、网上购物、电子商务及远程教育服务等。

7.2.5 Internet 的接入技术

随着技术的不断发展,各种 Internet 接入方式应运而生。目前常见的有线接入技术主要有 ADSL、局域网接入和有线电视网接入等。

1. ADSL 接入

非对称数字用户线路(Asymmetric Digital Subscriber Line,ADSL),是一种通过电话线提供宽带数据业务的技术,其技术比较成熟,发展较快。ADSL 是一种非对称的 DSL 技术,所谓非对称是指用户线的上行速率与下行速率不同,上行速率低,下行速率高,特别适合传输多媒体信息业务。通常 ADSL 接入在有效传输距离 3~5 千米传输距离内可以提供最高 640kb/s 的上行速率和最高 8Mb/s 的下行速率,第二代 ADSL 上行速率可达 800kb/s,下行速率可达 16~25Mb/s。

目前 ADSL 上网主要采用 ADSL 虚拟拨号接入,除了计算机外,使用 ADSL 接入

Internet 需要的设备有一台 ADSL MODEM、一个 ADSL 分离器和一条电话线。

2. 局域网接入

所谓局域网接入，是指计算机通过局域网接入 Internet。目前，新建住宅小区或商务楼流行局域网接入，通常使用 FTTx(Fiber-to-the-x，光纤接入)+LAN 方式，网络服务商采用光纤接入大楼或小区的中心交换机，再通过调制解调器进行光电转换，然后通过双绞线接入用户家里，这样可以为整栋楼或小区提供更大的共享带宽。

根据光纤深入到用户群的距离来分类，光纤接入网分为 FTTC(光纤到路边)、FTTZ(光纤到小区)、FTTB(光纤到楼)、FTTO(光纤到办公室)和 FTTH(光纤到户)，它们统称为 FTTx。

3. 有线电视网接入

有线电视网接入即线缆调制解调器(Cable MODEM)接入，是指利用 Cable MODEM 将电脑接入有线电视网。有线电视网目前多数采用光纤同轴混合网(HFC)模式，HFC 采用光纤做传输干线，同轴电缆作分配传输网，即在有线电视前端将 CATV(有线电视)信号转换成光信号后用光纤传输到服务小区(光节点)的光接收机，由光接收机将其转换成电信号后再用同轴电缆传到用户家中，连接到光节点的典型用户数为 500 户，不超过 2000 户。

使用 Cable MODEM 通过有线电视上网，传输速率可达 10～36Mb/s。除了实现高速上网外，还可实现可视电话、电视会议、远程教学、视频在线点播等服务，实现上网、看电视两不误，成为事实上的信息高速公路。

7.3 局域网简介

局域网(Local Area Network，LAN)是在一个局部的地理范围内使用的网络，在企事业单位、学校、机关等单位得到广泛应用。目前应用最为广泛的局域网是以太网(Ethernet)，传输速率可高达 10Gb/s。

7.3.1 局域网概述

1. 局域网的概念

局域网是由若干计算机、网络设备(集线器和交换机)和传输媒体组成的网络。局域网一般为一个单位或企业所拥有，但随着局域网技术的发展，其应用范围越来越广。

局域网覆盖的地理范围较小，一般为 10m～10km(如一幢办公楼，一个企业内等)，具有较高的数据传输率(通常为 1～20Mbps，高速局域网可达 100Mbps～10Gbps)，较低的误码率，可支持的工作站数可达几千个且各站之间地位平等，可使用多种传输媒体，支持多种媒体访问协议(令牌环、令牌总线和 CSMA/CD)等特点。

2. 媒体访问技术

局域网的信道大多是共享的，如星形网和总线型网，共享信道存在着使用冲突问题，可以通过媒体访问控制方法得以解决。局域网最常用的媒体访问控制方法是 CSMA/CD(Carrier Sense Multiple Access with Collision Detection)，意思是载波监听多点接入/碰撞检测。

CSMA/CD 协议的工作要点："先听后发，边听边发，发生冲突等待时机再发"。"先听后发"即发送信息前先检测信道是否空闲，如果空闲则发送；"边听边发"是指站点一边发送一边继续检测信道，检测信息在发送过程中是否发生碰撞；“发生冲突等待时机再发”是指发送过程中如果发生冲突立即停止发送，等待一段时间再重新检测信道。采用 CSMA/CD 协议无法完全避免冲突，但可以减少冲突发生且规定冲突发生后如何及时处理，把冲突所造成的损失降低到最小。

7.3.2 以太网简介

1. 以太网概述

局域网有一系列标准，其中采用 IEEE802.3 标准或 DIX Ethernet V2 标准组建的局域网就是以太网(Ethernet)。以太网易于安装、可使用多种传输媒体、易于扩展，在局域网中技术最成熟，目前组建的局域网绝大多数采用以太网技术。

以太网技术的发展经历了 4 个阶段：

(1) 传统的 10Base-T 以太网：1975 年推出 10Base-T 以太网，10 代表网络的数据传输速率为 10Mb/s，Base 表示网络传输的信号是基带信号，T 表示使用的传输媒体为双绞线，工作在半双工模式下，需要使用 CSMA/CD 避免冲突。

(2) 快速以太网(Fast Ethernet)：1995 年推出快速以太网，网络的传输速率达到 100Mb/s，其适配器有很强的适用性，能自动识别 10Mb/s 和 100Mb/s，以太网交换机提供全双工和半双工两种工作方式，传输媒体可使用双绞线或光纤。

(3) 吉比特以太网(Gigabit Ethernet)：1996 年问世的吉比特以太网的传输速率可达到 1Gb/s。

(4) 10 吉比特以太网(10 Gigabit Ethernet)：2002 年推出 10 吉比特以太网，网络的传输速率达 10Gb/s，只工作在全双工方式下。

随着技术的发展，现在以太网的速率可达到 100Gb/s，传输媒体大多采用光纤，工作范围也从局域网扩大到广域网和城域网，从而实现了端到端的以太网传输。

2. 对等以太网组网

局域网的工作模式有客户/服务器方式和对等方式。客户/服务器方式中一台主机作为服务器，为其他客户提供服务。对等方式中所有主机地位平等，没有主次之分，可以实现相互通信和资源共享。如图 7-14 所示，两台计算机连接到集线器的两个接口，组成对等网络。

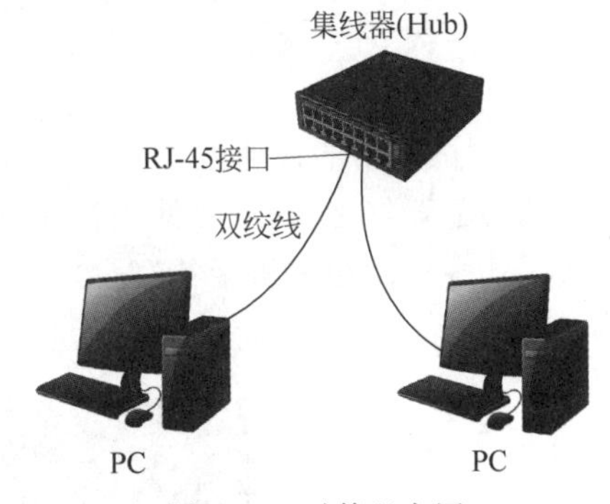

图 7-14　对等以太网

1) 硬件与安装

本网络所需硬件：计算机两台(安装 Windows 10 操作系统)，集线器(或交换机)一台，为每台计算机配置一块 100Mb/s 网卡和一根 RJ45 接头的 5 类非屏蔽双绞线。利用 5 类非屏蔽双绞线将各台计算机与集线器的接口连接起来，形成如图 7-14 所示的局域网。

2) 协议安装与配置

图 7-15　本地连接

网卡安装完毕重新启动系统，计算机会自动安装网卡驱动程序和 TCP/IP 协议，然后自动创建一个网络连接，名称默认为“以太网”，如图 7-15 所示。鼠标右击“本地连接”,在弹出的快捷菜单中选择“属性”命令,弹出如图 7-16 所示的对话框,双击“Internet 协议版本 4(TCP/IPv4)”,弹出如图 7-17 的属性配置对话框,对 IP 地址和子网掩码进行配置。每台联网的计算机必须配置一个唯一的 IP 地址,本例中两台主机的 IP 地址分别配置为 192.168.1.2 和 192.168.1.3,子网掩码都为 255.255.255.0,单击“确定”按钮,完成配置。

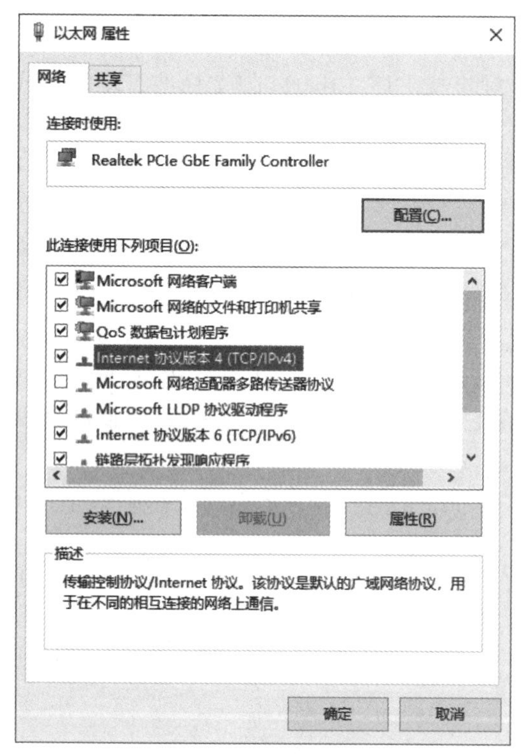

图 7-16 本地连接属性

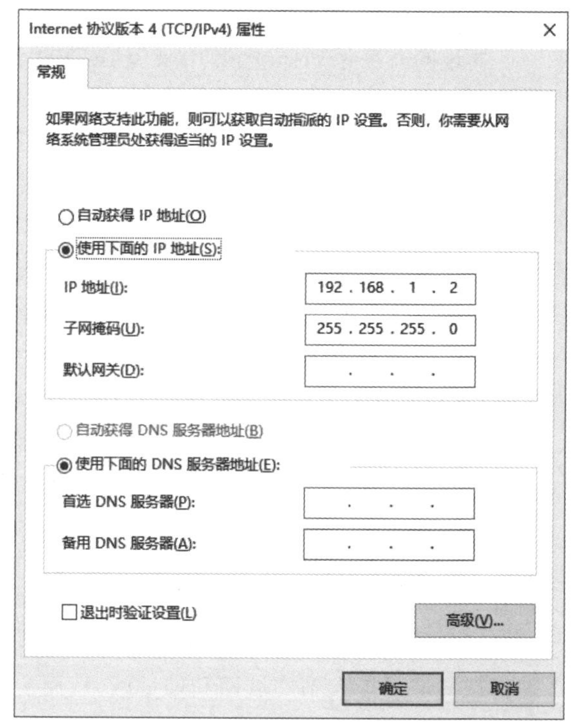

图 7-17 配置 IP 地址

3) 测试网络的连通性

网络配置好之后,需要使用连通测试命令测试是否连通。在“任务栏”处的搜索功能中输入 cmd,打开“命令提示符”窗口,输入 ping 192.168.1.2,如果 TCP/IP 协议正常工作,则会显示如图 7-18 所示的从另一台主机返回的 4 个回答报文,表示两台计算机连通正常。

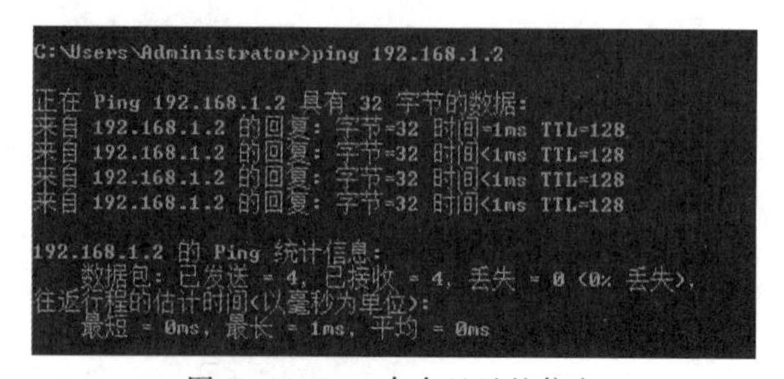

图 7-18 Ping 命令显示的信息

如果执行 ping 命令后返回 4 个 Request time out 信息,则意味着目的计算机没有响应,网络没有连通,检查网线接口是否连通、网络配置信息是否正确后重新测试。

4）设置资源共享

资源共享是计算机网络的最主要的功能之一，可共享的资源包括软件、硬件、文件和打印机等，一般需要用户根据所处网络的位置来设置是否共享文件夹和打印机。

（1）设置共享资源。先在D盘目录下新建一个文件夹，命名为“大学计算机基础”，然后将需要共享的文件放在这个文件夹的目录之下。右击共享文件夹，选择“属性”选项，打开“大学计算机基础属性”对话框，选择“共享”选项卡，如图7-19所示。然后单击“共享”按钮，选择共享的用户Guest单击“添加”按钮，并设置Guest的权限级别，如图7-20所示。最后单击“共享”按钮，就可以完成文件共享设置。

（2）访问共享资源。在“此电脑”窗口的地址栏中输入共享文件夹所在的计算机的IP地址（如：192.168.1.3）就可以访问设置好的共享文件夹，如图7-21所示。

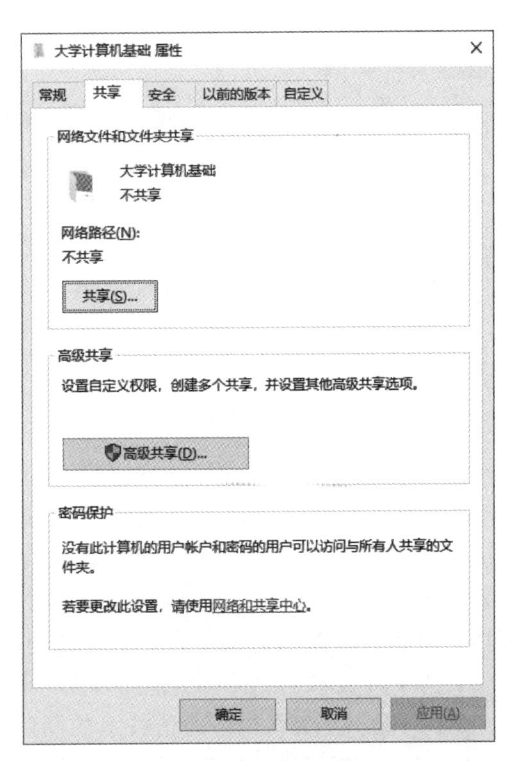

图7-19　文件夹属性

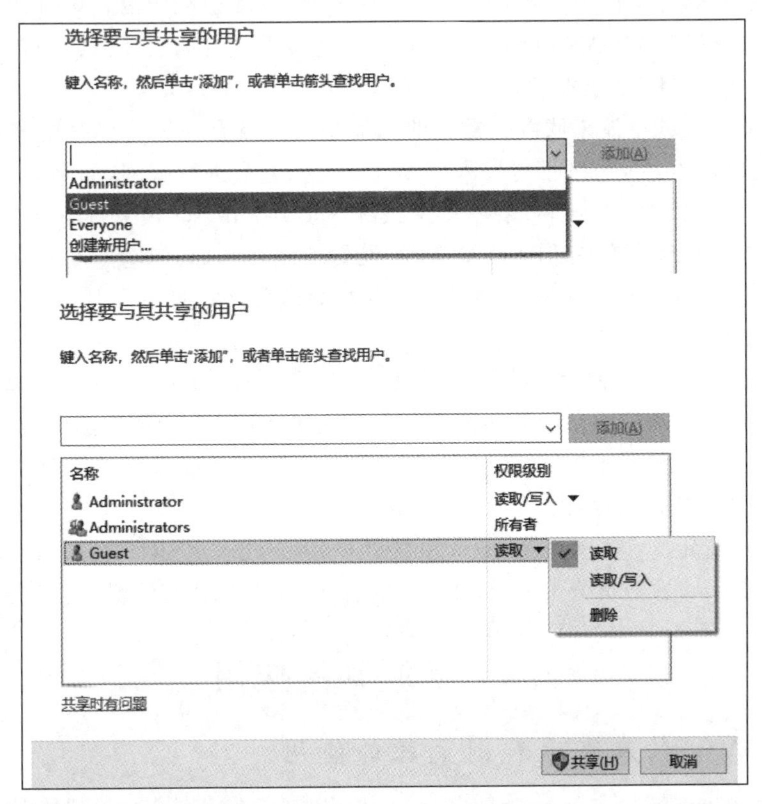

图7-20　设置共享的用户与权限

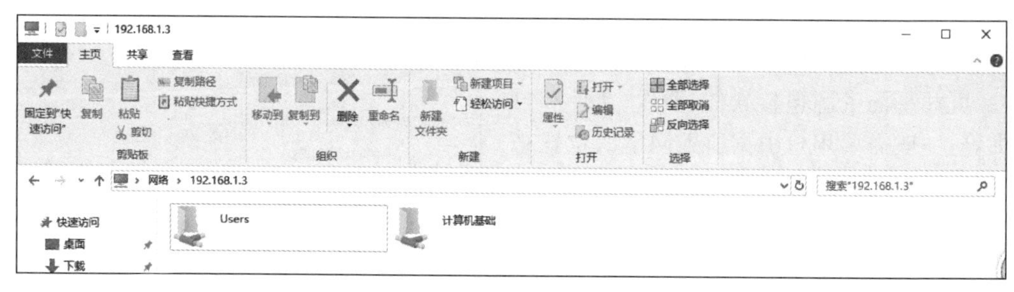

图 7-21　共享资源

7.3.3　无线局域网

采用 IEEE802.11 标准组建的局域网就是无线局域网(Wireless LAN,WLAN),它是 20 世纪 90 年代局域网技术与无线通信技术相结合的产物。无线局域网由无线接入点(Access Point,AP)、无线网卡、计算机和智能设备等组成。无线局域网采用的主要技术有红外、Wi-Fi、蓝牙和符合 IEEE802.11 标准的无线射频技术等,在家庭、办公室、商场等小范围内应用非常广泛。本节简要介绍 Wi-Fi 技术和蓝牙技术。

1. Wi-Fi 技术

Wi-Fi 是一个无线网络通信技术的品牌,由 Wi-Fi 联盟所持有,目的是改善基于 IEEE 802.11 标准的无线网路产品之间的互通性。Wi-Fi 是一种有密码保护功能的接入无线局域网(WLAN)的技术,通常使用 2.4G UHF 或 5G SHF ISM 射频频段。Wi-Fi 也可以是开放的,这样就允许任何在 WLAN 范围内的设备可以连接上。目前很多公共场合如商场、地铁和公园等几乎都提供免费的 Wi-Fi。

Wi-Fi 是通过无线电波来联网。常见的无线接入点就是一个无线路由器,在这个无线路由器的电波覆盖的有效范围都可以采用 Wi-Fi 连接方式进行联网,如果无线路由器连接了一条 ADSL 线路或者别的上网线路,则又被称为热点。由 Wi-Fi 技术传输的无线通信质量不是很好,数据安全性较差,但不需要布线、发射信号功率低、传输速度非常快,可以达到 54Mbps,适合移动办公用户的需要,符合个人和社会信息化的需求。

2. 蓝牙技术

蓝牙(Bluetooth)是一种无线技术标准,使用 2.4～2.485GHz 的 ISM 波段的 UHF 无线电波,可实现固定设备、移动设备和楼宇个人区域网之间的短距离数据交换。蓝牙技术最初由电信巨头爱立信公司于 1994 年创制,当时是作为 RS232 数据线的替代方案,可连接多个设备,克服了数据同步的难题。

如今蓝牙由蓝牙技术联盟(Bluetooth Special Interest Group,SIG)管理。蓝牙技术联盟在全球拥有超过 25 000 家成员公司,它们分布在电信、计算机、网络和消费电子等多重领域。

7.4　互联网的应用

7.4.1　WWW 信息资源和浏览器的使用

WWW 信息服务是使用客户/服务器方式进行的,客户指用户的浏览器,最常用的是 IE

(Internet Explorer)浏览器，服务器指所有储存万维网文档的主机，称为 WWW 服务器或 Web 服务器。

1. WWW 信息资源

(1) 统一资源定位符 URL。URL(Uniform Resources Locator)用来标识万维网上的各种文档，表示从互联网得到的资源位置和访问这些资源的方法。URL 由四部分组成：协议、主机域名、端口和路径，其中协议为因特网使用的文件传输协议，常用的是 FTP、HTTP，端口为 80(通常省略)，路径也可以省略。以下是一些 URL 的例子：

http://www.baidu.com

http://www.pku.edu.cn/about/index.htm

(2) 超文本传输协议 HTTP。HTTP 定义了浏览器向万维网服务器请求万维网文档使用的报文格式、操作方法和请求报文类型，以及服务器收到请求之后返回响应的状态及客户所需文档传递的格式与命令。HTTP 有两个版本 HTTP1.0 和 HTTP1.1，目前 IE 浏览器默认使用 HTTP1.1。

2. IE 浏览器的使用

常用的浏览器有 IE、Firefox、Google Chrome 和 360 安全浏览器等。微软公司开发的 Internet Explorer(简称 IE)浏览器，是 Windows 系统自带的浏览器。

1) 启动 IE 浏览器

在 Windows 10 中，启动 IE 浏览器的方法有多种，可以单击“开始”按钮，选择“Windows 附件”→“Internet Explorer 菜单项”，也可以双击桌面上的 IE 浏览器快捷方式图标，或单击任务栏快速启动工具栏中的 IE 浏览器图标。IE 浏览器工作界面如图 7-22 所示。它与常用的应用程序相似，有标题栏、菜单栏、工具栏、工作区及状态栏等。

图 7-22　IE 11.0 浏览器界面

2) 浏览器的常用操作

(1) 浏览网页。在 Internet 中，每一个网站或网页都有一个网址，如果要访问该网站或网页,需要在IE浏览器窗口的地址栏文本框中输入网址,例如输入 https://www.qq.com,如图7-23所示,单击转到按钮或者按Enter键,当网页下载结束后即可访问腾讯主页。

图 7-23 输入网址

当在IE浏览器窗口内打开多个网页时,可以使用页面选项卡进行页面间的切换,如图7-24所示。

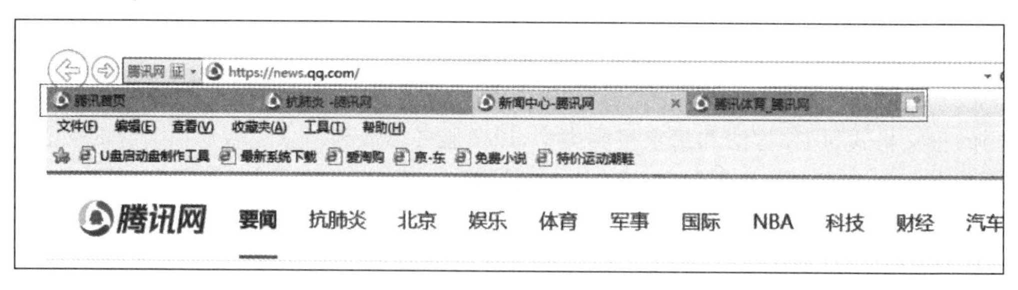

图 7-24 页面切换

(2) 保存网页。如果想在不接入Internet的情况下也能浏览网页,不妨将网页保存到自己的计算机硬盘中,IE允许以HTML文档、文本文件等多种格式保存网页。具体操作步骤如下:

打开需要保存的网页,选择"文件"→"另存为"命令,如图7-25所示。弹出"保存网页"对话框,首先选择保存位置;然后在"文件名"下拉列表框中输入指定的一个文件名,如"新闻中心-腾讯网";在"保存类型"下拉列表框中选择"网页,全部(*.htm;*.html)",如图7-26所示。

图 7-25 选择另存为命令

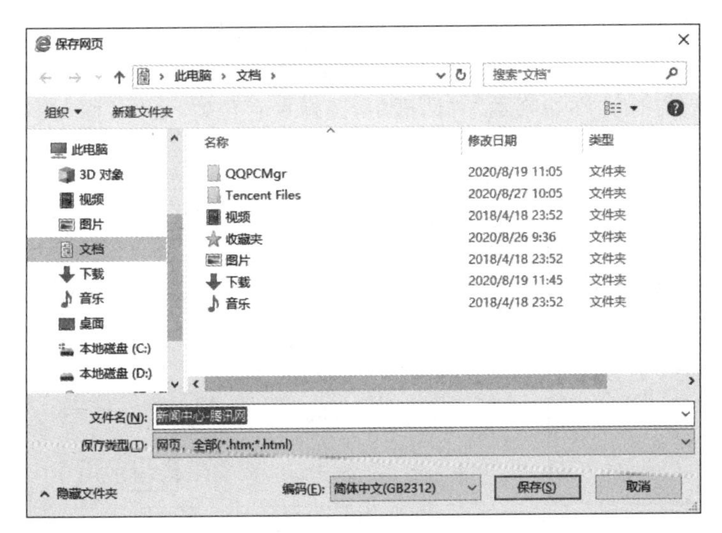

图 7-26　保存网页

单击“保存”按钮，即可将网页以指定的名称、类型保存在本地计算机指定的位置上，以后用户可以随时使用相关程序(如 IE 或 Word)打开网页进行浏览。

(3) 保存网页中的图片。对于网页上的一些图片，如果用户喜欢，可以将网页中的图片单独保存到计算机中。保存图片的步骤如下：

在需要保存的图片上右击，在弹出的菜单中选择“图片另存为”命令，如图 7-27 所示。弹出“保存图片”对话框，选择图片的保存路径，填写图片的保存名称，单击“保存”按钮，即可将图片保存到自己计算机指定的位置上，如图 7-28 所示。

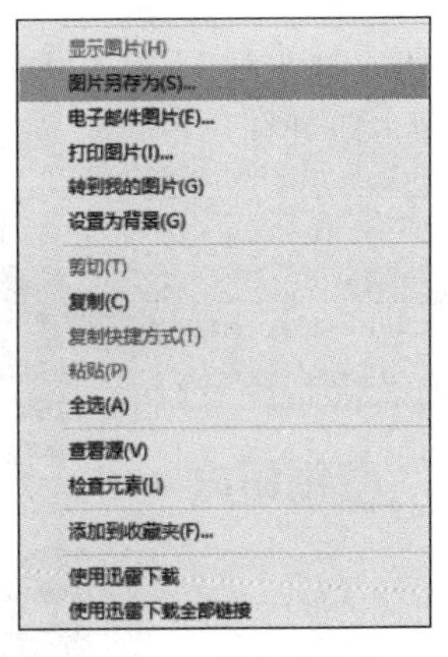

图 7-27　图片另存为

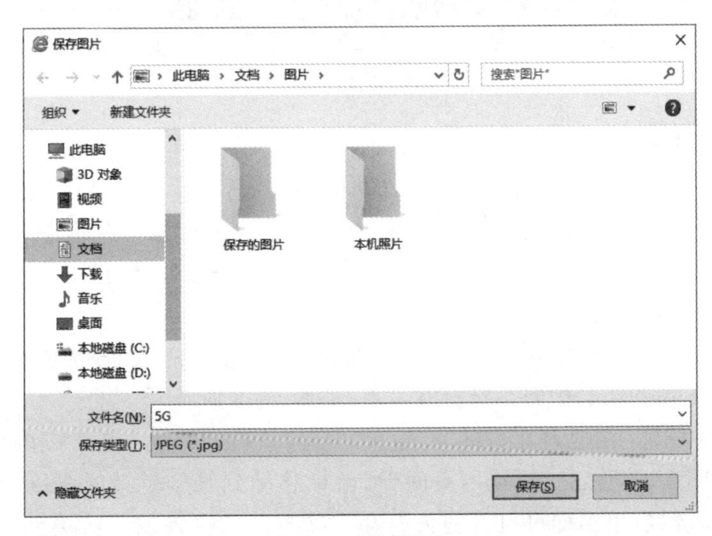

图 7-28　保存图片

(4) 将网页添加到收藏夹。利用 IE 浏览器的“收藏夹”功能可以将感兴趣的网页收藏起来,方便以后查阅和浏览。打开要收藏的网页,选择“收藏夹”→“添加到收藏夹”命令,如图 7-29 所示。在弹出的“添加收藏”对话框中,选择保存位置,在“名称”文本框中输入名称,单击“添加”按钮,如图 7-30 所示。

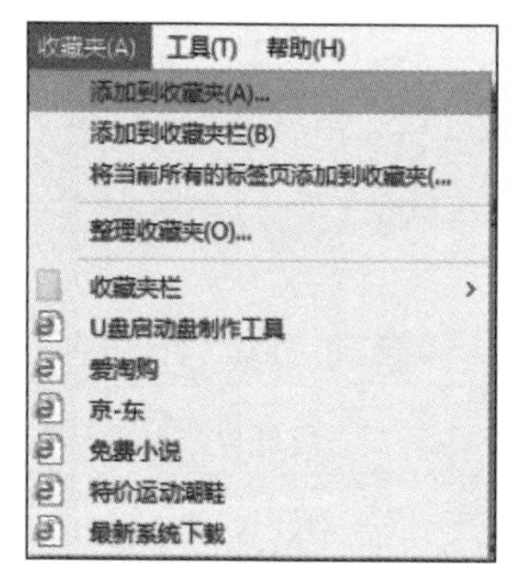

图 7-29　收藏网页

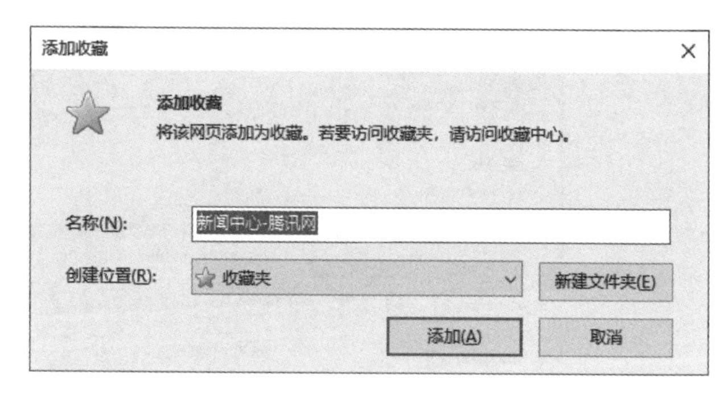

图 7-30　添加收藏

网页被收藏后,单击“收藏夹”菜单项,在弹出的下拉菜单中即可看到已经收藏的网页名称,单击即可打开并浏览,如图 7-31 所示。

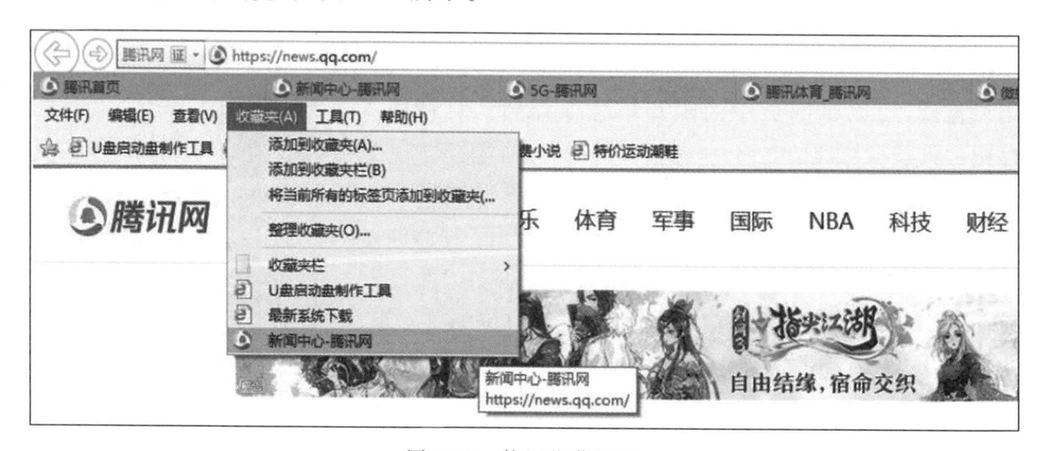

图 7-31　使用收藏网页

3. 搜索引擎的使用

搜索引擎是万维网中用来搜索信息的工具,依据一定的算法和策略,根据用户提供的关键词搜索相关内容,为用户提供检索服务,从而起到信息导航的目的,也被称为“网络门户”。常用的全球最大的搜索引擎是谷歌 Google,中国著名的全文搜索引擎是百度,下面以百度为例介绍搜索引擎的使用。

(1) 启用 IE 浏览器,定位搜索引擎。在浏览器窗口的地址栏文本框中输入网址 https://www.baidu.com,按回车键打开主页,如图 7-32 所示。

(2) 搜索“中国”。在搜索文本框中,输入“中国”,单击“百度一下”按钮或按回车键搜索到相关信息,如图 7-33 所示。浏览网页时,当鼠标移动到某个链接时,鼠标指针变成手形,表示此处存在超链接,单击即可打开网页内容。选择自己感兴趣的链接单击即可进入查看详细信息。

图 7-32　百度主页

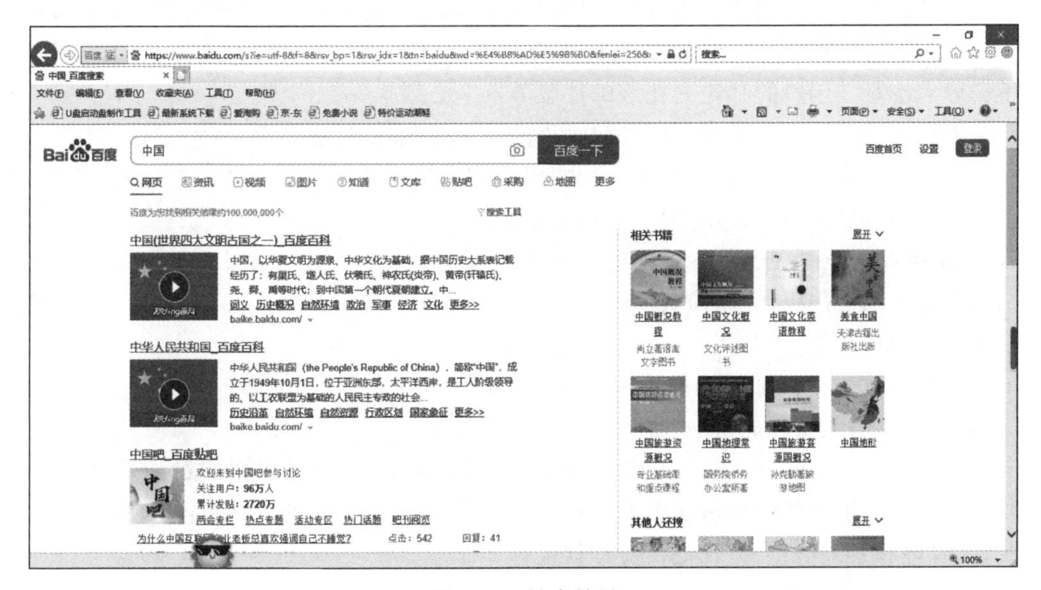

图 7-33　搜索结果

7.4.2　电子邮件

电子邮件是一种用电子手段提供文字、图像、声音等多种形式的信息交换的通信方式，方便、快速、不受地域或时间的限制、费用低廉，极大地方便了人与人之间的沟通与交流，促进了社会的发展。

1. 电子邮件的概念

电子邮件（E-mail）英文全称为 Electronic Mail，是一种用电子手段提供信息交换的通信方式，是 Internet 应用最广的服务。类似于普通生活中邮件的传递方式，电子邮件采用存储转发的方式进行传递,发件人使用用户代理撰写电子邮件,然后发送到自己邮箱所在的邮件服务器上,邮件服务器存储下来再根据电子邮件地址把邮件发送到接收方邮箱所在的邮件服务器上,邮件服务器将邮件放入用户邮箱中,等待用户方便的时候读取邮件。

电子邮件系统由三部分组成:用户代理、邮件服务器和协议。

用户代理:用来完成电子邮件的撰写、发送和读取的客户端软件,即用户用来写信的软件,如 Windows 系统中的 Microsoft Outlook 就是常用的用户代理。

邮件服务器:邮件服务器包括邮件发送服务器和邮件接收服务器。邮件发送服务器是专门用于发送邮件的服务器,用户首先通过用户代理将邮件发送到邮件发送服务器上,然后该服务器根据邮件地址发送邮件到邮件接收服务器上。邮件接收服务器将接收到的邮件存储到用户的邮箱中,等待用户读取。

协议:SMTP 和 POP3(或 IMAP)。SMTP 是简单邮件发送协议,用来指定邮件发送服务器根据邮件中收信人的地址将邮件传递给对方接收服务器上的规则和命令。POP3 是邮件接收协议,专门用于接收由其他邮件发送服务器所传递的邮件。

电子邮件由内容和信封两部分组成,信封中最重要的是收件人的地址,电子邮件按照收件人的地址发送邮件。

电子邮件地址的通用格式为"用户名@主机域名"。用户名代表收件人在邮件服务器上的邮箱,用户可以免费申请,通常要求 6-18 个字符,包括字母、数字和下画线等,以字母开头且不区分大小写。用户的邮箱名在该邮件服务器上必须唯一。

主机域名是指提供电子邮件服务的主机的域名,代表邮件服务器。

例如 jsj_swsm@163.com 就是一个电子邮件地址,它表示在域名为 163.com 邮件服务器上有一个用户名为 jsj_swsm 的电子邮件账户。

2. 使用 Microsoft Outlook 管理电子邮件

目前电子邮件用户代理客户机软件很多,如 Foxmail、金山邮件、Outlook 等都是常用的电子邮件客户机软件。

下面将具体介绍如何使用 Microsoft Outlook 2016 管理电子邮件。

1) Microsoft Outlook 2016 简介

Microsoft Outlook 2016(以下简称 Outlook)是 Office 2016 套装软件的组件之一,其主要功能是进行电子邮件的收发和个人信息管理。使用 Outlook,可以撰写电子邮件、收发电子邮件、管理联系人信息、记日记及安排日程等。

启动 Microsoft Outlook 2016 的方法如下:

- 单击"开始"按钮,选择 Outlook 2016 命令。
- 双击桌面上的 Outlook 2016 快捷方式图标。

启动 Microsoft Outlook 2016 进行邮箱账户设置成功后,即打开如图 7-34 所示的 Microsoft Outlook 2016 主界面。

2) 使用 Outlook 收发电子邮件

创建与管理账户是 Outlook 的基本功能,利用该功能可以设置多个账户,但设置的这些账户必须是用户事先在任何一个打开的浏览器中已经申请注册的账户,OutLook 不具备申请邮箱账户的功能。

在使用 Outlook 收发电子邮件之前,首先必须对 Outlook 进行账户设置,具体操作步骤如下。

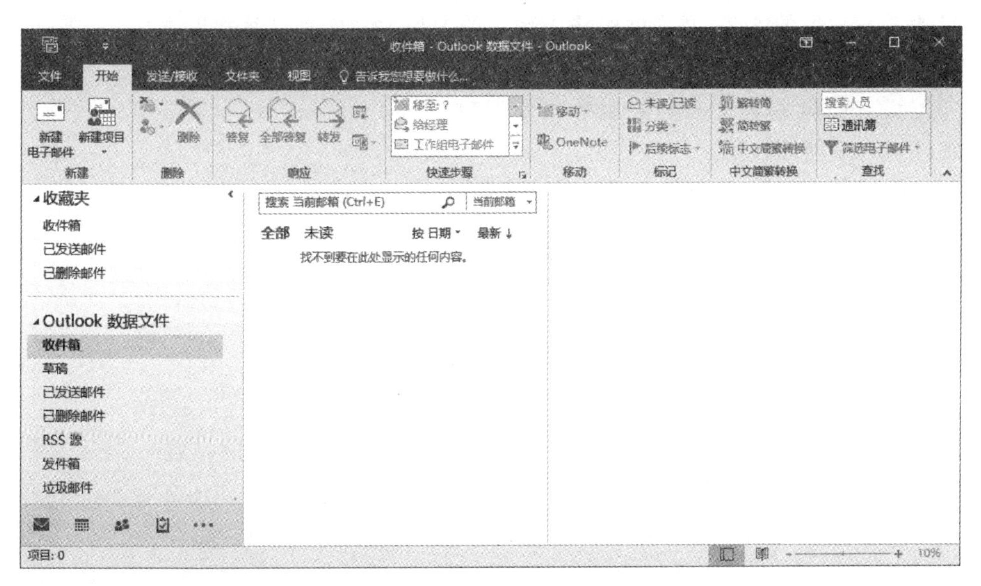

图 7-34　Outlook 2016 主界面

（1）添加邮箱账户。

步骤 1：在 Microsoft Outlook 2016 主界面中选择“文件”选项卡，单击“添加账户”按钮，打开“添加账户”设置窗口，如图 7-35 所示。

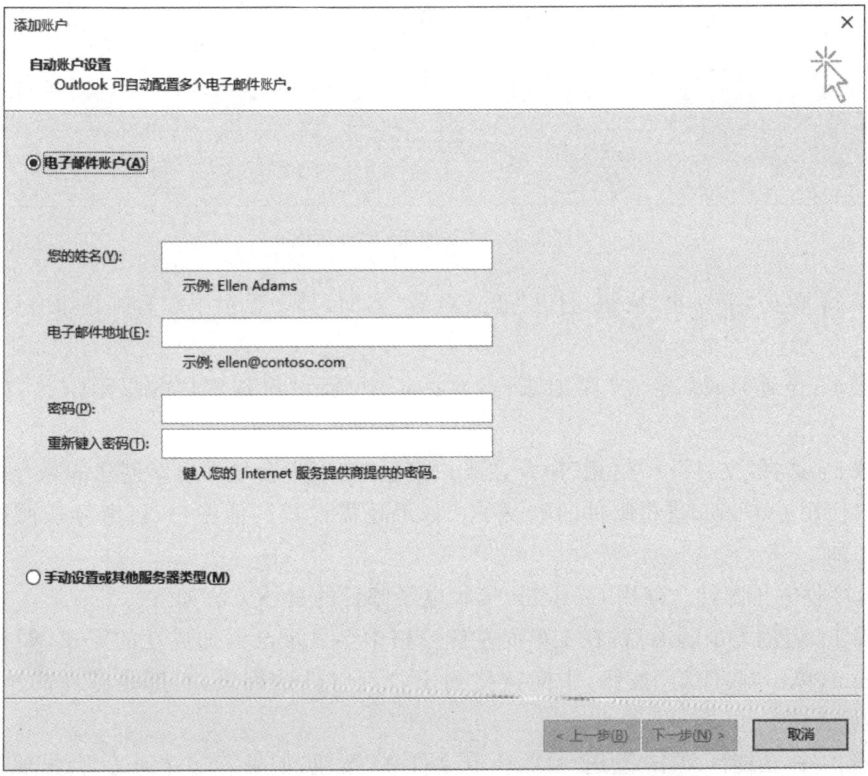

添加账户

自动账户设置

Outlook 可自动配置多个电子邮件账户。

电子邮件账户(A)

您的姓名(Y):

示例: Ellen Adams

电子邮件地址(E):

示例: ellen@contoso.com

密码(P):

重新键入密码(T):

键入您的 Internet 服务提供商提供的密码。

手动设置或其他服务器类型(M)

< 上一步(B)　下一步(N) >　取消

图 7-35　Outlook 添加账户信息窗口

步骤 2：在“您的姓名”文本框中输入账号的名称，如“涉外计算机”，在“电子邮件地址”和“密码”文本框中分别正确输入电子邮件地址和密码等信息，如图 7-36 所示。(注：如邮箱服务器没有开启 POP3/SMTP 服务或者 IMAP/SMTP 服务权限，需要到网页版开启第三方邮件客户端使用权限)。

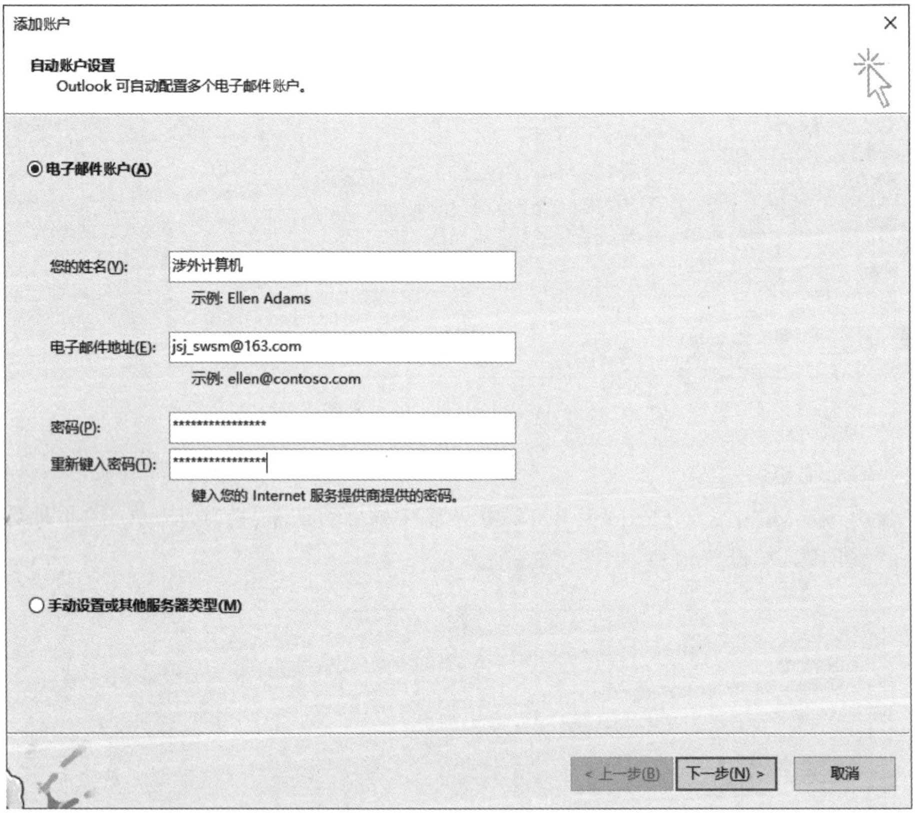

图 7-36 “添加账户”对话框

步骤 3：单击“下一步”按钮，打开“正在配置”界面，其中显示了配置邮箱服务器的进度，如图 7-37 所示。

步骤 4：设置完成后会在“添加账户”对话框中显示“祝贺您!”的提示信息，如图 7-38 所示。

步骤 5：选择“文件”→“信息”命令，“账户信息”列表中会显示出新创建的账户信息。此时就可以使用 Outlook 进行邮件的收发了。如果还需设置其他账户，可继续按照如上相同的方法添加。

(2) 接收电子邮件。使用 Outlook 接收电子邮件的具体方法如下。

步骤 1：启动 Outlook 后，在主界面左侧窗格中会显示已添加成功的账户，如 jsj_swsm@163.com，单击“收件箱”按钮，中间窗格列出收到邮件的列表，右部是邮件的预览区，如图 7-39 所示。

步骤 2：在功能区单击“发送/接收所有文件夹”按钮，如果有邮件到达，会出现如图 7-40 所示的“Outlook 发送/接收进度”窗口，并显示出邮件接收的进度。

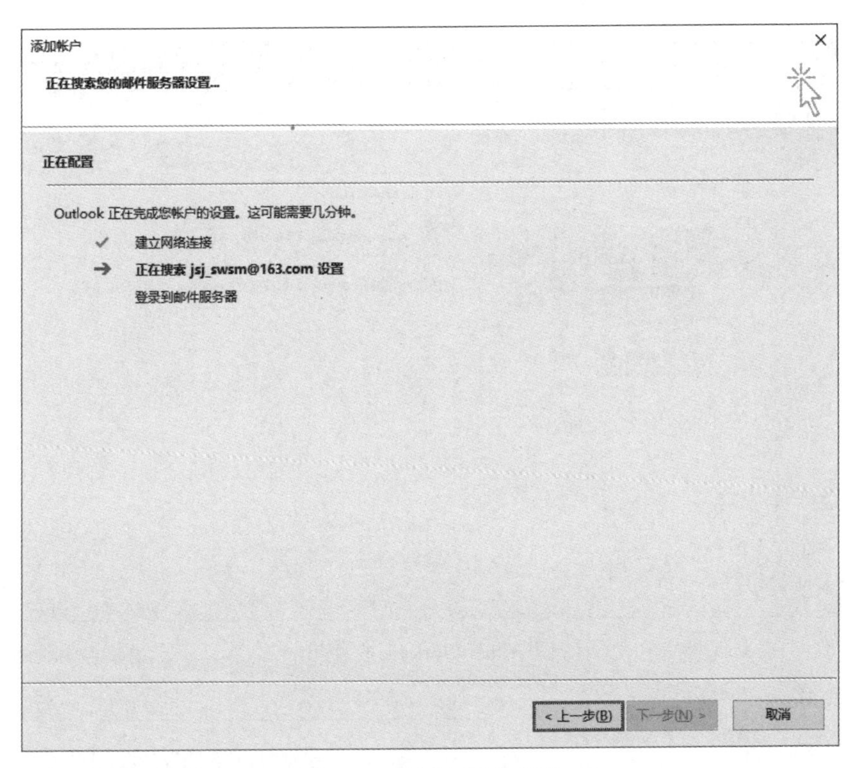

图 7-37　配置邮箱服务器

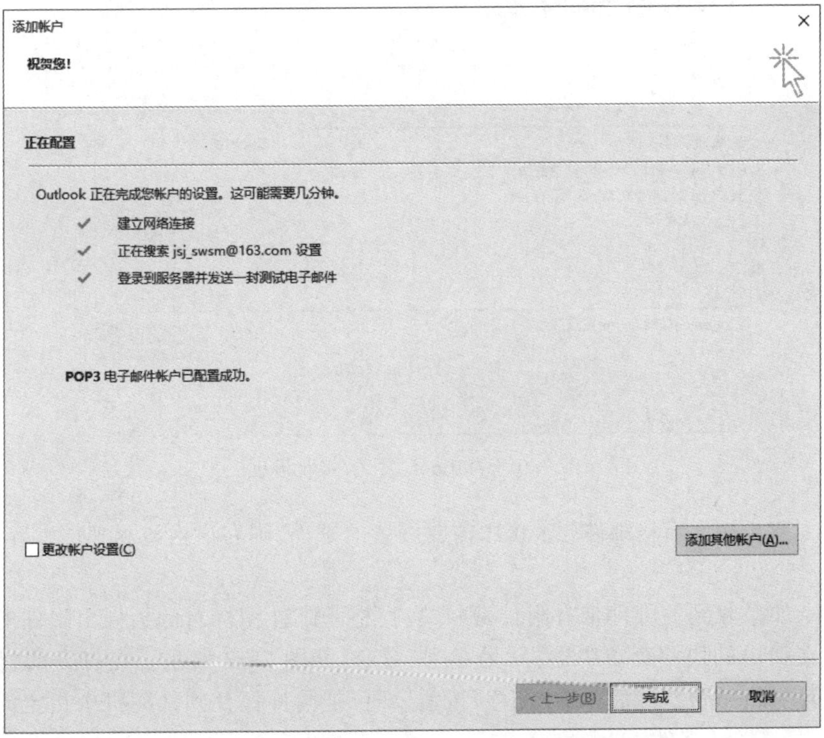

图 7-38　添加账户成功

图 7-39　Outlook 收件箱

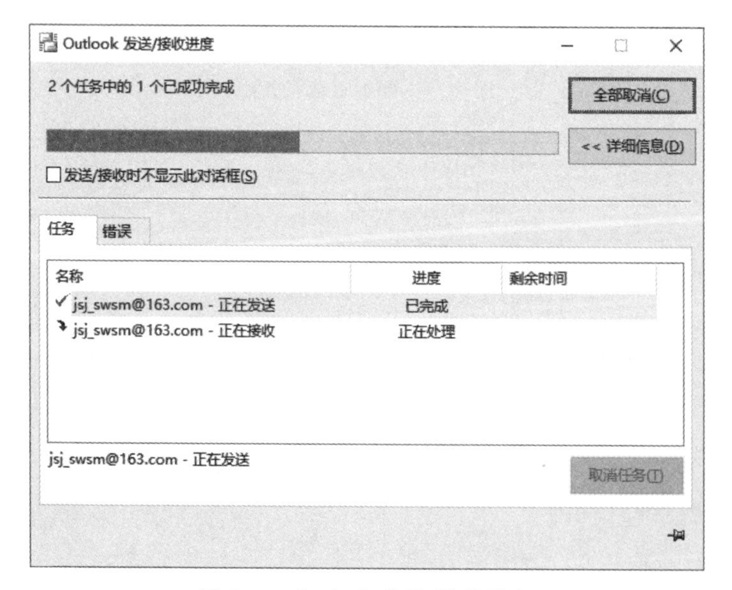

图 7-40　Outlook 发送/接收进度

步骤 3：双击中间窗格邮件列表区中需要阅读的邮件，则右窗格显示邮件内容，如图 7-41 所示。

步骤 4：如果收到的邮件带有附件，则在右窗格的邮件图标右侧会列出附件的名称。右击文件名，在弹出的快捷菜单中选择“另存为”命令，如图 7-42 所示。在打开的“保存附件”对话框中指定保存路径，然后单击“保存”按钮，即可把附件保存到计算机中指定的位置。

(3) 撰写与发送邮件。

步骤 1：选择 Outlook 窗口主界面“开始”功能选项卡，然后单击“新建电子邮件”按钮打

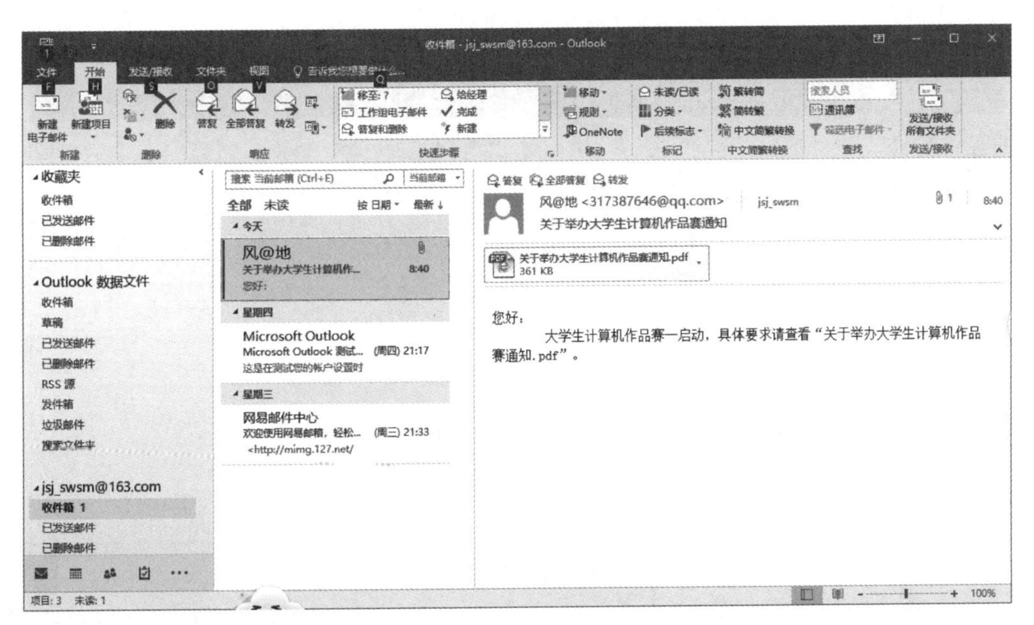

图 7-41 右窗格显示的邮件内容

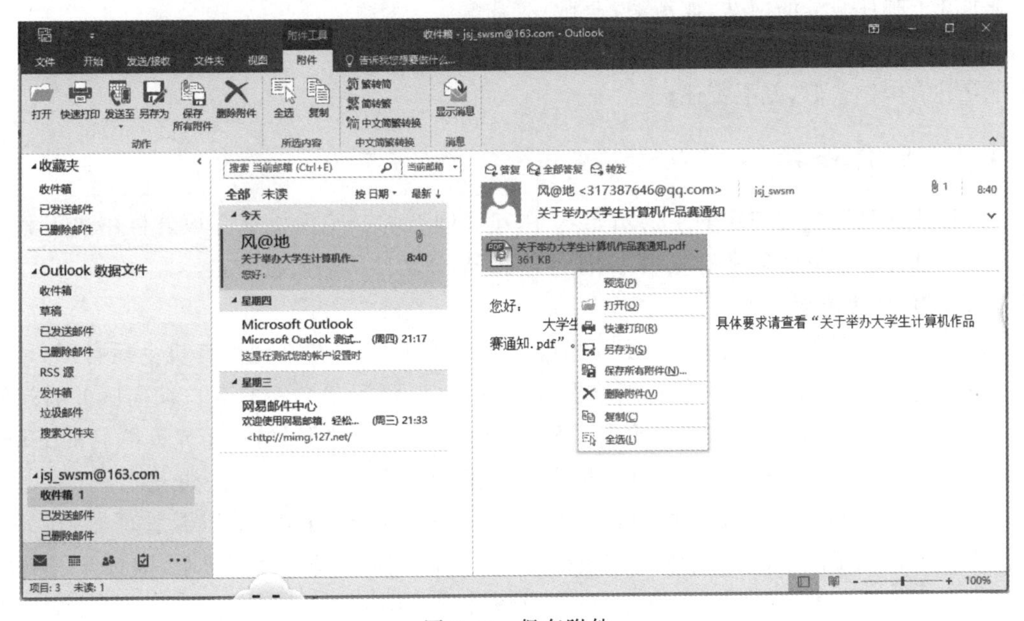

图 7-42 保存附件

开撰写邮件窗口。在“收件人”文本框中输入收件人的 E-mail 地址；在“主题”文本框中输入邮件的主题；在邮件文本区域输入邮件的内容；如需抄送其他人，在“抄送”文本框中输入抄送人的电子邮件地址；如需添加附件，单击“附加文件”按钮，在弹出的“插入文件”对话框中选择要附加的文件，如图 7-43 所示。

步骤 2：完成所有操作后，单击“发送”按钮，即可将邮件发送到指定邮箱。

3. 基于浏览器的电子邮件收发

使用浏览器收发电子邮件，用户无须安装电子邮件用户代理软件，只要打开浏览器登录

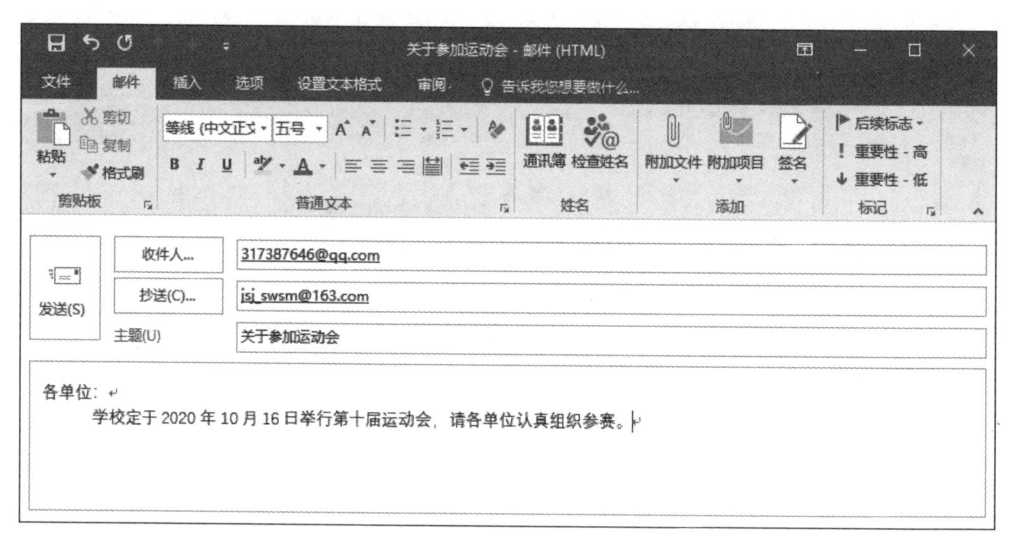

图 7-43　撰写邮件

网站即可操作，由于使用方便、快捷，也是人们经常使用的一种方法。在因特网上有很多免费提供电子邮件服务的网站，如新浪、搜狐、网易等。

【说明】 在浏览器中申请网易电子邮箱、接收和发送电子邮件的操作与在 Outlook 软件环境下的操作类似，兹不赘述。

7.4.3 文件传输

文件传输是互联网实现的主要功能之一，互联网上的一些主机上存放着供用户下载的文件。文件传输的方法通常有 FTP 文件传输和 Web 文件传输两种方法。

1. FTP 文件传输

FTP 文件传输是基于客户/服务器方式工作的，用户需要在本地计算机上运行 FTP 客户程序，提供文件的主机需要运行 FTP 服务器程序，需要下载文件的客户端向服务器端发出请求，服务器返回客户所需要的文件，下载完成。FTP 文件下载，对于允许匿名的 FTP，不需要账号和口令，但 FTP 上传文件一般需要权限允许。具体操作方法如下：

(1) 使用 Windows 资源管理器上传和下载文件。打开 Windows 资源管理器，在最上方输入栏中输入 ftp://ip 地址(该 IP 地址为 FTP 服务器的 IP 地址)回车，即打开了 FTP 服务器的资源管理器，如图 7-44 所示，可以对该文件夹中的文件进行复制/粘贴，完成下载文件和上传文件。

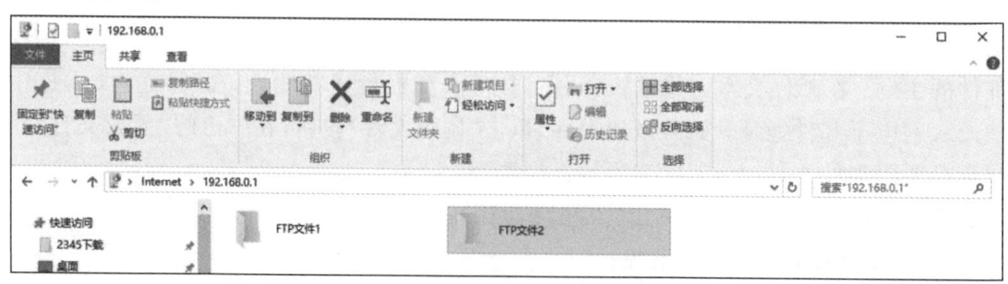

图 7-44　FTP 服务器资源管理器

(2) 使用浏览器上传和下载文件。打开浏览器，在地址栏中输入 FTP 服务器的 URL（如 ftp://192.168.0.1）后，打开如图 7-45 所示的界面，选择自己需要的文件单击下载或单击在 Windows 资源管理器中打开 FTP 站点，使用复制/粘贴对所需要的文件进行下载和上传，上传有时候需要权限允许。

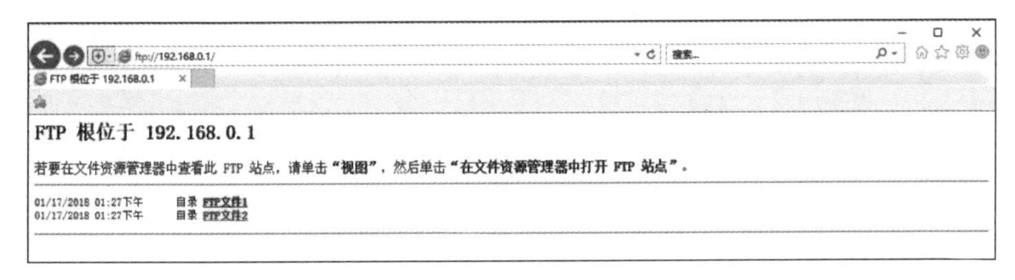

图 7-45　FTP 服务器站点

2. Web 服务器下载文件方法

当用户浏览网页时，可以把所需要的文本、图片和视频等信息下载保存到本地计算机中，常用下载操作方法如下：

(1) 网页下载：选择需要的下载文字或图片链接，右击网页上的超链接，弹出如图 7-46 所示的快捷菜单，选择“目标另存为”命令，出现“另存为”对话框，选择保存路径和输入文件名，单击“确定”按钮保存即可，如图 7-47 所示。

(2) 文件下载：某些软件在网页中有下载超链接，单击该软件下载的链接，可弹出文件下载对话框，如图 7-48 所示，选择“保存”按钮，弹出“另存为”对话框，选择保存位置，输入文件名后单击“保存”按钮，文件下载完成后保存到指定位置。下载完成弹出如图 7-49 所示的提示信息，可单击“打开文件夹”或“查看下载”查看文件内容。

图 7-46　下载快捷菜单

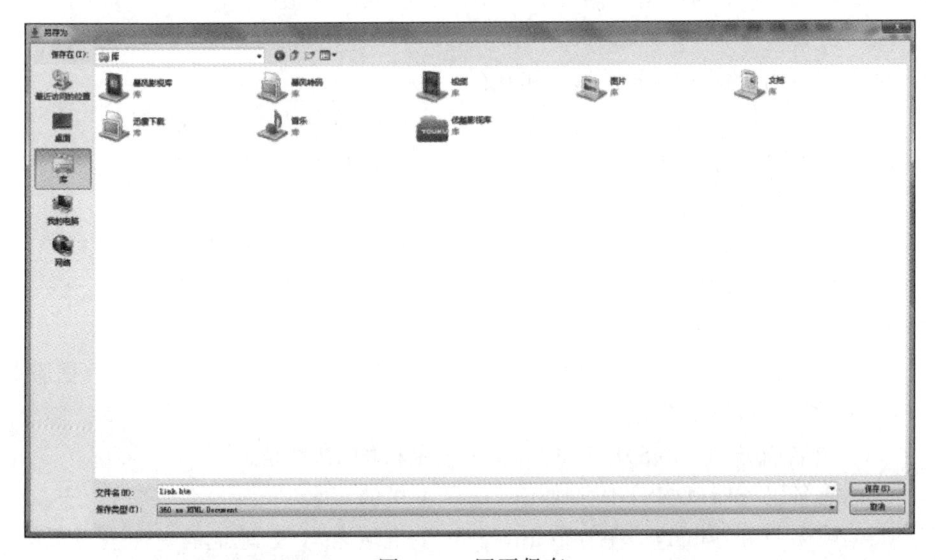

图 7-47　网页保存

要运行或保存来自 dubapkg.cmcmcdn.com 的 kinst_206_f66_k0011.exe (779 KB) 吗? 运行(R) 保存(S) 取消(C)

图 7-48　文件下载"工具"条

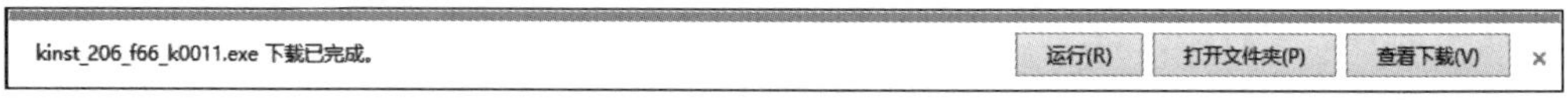

kinst_206_f66_k0011.exe 下载已完成。 运行(R) 打开文件夹(P) 查看下载(V)

图 7-49　文件下载完成

习　题　7

1. 单项选择题

(1) 计算机网络的主要功能是实现(　　)。

A. 数据处理　　B. 文献检索

C. 信息传输和资源共享　　D. 信息传输

(2) 若要将计算机与局域网连接,则至少需要具有的硬件是(　　)。

A. 集线器　　B. 网关　　C. 网卡　　D. 路由器

(3) 下列用来传输文件的协议是(　　)。

A. FTP　　B. DNS　　C. SMTP　　D. PPP

(4) 下列用来发送邮件的协议是(　　)。

A. FTP　　B. DNS　　C. SMTP　　D. PPP

(5) 关于电子邮件的说法,不正确的是(　　)。

A. 电子邮件的英文简称是 E-mail

B. 加入因特网的每个用户都可以免费申请"电子信箱"

C. 在计算机上申请的"电子信箱",以后只有通过这台计算机上网才能收信

D. 一个人可以申请多个电子信箱

(6) Internet 网中不同网络之间计算机相互通信的协议是(　　)。

A. ATM　　B. TCP/IP　　C. Novell　　D. X.25

(7) 通常网络用户使用的电子邮箱建在(　　)。

A. 用户的计算机上　　B. 发件人的计算机上

C. ISP 的邮件服务器上　　D. 收件人的计算机上

(8) E-mail 地址的格式是(　　)。

A. 用户名@域名　　B. 用户名.域名

C. 主机名@域名　　D. 主机名.域名

(9) WWW 的中文名称是(　　)。

A. 互联网　　B. 万维网　　C. 教育网　　D. 数据服务网

(10) 下列说法中,正确的是(　　)。

A. 域名服务器(DNS)中存放 Internet 主机的 IP 地址

B. 域名服务器(DNS)中存放 Internet 主机的域名

C. 域名服务器(DNS)中存放 Internet 主机域名与 IP 地址的对照表

D. 域名服务器(DNS)中存放 Internet 主机的电子邮件的地址

2. 上机操作题

(1) 请通过 IE 浏览器访问“一带一路网”,进入该网站,并将其收藏到收藏夹中,以便下次直接访问;并在该网站上下载相关文字和图片,制作简单的图文说明文档,同时将该网站的首页保存为网页;最终将图文说明文档和已保存的网站首页一并保存于“第 7 章素材库\习题 7”下的“习题 7.2”文件夹中,具体设计样例可参看“习题 7.2”文件夹下的相应文件。

(2) 任选浏览器申请免费网易电子邮箱,并利用该邮箱接收和发送电子邮件,具体要求请进入“第 7 章素材库\习题 7”下的“习题 7.3”文件夹中参看相应文件。

(3) 使用 Outlook 添加邮箱账户,并利用该账户接收和发送电子邮件,具体要求请进入“第 7 章素材库\习题 7”下的“习题 7.4”文件夹中参看“发送电子邮件要求”。

(4) 任选浏览器搜索并下载“暴风影音播放器”,并将其保存于“第 7 章 素材库\习题 7”下的“习题 7.5”文件夹中,然后将其安装在自己的计算机上。

第8章　网 页 制 作

随着计算机网络技术的飞速发展,以网页为载体的信息传播方式变得异常便捷,最大程度地实现了信息的共享。如今网站已在各个行业领域大范围普及,甚至已经深入到人们的个人生活及工作当中,各种网站也以惊人的速度不断增加,所以网站的建设不再是计算机专业人员的专利,更多非计算机专业人员同样应具备网页制作的能力。众多的网页制作工具让人眼花缭乱,难以取舍。本章将使用 Dreamweaver CS6 作为开发工具,并以网站建设流程为主线,结合综合实例,介绍网页制作的基础技术。

学习目标:

- 了解网页、网站相关基本概念。
- 了解网站开发的基本流程。
- 掌握 HTML 文档基本结构。
- 掌握利用 Dreamweaver CS6 制作网页的基本方法。
- 掌握使用表格进行网页的布局。
- 理解网页测试发布的作用及方法。

8.1　网页制作基础知识

本节主要介绍在网站建设与网页制作中涉及的基本概念、网页设计语言及进行网页制作所需要的软件和网站的开发流程。

8.1.1　认识网页与网站

1. 网页与网站

网页是构成网站的基本元素,是网络上信息传递的主要媒介。网页(Web Page)是一个包含 HTML 标记的纯文本文件,是存放在世界某个角落被称为 Web 服务器的某一台计算机中的,能提供给客户机用户浏览的页面;网页是一种综合了文字、图片、动画和音乐等内容的超文本文件,具有可视性和交互性的特点。通常大多数网页是以.html 为后缀名,俗称 HTML 文件。不同的扩展名分别代表不同类型的网页文件,如.xml、.asp、.php、.cgi、.jsp 等。

网站是网页的集合,是指存放在 Web 服务器中的完整信息的集合体。其中包括一个首页(Home Page)和若干个网页。这些网页以超链接的方式连接在一起,形成一个整体,描述一组完整的信息。网站主要由主机、域名、网页等组成。建设网站,就是在本地计算机上安装 Web 服务器,然后设计制作相关网页并通过 Internet 发布出去的过程。

首页是一个网站的门面,也是访问量最大的一个页面,访问者可以通过首页进入到网站的各个分页。因此，网站首页的制作是很重要的，它给浏览者一个第一印象；首页也奠定了网站的主题和整个基调，使访问者进入首页就能清楚地知道该网站所要传递的信息。

2. 网页的基本要素

网页一般包含 Logo、Banner、导航栏、文本、图像、动画等基本要素。

Logo 是徽标或者商标的英文说法，网页中的 Logo 即网站标识。网站标识如同商品的商标，是独特的形象标识，在网站推广中能起到事半功倍的效果。网站标识应该体现该网站的特色和内容。

Banner 是横幅广告，是网络广告的主要形式，一般使用 GIF 格式的图像文件，也可以制作成动画形式。Banner 一般位于网页的顶部或底部，也可被适当地放在网页的两侧。

导航栏是网页设计中不可缺少的部分，一般用于网站各部分内容之间相互链接的引导。导航栏的形式多样，可以是简单的文字链接，也可以是精美的图片或是丰富多彩的按钮，还可以是下拉菜单导航。

文本以及图像、动画等多媒体信息是网页中的具体信息的表达形式，根据网页内容的需要进行合理设计及应用。

3. 网站开发流程

网站建设之初就应该有一个整体的规划和目标设计，首先要明确网站的主题及最终期望达到的效果，然后才可以选择合适的技术进行网页的制作。当网页实现了设计要求之后，就可发布到互联网上，并进行必要的宣传推广。网站在后期还需要定期维护，以保持内容新颖和功能完善。

对初学者而言，对网站的开发流程有一个大致的认识是很有必要的。网站开发是一个循环往复的过程。

（1）规划阶段。网站规划是指在网站建设前对市场进行分析、确定网站的目的和功能，并根据需要对网站建设中的技术、内容、费用、测试、维护等做出规划。

（2）设计阶段。通俗地说，网页设计就是通过对页面结构定位、合理布局、图片文字处理、程序设计及数据库设计等一系列工作的总和。设计阶段包括两方面，一方面要决定网页的内容、导航结构和其他制作要素；另一方面要根据内容设计网页的外观，包括排版、文字字体设置、导航栏设计等。

（3）发布阶段。网页设计完成之后，经过测试确定无误后，即可发布到和 Internet 相连的服务器上去，这时访问域名就可以正式访问网站了。为了让更多的人访问网站，进行网站推广是很重要的，其目的在于让尽可能多的潜在用户了解并访问网站，以便通过网站获得有关产品和服务等信息。

（4）维护阶段。建站容易维护难。对于网站来说，只有不断地更新内容，才能保证网站的生命力，否则网站不仅不能起到应有的作用，反而会对企业或个人自身形象造成不良影响。如何快捷方便地更新网页，提高更新效率，是很多网站面临的难题。内容更新也是网站维护过程中的一个瓶颈。

8.1.2 网页编程语言介绍

1. 网页设计语言——HTML

HTML（HyperText Markup Language）即超文本标记语言，或称为超文本链接标识语言，是目前万维网(WWW)上应用最为广泛的语言，它是用来描述网页的一种语言，强调把数据和数据的显示放在一起，使用标记来描述网页，将数据按照不同的格式显示出来。HTML是网页制作的基础，是初学者必学的内容。

创建和浏览一个HTML文档需要两个工具，一个是HTML编辑器，用于生成和保存HTML文档的应用程序；另一个是Web浏览器，用来打开Web网页文件，提供查看Web资源的客户端软件。

以下是一个最基本的HTML文档的代码：

```
<html>
<head>
<meta http-equiv="Content-Type" content="text/html; charset=utf-8" />
<title>我的主页</title>
</head>
<body>
```

欢迎光临我的主页。

```
</body>
</html>
```

其在Web浏览器上的显示效果如图8-1所示。

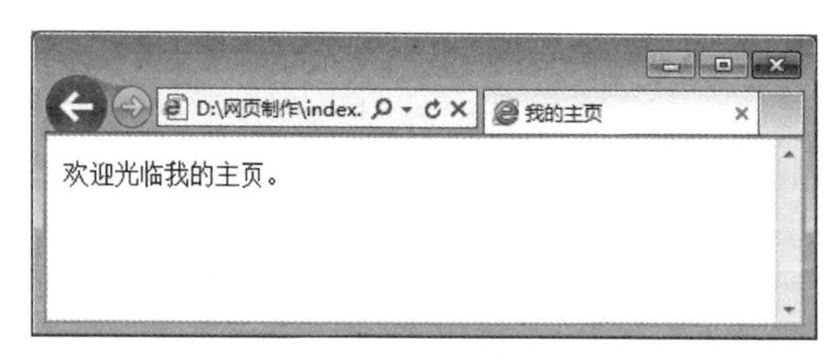

图8-1　简单HTML文档在浏览器中的显示效果

2. 网页制作工具

网页的本质是纯文本文件，因此可以用任何文本编辑器制作网页，此种方法必须完全手工书写HTML代码。为了提高网页制作的效率，许多提供图形化网页制作工具相继问世，并且具有“所见即所得”的特点，提供图形化操作界面就能插入各种网页元素，如图像、表格、超链接等，而且可在设计视图中实时看到网页的大致浏览效果。目前流行的专业网页开发工具主要有以下几种。

(1) FrontPage。FrontPage是微软公司推出的一款网页设计、制作、发布、管理的软件，用它可以快速制作好一个网页，具有上手快，易学、易用的特点，它是微软公司出品的一款网页制作入门级软件。由于它易学易用，所以很受初学者的欢迎，但是微软在2006年年底停止了对FrontPage的开发。

(2) SharePoint Designer。SharePoint Designer是微软继FrontPage之后推出的新一代网站创建工具。它包含不少新特性，具有全新的视频预览功能。微软内嵌了Silverlight功能(一种工具，用于创建交互式Web应用程序)和全站支持AJAX功能，让企业用户很方便地给网站添加丰富的多媒体和互动性体验。

(3) Dreamweaver。Dreamweaver 是 Macromedia 公司(后被 Adobe 公司收购)开发的集网页制作和管理于一身的网页编辑器,是第一套针对专业网页设计师特别发展的视觉化网页开发工具,利用它可以轻而易举地制作出跨越平台限制和跨越浏览器限制的充满动感的网页。

Dreamweaver 已成为专业级网页制作开发工具,支持 HTML、CSS、PHP、JSP 以及 ASP 等众多网页设计技术。同时提供不同代码着色,提供模板套用功能,支持快速生成网页框架功能。Dreamweaver 是初学者或专业级网站开发人员必备的选择工具。

8.1.3 Dreamweaver CS6 窗口

Dreamweaver CS6 的启动、退出与其他软件的操作方法几乎完全相同,此处不再叙述。

在启动 Dreamweaver CS6 之后,新建 HTML 页面就打开了 Dreamweaver CS6 窗口,如图 8-2 所示。

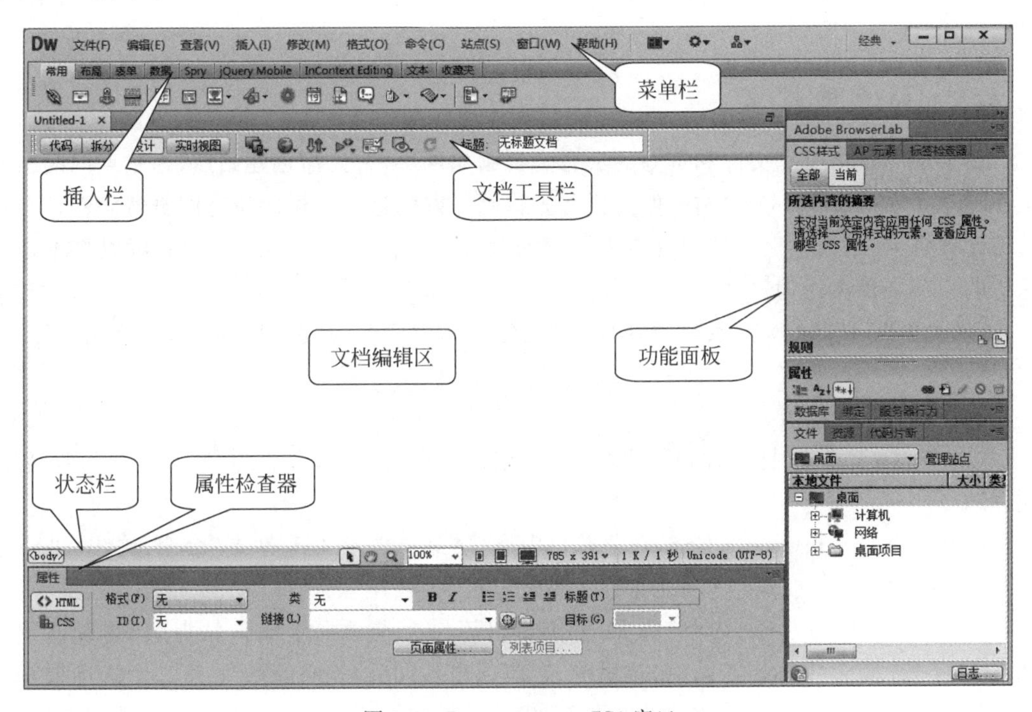

图 8-2 Dreamweaver CS6 窗口

Dreamweaver CS6 窗口由菜单栏、插入栏、文档工具栏、属性检查器、功能面板、文档编辑区和状态栏组成。

- 菜单栏:主要包括"文件""编辑""查看""插入""修改""格式""命令""站点""窗口"及"帮助"等菜单,单击某菜单在弹出的下一级菜单中可以选择要执行的命令。
- 插入栏:主要包含用于创建和插入网页元素的按钮,当鼠标指针移动到一个按钮上时,会出现一个工具提示。这些按钮被组织到若干选项卡中,常用的主要有"常用""布局""表单""数据""Spry""文本"等选项卡。替代早期版本的"插入"面板。
- 文档工具栏:文档工具栏中包含了一些按钮,可以帮助用户在文档的不同视图间快速切换,还包含一些与查看文档、在本地和远程站点间传输文档有关的常用命令。

- 属性检查器：用于检查和编辑当前选定页面元素(如文本和插入的对象)最常用的属性。
- 功能面板：位于文档窗口的边缘。常见的功能面板包括“CSS样式”面板、“应用程序”面板、“文件”面板等。
- 文档编辑区：用于创建或编辑网页文件的操作区。
- 状态栏：提供了与正在创建的文档有关的相关信息。包括“标签选择器”“缩放工具”“窗口大小”等。

8.2 基本网页的制作

本节主要结合综合实例介绍利用Dreamweaver CS6进行网页制作的基本方法，如创建站点，创建文件夹及网页文件，对网页中的文本进行编辑，插入图像、动画等多媒体信息，设置超链接等。

8.2.1 站点的建立

站点是网站中所有文件和资源的集合。要制作网页，首先需创建站点，为站点内的所有文件建立联系。制作一个网站一般需要首先将制作好的这个网站的所有网页暂时保存在自己的计算机上，最后再上传到拥有使用权限的服务器上。Dreamweaver CS6可以将本地计算机的一个文件夹作为一个站点。

【例8.1】 在“第8章 素材库\例题8”文件夹下创建名为“废旧电池回收-节能环保”的站点。

操作步骤如下。

(1) 在“第8章 素材库\例题8”文件夹下创建一个文件夹，命名为“废旧电池回收-节能环保”。

(2) 启动Dreamweaver CS6，在菜单栏中选择“站点”→“新建站点”命令，弹出“站点设置对象”对话框。

(3) 在左侧窗格选择“站点”选项，右侧窗格第一个选项要求输入站点名称，以便于在Dreamweaver CS6中标识该站点，这里输入“废旧电池回收-节能环保”；第二个选项要求填写本地站点文件夹，可以手工输入，也可以通过浏览文件夹功能直接选择本地现有文件夹。如图8-3所示。

(4) 在左侧窗格单击“服务器”选项，在右侧窗格对站点所需服务器进行配置。在这里，可以进行远程服务器和测试服务器配置。

【注意】 这个服务器配置只是个可选配置，如果不需要则可以忽略这一步配置。

(5) 单击“保存”按钮，完成“废旧电池回收-节能环保”本地站点的创建。

利用Dreamweaver CS6的管理站点功能，还可以对已创建的站点进行编辑、删除和复制等操作。在创建站点之后，可以根据需要对站点进行相应的管理。在菜单栏中选择“站点”→“管理站点”命令，打开“管理站点”对话框，选中需要编辑的站点，然后单击对话框相应按钮，即可完成相对应的功能，如图8-4所示。

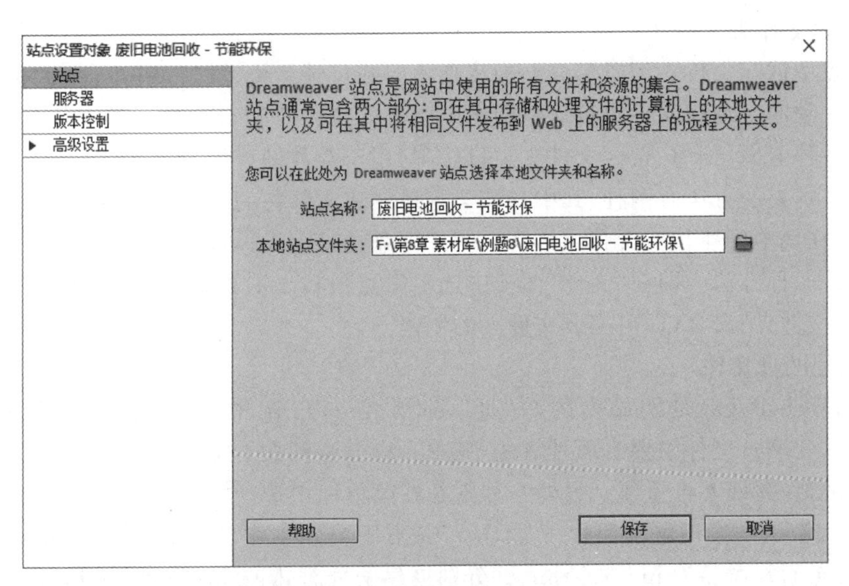

图 8-3 “站点设置对象”对话框

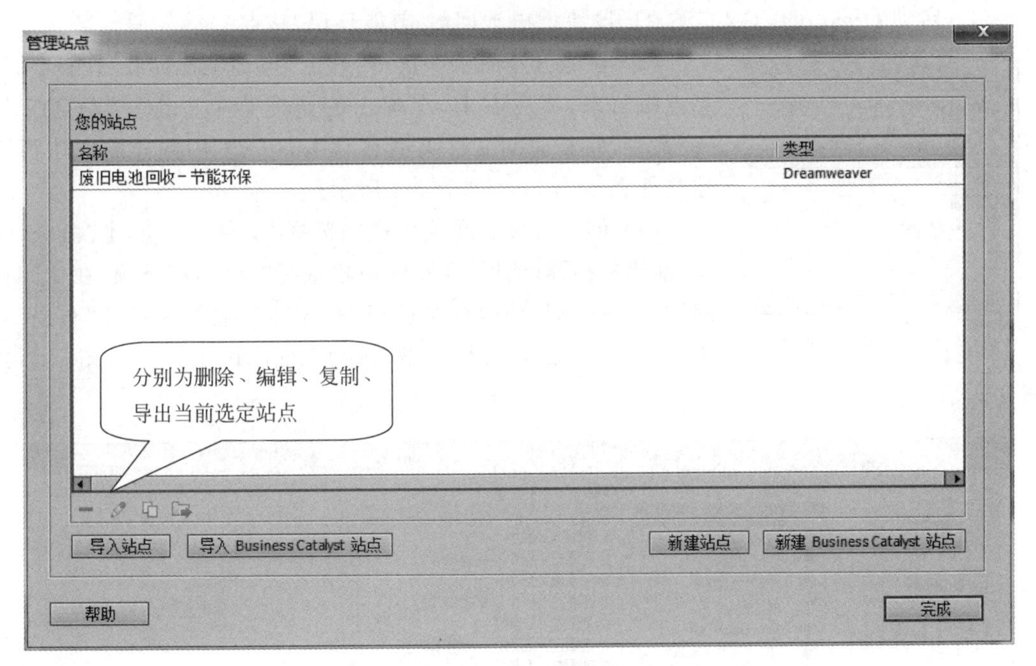

图 8-4 站点的管理

8.2.2 创建文件夹及网页文件

例 8.1 已经创建了一个名为“废旧电池回收-节能环保”的本地文件夹作为站点。不过，当前的站点还是空的，没有实际内容，接下来的工作就是根据网站的事先规划，向站点中添加必要的文件夹及网页文件。

1. 创建文件夹

在站点中创建文件夹用以形成结构清晰的网站目录结构,这与Windows的资源管理器的原理是一致的。创建文件夹可以将网站中所有的文件进行分门别类地存放,这样可以有效地管理各种资源,如Images文件夹,可以专门用于存放图像等资源文件。

创建文件夹的方法有两种,其中一种与本地创建文件夹的操作相同,找到本地站点文件夹并打开,在其中创建相应文件夹即可。另一种需在Dreamweaver CS6中创建文件夹,也是最常用的一种方法。即在"文件"面板中选中站点根目录右击鼠标,在弹出的快捷菜单中选择"新建文件夹"命令,即可完成文件夹的创建。

2. 创建网页文件

网页(Web Page)是网站中的一"页",通常是HTML格式(文件扩展名为.htm或.html)。创建网页文件主要有两种方法,其中一种方法同在Dreamweaver CS6中创建文件夹的方法类似,此处不再重复。另外一种则是在菜单栏中选择"文件"→"新建"命令来创建。

【例8.2】 在"废旧电池回收-节能环保"站点下分别创建名为Images、common的文件夹,创建首页面并命名为index.html,并分别创建子页面dccz.html、dcwh.html。

操作步骤如下。

(1) 启动Dreamweaver CS6,打开"废旧电池回收-节能环保"站点。

图8-5 在站点中创建文件夹

(2) 在"文件"面板中选中"站点 -废旧电池回收-节能环保"站点根目录,然后右击,在弹出的快捷菜单中选择"新建文件夹"命令,将新建的文件夹命名为Images。用同样的方法再创建文件夹common,如图8-5所示。

(3) 创建首页。在菜单栏中选择"文件"→"新建"命令,弹出"新建文档"对话框,在左侧窗格选择"空白页"选项,在中间窗格的"页面类型"列表框中选择HTML,在右侧窗格的"布局"列表框中选择"无","文档类型"设为XHTML 1.0 Transitional,如图8-6所示。

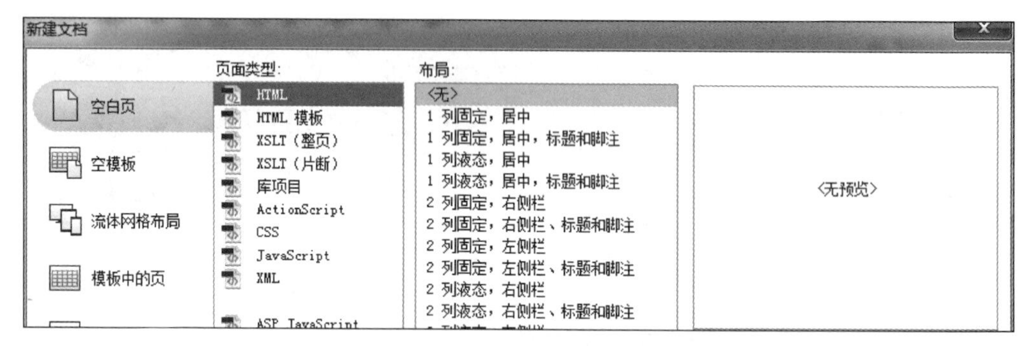

图8-6 新建网页文件对话框

【注意】 XHTML 1.0 Transitional是更加宽容的XHTML规范。Transitional页面对于使用旧式浏览器或不能识别样式表的用户来说也是可以访问的。

(4) 单击"创建"按钮,在文档编辑区域生成新创建的网页文档。

(5) 选择"文件"→"保存"命令,弹出"另存为"对话框,"保存在"文本框中应设置为当前站点所在的路径，此处应为“F:\第 8 章 素材库\例题 8\废旧电池回收-节能环保”，在“文件名”文本框中输入网页文件名 index. html（首页的命名一般设置为 index），单击“保存”按钮，新建的网页文档即可保存在站点根目录下，也可按需要将网页文件保存在站点中的任意一个文件夹中。

（6）子页面 dccz. html、dcwh. html 的创建方法重复步骤（3）-（5）即可完成。

8.2.3 网页中文本的编辑

在 Dreamweaver CS6 中对文本进行的编辑操作包括：输入文本，设置段落格式以及设置文字样式等。

1. 在网页中输入文本

文本是网页中最重要的信息表现形式，在 Dreamweaver CS6 中可以在“设计视图”下进行文本的输入。最常用的方法主要有两种，一是通过键盘直接输入，二是通过复制和粘贴的方法将外部的文本添加至网页中，粘贴的方法可以使用“粘贴”或“选择性粘贴”命令。“选择性粘贴”命令允许以不同的方式指定所粘贴文本的格式。例如，如果要将文本从带格式的 Microsoft Word 文档粘贴到 Dreamweaver 文档中，想要去掉所有格式设置，则可以使用“选择性粘贴”命令中的“只允许粘贴文本”的选项。

【例 8.3】 打开“例 8.2”中创建的 index. html 网页文档，输入标题文本“废旧电池回收利用”，并将“第 8 章 素材库\例题 8”文件夹下的“废旧电池回收利用. txt”文档中的内容复制粘贴至文档中。

操作步骤如下。

（1）启动 Dreamweaver CS6，打开“废旧电池回收-节能环保”站点下的 index. html 文件。

【注意】 本章后续实例中对文件的编辑均需在 Dreamweaver CS6 中打开。

（2）切换至“设计视图”，将光标定位在编辑窗口中，选择某种输入法，输入文本“废旧电池回收利用”，通过按 Enter 键分段换行，如图 8-7 所示。

（3）打开“第 8 章 素材库\例题 8”文件夹下的“废旧电池回收利用. txt”文档，选中需要复制的文本进行复制。切换至 Dreamweaver CS6 的编辑窗口中右击鼠标，在打开的快捷菜单中选择“选择性粘贴”命令，如图 8-8 所示。在打开的对话框中选择“带结构的文本（段落、列表、表格等）”，单击“确定”按钮。文本添加后的效果如图 8-9 所示。最后保存文件。

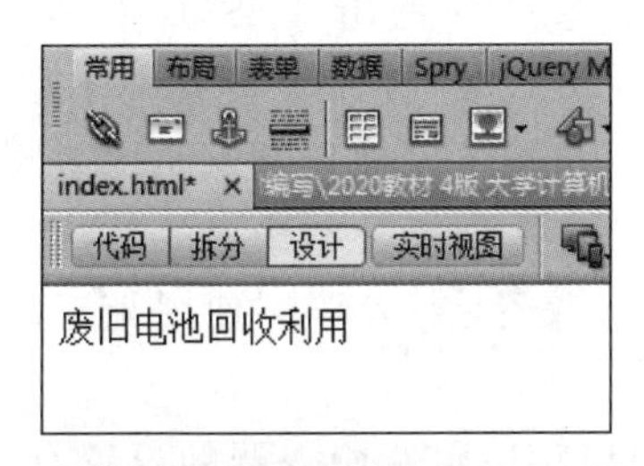

图 8-7 在“设计视图”下的编辑窗口中输入文本

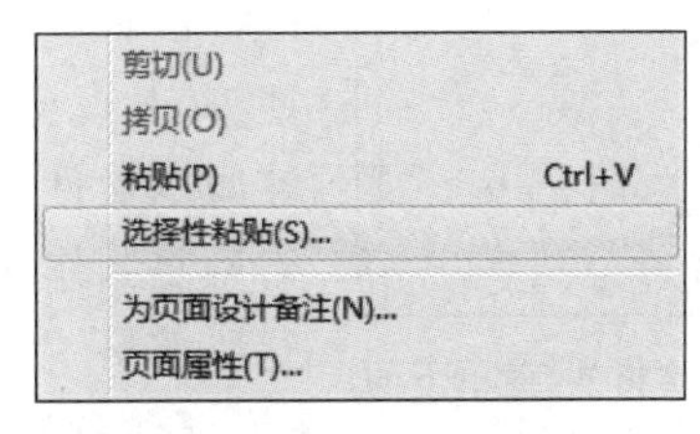

图 8-8 选择性粘贴文本

网页中除了基本的文本输入外，还会经常遇到一些特殊字符，如换行符、不换行空格、版权符号等。例如 HTML 只允许字符之间有一个空格，若要在文档中添加其他空格，则需插

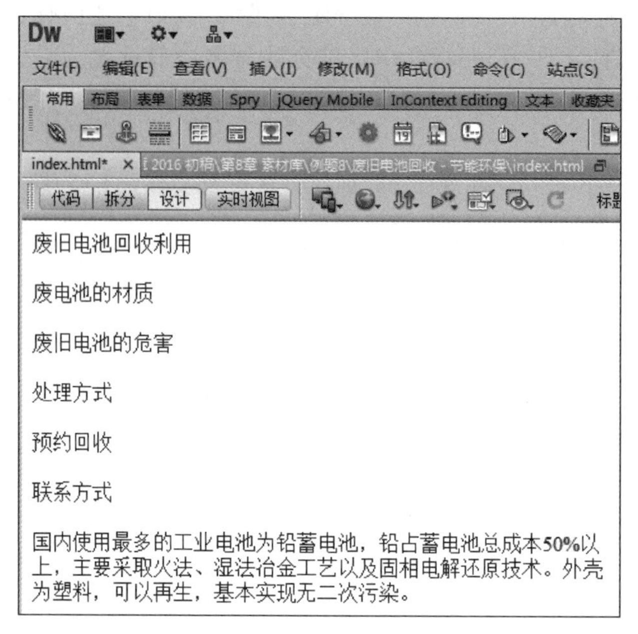

图 8-9 文本添加后的效果图

入不换行空格。在 Dreamweaver CS6 中插入特殊字符对象的方法如下。

方法 1：在菜单栏中选择“插入”→HTML →“特殊字符”。

方法 2：在“插入栏”中“文本”选项卡下单击“字符”按钮。

方法 3：某些特殊字符可以使用一些快捷键或组合键，如在网页文档中需换行分段，可以直接按下 Enter 键；如需换行但不分段，可以按 Shift+Enter 组合键；如需添加空格可以按 Ctrl+Shift+空格键构成的组合键。

2. 编辑与设置段落格式

Dreamweaver CS6 中的段落格式的设置与使用标准的字处理程序如 Microsoft Word 软件类似，用户可以为文本块设置为段落、标题、列表、段落缩进等样式。设置方法主要通过“属性”面板进行段落格式的设置，除此之外还可以通过菜单栏中的“格式”菜单下的相应命令设置段落格式，如图 8-10 所示。

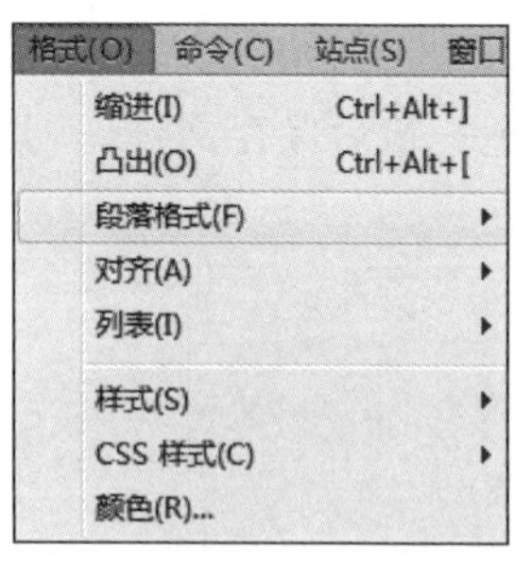

图 8-10 “格式”菜单下的命令

“属性”面板中集成了两个属性检查器，分别为 CSS 属性检查器和 HTML 属性检查器。使用 CSS 属性检查器时，Dreamweaver 则使用层叠样式表（CSS）设置文本格式。CSS 使 Web 设计人员和开发人员能更好地控制网页的表现，同时能够减少文件大小。虽然 CSS 是设置文本格式的首选方法，但对于网页制作初学者来说，笔者还是推荐学习使用 HTML 属性设置段落格式为好。

【注意】 由于使用 HTML 属性检查器的设置有一定的局限性，所以本书中会涉及部分 CSS 属性检查器的内容，以达到更好的网页设计效果。

使用 HTML 属性检查器，主要设置段落样式、列表、区块缩进。如图 8-11 所示。

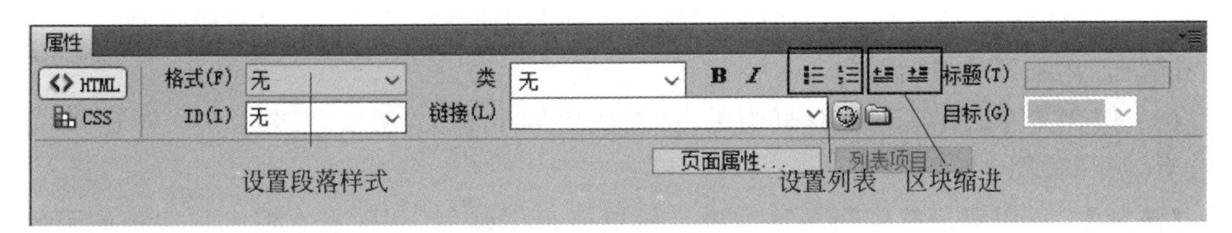

图 8-11　在 HTML 属性检查器中设置段落样式

使用 CSS 属性检查器，主要设置段落对齐方式。如图 8-12 所示。

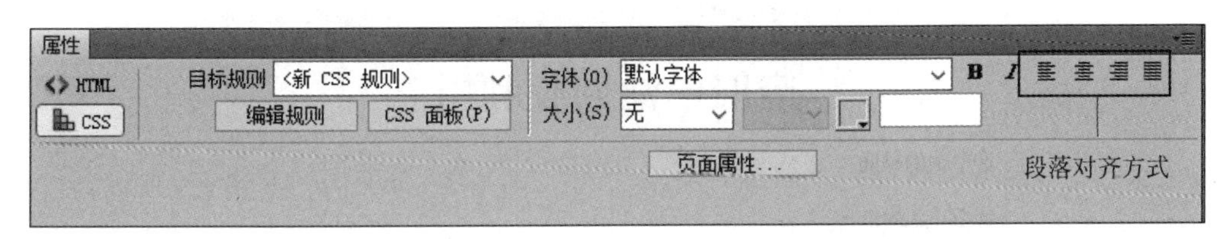

图 8-12　在 CSS 属性检查器中设置段落对齐方式

【例 8.4】 打开“例 8.3”中的 index. html 网页文档，设置标题及段落文本。将第一段“废旧电池回收利用”设置为“标题 1”格式并居中显示，将第 2 段至第 6 段设置为“标题 4”格式，将最后一段设置为“段落”格式，并设置为区块缩进。

操作步骤如下。

(1) 打开 index. html 文件，选中第一段文本“废旧电池回收利用”，在 HTML 属性检查器中的“格式”下拉列表中选择“标题 1”选项。在 CSS 属性检查器中选择居中对齐图标，随即打开“新建 CSS 规则”对话框，如图 8-13 所示。在“选择器名称”栏中输入自拟名称 bt1，然后单击确定按钮。

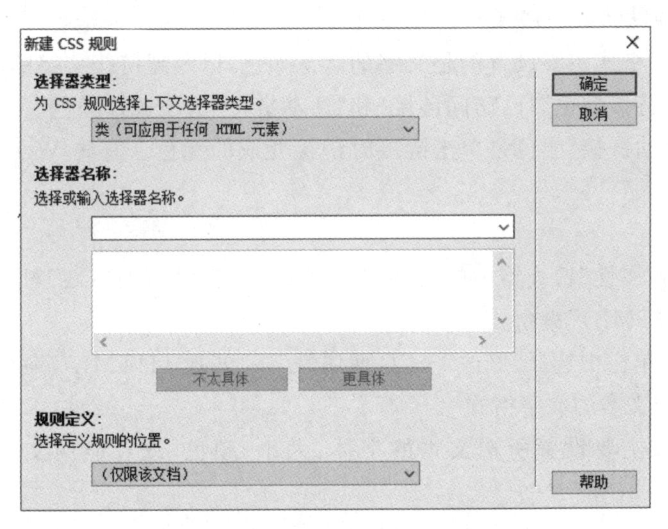

图 8-13　新建 CSS 规则对话框

【注意】 选择器名称不能使用中文及特殊字符，首字母不能使用数字。

(2) 选中第 2 段至第 6 段文本，在 HTML 属性检查器中的“格式”下拉列表中选择“标题 4”选项。

(3) 选中最后一段文本,在HTML属性检查器中的“格式”下拉列表中选择“段落”选项,并单击“内缩区块”按钮。

(4) 保存文件。在文档工具栏中单击“在浏览器中预览\调试”按钮,切换至IE浏览器中查看效果,如图8-14所示。

【注意】 可以对段落应用多重缩进。每单击一次该命令时,文本都会从文档的两侧进一步缩进。

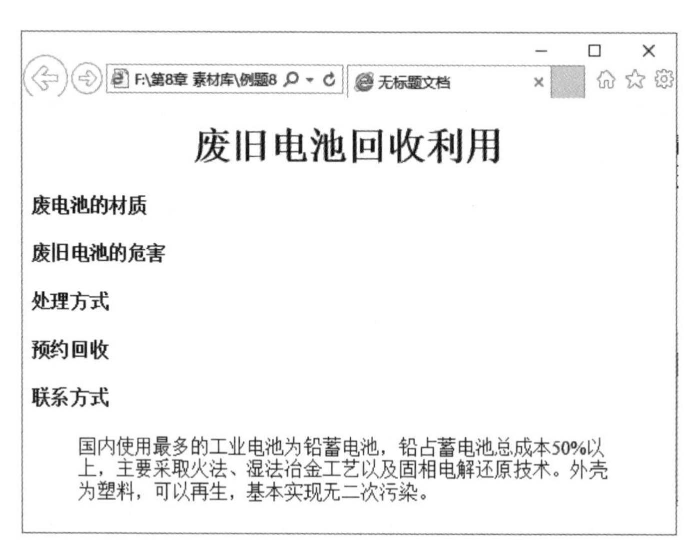

图8-14 设置文本段落格式后的效果图

3. 编辑与设置文字格式

(1) 设置页面默认文字格式

页面默认文字格式主要设置的是文字的默认颜色,以及超链接文字的四种状态颜色,分别为“文本颜色”“链接颜色”“已访问链接”和“活动链接”选项选择颜色。

【注意】 “活动链接”颜色是单击链接时链接变成的颜色。有些Web浏览器可能不会显示指定的颜色。

设置方法如下。

方法1:单击“属性”检查器中的“页面属性”按钮,打开“页面属性”对话框,如图8-15所示,选择“外观(HTML)”命令。

方法2:在菜单栏中选择“修改”→“页面属性”→“外观(HTML)”命令。

(2) 设置已选文本的文字格式

设置文字格式主要设置所选文本的字体、大小、颜色,或者应用文本样式如粗体、斜体等。

设置方法如下。

方法1:使用HTML属性检查器,主要设置文字加粗或斜体。

方法2:使用CSS属性检查器,主要设置文字的字体、颜色、大小、加粗、斜体。

【例8.5】 打开“例8.4”中的index.html网页文档,设置文字格式。将标题1文本“废旧电池回收利用”设置为红色,将最后一段文本设置为仿宋字体、16px大小。

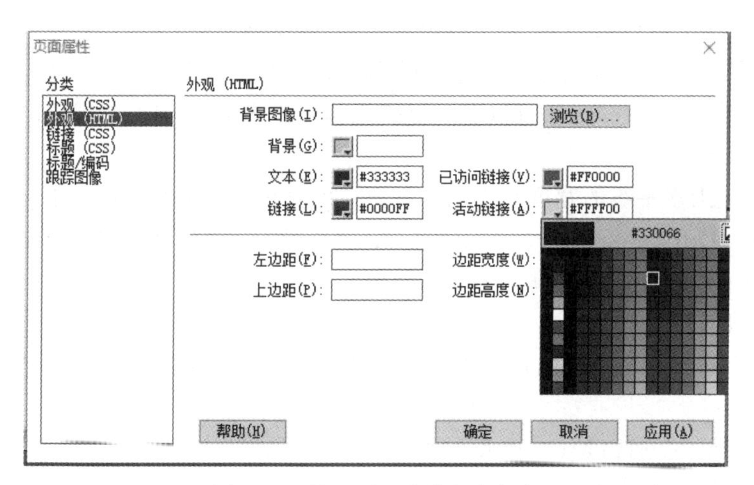

图 8-15　设置页面默认文本颜色

操作步骤如下。

（1）打开 index.html 文件，选中标题 1 文本“废旧电池回收利用”，在 CSS 属性检查器中设置颜色：红色。因为在例 8.4 中已经为标题 1 文本创建了名为 bt1 的 CSS 样式，此时将不会弹出“新建 CSS 规则”对话框，而是在名为 bt1 的 CSS 样式基础上继续设置新的样式内容。

（2）选中最后一段文本，在 CSS 属性检查器中设置大小为 16px，此时将弹出“新建 CSS 规则”对话框，在选择器名称框中输入自拟名称 p_style，单击确定按钮，然后再设置字体为仿宋，字体中默认不显示中文字体库，选择编辑字体列表进行添加即可。

（3）保存文件。在 IE 浏览器中显示效果如图 8-16 所示。

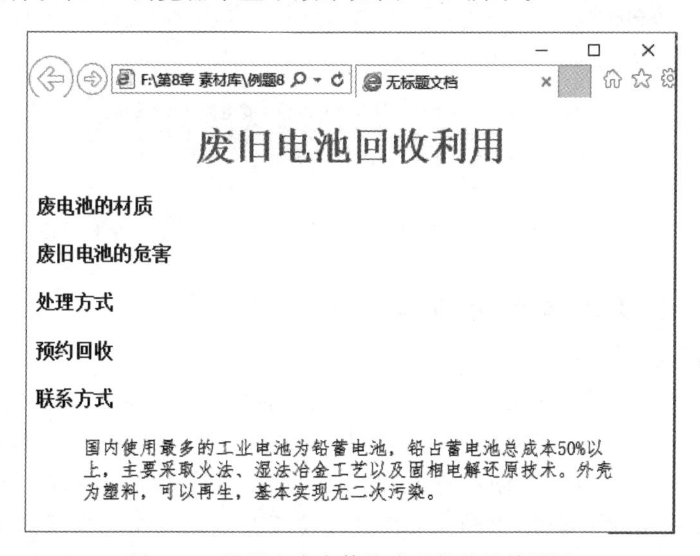

图 8-16　设置文本字体格式后的显示效果图

4. 设置水平线

在网页中为使版面层次更加明显，可以利用水平线分隔页面中的内容。插入水平线的方法如下。

方法1：在菜单栏中选择“插入”→HTML →“水平线”。

方法2：在“插入栏”的“常用”选项卡下单击“水平线”按钮。

在网页中插入水平线之后，可以在“属性”面板中对其进行相关设置，如水平线的宽度、高度以及对齐方式。

【注意】 仅当水平线的宽度小于浏览器窗口的宽度时，该设置才适用。

【例8.6】 打开“例8.5”中的index.html网页文档，在标题1文字“废旧电池回收利用”下方插入水平线，并设置其高度为2个像素。

操作步骤如下。

(1) 打开index.html文件，在文档窗口中将插入点定位在标题1文字“废旧电池回收利用”下方。

(2) 选择“插入”→HTML →“水平线”命令。

(3) 在“属性”面板中的“高度”文本框中输入2。

(4) 保存文件。在IE浏览器中显示效果如图8-17所示。

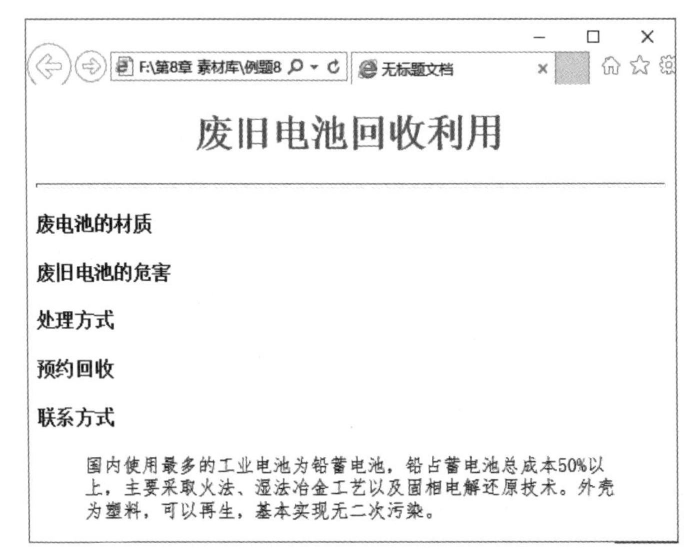

图8-17 插入水平线后的显示效果图

8.2.4 网页中多媒体元素的插入与编辑

1. 图像的插入与编辑

图像是网页最主要的元素之一。虽然存在很多种图形文件格式，但网页中通常使用的只有3种，即GIF、JPEG和PNG，其中使用最广泛的是GIF和JPEG文件格式。

将图像插入Dreamweaver创建的文档时，HTML源代码中会生成对该图像文件的引用。为了确保此引用的正确性，该图像文件必须位于当前站点中。如果图像文件不在当前站点中，Dreamweaver会在插入图像时将弹出一个提示框，如图8-18所示，询问用户是否确定将图像复制到当前站点中，此时应单击“是”按钮。

插入图像的方法如下。

方法1：在菜单栏中选择“插入”→“图像”命令。

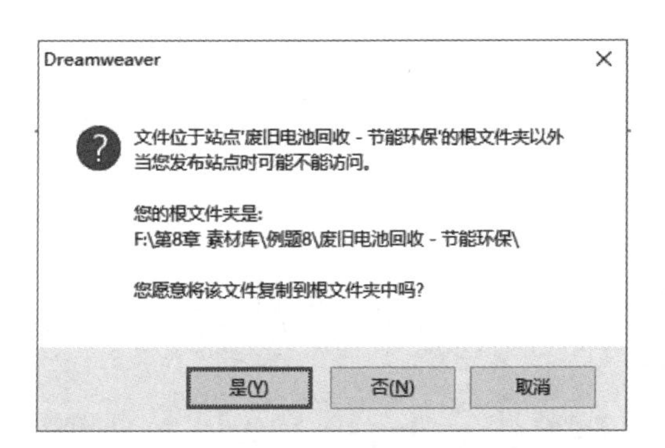

图 8-18　询问是否将图像复制到站点中

方法 2：在“插入栏”的“常用”选项卡下单击“图像”按钮。

【例 8.7】 打开“例 8.6”中的 index.html 网页文档，在文档下方插入图像，图像文件为“第 8 章 素材库\例题 8”文件夹下的 image1.jpg。

操作步骤如下。

(1) 打开 index.html 文件，在编辑窗口中将插入点定位在要插入图像的位置。

(2) 在菜单栏中选择“插入”→“图像”命令，打开“选择图像源文件”对话框，选择要插入的图像文件，这里我们选择的是一张站点之外的图像，如图 8-19 所示。

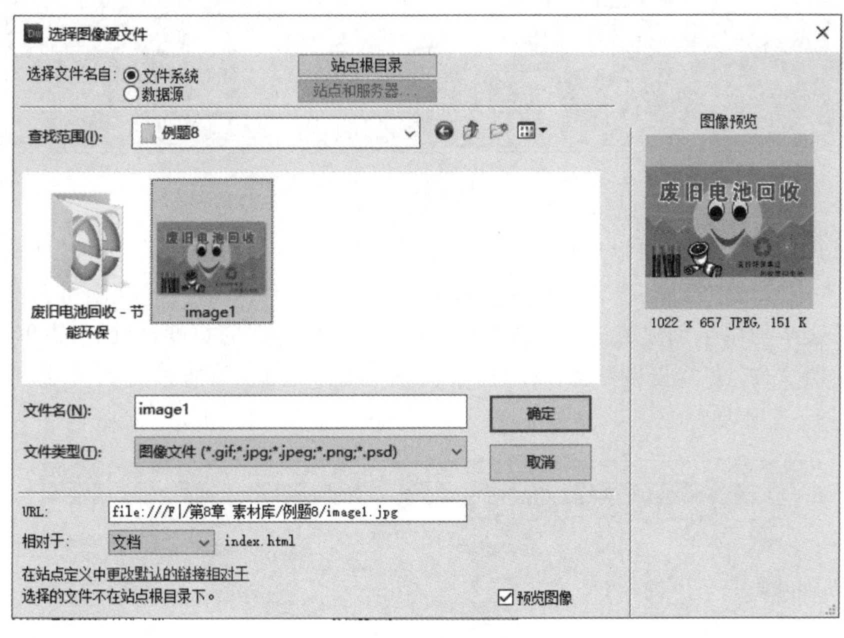

图 8-19　“选择图像源文件”对话框

(3) 单击“确定”按钮，弹出一个系统提示对话框，如图 8-18 所示，单击“是”按钮，弹出“复制文件为”对话框，选择网站文件夹 Images，然后单击“保存”按钮，即将当前所选图像保存在了当前站点中的 Images 文件夹中。

【注意】 如果需要插入的图像是站点内的图像，则不会显示步骤(3)而直接跳至步骤(4)。

(4) 步骤(3)完成后将弹出“图像标记辅助功能属性”对话框，在“替换文本”框中输入

“废旧电池回收”,“详细说明”文本框为图片的来源或说明信息,此处可不填。

(5) 保存文件。在IE浏览器中的显示效果如图8-20所示。

【注意】 如果在浏览器中图像不能正常显示时,将显示为“替换文本”中的文本信息。

图8-20 图像的插入后的效果图

插入到网页中的图像可以通过“属性”面板设置其属性,编辑图像的“属性”面板如图8-21所示。最常用的操作是使用“宽”和“高”重设图像的大小、使用“对齐”下拉列表设置对齐方式、“链接”文本框用于创建超链接,“边框”用于设置图像边框的宽度,以像素为单位(默认为无边框),“源文件”文本框则显示该图像文件的URL地址,并通过此处可重新载入其他图像。

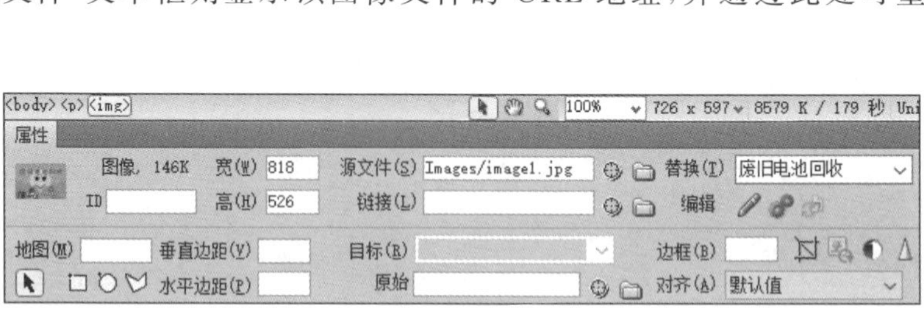

图8-21 设置图像的“属性”面板

2. 网页背景的设置

网页中的背景设计是相当重要的,好的背景不但能影响访问者对网页内容的接受程度,还能影响访问者对整个网站的印象。在不同的网站上,甚至同一个网站的不同页面上,都会有各式各样的不同的背景设计。常见的网页背景包含颜色背景和图像背景。

颜色背景的设计是最为简单的,但同时也是最为常用和最为重要的,因为相对于图像背景来说，它有显示速度上的优势。颜色背景虽然比较简单，但需注意要根据不同的页面内容设计背景颜色的冷暖状态，还要根据页面的编排设计背景颜色与页面内容的最佳视觉搭配。

单一的背景颜色可能会使页面在效果上显得单调，使用图像背景会达到更美观的效果。设置背景颜色与设置背景图像的方法类似，均可在“页面属性”设置对话框中完成。

【例 8.8】 打开“例 8.7”中的 index.html 网页文档，为其设置网页背景颜色，颜色设置为#FFFFCC。

操作步骤如下。

(1) 打开 index.html 文件，单击“属性”面板中的“页面属性”按钮或在菜单栏中选择“修改”→“页面属性”命令，弹出“页面属性”对话框，如图 8-22 所示。

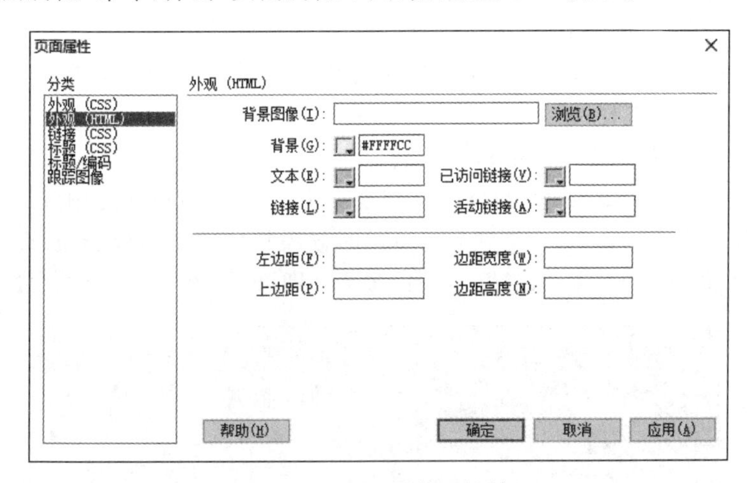

图 8-22 “页面属性”对话框

(2) 在“分类”列表框中选择“外观(HTML)”选项，单击右侧窗格中“背景”标签后的色板，再选择需要的颜色#FFFFCC。

(3) 单击“确定”按钮，网页背景即设置成了需要的颜色。

(4) 保存文件。

3. 影音文件的插入与编辑

在 Dreamweaver CS6 中，不但可以插入图片，还可以插入 Flash 动画和视频文件等多媒体信息，设置背景音乐，增加网页的视听觉效果。

(1) 插入 Flash 动画。Flash 动画文件其后缀名为.swf 格式，其插入方法如下。

方法 1：在菜单栏中选择“插入”→媒体→SWF 命令。

方法 2：在“插入栏”的“常用”选项卡下单击“媒体”按钮，选择 SWF 命令。

(2) 插入 FLV 视频。FLV 是随着 Flash 系列产品推出的一种流媒体格式。插入 FLV 视频的方法如下。

方法 1：在菜单栏中选择“插入”→媒体→FLV 命令。

方法 2：在“插入栏”的“常用”选项卡下单击“媒体”按钮，选择 FLV 命令。

(3) 设置背景音乐。网页设计中除了尽量提高页面的视觉效果及互动功能以外，还可以通过声音的方式传达情感，因此可以为网页添加背景音乐，目前各大主流浏览器在不安装插件的基础上可支持大多数主流音乐格式，如 WAV、MID、MP3 等。其主要的设置方法如下。

方法：在菜单栏中选择“插入”→媒体→“插件”命令。

影音文件插入完成后，如要编辑其属性，均可在相应的“属性”面板中进行设置。

【例 8.9】 打开“例 8.8”中的 index.html 网页文档，为其设置背景音乐，音乐文件为“第 8 章 素材库\例题 8”文件夹下的 Earth Melody.mp3。

(1) 打开 index.html 文件，在菜单栏中选择“插入”→媒体 →“插件”命令，打开“选择文件”对话框，选择要插入的音乐文件。

【注意】 网页中所有涉及的各种文件，如图像、视频、音乐等均需要保存在站点文件下，如果插入的源文件为站点外的文件，此时将会弹出与插入图像时同样的“询问是否将文件复制到站点中”对话框，如图 8-18 所示，其操作方法与图像的插入相同。

(2) 单击“确定”按钮，弹出一个系统提示对话框，如图 8-18 所示，单击“是”按钮，弹出“复制文件为”对话框，选择网站文件夹 common，然后单击“保存”按钮，即将当前所选的音乐文件保存在了当前站点中的 common 文件夹。

(3) 此时已完成音乐的插入，页面中会出现一块小矩形，该矩形为相应的控制面板的大小，本例中需设置为背景音乐，在浏览器显示的时候需将此控制面板隐藏，设置方法只需将该插件的“属性”面板中的“宽”“高”文本框设置为 0 即可，如图 8-23 所示。最后保存文件。

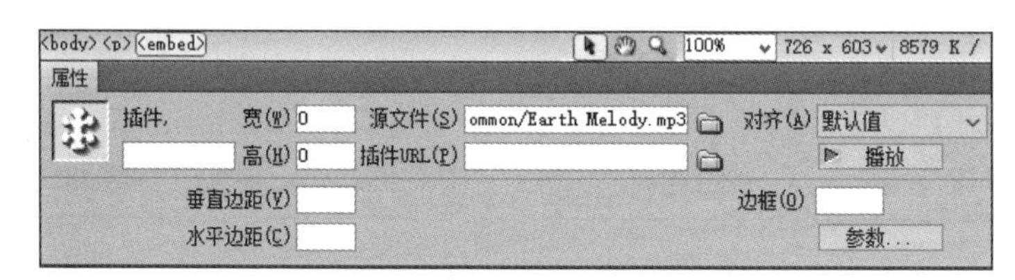

图 8-23　设置插件的“属性”面板

【注意】 在“属性”面板中将“宽”“高”文本框设置为 0 后，该插件在浏览器中将不会显示出来，而在 Dreamweaver CS6 中的“设计视图”中仍会显示出小矩形，以方便设置该插件的属性。

8.2.5　超链接的创建与编辑

超链接是网页之间联系的桥梁，浏览者可以通过它跳转到其他页面，可以说超链接是整个网站的“灵魂”。它所指向的目标可以是另一个网页，也可以是相同网页上的不同位置，还可以是图片、电子邮件地址、文件，甚至是应用程序。当浏览者单击已设置超链接的文字或图片后，链接目标将显示在浏览器上，并且根据目标的类型来打开或运行。

每个 Web 页面都有一个唯一的地址，称为统一资源定位器（URL）。超链接正是以 URL 的表达方式来书写链接路径的。不过，在创建本地链接(即从本地的一个文档到同一站点上另一个文档的链接)时，通常不指定作为链接目标的文档的完整 URL，而是指定一个始于当前文档或站点根文件夹的相对路径。链接路径有如下 3 种类型。

(1) 绝对地址。链接中使用完整的 URL，包含所使用的协议、主机名称、文件夹名称等，而且与链接的源端点无关。绝对地址是一个精确地址，一般用来创建对当前站点以外文件的链接。例如：http://www.163.com/news.html。

(2) 根路径。从站点根目录开始的路径称为站点根目录，使用斜杠“/”代替站点根目录，作为其开始路径，然后书写文件夹名，最后书写文件名。例如：/dreamweaver/index.html。

(3) 相对路径。相对路径就是相对于当前文件的路径。相对路径中不包括协议和主机地址信息，只包含文件夹名和文件名或只有文件名。通常用来创建在同一个站点内的文件的链接。与当前文档的相对关系有 3 种情况。

- 如果链接到同一目录中的文件，则只需输入要链接文件的名称。
- 如果要链接到下级目录中的文件，只需先输入目录名，然后加“/”，再输入文件名。
- 如果要链接到上一级目录中文件，则先输入“../”(代表上一层目录)，再输入文件名。

创建超链接的方法如下。

方法 1：选中需设置超链接的已有文本，在“属性”面板中通过“链接”文本框来创建超链接，如图 8-24 所示。

【注意】 链接路径可以通过“链接”文本框中手工输入路径，或者单击“链接”文本框后的按钮打开“选择文件”对话框，选择要链接的文件。

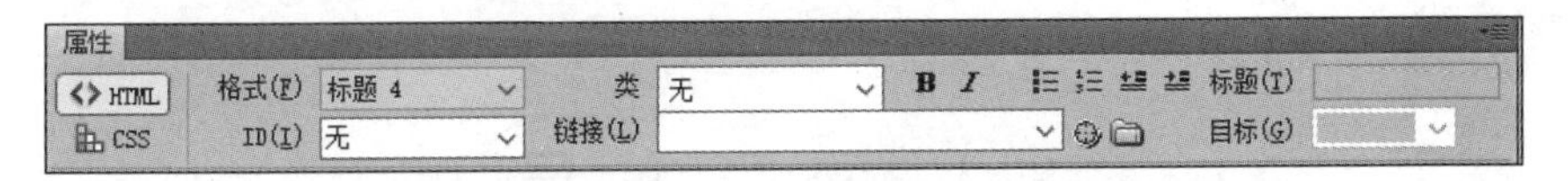

图 8-24 在“属性”面板中创建超链接

【注意】 “属性”面板中的“目标”列表与超链接的行为有关，用于指定打开链接文件的目标窗口，设置内容如下。

- _blank 将链接的文档载入一个新的、未命名的浏览器窗口。
- _parent 将链接的文档加载到该链接所在框架的父框架或父窗口。如果包含链接的框架不是嵌套框架，则所链接的文档加载到整个浏览器窗口。
- _self 将链接的文档载入链接所在的同一框架或窗口。此目标是默认的，所以通常不需要指定它。
- _top 将链接的文档载入整个浏览器窗口，从而删除所有框架。

方法 2：在菜单栏中选择“插入”→“超级链接”命令。

方法 3：在“插入栏”的“常用”选项卡下单击“超级链接”按钮，选择“超级链接”命令。

【例 8.10】 打开“例 8.9”中的 index.html 网页文档，分别创建两个文本超链接。将文本“废电池的材质”设置为超链接，并链接至同一站点内的网页文件 dccz.html，要求在新的浏览器窗口中显示；将文本“废旧电池的危害”设置为超链接，并链接至同一站点内的网页文件 dcwh.html，同样设置在新的浏览器窗口中显示。

操作步骤如下。

(1) 打开 index.html 文件，在编辑窗口中选中文本“废电池的材质”。

(2) 单击“属性”面板的“链接”文本框后的按钮，打开“选择文件”对话框，选择该站点下 dccz.html 文件，单击“确定”按钮。

(3) 在“属性”面板上的“目标”列表中选择_blank 选项。

(4) 重复步骤(1)-(3)即可创建"废旧电池的危害"相对应的超链接。

(5) 保存文件。设置超链接后的效果如图 8-25 所示。

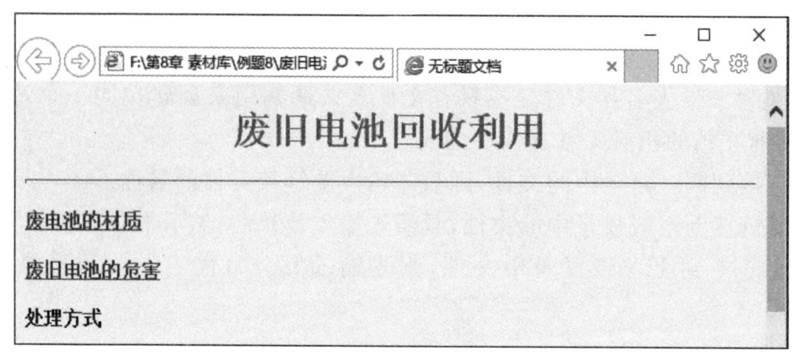

图 8-25 设置文本超链接后的效果图

【注意】 当网页包含超链接时,设置为超链接的元素其外观形式一般为彩色(默认为蓝色)且带下画线的文字或边框为彩色(默认为蓝色)的图片,单击这些文本或图片,可跳转到相应的目标位置。超链接的外观形式可通过"页面属性"进行设置,如图 8-22 所示。鼠标指针指向设置为超链接的文本或图片时,光标将变成手形。

8.3 网页布局

本节主要介绍在网页制作过程中网页布局的设计方法,并结合实例使用表格完成页面的布局。

8.3.1 页面布局基础

网页作为互联网信息传递的主要媒介,是提供绝大部分信息的平台,若网页结构混乱,内容杂乱无章,用户需花费大量的时间在查找信息上,用户体验则会极差,不能留住客户,尤其对于企业网站来说是极大的损失。为此网页需要精心设计才能吸引用户的眼球。为保证网页结构清晰,在网页设计阶段对页面进行合理布局是非常关键的。布局就是将有限的视觉元素进行合理的排列组合,表现出更强的逻辑性以及个性化。

通常网页布局中使用的版式有:"T"结构布局、"口"型布局、"田"型布局、"三"型布局、"川"型布局等。网页的信息内容将直接影响到布局结构,因此在设计网页布局前,要根据网页的信息类型、信息量等进行合理的规划,做好充分的前期准备。一个页面的主要骨架结构大体可分为头部、Logo 标志、导航栏、侧栏、页脚以及内容显示区。页面整体宽度避免超过显示器分辨率,即避免出现水平滚动条。由于显示器分辨率的不同,页面的大小一般可设置为 780×428 像素、1007×600 像素等不同尺寸。

在设计页面过程中,为了整体把握页面结构,首先应先绘制网页草图,可通过手绘或者借助绘图软件进行设计。接下来在草图的基础上,将确定需要放置的功能模块安排到页面上,最后完善细节,确定布局方案。网页效果图绘制完成后,则需要相关技术手段实现效果图中的分布,将网页效果图转化成真实的网页。实现网页布局的技术主要有以下方式。

(1) 表格布局。使用表格可以轻松地对页面中各元素进行定位,且表格布局兼容性较好，基本不用考虑浏览器兼容问题，早期的网站基本均采用此种方式。表格布局相对简单易学，特别适合初学者学习及使用的一种布局手段。但表格布局也有一定缺点，使用表格布局的代码偏长，影响页面下载，其灵活性较差，维护较难。表格布局适合内容或数据整齐的页面。

(2) 框架布局。框架布局是将浏览器窗口分割成几部分，每部分可以分别放置一个网页，且具有独立的滚动条，浏览器窗口则作为最外层的框架存在。框架布局通常主要被应用于后台管理页面的设计中。

(3) DIV+CSS 布局。在 HTML4.0 标准中，CSS(层叠样式表)被提出来，它能精确定位文本和图片。传统的表格布局是通过大小不一的表格和表格嵌套来定位排版网页内容，改用 CSS 排版后，就是通过由 CSS 定义的大小不一的盒子和盒子嵌套来编排网页。这种排版方式的网页代码简洁，表现和内容相分离，维护方便，目前已被大多数浏览器所支持。对于初学者来说 CSS 显得有点复杂，本书中将不详细阐述。此种布局方式多见于复杂的不规则页面以及较大型的商业网站。

8.3.2 表格布局

表格是用于在 HTML 页上显示表格式数据以及对文本和图形进行布局的强有力的工具。表格由一行或多行组成；每行又由一个或多个单元格组成。虽然 HTML 代码中通常不明确指定列，但 Dreamweaver 允许操作列、行和单元格。

在网页编辑中，使用表格可以实现两方面功能，一是用来展示文字或图像等内容，可以把相互关联的信息集中定位，排列更有序；二是用来实现版面布局，使网页更规范、更美观。

1. 用表格规划页面结构

在设计页面时，为了整体把握页面结构，可以先用表格将网页效果图的主体框架勾勒出来，然后再针对每个部分进行内容的填充。图 8-26 所示为一般常见的表格规划的页面结构。各功能模块可随着内容的变化进行删减或增加。

<table>
<tr><td>Logo</td><td colspan="2">头部</td></tr>
<tr><td colspan="3">导航栏</td></tr>
<tr><td>左侧栏</td><td rowspan="2">内容区</td><td>右侧栏</td></tr>
<tr><td></td><td></td></tr>
<tr><td colspan="3">页脚</td></tr>
</table>

图 8-26　表格规划的页面结构

2. 创建表格

常用的表格创建方法如下。

方法一：在菜单栏中选择“插入”→“表格”命令，打开“表格”对话框，如图 8-27 所示。

方法二：在“插入栏”的“布局”选项卡下单击“表格”按钮，打开“表格”对话框。

- “行数”和“列”：用于确定表格的行与列的数目。
- “表格宽度”：指定表格的宽度，其单位可以选择使用像素或按占浏览器窗口宽度的百分比表示。

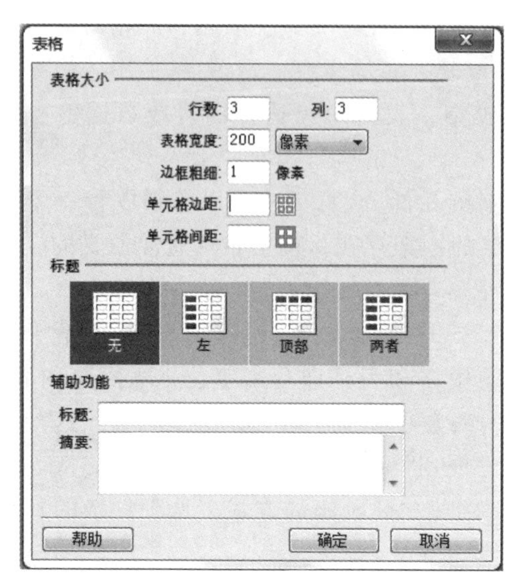

图 8-27 “表格”对话框

- “边框粗细”：指定表格边框的宽度。
- “单元格边距”：指定单元格内容与单元格边框之间的距离，默认为 1 像素。
- “单元格间距”：指定相邻单元格之间的距离，默认为 2 像素。
- “标题”组：提供 4 种设置表格的列或行作为标题的样式。
- “辅助功能”组：提供一个显示在表格上方的表格标题以及表格的说明。

【注意】 若使用表格进行页面布局，通常将“边框粗细”设置为 0。

【例 8.11】 打开“例 8.10”中的 index.html 网页文档，为该网页的内容进行页面的布局设置，将光标定位于页头位置，创建一个 4 行 6 列，宽度为 780 像素的表格作为布局框架。

操作步骤如下。

(1) 打开 index.html 文件，在编辑窗口中将光标定位于页头位置，在菜单栏中选择“插入”→“表格”命令，打开“表格”对话框。

(2) 在“行数”“列”文本框中分别输入 4、6；“表格宽度”文本框中输入 780；“边框粗细”设置为 0；其他设置均为默认即可。单击“确定”按钮完成表格的创建。

【注意】 设置的表格宽度为表格的整体宽度。

3. 表格的选定与编辑

创建好表格后通常还会根据需要对表格进行相关的编辑，在编辑之前首先应选中整个表格。表格的选定方法如下。

方法一：将鼠标指针移到表格的边框上单击鼠标左键即可选中整个表格。

方法二：先在表格内任意处单击一次鼠标左键，然后在“属性面板”上方的标记选择器上单击< table >标记，也可选中这个表格。

对表格进行编辑的操作主要有重新修改行列数、表格的宽度、边框的粗细、设置表格的对齐方式等，通常表格作为布局使用时，一般将表格设置为居中对齐。表格的编辑主要在表格的“属性”面板中按照相关的命令即可完成。表格的“属性”面板如图 8-28 所示。

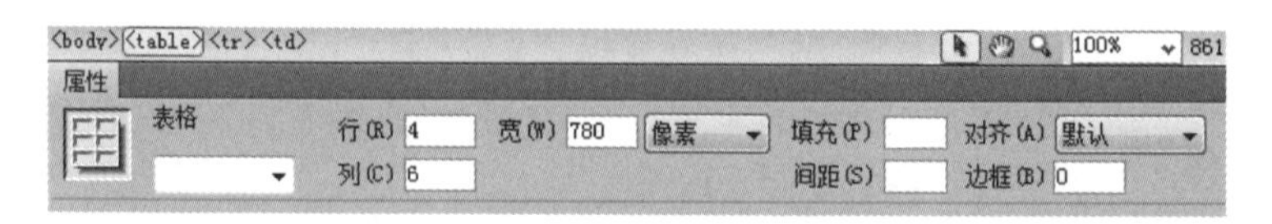

图 8-28 表格的“属性”面板

4. 单元格的选定与编辑

在编辑操作之前首先应选中单元格、单元格区域、行或列，其操作方法与 Word 表格类似，在此不再叙述。

对单元格进行编辑的操作主要有设置单元格的宽和高，将单元格设置为标题单元格，设置单元格的背景，设置单元格内容的对齐方式。设置方法主要在单元格的“属性”面板中完成。单元格的“属性”面板如图 8-29 所示。

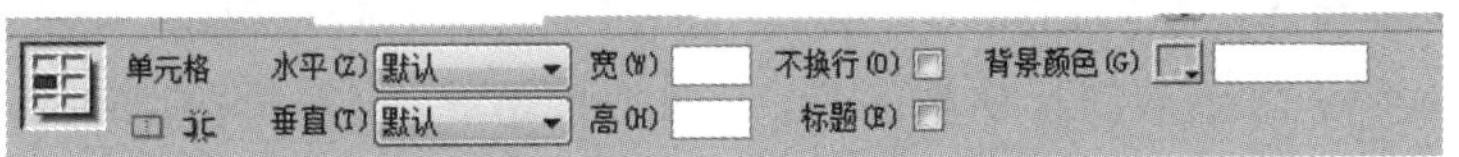

图 8-29　单元格的“属性”面板

【注意】　单元格宽高的设置还可通过鼠标拖动边框的方式进行不精确的调整。

5. 拆分/合并单元格

在表格中，可以根据实际需要对单元格进行拆分与合并。

(1) 拆分。只能针对某一个单元格进行此操作。先选中要进行拆分的单元格，在“属性”面板中单击拆分单元格按钮，如图 8-30 所示，弹出“拆分单元格”对话框，如图 8-31 所示，选择拆分的类型为行或列，并设置要拆分成的行数或列数，然后单击“确定”按钮即可将单元格拆分成指定的多行或多列。

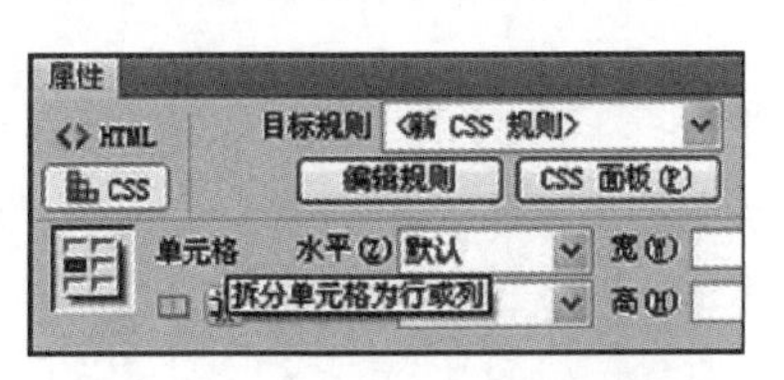

图 8-30　“属性”面板拆分按钮

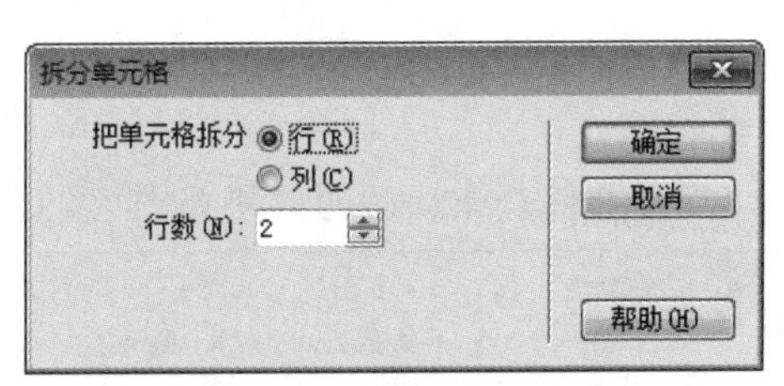

图 8-31　“拆分单元格”对话框

(2) 合并。需至少选中两个连续的单元格才可进行此操作。先选中需要合并的多个连续的单元格，然后在“属性”面板中单击合并单元格“　”按钮，如图 8-32 所示，即可将选中的多个单元格合并为一个单元格，效果如图 8-33 所示。

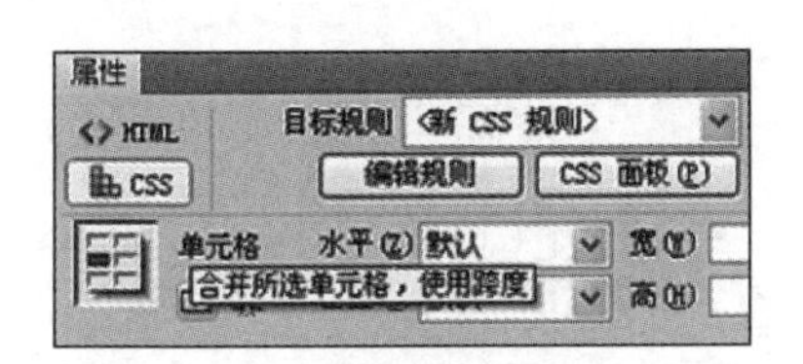

图 8-32　“属性”面板合并按钮

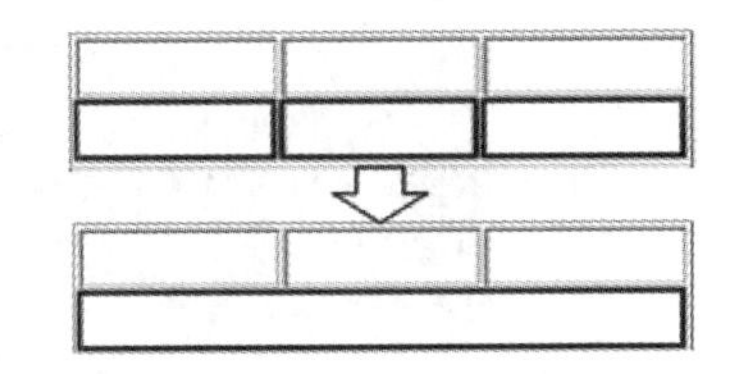

图 8-33　单元格合并效果

【例 8.12】　打开“例 8.11”中的 index.html 网页文档，根据该页内容对表格及单元格进行适当的操作以完成该页的布局设置。

操作步骤如下。

(1) 打开 index.html 文件，选中整个表格，在“属性”面板中对齐下拉列表中选择居中对齐。由此可以将网页的内容在浏览器中居中显示。

(2) 在第一行第一列单元格中定位鼠标，插入 logo 图像，图像文件为“第 8 章 素材库\例题 8”文件夹下的 logo.jpg。通过鼠标调整该单元格的宽度到适当的位置。

(3) 选中第一行中的第 2 个至第 6 个连续的单元格区域，在“属性”面板中单击“合并单元格”按钮，将标题 1 文本“废旧电池回收利用”剪切并粘贴至此合并后的单元格中。

【注意】 为能够同时选中文本的格式和内容，选择文本时可以将鼠标定位在文本任意位置，然后在“属性面板”上方的标记选择器上单击相应标记即可(此处练习为< h1 >标记)。

(4) 右击水平线并选择剪切命令，然后在文本“废旧电池回收利用”右侧进行粘贴即可。

(5) 为使水平线与 logo 图片底端平齐，可选中该单元格，在“属性”面板“垂直”下拉列表中选择“底部”选项。

(6) 选中文本“废电池的材质”，在“属性面板”上方的标记选择器上单击< h4 >标记，将其剪切并粘贴至第二行第 2 个单元格中，通过拖动该单元格边框调整其宽度至合适的位置。用同样的方法分别将后续 4 段文本“废旧电池的危害”“处理方式”“预约回收”“联系方式”剪切并粘贴至第二行第 3 至第 6 个单元格中。

(7) 选中第三行中所有的单元格，在“属性”面板中单击“合并单元格”按钮。将余下所有内容，包括正文以及“废旧电池回收”图片等剪切并粘贴至第三行单元格中。本行作为主要内容显示区。

(8) 选中第四行中所有的单元格，在“属性”面板中单击“合并单元格”按钮。在“属性”面板“水平”下拉列表中选择居中对齐选项。然后通过键盘输入相关的版权等信息即可。本行作为页脚部分。

(9) 保存文件。布局后的效果如图 8-34 所示。

图 8-34 首页布局后的效果图

【注意】 该网站实例中另外两个子页面可按照首页 index.html 的制作方法来完成。

8.4 网站测试及发布

在网页制作完成后，就要进入最后一个环节——网站的测试与发布。

8.4.1 网站测试

在将站点上传到服务器之前，必须先对站点进行测试，主要包括测试浏览器的兼容性、测试超链接的有效性、在浏览器中测试网页的正确性等，这样才能保证发布站点以后，尽可能少地出现错误。

（1）测试浏览器的兼容性。一般情况下，在本地计算机上创建的站点和网页不一定能在所有的浏览器中正常显示，因此，发布站点之前需要测试浏览器的兼容性，以便发现问题及时修改。

（2）测试超链接的有效性。在站点中，网页之间的相互跳转是通过超链接来实现的，因此发布站点之前一定要确保站点中的每一个超链接的有效性，避免产生断开的超链接。

（3）在浏览器中测试网页的正确性。通过在浏览器中预览网页的方法来测试网页是一个非常有效的途径，这种方法贯穿于整个网页设计和创建过程中，通过它可以及时发现网页中存在的错误，避免重复出现相同的错误，也有利于及时纠正。

在 Dreamweaver 中，用户可以在任何时间通过目标浏览器预览网页，而不必首先保存文档，这时浏览器中的所有功能都将发挥作用，包括 JavaScript、相对链接、绝对链接、ActiveX 控件等。使用这种方法测试网页的最大好处是可以及时地改正网页中存在的错误。

8.4.2 网站发布

完成了站点的测试，确保站点能够正常运行以后，就可以发布站点，使其成为一个真正的网站了，以实现在互联网中能被访问到。目前，大多数 ISP 都支持 FTP 上传功能，用户可以使用 Dreamweaver CS6 站点发布功能发布站点。

1. 定义远程站点

在发布站点之前，首先应该定义远程站点，并设置上传参数，具体步骤如下。

（1）在“文件”面板中打开要上传的本地站点。

（2）选择“站点”→“管理站点”命令，弹出“管理站点”对话框，选择需上传的站点名称。

（3）单击“编辑”按钮，打开“站点设置对象”对话框。

（4）在对话框左侧窗格中选择“服务器”选项，单击 + 按钮添加新服务器。

（5）在“基本”设置页面“连接方法”下拉列表中选择 FTP，输入相关连接参数，如图 8-35 所示。“服务器名称”用于输入当前连接服务器名称；“FTP 地址”用于输入 FTP 主机名称，必须是完整的 Internet 名称，例如 ftp.163.com；“用户名”用于输入用户在 FTP 服务器上的注册账户；“密码”用于输入账户密码。

（6）单击“保存”按钮，返回“站点设置对象”对话框。

（7）单击“保存”按钮完成设置。

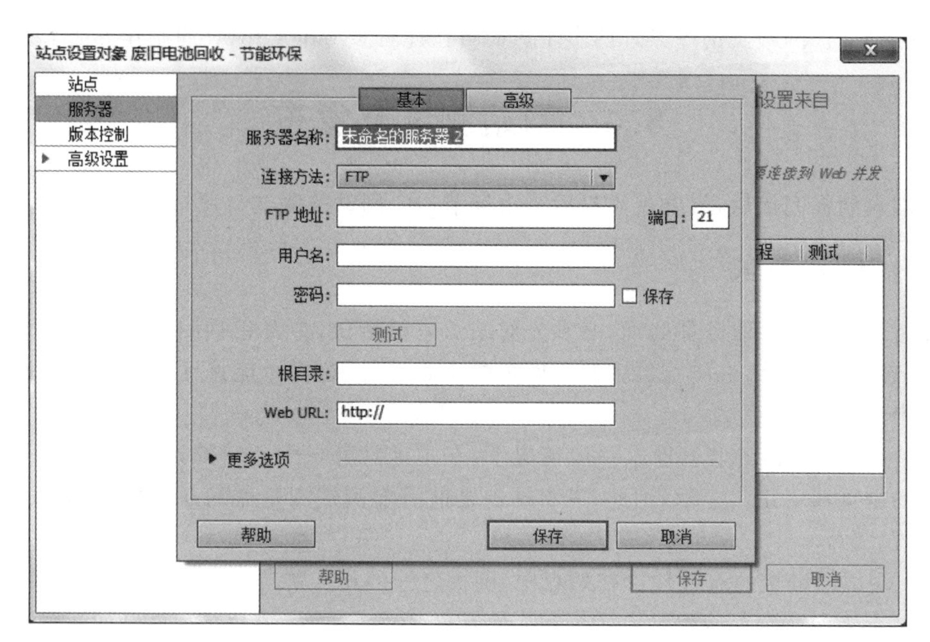

图 8-35　远程服务器设置对话框

图 8-36　网站发布窗口

(8) 定义完远程站点设置以后,单击“文件”面板中的按钮,连接远程服务器。

(9) 连接成功以后,“文件”面板中的按钮左下角的黑点变为绿点,表明已经连接成功。

(10) 在“文件”面板中单击按钮,上传网站内容,如图 8-36 所示。

本地计算机与远程服务器成功连接以后,就可以发布站点了。既可以发布整个站点,也可以发布站点的一部分内容。

习　题　8

1. 创建一个失踪儿童寻找网站

进入“第 8 章 素材库\习题 8”下的“习题 8.1”文件夹,并按照题目要求完成下面的操作。

儿童失踪对于每个家庭都是一个沉重的打击,为了帮助寻找失踪儿童,利用互联网建立一个共享平台来扩大寻找范围,请根据“习题 8.1”文件夹中的素材制作一个相关网站,具体要求如下:

(1) 新建首页,利用表格进行布局,表格第一行中输入标题文字“儿童失踪信息平台”,并将文字格式设置为“标题 1”,文字样式为红色、粗体、居中对齐。

(2) 在首页中第二行各单元格中分别输入:首页、家寻宝贝、宝贝寻家、流浪乞讨、活动报道。文字格式设置为“标题 3”。

(3) 在首页中第三行插入图片 sy.jpg,图片素材已存放于习题 8.1 文件夹中。

(4) 在首页中第四行输入素材中的文本 sy.txt。文本素材已存放于习题 8.1 文件夹中。将文本标题格式设置为"标题 3",正文文字样式设置为区块缩进、仿宋、18px。

(5) 在首页中第五行插入水平线,输入版权信息及友情链接。

(6) 新建第二张网页,标题为"家寻宝贝"。内容自行设计,素材已存放于习题 8.1 文件夹中。

(7) 新建第三张网页,标题为"宝贝寻家"。内容自行设计,素材已存放于习题 8.1 文件夹中。

(8) 打开首页,对"首页""家寻宝贝""宝贝寻家"设置超级链接,分别链接到首页、第二张网页、第三张网页。

(9) 设置首页中的友情链接,将其链接至 http://www.baibeihuijia.com。

2. 创建一个中国非物质文化遗产网站

进入"第 8 章 素材库\习题 8"下的"习题 8.2"文件夹,并按照题目要求完成下面的操作。

我国是一个历史悠久的文明古国,不仅有大量的物质文化遗产,而且有丰富的非物质文化遗产。请根据习题 8.2 文件夹中的素材制作一个用于宣传中国非物质文化遗产的网站,具体要求如下:

(1) 新建首页,利用表格进行布局,表格第一行中输入标题文字"中国非物质文化遗产",并将文字格式设置为"标题 1",文字样式为粗体、居中对齐,颜色为#600。

(2) 表格第二行中插入一条水平线,并设置其高度为 2 个像素,对齐方式为"居中对齐"。

(3) 首页设置背景图片 bj.jpg,图片素材已存放于习题 8.2 文件夹中。

(4) 首页设置背景音乐 bwbj.mp3,音乐素材已存放于习题 8.2 文件夹中。

(5) 表格第三行中再创建一张表格,将图片素材 cate_01.jpg 至 cate_10.jpg 依次展示在首页中。

(6) 表格第四行中插入一条水平线,并输入版权信息及友情链接。设置友情链接,将其链接至 http://www.ihchina.cn/。

(7) 新建第二张网页,标题为"民间文学"。内容自行设计,文字素材已存放于习题 8.2 文件夹中。

(8) 打开首页,将图片"民间文学"设置为超级链接,链接到第二张网页。

参考文献

[1] 冯祥胜,朱华生.大学计算机基础[M].北京:电子工业出版社,2019.

[2] 宋晓明,张晓娟.计算机基础案例教程[M].2版.北京:清华大学出版社,2020.

[3] 唐燕.零基础 PPT 高手养成笔记[M].北京:中国科学技术出版社,2020.

[4] 吴微.计算机基础应用教程[M].北京:人民邮电出版社,2018.

[5] 段红,刘宏,赵开江.计算机应用基础(Windows10+Office2016)[M].北京:清华大学出版社,2018.

[6] 余婕.Office 2016 高效办公[M].北京:电子工业出版社,2017.

[7] 许倩莹.新编 Office 2016 从入门到精通[M].北京:人民邮电出版社,2016.

[8] 李俭霞.中文版 Office 2016 三合一办公基础教程[M].北京:北京大学出版社,2010.

[9] 甘勇.大学计算机基础[M].北京:高等教育出版社,2018.

[10] 陈亮,薛纪文.大学计算机基础教程[M].2版.北京:高等教育出版社,2019.

[11] 刘文香.中文版 Office 2016 大全[M].北京:清华大学出版社,2017.

[12] 刘世勇,罗立新.计算机应用基础[M].北京:清华大学出版社,2018.

[13] 游琪,张广云.Dreamweaver CC 网页设计与制作[M].北京:清华大学出版社,2019.

[14] 刘宏烽.计算机应用基础教程[M].北京:清华大学出版社,2018.

[15] 马晓荣.PowerPoint 2016 幻灯片制作案例教程[M].北京:清华大学出版社,2019.

[16] 朱军,曹勤.PowerPoint 2016 幻灯片制作使用教程[M].北京:清华大学出版社,2017.

图书资源支持

感谢您一直以来对清华版图书的支持和爱护。为了配合本书的使用，本书提供配套的资源，有需求的读者请扫描下方的“书圈”微信公众号二维码，在图书专区下载，也可以拨打电话或发送电子邮件咨询。

如果您在使用本书的过程中遇到了什么问题，或者有相关图书出版计划，也请您发邮件告诉我们，以便我们更好地为您服务。

我们的联系方式：

地　　址：北京市海淀区双清路学研大厦 A 座 714

邮　　编：100084

电　　话：010-83470236　010-83470237

客服邮箱：2301891038@qq.com

QQ：2301891038（请写明您的单位和姓名）

资源下载：关注公众号“书圈”下载配套资源。

资源下载、样书申请

书圈

图书案例

清华计算机学堂

观看课程直播